大清

八旗軍戰爭全史 上

努爾哈赤的關外崛起

李湖光◎著

目錄

無敵神話

楔子

熟悉中國古代軍事史的人都對「女真滿萬不可敵」這句話耳熟能詳，它讚譽西元十二世紀崛起於關外（泛指山海關以外之地，大致範圍相當於今天中國東北三省與俄羅斯遠東部分區域）「白山黑水」（即今中國長白山和黑龍江）地區的女真族，在兵力處於劣勢的情況下竟然能夠橫掃表面上還很強大的遼國與北宋，建立起統治中國北方大部分地區長達一百年之久的金國，創造了令人瞠目結舌的戰爭奇跡，以致彪炳史冊。

在建立金國的那些女真部落之中，最具實力的是以黑龍江省阿城縣為根據地的完顏部。完顏部眾基本統一女真諸部之後，在領袖阿骨打的帶領下於一一一四年（遼天慶四年，北宋政和四年）九月做出了一件震驚天下的大事，就是起兵反抗宗主國遼國。

遼國是以契丹族為主體建立的，全盛時期的疆域從西邊的蒙古阿爾泰山附近延伸到東邊的日本海，從南邊的燕山與太行山山脈一帶延伸到北邊的大興安嶺，是東亞地區一個名副其實的大國。

面對這樣的龐然大物，阿骨打在力量懸殊的情況之下毫不畏懼地樹起反旗，僅僅憑著最先召集的二千五百人，就敢主動出擊，不顧一切地殺向甯江州（今中國吉林扶餘縣附近），痛擊了優勢之敵！

同年十一月，他計劃召集三千七百名「甲士」再次出征，可是

▲金代女真人。

及時趕到前線陣地的只有三分之一的人員，情況不利，但女真人知難而上，又一次在出河店（今中國黑龍江肇源縣附近）奇跡般擊敗對手，追擊至斡鄰濼（今中國吉林南郭爾羅斯公爺府一帶），殺得敵人屍橫遍野，繳獲了大量軍械與輜重。

儘管前來迎戰的遼軍號稱「步騎十萬」，結果卻是連戰連敗，以至於《遼史》嘲諷他們：「每遇女真，望風奔潰。」《金史》則做了一個很有預見性的評論，聲稱：「遼人曾經說過『女真兵若滿萬，則不可敵』。」

然而一直到出河店之戰結束後，女真兵的人數方才開始「滿萬」。言下之意是「女真兵尚未滿萬，已經無人可敵，假若這支軍隊滿萬，誰與爭鋒」？這是在二十四史等官修史書之中最早論及「女真滿萬不可敵」的記載，而且一言成讖！在接下來的戰事中，女真人果然以過萬的兵力摧枯拉朽一般橫掃各地，而自身的力量也隨之像滾雪球一般越來越大。經過不懈的努力，繼承阿骨打之位的完顏吳乞買於一一二五年（遼保大五年，北宋宣和七年，金天會三年）初俘虜了遼國的末代皇帝——天祚帝，最終滅亡了遼國。

天祚帝絕非唯一一個被女真人俘虜的君主，北宋的二帝也在不久之後成為了階下囚。一一二五年（北宋宣和七年，金天會三年）年底，金國開始發動了滅宋戰爭，派軍越過燕山與太行山山脈，南渡黃河、逐鹿中原，在短短的兩三年之內先後兩次包圍北宋首都開封，最後於一一二七年（北宋靖康二年，金天會五年）年初成功奪取該城，俘獲了宋徽宗、宋欽宗兩父子與一大批皇親國戚、文武百官。

其後，金軍押送著長長的俘虜隊伍凱旋北返，北宋滅亡。不過，金軍的戰績雖然輝煌，卻並不完美，因為他們未能將北宋王室一網打盡，竟讓康王趙構成為漏網之魚。而渡江南下的趙構建立了南宋小朝廷，在朝不慮夕的情況下苦撐危局。

在這一場跌宕起伏、高潮迭起的宋金戰爭中，金軍最搶眼、最廣為人知的精銳部隊是「鐵浮屠」與「拐子馬」。

「鐵浮屠」之中的「浮屠」兩字，本是佛塔的意思。顧名思義，所謂的「鐵浮屠」，就是形容那些全身披上重甲的士兵，好像鐵塔般魁梧，故又可稱之為「鐵塔兵」。他們頭上戴著的兩重鐵製兜鍪（這東西周匝皆有長簷，下面還墊著氈子，能夠對腦袋起到很好的保護作用）尤其令人印象深刻。這類士卒臨陣主要承擔攻堅的任務，他們在步行進攻時常常用「皮索」或「鐵鉤」將數人連在一起，既能顯示同生共死之意，又能防止有人臨陣退縮。

例如在一一四〇年（南宋紹興十年，金天眷三年）發生在長江以北的順昌之戰中，「鐵浮屠」軍人的強悍表現讓一些親歷戰陣的宋人震撼不已，相關的報告被收錄入《三朝北盟會編》這部宋代的史學名著之中。此外，這類士卒後來還出現在陝川戰場上，《宋史》在給抗金將領吳玠、吳璘兄弟倆立傳時對此有過記載。

在金軍之中，還有另外一支部隊也是人人皆穿戴鎧甲，所以極易被人誤認為是「鐵浮屠」，不過，這支隊伍全由騎兵組成，就連騎士跨下的戰馬亦披掛著鎧甲，故此又有「鐵騎」之譽。據說他們發動進攻時常常以數人為一組駕馭著戰馬並列向前，像一堵移動的牆壁那樣推進，具有雷霆萬鈞之勢，會給對手造成莫大的心理壓力。這支精銳部隊的成員全部是女真人，一般佈置在陣營的左、右翼。由於在宋人的一些地方俗語中，左、右兩翼又可稱之為「兩拐子」，故此，這支金軍騎兵被宋人賦予了「拐子馬」的稱號。

話又說回來，善戰的金軍雖然在比較短的時間內滅亡了遼國與北宋這兩個大國，取得了讓世人目瞪口呆的戰績，但絕非「滿萬不可敵」，它在隨後的日子裡征伐南宋時，就屢遭挫折，關於這一點，《宋史》與《金史》不乏記錄。

當時，痛定思痛的南宋君臣經過整軍備武，使得部隊的戰鬥力獲得提升，因而在戰場上多次擊敗兵力過萬的女真軍隊，當中表現最出色的將領是岳飛，而「岳家軍」大破「拐子馬」的故事也在歷史的長河中膾炙人口。正是在岳飛等名將的力挽狂瀾之下，才使得風雨飄搖的南宋政權屢次轉危為安，得以苟安一隅。金軍戰鬥力衰退的原因有很多，其中之一顯然與開國宿將相繼離開人世有關，但不管怎麼樣，金國最終還是保住了對遼、宋開戰的大部分戰果，直到百餘年後才覆滅。

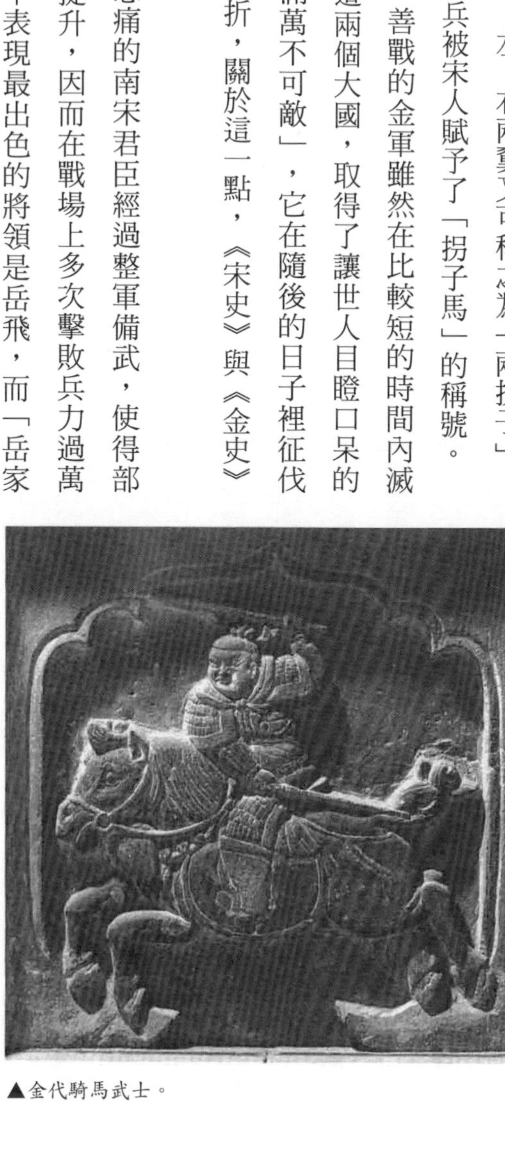
▲金代騎馬武士。

對於金軍，即使是曾經戰勝過他們的對手，也不得不承認他們的戰鬥力不容小覷，《宋史》記載吳璘說過的一番話就很有代表性，這位久經沙場的老將曾經鎮守北疆和困擾北宋近百年的西夏軍隊交過手，後來又參加了抗金，他將這兩個對手加以對比，冷靜地分析道：「我跟隨兄長吳玠與西夏軍隊較量時，兩軍每一次戰鬥持續的時間都不長，通常在一進一退之間就分出了勝負。至於金人，則具有『更進迭退，忍耐堅久』的特點，他們軍令如山，將士有必死之心，每一次戰鬥非累日而難以決出勝負，而且『勝不遽追，敗不至亂』。這樣強勁的對手在我以前的征戰生涯中未嘗見過。」管中窺豹，可見一斑。由此可知女真人絕非浪得虛名，他們在戰爭舞臺上的精彩表演遠勝於由黨項人組成的西夏軍隊。西夏後來向金國稱臣朝貢，也算是歷史的必然。

按照傳統的看法，金國之所以由盛轉衰，立國未滿百年而滅亡，是由於女真人的後裔進入中原之後受到漢文化的影響，逐漸被漢人同化，他們原先剽悍的氣質也隨之變得柔弱起來，因而戰鬥力一日不如一日，最終步西夏的後塵，亡於蒙古人的鐵蹄之下。蒙古大汗忽必烈在登基之前經常與身邊的博學多才之士討論及總結歷史的經驗教訓，並說過「金以儒亡」這樣的話，可見不管這種說法正確與否，它確實源遠流長，產生過一定的影響。

金國先後將二百多萬女真人遷移入中原。這個國家滅亡之後，留在中原的女真族慢慢被漢族同化了，也有部分人融入蒙古與朝鮮等族之中。然而，留在關外故鄉的女真人還有不少——據統計，在元代，那裡的女真人還有二百多萬。他們仍然過著原先的生活，頑強地保存著本民族的文化，保持著尚武的本色。雖然這些沒有「漢化」的女真人暫時就如一盤散沙般缺乏凝聚力，但他們有朝一日如能加強團結，重新崛起，那麼，「女真滿萬不可敵」這個沉寂已久的神話完全可能會沉渣泛起，在世間重新流行起來！

光陰似箭，歲月如梭。「女真滿萬不可敵」的神話後來確實重現於世，可這時已經距離金國滅亡三四百年了。滅亡金國與南宋的蒙古貴族也早就被發動起義的漢人驅逐出塞外，而中國歷史上最後一個由漢人執政的大一統王朝——明朝，也已經建立起來。到了明朝末年，清太祖努爾哈赤以金國的後裔自居，又一次於關外的「白山黑水」地區崛起，把人世間鬧了個天翻地覆，真是「長江後浪推前浪，一代新人換舊人」。

努爾哈赤在擴張時不可避免地與明朝這個立國二百多年的老牌帝國發生了血腥的碰撞，並在沙場上接二連三地取得輝煌的勝利，將山海關以外之地搞得血雨腥風、哀鴻遍野。因而，「女真滿萬不可敵」的說法又被以史為鑒的人們從故紙堆中翻出來，一傳十、十傳百，以致這個重複古人的論調一時之間甚囂塵上，天下洶洶。那時，很多明人在討論關外的戰局時都會提及「女真滿萬不可敵」，還有文人將這個說法寫入書中，出版發行。比如張鼐、程開祜、彭大翼、沈國元等人，就分別在《遼夷傳》、《籌遼碩畫》、《山堂肆考》、《兩朝從信錄》等著作中，不厭其煩地散播著這個說法。

甚至，到了清朝取代明朝之後，這種說法仍長盛不衰，例如清代中後期的著名學者魏源在《聖武記》中就原封不動地照搬了這句話。直到清朝滅亡之後，民國時期著名的學者孟森還在自己的《明清史講義》中固執地說道：「古云『女真兵滿萬不可敵……』。」可見，數百年來，這句話根深蒂固地存在於很多文化人的腦海裡。

根據專家的統計，明朝的人口數量最高時可能已經過億，並擁有數以百萬計的軍隊。由此可見，反明的女真兵假若真的「滿萬不可敵」，那麼，其戰鬥力可說是「以一敵百」，甚至有過之而無不及，簡直到了匪夷所思的地步。可是，有很多人願意相信這個說法並非空穴來風，他們認定世界上真實存在過這樣的常勝之師。

為何那麼多人將十二世紀的女真與十六七世紀的女真混為一談，仍舊沿用「女真滿萬不可敵」來評價努爾哈赤及其部隊呢？非常之人必做非常之事，這一切將要從頭細說。

第一章
八旗締造

追本溯源，「女真」這個詞最早出現於唐初，它在不同的地域與不同的族群之間傳播，在互相傳譯時難免使讀音發生變化，由此產生了「朱理真」、「諸申」、「主兒扯惕」等等不一而足的叫法。後來，在官書的傳抄中為了避開遼代興宗耶律宗真之諱又曾經將「女真」改為「女直」。它據說由古代的「肅慎」、「挹婁」、「勿吉」、「靺鞨」等部落發展而成，但其實是一個包含了很多不同部族的共同體，最後形成了這個廣義的概念。由於在十二世紀前期建立了金國，女真人此後備受矚目。到了明代的時候，女真族以及其他生活於關外地區的非蒙古部落又常常被明人混淆在一起，全部當作金國女真人的後裔來看待。

清太祖努爾哈赤家族的歷史源遠流長，他的祖先最早可追溯到明初的猛哥帖木兒（後來被追尊為「肇祖原皇帝」），此前的都是一些帶有神話色彩的傳說。猛哥帖木兒本是斡朵憐軍民萬戶府的頭目，居住在松花江與黑龍江的交匯之處，與胡里改軍民萬戶府毗鄰而居（斡朵憐與胡里改這兩個軍民萬戶府均是元代設立的軍事機構，其成員一向被視為女真人）。當時，生活在關外各地林林總總的女真人，有的從事傳統的漁獵與畜牧業，有的逐漸開始務農，有的同時兼農業、牧業和漁業。故此，部落與部落之間的經濟、文化的發展水準並不一樣。元末明初天下大亂，元政府在關外的統治秩

▲明代女真人。

序逐漸瓦解，翰朵憐軍民萬戶府與胡里改軍民萬戶府的部眾把握時機離開北部的苦寒之地，一起結伴南遷，進行了數千里的艱苦跋涉，終於靠近了經濟更加發達的朝鮮與遼東地區。其中，猛哥帖木兒所部遷移到了圖門江下游的渾春江，居於朝鮮北部慶源與鏡城一帶，而胡里改軍民萬戶府的部眾在首領阿哈出的帶領下遷移到了奉州（今中國吉林以南）。

明朝取代了元朝之後，將關外納入了統治範圍。並在開國之初招撫了關外地區的大量女真部落，先後建立了一百八十多個衛所（明代的軍事機構），任命了大批部落酋長為官，這些官銜的名稱有都督、都指揮使、衛指揮使、千、百戶、鎮撫等等，這些職位一般都是父死子繼、世代承襲的。明朝還一度在關外設立了「奴兒干都指揮使」，它位於黑龍江下游東岸特林，成了這個地方的最高軍政統治機構，統率歸附的蒙古、女真部落。女真酋長一旦接受朝廷的招撫，便擁有了與明朝進行經濟交流的權利，他們憑著朝廷頒發的敕書（或者印信），能夠順利通過明軍在邊陲地區設立的關卡，定期前往京師朝貢。他們獻上土特產，並獲得朝廷的賞賜。那時候，明朝為了顯示泱泱大國的風度，刻意厚待朝貢者，賞賜的財物常常超過朝貢物品的幾倍，因而女真酋長們的每一次朝貢行動都能獲利而歸。他們還可以憑著採集的人參、獵取的各種動物皮毛以及飼養的馬匹等物產與明朝邊境軍民展開貿易，以獲得耕牛、農具等生產與生活的必需品。為了便於管理，朝廷把一些活動於長白山、黑龍江、烏蘇里江、松花江、牡丹江等廣大地區的非蒙古部落都視為女真人，並逐漸把這些大小不等的部落籠統地分為建州女真、海西女真與野人女真三大部分。據統計，到明朝中後期，朝廷發給女真諸部的敕書已達到一千五百道，其中建州女真五百道，海西女真一千道，可見雙方透過朝貢、互市等方式進行的貿易規模隨著時間的推移得到不斷的發展。而那些接近明邊境的女真部落普遍受到漢文化的影響，他們的飲食習慣、衣著材料與居住的房屋都與明人相近。

南遷的阿哈出與猛哥帖木兒，都成為了建州女真的首領。阿哈出成了明朝設置的建州衛的第一任指揮使，而昔日與他毗鄰而居的猛哥帖木兒在一四〇五年（永樂三年）也成為了建州衛指揮使。猛哥帖木兒在接受朝廷招撫的同一年九月親自前往京師朝貢，得到了明朝皇帝朱棣的親自接見。隨後，他將部眾從朝鮮北部遷移到了奉州附近，與阿哈出為鄰。後來，朝廷另設建州左衛，由猛哥帖木兒掌衛事。猛哥帖木兒對明朝非常忠順，曾經帶著部下跟隨朱棣征伐長城以北的殘元勢力——韃靼。事後，他為了防備韃靼報復，一度避禍於朝鮮會州。明朝對猛哥帖木兒的忠順深為嘉獎，一再對其進行封官晉爵，先後升其為都督僉事、右都督之職，他的弟弟凡察也官居都指揮僉事。

清太祖努爾哈赤的祖先有不少人死於非命，這些不正常的死亡總是與明軍脫離不了干係，其中有的是盡忠而死，有的是叛逆而死，而第一個為此喪命的正是猛哥帖木兒。事情的起因是一度臣服於朝廷的韃靼千戶楊木答兀野性未馴，騷擾邊疆軍民、虜掠牲畜，然後逃往斡木河流域。遼東都指揮僉事裴俊帶領一百六十多人前往招討，不料在一四三三年（宣德八年）八月十五日被楊木答兀糾集了三百多人攔截在路途中。猛哥帖木兒與他的弟弟凡察及兒子阿谷先後赴援，終於帶著明軍殺出重圍，安全返回。可是同年十月風波再起，楊木答兀召集八百多人前來尋仇。猛哥帖木兒與兒子阿谷陷入困境，同時戰死，他的另一個兒子董山在混亂中被趁火打劫的「野人」部落所虜，簡直是家破人亡。幸而死裡逃生的凡察在敵人退軍之後收集傷亡慘重的部屬重振旗鼓，成為了建州左衛的新首領。

猛哥帖木兒是效忠明朝而死的，他的兒子董山卻是背叛明朝而死。董山被俘後因及時交出贖金而重獲自由，此後，他與叔父凡察一起遷移至灶突山下（今中國遼寧省新賓縣附近）的蘇子河口，與移居到此處的建州衛首腦李滿住（阿哈出的孫子）合住。明朝為了給董山安排一個職位，於一四四二年（正統七年）二月把建州左衛一分為二，增設了建州右衛，由董山掌左衛，凡察掌右衛，從此，建州有了三個衛。這些衛所的四周群山環繞，在軍事上易守難攻，使自身安全得到保障。隨著歲月的流逝，建州三衛的勢力日益壯大起來。明朝卻逐漸由盛轉衰，特別是一四四九年（正統十四年）在懷來附近的土木堡發生了一件「舉朝震駭」的大事，數十萬北征的明軍被入境騷擾的蒙古瓦剌部打得一敗塗地，就連隨軍出征的明朝第六位皇帝明英宗也成為了俘虜，致使明朝國威幾乎盡喪。形勢的變化使得建州三衛的首領們改變了態度，他們早就對邊關明軍平日勒索女真錢財等不法行為有所不滿，現在乘機作亂，多次進入朝鮮與明朝境內搶掠人口、牲畜與財物。例如，《明英宗實錄》記載了當時遼東總兵向朝廷的一次奏報，內容稱開原、瀋陽、撫順千戶所這些地方在一四五〇年（景泰元年）五月遭到了外敵的入境劫掠，為首的有李滿住、凡察、董山、剌塔（海西女真頭目）等人，參與的除了建州女真之外，還有海西與野人女真，他們與蒙古人互相呼應，出動的人數竟達「一萬五千餘人」（這是明代的史書中首次明確記載來犯的女真人超過萬名。即使遼東總兵的奏報有所誇大，但女真人敢於公開向明朝挑戰，不具備一定的動員能力是不行的）。按照史書的統計，邊患最嚴重的時候，女真人竟然在一年之內入犯九十七次，「殺擄人口十萬餘」。儘管來犯的女真人成千上萬，但基本上仍是各個部落的鬆散的聯合體，內部的凝聚力不是很堅固，並且從未在戰場上殲滅過明軍的主力。故此，與傳說中的「女真滿萬不可敵」還有十萬八千里的距離。實際上，帶頭進犯明境的建州女真，他們的人口總數還不是很多，韓國的史書《李朝實錄》指出，李滿住所部在一四五一年（景泰二年）有一千七百餘戶，而凡察、董山所部的人口就少一些，僅有六百餘戶。

本來，幾個世紀之前興起的金朝已在關外地區建起了不少的鐵礦以及相應的冶鐵手工業，聚集了一批擄掠而來的漢人工匠，具有打造出各種精良兵器的能力。可是，金朝的滅亡對於關外的女真諸部來說是一次歷史倒退，他們在兵荒馬亂中又回復到了不能冶鐵的落後狀態。那時，女真人很多兵器非常原始、簡陋，他們削木做馬鐙，以石塊、動物的角或骨骼為箭鏃，不但比不上明軍，而且與朝鮮人（古代對今南、北韓民族的統稱）相比也有不小差距。要想更新裝備，需要依賴從外面輸入鐵器，因而女真人總是想辦法靠打獵與採集得來的各種土特產與漢人或朝鮮人交換各種鐵製軍械。可是，明朝限制鐵器輸出，甚至有時連鐵鏵、鐵鏟與針剪等生產工具也在禁售之列，由此導致女真人非常不滿，成為他們進犯的藉口之一。

震怒不已的明朝君臣開始採取種種手段打擊女真人，首當其衝的是建州諸衛。朝廷派人招撫董山，誘令入貢。董山誤以為朝廷既往不咎，帶著右衛首領納郎哈（這時凡察已死，由其孫納郎哈襲位）等數百人以貂皮等土特產朝貢，結果遭到明臣的訓誡與痛責。其後，明將趙輔把董山及其部屬一百一十五人拘留於遼東廣寧。不甘束手待擒的董山持刀反抗，但被明軍鎮壓，致使一些女真人死於非命，另外一些人被擒（不久，董山伏誅，納郎哈被送入錦衣衛大獄）。緊接著，趙輔於一四六七年（成化三年）九月二十四日指揮五萬人馬，會同一萬朝鮮軍隊，分路圍剿。無力硬拼的女真部落立刻作鳥獸散，經過一個多月的圍剿，兩軍總共殺死包括李滿住父子在內的建州女真千餘人，焚燒了大量廬舍，繳獲的「牛馬器仗」等物資多不勝數。此役，建州三衛的酋長們或被捕，或受誅，令建州女真受到慘痛的損失，元氣大傷，在隨後的五六十年一直未能恢復過來。

董山是歷史上第一個被明軍殺死的努爾哈赤的祖先，這時雖然距離明亡清興還有一百多年，但已提前種下了明清仇恨的種子。明朝摧毀了建州女真的老巢之後，轉而放棄「大棒」政策，改用「胡蘿蔔」進行安撫，讓建州諸衛酋長們的家屬襲職。董山的兒子妥羅與孫子脫原保為了保住自己的身份與地位，不得不老老實實地做明朝的附庸，再也不敢有非分之想。他倆先後被明朝任命為建州左衛指揮使，並多次入京朝貢，以示盡忠。可是到了嘉靖年間，左衛的首領卻變成了家世不明的章成。這類「統系失墜」的事也發生於其他的衛，例如李滿住的後裔在嘉靖初年還掌建州衛之事，其後也銷聲匿跡了，表明關外局勢逐漸起了滄海桑田一般的變化，以建州三衛為主的部落聯盟在激烈的內部鬥爭中已經分化瓦解。同時，新出現了渾河、完顏、棟鄂等一批部落。董山還有一個兒子叫錫寶齋篇古，他是努爾哈赤的四世祖，雖然沒有做過建州左衛的一把手（最高領導人），但也被明朝任命為都指揮僉事。錫寶齋篇古的兒子福滿是努爾哈赤的曾祖父（後來被清朝追上諡號為「興祖直皇帝」），他共生了六個兒子，其中第四子覺昌安（後來被追尊為「景祖翼皇帝」）是努爾哈赤的祖父。覺昌安居住在赫圖阿拉（今中國遼寧省新賓縣附近），他才智出眾，能召集眾兄弟一起抵禦附近部落的欺侮，使家族逐步得到復興，其勢力擴張至蘇子河以西二百里範圍內。他帶領族人努力發展生產，經常攜帶著人參等土特產到明朝與朝鮮境內販賣，獲得越來越多的經濟利益。當積蓄了足夠的錢財之後，他就千方百計更新自己部屬的武器裝備，試圖透過各種途徑從外面購買鐵製品。由於明朝官方限制鐵器的出售，他們在很多時候就轉求於朝鮮。他們還把獲得的鐵鍋、鐵鏵等物品打碎再熔化，加工成鐵製兵器，在此期間，建州與海西女真諸部的生產力已經得到不同程度的發展，能夠產鐵，並擁有自己的工匠，但自產的鐵器仍然供不應求。儘管如此，在他們裝備的兵器之中，昔日用木頭與骨頭製作的馬鐙、箭鏃等物已經逐漸被淘汰。鐵製軍械得到了廣泛使用，甚至連那些「斤兩重、面積大」的盔甲也改用鐵製，並在軍隊中得到推廣，戰鬥力也得到相應的增強。

覺昌安共有五個兒子，他的第四子塔克世（後來被追尊為「顯祖宣皇帝」）是努爾哈赤的父親。覺昌安據說接受過明朝封予的「建州左衛都督僉事」，塔克世當過「建州左衛指揮」，都與朝廷的關係比較好。也就是說，從猛哥帖木兒開始，他的子子孫孫效忠明朝已超過二百多年，儘管其間雙方的關係有過波折，但彼此始終沒有改變宗主國與附庸的關係。

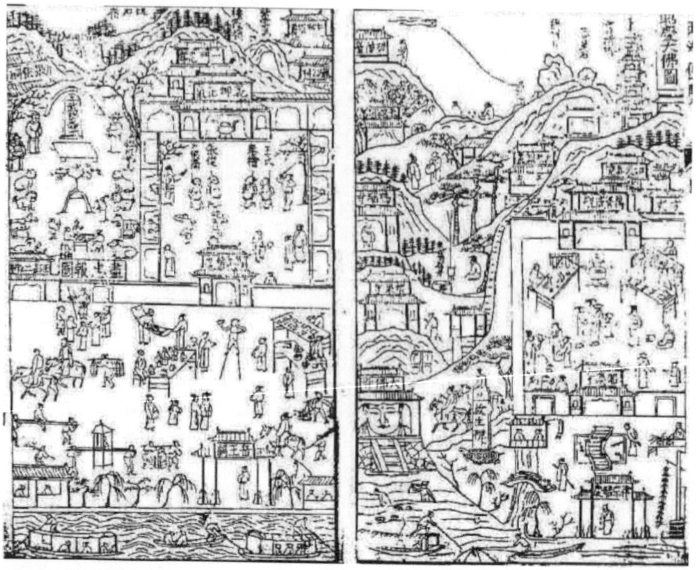

▲明代繁華的城市。

這時，蒙古勢力在遼東的影響越來越大。早在明朝成化年間起就逐漸控制漠南蒙古的韃靼諸部，已經在嘉靖年間分裂為兩大部（左、右兩翼）。其中，左翼迫於右翼的壓力，從宣府、大同的邊外的傳統牧地東遷遼河河套，與活動在遼東的一些蒙古、女真土著部落互相勾結，把整個關外搞得天翻地覆，使明軍疲於奔命。亂世出英雄，不少女真酋長乘亂崛起，亦有人建國稱汗。

值得一提的是，女真人的崛起還與經濟因素有關係。明朝到了中後期的嘉靖、萬曆年間，社會風氣發生了重大變化，從開國之初的崇尚儉樸逐步變成追求奢侈，造成這種原因當然離不開商品經濟的日趨發達。特別是隨著西歐於一五世紀成功開闢新航路，東西方之間的文化、貿易交流開始大量增加。中國向世界輸出巨額的絲綢和瓷器，而產自日本與美洲的白銀經馬尼拉、澳門等地大量流入中國（這些海外輸入的白銀比明朝半個世紀的產量還要多。到後來，有的學者認為，美洲出產的貴金屬，有超過三分之一甚至「一半之多」經過各種貿易管道進入了中國。詳見美國歷史研究者魏斐德的《洪業——清朝開國史》）。白銀的大量湧入助長了中國國內方興未艾的消費浪潮，並在社會各階層當中形成了金錢至上的氛圍。此後，無論是上層的官紳士子、還是市井的爆發戶都樂於追求時髦，講究享受。他們日常的飲食、服飾、住所與室內的擺設都更加浮華。來自關外的人參、貂皮、鹿茸、珍珠（東珠）等奢侈品大行其道、充斥於世。特別是人參，尤其受到人們的喜愛，成了暢銷貨。人參號稱百草之王，有極佳的藥用價值，中國古代人參的產地主要在太行山區域與關外的長白山、大興安嶺等地，產於太行山的上黨參到了明代已經瀕臨滅絕，因而人們的消耗以關外人參為主。明人對人參的無厭求取刺激了女真地區採參業的發展，一些女真人為此放棄了農業與漁獵，專門從事採參。採參者一般在夏季五月來到不見天日的深山密林之中進行搜集，他們披星戴月、餐風露宿，有時還會發生意外，因為迷路等原因而死於非命。不過，含辛茹苦的勞作也能換回不薄的報酬，根據明朝檔案的記錄，一五八四年（萬曆十二年），一些女真部落在開原鎮北關與廣順關的馬市上一次就賣出人參三千六百七十九斤，當時的價格是每斤值銀九兩（人參最初是論「斤」計算的，可是經過無節制的挖掘而導致「物以稀為貴」，多年以後用「兩」來計算），僅僅此項他們就得到了三萬二千五百多兩銀子。如果算上賣出的貂皮等特產，他們的收入還不止這個數。收入激增者變得越來越財大氣粗。相反，某些挖不到人參，捕不到貂鼠的女真人由於心裡不平衡，時不時會騷擾一下馬市，甚至強行搶奪財物，使邊境形勢更加複雜。

▲《本草綱目》中的人參。

明朝官兵本來就有經商的傳統，邊防軍人利用「近水樓臺先得月」的便利大肆插手邊境貿易，他們經常橫行馬市，強買強賣，嚴重干擾了正常的經濟秩序。例如《明神宗實錄》記載一五七九年（萬曆七年），寬奠參將徐國輔的弟弟徐國臣企圖壓價收購人參而毆打女真人，致使懷恨在心的女真人入塞搶掠，為禍不輕。總而言之，稍有生意頭腦的明朝邊境軍民無不儘量想辦法從女真人手裡低價收購人參，再在內地高價出售。在內地，名貴的人參甚至成了貨幣的代用品，成了官場與生意場上熱門的交際物。如果人參長成人形，價值更高，這與中國傳統文化中「以形補形」的食療法有關。談遷的《棗林雜俎》記載，後來鎮守遼東的總兵官李如松曾送給朝中「某侍郎」一株人參，重達十六斤，「形似小兒」，可謂參中極品，羨煞旁人。

關內的白銀正源源不斷地流向遼東一隅之地，使那裡變得空前繁榮昌盛，發財的機會好像無處不在，讓一切財迷心竅之人垂涎欲滴。正所謂「天下熙熙，皆為利來！」為了爭奪人參等特產的資源，各方勢力無不「八仙過海，各顯神通」，有時難免兵戎相見。鎮守邊關的明朝官員、蒙古韃靼左翼與女真諸部紛紛牽涉其中。明朝遼東地方官員一向與活動於關外地區的蒙古土著以及女真部落打慣了交道，對不請自來的韃靼左翼非常反感。這時，活動在山西、陝甘邊外地區的韃靼右翼已經和明朝達成和解，雙方透過朝貢、互市等形式開展規模宏大的經濟交流。但遷移到遼河河套的韃靼左翼卻繼續受到明朝的經濟封鎖，彼此處於敵對的狀態中。左翼諸部的首領們肯定不甘心，為了打開明蒙貿易的大門，他們採取了極端的手段，企求用戰爭來脅迫明朝改變政策，因而常常出兵進入遼東境內燒殺擄掠，甚至禍及與遼東相鄰的薊鎮，使這些地區硝煙彌漫、烽火不息。

不少女真部落在這個混亂時期乘機發展起來、並擴張勢力。這一次，搶先出風頭的不是建州女真，而是海西女真（相對關外的其他女真部落而言，海西女真與金代女真的傳承關係最明確，但也混入了別的部族，這反映了民族融合乃大勢所趨）。很多海西女真部落原本居住在呼蘭河流域，後來陸續經松花江南遷，聚居於明朝開原以北的廣大區域，形成了著名的「扈倫四部」（扈倫是「呼蘭」的變音），當中包括烏拉部、哈達部、葉赫部、輝發部。這些部落的西面與蒙古朵顏三衛為鄰，東面與建州女真接壤，在地理上處於交通樞紐的位置。海西女真部落之中著名的酋長有葉赫部的竹孔革、哈達部的速黑忒等人，他們相繼臣服於明朝，被明朝授予職銜。特別要指出的

▲《三才圖會》中的明代蒙古人（代稱：匈奴）。

是，速黑忒部佔據了一個做生意的有利位置，它就在廣順關之外。明朝在那裡開設了一個邊貿市場，並與速黑忒維持著非常密切的貿易關係，因而哈達部有時被明人代稱為「南關」。南關長期忠順地為明朝守邊，是明軍控制關外地區的得力助手。速黑忒的兒子王忠、孫子王台等人相繼得到朝廷的扶持。特別是在王台掌權之時，部落的勢力達到了旺盛的頂點，控制的地盤擴展至「延袤幾千餘里」，他成了女真人之中第一個自稱為汗的強者。除了南關之外，還有一個「北關」，這個地方與葉赫部有關。葉赫部的頭目竹孔革由於與明朝打交道時叛服無常而被速黑忒的兒子王忠殺死，之後，竹孔革的後代清佳砮、楊吉砮等人移居於鎮北關之外與明朝做生意，因而葉赫部又被明人代稱為「北關」。北關的勢力與南關比較起來相形見絀。而清佳砮、楊吉砮在與朝廷打交道時也不如南關首領忠順，顯得桀驁不馴。

在海西女真叱吒風雲的同時，建州女真也逐漸出現了名聞一時的領袖，其中的佼佼者有王杲（王杲做過建州右衛都督。努爾哈赤的父親與祖父在這一時期儘管擁有一定的勢力，但還未能成為獨當一面的風雲人物，他倆實際上要聽王杲的號令）、王兀堂（做過建州左衛都督），建州諸部經常在撫順關等地與明朝互市，王杲等人對明朝的態度是時叛時服。

至於野人女真，因為他們的居住地與海西女真、建州女真「相近」，所以被明人視為同類，不過，他們的生產力還很落後，以捕魚、狩獵與採集森林中的果子、蘑菇等物為主，生活水準也很低下。這些部落分散居住在外興安嶺、黑龍江下游、庫頁島等偏遠地方，和明朝的聯繫經常要透過海西女真與建州女真，因而「朝貢不常」，故此在邊關互市貿易中的影響力比較低。

女真諸部四分五裂，互相勾心鬥角，經常進行弱肉強食的兼併戰爭。明朝對女真的政策主要是分而治之，既注意扶持忠順的部落，也重視打擊那些桀驁不馴的酋長。尤其是在萬曆年間一代名相張居正主持政局之時，他任用武將世家出身的李成梁鎮遼，使遼東政局一度步入了「由亂入治」的軌道。李成梁是遼東鐵嶺衛人，他的祖籍在朝鮮（古代對今南、北韓的統稱），先人居住於朝鮮境內的楚山地區（由於上述地區在元末明初為女真人佔據，因而有的學者認為李氏本為女真族，體內流著的是彪悍的血液）。李成梁的祖先李膺尼在明朝開國之初渡江歸附，成為遼東的軍戶，歷任總旗、副千戶，而他的兒子從軍後因功獲得世授鐵嶺衛指揮僉事的資格，從此，李氏一族便成為了武將世家。但是到了李成梁這一代，家道已經中衰，致使他因沒有錢財賄賂京官而遲遲未能承襲指揮僉事之職，直到中年以後獲得巡按御史李輔的賞識才能得償所願，於一五六六年（嘉靖四十五年）襲職，開始了軍旅生涯，並憑著戰功升任遼東險山參將、副將等職。當時，遼東局勢混亂不堪，韃靼左翼察哈爾部的土蠻汗、內喀爾喀部的速巴亥、朵顏部的董狐狸與女真諸部的清佳砮、楊吉砮、王杲等人時常入塞作奸犯科，《明史》稱從一五六〇年（嘉靖三十九年）到一五七〇年（隆慶四年）的「十年之間」，先後坐鎮遼東的三員大將皆戰死。這使得李成梁得以青雲直上，他臨危受命接任總兵之位，依靠過人的表現成為了遼東舉足輕重的軍政要員。兩年之後，明神宗繼位，因為新君年紀尚幼，所以在隨後長達十年的時間裡由內閣首輔張居正主持大局。銳意改革的張居正從政治、經濟、軍事各方面入手，對過去的頑疾進行了大刀闊斧的治理。為了鞏固遼東邊防，他積極整軍備武，鼎力支持能征善戰的李成梁，一有戰功必加以厚賞，若有過失則及時誡勉，透過恩威兼施之法使李成梁不致辜負朝廷的期望，並放膽大幹一場。李成梁為了報答張居正的知遇之恩，

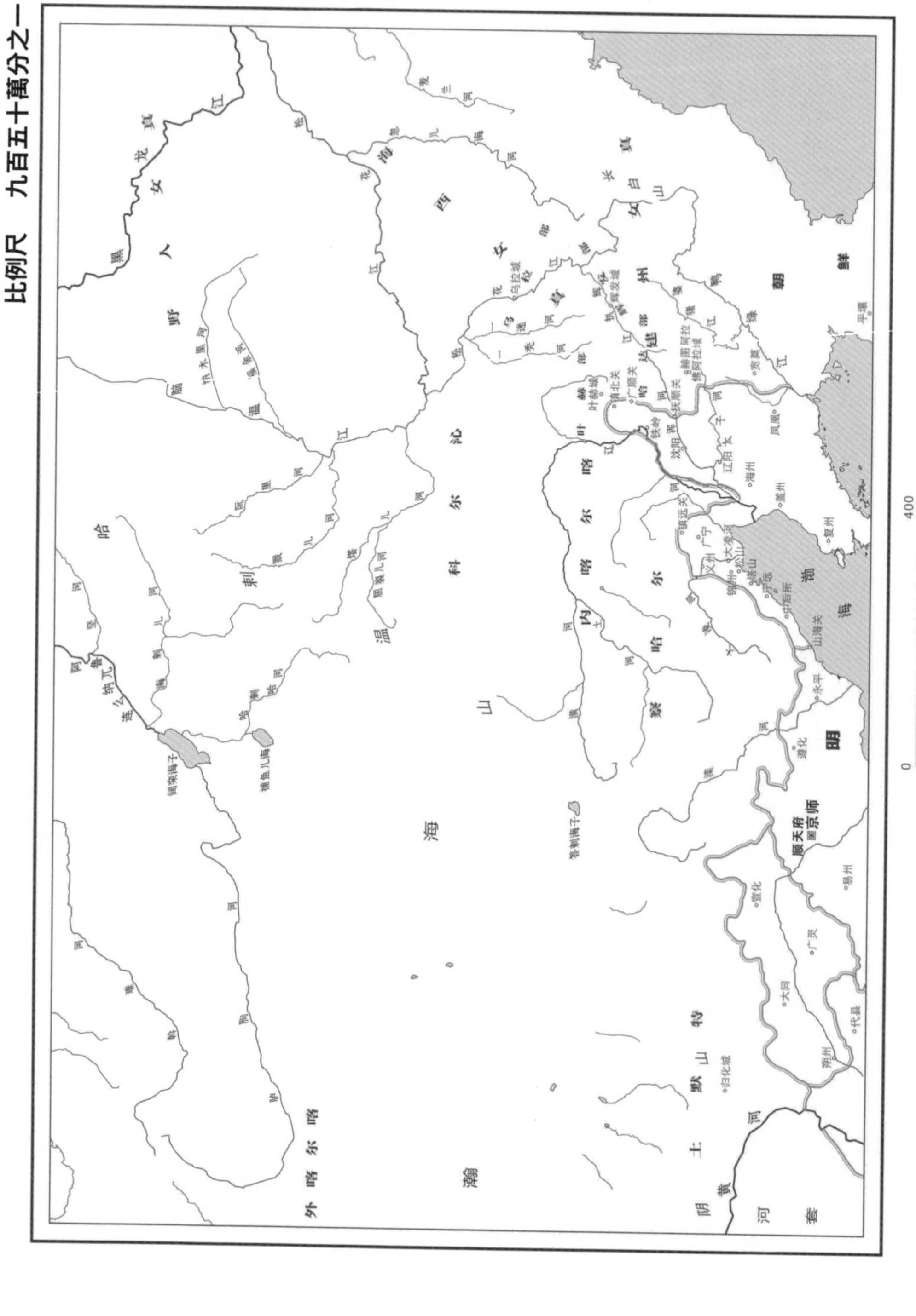
比例尺 九百五十萬分之一
野人女真
建州女真
海西女真
科尔沁
内喀尔喀
朝鲜
明
顺天府
京师
沈阳
山海关
渤海
瀚海
外喀尔喀
黄河
河套
0
400
千米

▲明末關外形勢圖。

亦屢次在邊境痛擊來犯之敵，歷年立下的功勳冠於諸將之上，被史書譽為「師出必捷，威振絕域」。

為了維護遼東地區的社會穩定與經濟秩序，李成梁多次搗毀韃靼左翼察哈爾部的老巢。例如一五七一年（隆慶五年），察哈爾部首腦土蠻大舉入塞，與前來阻擊的明軍狹路相逢於卓山。李成梁指揮副將趙完夾擊敵人，先斷其首尾。主力再乘勝抵其巢穴，以亡八人、傷三百零二人、損失二十二匹戰馬的代價為斃敵頭目二人，斬首五百八十餘級。李成梁除了在本土防禦之外，有時還主動出塞打擊敵人，甚至深入塞外二百餘里襲擊敵人的老窩。一個典型的例子是在一五七九年（萬曆七年）十月，土蠻與內喀爾喀部的速巴亥會合於紅土城，聲言入侵海州，而分兵騷擾錦州、義州，李成梁在大清堡伏擊敵人，接著乘勝出塞二百餘里，直抵察哈爾部的大營，出其不意地痛擊對手，斬首四百七十一級，奪取一大批馬、牛、羊、駱駝等牲畜，繳獲了難以計算的物資。在長年累月發生的大大小小的戰事中，李成梁擊斃了不少敵方將領，其中比較有影響的一次是發生在一五八二年（萬曆十年）三月，他的軍隊在鎮夷堡設伏，痛擊了入侵的內喀爾喀人馬，參將李平胡當場將「為患遼左二十年」的內喀爾喀部落首領速巴亥射倒於馬下，再由家丁李有名割取首級。蒙古人大敗而還，明軍在追擊中再斬獲百餘個腦袋，贏得了輝煌的勝利。屢獲戰功的李成梁不斷升官晉爵，最後獲封為「甯遠伯」，成為統治階級的新貴。史稱「邊帥武功之盛，二百年來未有也」。

他不但反擊來犯的韃靼人，同時也對付女真人。建州女真知名領袖王杲、王兀堂都受過他的打擊。一五七四年（萬曆二年）七月，王杲與部屬在撫順關進行貢市時，出於利益紛爭而誘殺了撫順備禦裴承祖，並在入冬後繼續糾集人馬侵擾邊境。李成梁一面檄令副將楊騰、遊擊王惟屏分屯要害之處，一面指揮參將曹簠挑戰敵人。在明軍四面的圍攻之下，潰退的女真紛紛彙聚於王杲的營寨之中，仗著地形險要而堅守不出。李成梁用火器強攻，連破數柵，然後乘風縱火，燒毀五百多間房屋以及大批物資，先後斬首一千一百餘級。王杲在逃亡的過程中到處藏匿，企圖躲避明軍的追殺，最後走到南關時被忠於明朝的海西女真首領王台所執。不久，王杲被王台當作禮物獻給明軍，死於極刑。王杲敗死後，建州女真另一領袖王兀堂在邊境做買賣時又與明軍發生磨擦，並同李成梁交過手，最終因屢受重創而一蹶不振。

海西女真也受到李成梁的討伐。北關首領清佳砮、楊吉砮經過長期的耐心等待，終於伺機逼死了與之有殺父之仇的王台，還打算斬草除根，除掉王台的兒子虎兒罕。明朝及時伸出援手支持虎兒罕，要求清佳砮、楊吉砮痛改前非，停止騷擾四鄰。可是清佳砮、楊吉砮不聽勸告，反而想與朝廷拼個魚死網破，揚言要攻擊開原、鐵嶺與瀋陽等地，並繼續與韃靼左翼諸部勾結，準備大打出手。可是在明軍嚴陣以待的情況下一時不敢輕舉妄動。隨後，遼東邊臣為了緩和雙方緊張的關係，同意恢復鎮北關一度停止的互市貿易。這一年的十二月，清佳砮、楊吉砮帶著二千騎兵前來做生意，但地方官員只允許他們帶三百騎進入城內。清佳砮、楊吉砮入城之後態度依舊桀驁不馴，結果與巡撫李松爆發衝突，最終被預先埋伏於城內的明軍當場打死。李成梁率領另一路軍隊在中固待命，他聽到鎮北關方向響起炮聲，立即趕赴戰場，截擊北關餘部，斬首一千二百五十多人，俘獲一千零七十三匹馬，乘勝圍其老巢。北關殘部被迫請降，發誓永受明朝約束，李成梁才凱旋班師。

李成梁在遼東氣焰熏天，建州、海西等女真部落無不籠罩在其陰影之下，努爾哈赤也不例外。這位將要改寫歷史的大人物生於一五五九年（嘉靖三十八年），《清太祖實錄》說他生得「鳳眼大耳，面如冠玉，身體高聳，骨格雄偉」，舉止投足時，好像「龍行虎步」一般威武而嚴肅，每當一開口說話便顯得「言詞明爽，聲音響亮」，而且智商很高，能夠「一聽不忘，一見即識」，上述種種溢美之詞當然是後人的阿諛奉承，彷佛努爾哈赤從出生開始就已經註定要做皇帝似的。事實卻並非如此，努爾哈赤早年的人生歷經不但沒有過人之處，而且屢受挫折。他在十歲時母親病死，父親塔克世新娶的繼母納喇氏對他很不好，時常在塔克世之前搬弄是非。這位未來的開國皇帝不甘受繼母虐待，開始鍛煉獨立生活的能力。他雖然是貴族出身，擁有自己的奴僕，然而那時女真人的生產力過於低下，生活水準遠遠落後於明朝，因而女真貴族普遍不能像關內的官紳地主一樣脫離勞動生產而坐享榮華富貴，他們在關外的苦寒之地經常要與奴僕一起從事各種勞動。努爾哈赤也不例外，他很多事都要親力親為，以維持生計。為此，他在長期狩獵生涯中練成了一身高超的武藝，至於平日裡的耕種與採集，更是每一個成年男子養家糊口的拿手本領。努爾哈赤經常深入深山老林中做一些挖參、捕貂的活兒，當獲得的土特產達到一定的數量時，便攜帶著它們到撫順的馬市中

▲北鎮的李成梁石牌坊（老照片）。

出售。隨著與漢人打交道的次數日漸增多，他逐漸通曉了漢語，能閱讀《三國演義》、《水滸傳》等書，對漢人的文化風俗有了一定的瞭解，使自己的視野更加開闊。然而，努爾哈赤頻繁出沒於明朝邊城不可能僅僅為了生意往來，他不可避免地捲入了女真諸部與明軍的鬥爭中。他與死於明軍之手的建州領袖王杲有親戚關係，因為他的外祖父阿台就是王杲的兒子。而阿台娶了努爾哈赤的姑媽為妻，雙方真是親上加親。努爾哈赤在十餘歲的時候，與同母所生的三弟速爾哈赤一起投靠外祖父，成為王杲與阿台的部屬。王杲反明失敗被處死，而努爾哈赤兄弟倆亦成為了李成梁的俘虜。時人記載，那時年僅十五六歲的努爾哈赤跑到騎著戰馬的李成梁之前，抱著馬腳請求一死，李成梁見其可憐，不但沒有加以殺害，反而將其留在帳下如養子一般對待。自從做了李成梁的侍從之後，努爾哈赤表現得很搶眼，凡是戰鬥「必先登」，因而「屢立功」，受到李成梁的青睞。據說每當李成梁出入京師之時，都要攜帶著努爾哈赤，可見對其非常信任。

▲明代與《三國演義》有關的繪圖——赤壁大戰。

努爾哈赤的身份實際等同於人質，從某種意義上使得李成梁與他祖父、父親的關係更加密切。而他祖父、父親所部也對明朝更加忠順。可是「天下無不散之筵席」，努爾哈赤為李成梁效勞了好幾年之後突然辭歸了，具體的原因眾說紛紜，比較可信的說法是他接到了父親的來信，要求他回家成親。李成梁之所以同意放人，可能是想在建州女真內部安排自己的心腹，以便將來能更好地駕馭女真諸部。

努爾哈赤回家仍舊遭受繼母的白眼。在繼母的挑唆之下，父子倆終於分家。儘管努爾哈赤獲得的財產不多，可他成親時已經十九歲了，既有能力，也有志氣獨立生活。

世事難測，幾年後一場突如其來的橫禍使努爾哈赤的命運發生了急劇的改變。原來，王杲的兒子阿台為了替父報仇，聯合了一些反明的女真酋長捲土重來，他憎恨把自己父親獻給明朝的南關首領王台，便乘王台已死的機會攻打王台的兒子虎兒罕，使關外地區演出了一幕建州女真挑戰海西女真的暴力血腥劇。其後，阿台又帶領手下入侵明境，於一五八二年（萬曆十年）底連犯孤山、汎河地區，並與出塞還擊的李成梁大戰於曹子穀，結果被明軍斬首一千多，損失戰馬五百匹。阿台沒有就此罷手，他接著在一五八三年（萬曆十一年）二月打到瀋陽附近，一直闖到了城南的渾河。李成梁就像救火隊一樣哪裡有險情就往哪裡跑，這一次，他匆忙趕到虎皮驛（今中國瀋陽以南十里河一帶）增援，誰知撲了個空。虛晃一槍的阿台神出鬼沒地往撫順方向跑去，一路打劫，飽掠而歸。阿台接二連三的騷擾，使李成梁不勝其煩，遂決定調集重兵搗毀其巢穴，打算一了百了地解決問題。大隊明軍迅速動員起來，從虎皮驛出塞百餘里，殺向王台老巢的所在地——古勒山寨（今中國遼寧新賓上夾河鄉附近）。古勒山寨位於地形險要的山區，寨子三面為懸崖峭壁，僅有一條道路可以通行。阿台倚仗地利，在山寨的周圍築起濠溝，決意死守到底。兩虎相爭，必有一傷！具有豐富作戰經驗的李成梁在出塞時歷來有利用當地土著帶路的傳統，現在也不例外，早已在事前徵調一些親明的女真人做嚮導。努爾哈赤的祖父覺昌安與父親塔克世過去都曾經給明軍帶過路，這次是否也牽涉其中呢？各種明清史料的記載很不一樣，有的說覺昌安與塔克世仍像以往那樣做了明軍的「帶路黨」；有的說覺昌安因不肯與阿台同流合污一起反明而被囚禁於古勒寨中，塔克世為了救父而不惜冒險親赴戰場；還有的說覺昌安的孫女是阿台的妻子，他為了救孫女而與兒子塔克世共履險地。總之，各有各的說法，莫衷一是。但可以肯定的是，覺昌安與塔克世這兩個人都不約而同地介入了這場戰事，他們當時都在戰區之內，並身處充滿著刀光劍影的第一線。戰鬥打響前夕，胸有成竹的李成梁兵分兩路，自己帶著部分人馬攻打主要目標古勒山寨，而另遣一路偏師解決阿海（阿台的同夥）所盤踞的一個小山寨。戰鬥打響後，作為偏師的那一路明軍很快殺死了不堪一擊的阿海，轉而與李成梁會合，一起包圍古勒山寨。由於山寨易守難攻，明軍一時難以得手。李成梁隨機應變，採取軟硬兼施之策，一面命令帶路的女真圖倫城主尼堪外蘭在城外喊話招降，一面命令部隊準備火攻。尼堪外蘭害怕招降不力而受明軍的責備，便在城外嘶聲裂肺地胡亂叫喊，忽悠城裡的人，其中一句「誰能殺死阿台，就讓誰做寨主」的話起了立竿見影的奇效。阿台的手下信以為真，群起而動殺死阿台，打開寨門投降。然而，如箭在弦的明軍一觸即發，不分青紅皂白就對出寨之人大打出手，斬首二千三百餘級，還放火焚燒寨裡的房屋。一時之間，在沖天烈焰的映照之下到處血光四濺，寨中的男女老幼慘遭屠戮，連覺昌安與塔克世也雙雙死於亂兵之中。

噩耗傳來，年方二十五歲的努爾哈赤悲痛欲絕，經過交涉，他派出部下夷伯插來到李成梁的軍中領回了父親的屍首，而他的祖父在混亂中屍骨無存，難以尋覓。為了討回公道，努爾哈赤上書朝廷，質問祖父與父親為何無故被殺。朝廷的答覆是誤殺，為了彌補過失，可以讓努爾哈赤承襲都指揮使之職，給予敕書三十道與三十匹馬，此事就算了結。

至此，努爾哈赤共有五位有名有姓的先人死於明軍的手上，分別是五世祖董山、外曾祖父王杲、外祖父阿台、祖父覺昌安與父親塔克世。至於那些疏遠的族人以及一些未能在史書中留下姓名的親戚朋友，就不知還有多少了。如此深仇大恨，他絕不會善罷甘休，可由於力量過於弱小，不得不暫且將仇恨埋藏於心底，不敢公開向明軍叫板，只能把怒火發洩到參與討伐阿台的「帶路黨」尼堪外蘭的身上。

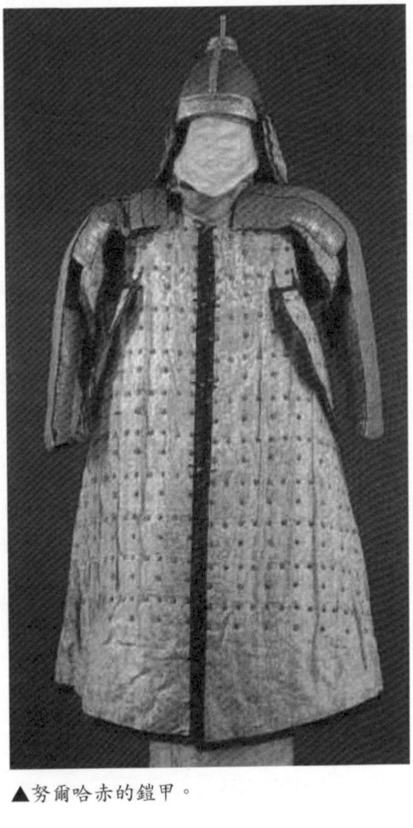

▲努爾哈赤的鎧甲。

圖倫城主尼堪外蘭在殲滅阿台一役中的賣力表現得到了明朝的讚賞，儘管此人的兵力不多，但明朝有意扶持其為建州左衛的首領，並為其在班嘉築城。附近很多趨炎附勢的女真部落酋長眼看尼堪外蘭紅極一時，紛紛打算歸附此人以沾光。然而，努爾哈赤不服，他始終認為祖父、父親之死與尼堪外蘭的挑撥離間有關，因而不惜冒天下之大不韙，公開向明朝征討尼堪外蘭，實際等於向朝廷暗示攻打尼堪外蘭的戰事即將到來。明朝鎮守邊關的將領警告努爾哈赤不要亂來，顯然不把這個毛頭小子放在眼內。誰也沒有想到，固執的努爾哈赤不聽勸告，毅然以「十三副遺甲」起兵，決意與尼堪外蘭死磕，從此開始了轟轟烈烈的建軍大業。

努爾哈赤起兵之初，部下不滿百人，裝備亦非常簡陋，僅有鎧甲十三副。由於力量有限，他不可避免地要親自操刀上陣，所幸的是，他平日勤於練武，技藝精湛。據《清太祖實錄》記載，有一次，他和東果部一位名叫紐妄肩的善射者比試箭術，靶子是百餘步之外的柳樹。紐妄肩挽弓射出五箭，僅中三箭，而且上下不一。他卻五發五中，射出的箭均集於一處，相去不過五寸，不但打得非常准，力度還很大，需要鑿木才能取出箭來。

努爾哈赤的射術如此精湛，這不是偶然的，因為弓箭是女真諸部最主要的狩獵武器之一，每一個男人都必須自幼加以練習。他們較早使用的弓是角弓，這類弓以榆木做弓胎，以桑木為兩梢，再在表面輔以牛角、鹿角，飾以樺皮等物，固以筋、膠。弓弦則用獸皮製作。後來，製弓技術經過不斷的發展與完善，採用的材料也更加豐富，增加了檽木、巨竹、蠶絲、漆等物，品質也越來越好。根據《大清會典》所載，弓有一至六等，而弓力的強弱要視胎面的厚薄與筋膠的重量而定，其中，一等弓為十六至十八「力」，二等弓為十三至十五「力」，三等弓為十至十二「力」，四等弓為七至九「力」，五等弓為四至六「力」，六等弓為一至三「力」。這裡所說的「力」，意思是「弓力」，每一「力」為九斤十四兩（一說為九斤四兩）。體格強壯、臂力過人者能開最強勁的弓力，一般人能挽六力弓就算合格。軍用箭也是各式各樣，就以軍中常用的箭、梅針箭為例，箭的箭鏃較闊，殺傷力大；而梅針箭的箭鏃又尖又細，專門用於射擊身披鎧甲之敵，它能穿過甲片與甲片之間的間隙，確有奇效。至於努爾哈赤到底能開多少弓力？史無明載，不過他的兒子皇太極所用的弓就號稱「壯士弗不開」，乾隆帝為此賦詩讚美道「弓知勁百鈞」。皇太極的兒子順治是入關後的第一位皇帝，他的御用弓標明為「七力」，而此後的多位清帝均有御用弓遺留於世，比如康熙能開「七力半」至「十一力」的弓，雍正能開「四力半」的弓，乾隆所用的弓從「三力」至「七

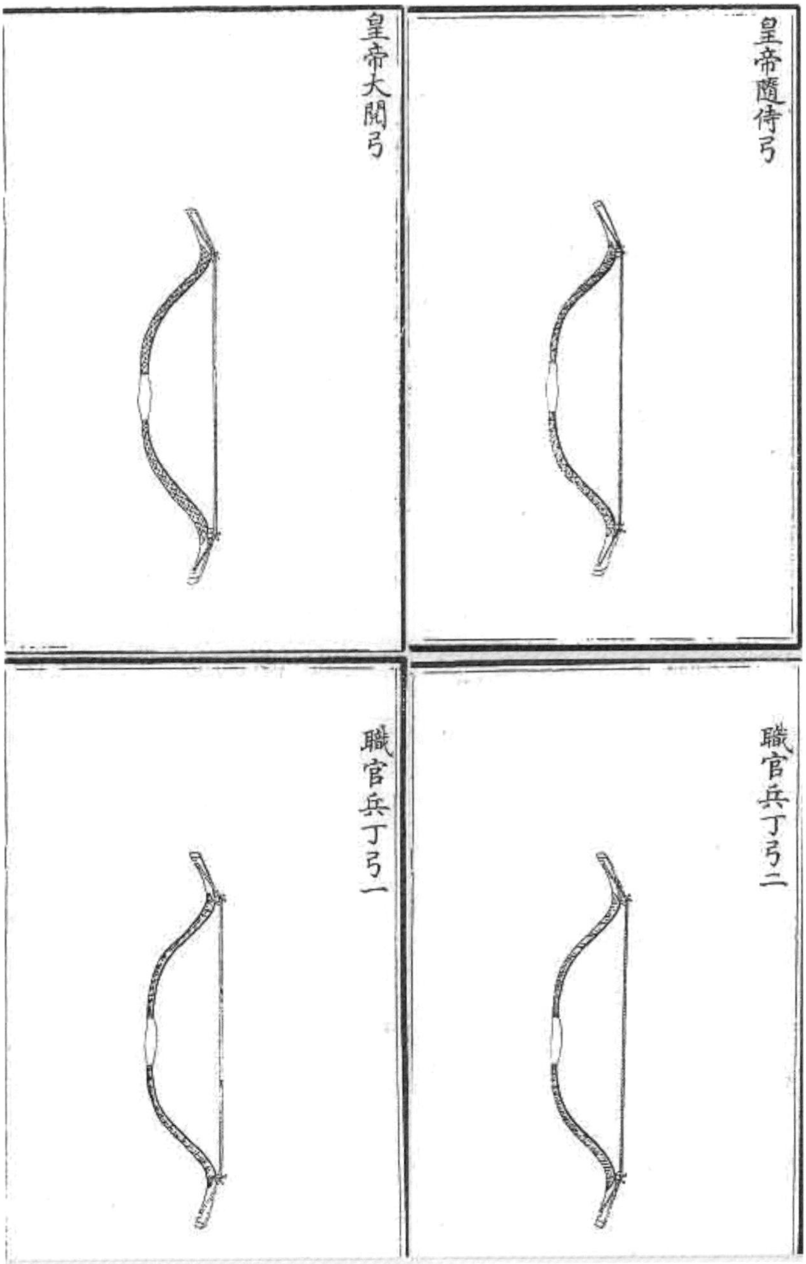

▲清代《皇朝禮品圖式》中的弓。

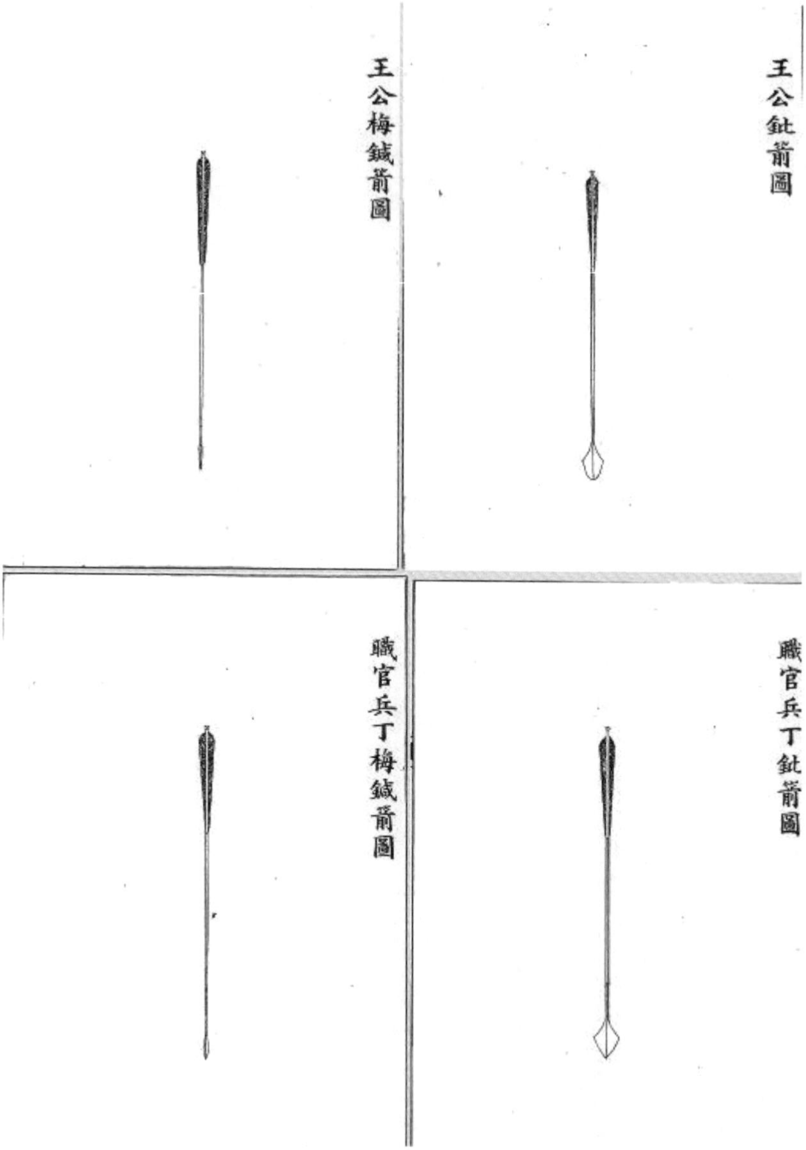

▲《大清會典》中的梅針箭與箭。

力半」不等。由此可見，努爾哈赤的家族世世代代重視射術，並提倡身體力行。

由於藝高膽大，努爾哈赤多次化險為夷。例如在起兵之初的一天晚上，他在休息時發現家中的侍婢遲遲不去睡，還在灶台燃起一盞忽燃忽滅的燈，因而不禁心生疑慮，馬上在衣服裡面穿上短甲，手持弓刀假裝出外找廁所方便一下，看看周圍有沒有異常。步出家門之後，他隱約看見在遠處一排排木柵的旁邊有一個人影逐漸逼近，便立即發出一箭，中其肩部，接著再向賊人的腳部補射一箭，令其不能逃跑，然後上前用刀背將其擊昏，拿出繩子捆綁起來。這時，親朋戚友聞聲紛紛趕到，他們全都建議努爾哈赤殺掉賊人。但深謀遠慮的努爾哈赤卻認為假若殺掉這個傢伙，會帶來後患，因為這個傢伙可能有主人，他的主人完全可以手下被殺為藉口而興師動眾前來搶奪糧食，一旦糧食被搶，致使自己的部屬吃不飽肚子，必定人心離散，後果不堪設想。而且，別的部落會認為首先殺人挑釁的一方理虧，如此就失去了輿論的支持。既然小不忍則亂大謀，不如乾脆將其釋放，一了百了。可見，他對周邊窺伺的強敵保持著清醒的頭腦與足夠的警惕。

深知自己力量有限的努爾哈赤想請同族的親友幫忙報仇，可大多數親友不想與外表強大的尼堪外蘭結怨，竟作壁上觀，僅有同宗的諾米納願意幫忙。就在努爾哈赤起兵的前夕，諾米納在其弟奈哈答的勸阻之下突然背約而拒絕參戰。努爾哈赤儘管找不到什麼同盟者，但他毫不畏懼，毅然披著鎧甲，手持弓、刀，於一五八三年（萬曆十一年）五月發兵，直取尼堪外蘭的圖倫城。出乎意料之外的是，狐假虎威的尼堪外蘭在沒有明軍支援的情況下顯得不堪一擊，很快便放棄抵抗攜帶著家人逃往班嘉城。初戰告捷讓努爾哈赤在世人之前戳穿了尼堪外蘭這只紙老虎貌似強大的外表，暴露出其虛弱的本質，不但使其在女真諸部中聲譽掃地，連明朝也對這個「爛泥扶不上牆」的傢伙失去了興趣。

趁熱打鐵的努爾哈赤於同年八月追擊至班嘉城，想不到諾米納與其弟奈哈答擔心努爾哈赤藉復仇之機擴張勢力，竟然暗中給尼堪外蘭通風報信，致使這次軍事行動撲了個空。緊追不捨的努爾哈赤尾隨著逃亡的尼堪外蘭來到撫順所東南的河口台。當時，明軍繼續坐山觀虎鬥，不但沒有向尼堪外蘭伸出援手，反而派兵到邊關阻擋其進入境內避禍。前無退路，後有追兵的尼堪外蘭正要束手待斃之際，努爾哈赤卻突然莫明其妙地退兵了。原來，資訊不靈的努爾哈赤誤以為在前面阻擋尼堪外蘭的明軍將要向自己發起進攻，慌忙指揮手下後退，陰差陽錯地讓尼堪外蘭撿回了一條命（慌作一團的尼堪外蘭後來逃到鄂勒琿這個地方勉強棲身，苟延殘喘）。當天夜裡，尼堪外蘭的一位手下來到努爾哈赤的宿營地投降，透露了很多有價值的情報。至此，努爾哈赤才明白出現在邊境的明軍並非敵人，自己一時大意錯失誅殺仇人的良機，他在撤返時恨聲連連地說：「諾米納與奈哈答這兩個傢伙如果不暗中洩密，尼堪外蘭必被活捉。」不久之後，他又與諾米納兄弟發生爭執，遂決定先下手為強，

▲《滿洲實錄》中的進攻圖倫城圖。

拿此兩人開刀，可是不能硬拼，只能智取，因而故意提出要與諾米納一起攻打其他人的城堡，就等這個頭腦簡單的傢伙進入圈套之中。諾米納果然中計，答應出兵，但不肯打頭陣。努爾哈赤對此早有預料，乘機說：「你既然不願打頭陣，可以把盔甲與軍械借給我，由我的手下打頭陣。」諾米納不知是計，反而認為自己會坐收漁翁之利，當即同意將所有的軍用器械借出來。努爾哈赤等到盔甲與兵器一到手，馬上掉轉矛頭，命令部屬捕殺了諾米納兄弟，並奪取了這兩人的地盤薩爾滸城。至於諾米納那些潰散的部眾，如果願意投降，努爾哈赤就歸還其妻子兒女，仍令他們居於薩爾滸。

努爾哈赤奪取薩爾滸靠的是「兵不厭詐」的謀略，表明他絕非一介武夫。不過，直到現在為止，這位年輕的領袖與他的手下還沒有打過硬仗，他們碰到的第一次硬仗是進攻兆嘉城之戰。

兆嘉城的城主叫理岱，他屬於建州女真渾河部。事實上，努爾哈赤在復仇的同時已經不知不覺地開始了統一女真的宏偉大業，那時，戰鬥多數發生在山區，以攻防戰為主，這與女真部落善於在山區險要之處建築固定的城寨有關。在四分五裂的女真諸部裡面，比較有影響的部落有十餘個，分別是：

建州女真的蘇克素護河部、渾河部、完顏部、棟鄂部（毛憐衛）、哲陣部。

海西女真的烏拉部、南關（哈達部）、北關（葉赫部）、輝發部。

長白山女真的訥殷部、珠舍里部、鴨綠江部。

東海女真的窩集部、瓦爾喀部、庫爾喀部。

其中，訥殷、鴨綠江、瓦爾喀等部落究竟屬於哪一類女真存在著爭議，有人把他們之中的某些部落劃歸於野人女真，還有人認為這些部落雖然在歷史上從未隸屬過建州三衛，但其實與建州女真同類。也許，在部落與部落的長期融合過程中演變成了你中有我、我中有你的局面。總之，誰也沒有能耐把如此眾多的部落一口氣吞下來，只能一個一個地吃掉，顯然，統一女真的事業不能一蹴而就。

努爾哈赤以復仇為名擅開戰端，覬覦別的部落，這種擴張行為遭到了家族內部一些世叔伯與堂兄弟的反對，一些人不滿他破壞女真部落的秩序，另一些人則妒嫉他的勢力日益強大，為此不惜與外部勢力一起阻撓他的軍事行動。努爾哈赤一時之間成為了眾矢之的，只好暫時放過尼堪外蘭，轉而與這些新的反對勢力作鬥爭。在此期間，渾河部兆嘉城的城主理岱勾結南關女真的人馬，洗劫了努爾哈赤的瑚濟寨。這些烏合之眾在歸途中被努爾哈赤派出的十二名精兵追上，四十多人被當場打死，並失去全部的掠奪之物。僥倖不死的理岱逃回兆嘉城龜縮不出，他預料對方必來報復，可自己的部隊野戰能力較差，只好依賴死守。一五八四年（萬曆十二年）正月，努爾哈赤果然興師前來問罪，不巧偏偏遇上了大雪，而兆嘉城所在的噶哈嶺山高路險，難以前行，努爾哈赤與部屬不得不「鑿山為磴」，一個緊接一個地魚貫而上，還用繩子系於馬的身上用力往山頂拖拽，硬是到達了目的地，顯示出了異常強勁的戰鬥意志。

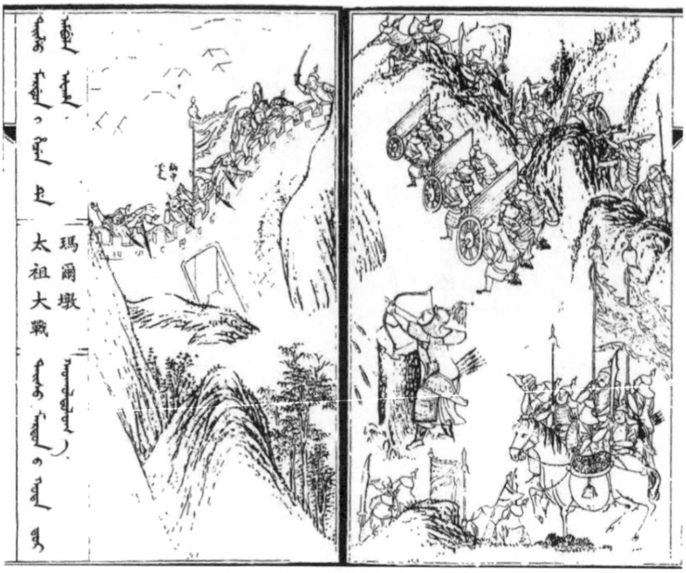

▲《滿洲實錄》中的進攻瑪爾墩山寨圖。

可是，兆嘉城內的理岱早已嚴陣以待。有人奉勸努爾哈赤退兵，以免啃硬骨頭，但不甘心前功盡棄的努爾哈赤堅決地督兵猛攻，結果順利克城，活捉了理岱。他起兵以來的第一次硬仗以勝利告終。

努爾哈赤極為注意給部隊增添新裝備，以加強攻擊能力，他在同年六月的瑪爾墩山寨（位於遼寧新賓縣瑪爾墩嶺）之戰中，首次動用了攻堅利器——戰車。戰車又叫「楯車」，它有左右兩輪，由人推著前行，而車架前面豎立著一塊外面裹著牛皮以及鐵皮的橫板，能有效地掩護後面跟進的士卒。努爾哈赤使用戰車進攻瑪爾墩山寨是為了替被仇家暗算的妹夫噶哈善報仇，因為參與謀害噶哈善的兇手就躲藏在內。這一戰，他先以三輛車在陡峻的山地中並列前進，作為開路先鋒掩護後面的四百士卒。當道路越來越狹隘時，便改以一車在前，二車在後，一直迫近城下。每當城上拋下檑木滾石時，士卒們便紛紛躲藏於車後。而戰車也在激烈的戰鬥中被擊毀了兩輛。努爾哈赤指揮部隊用箭仰射城上之人，打死了不少，經過日以繼夜的廝殺，他的手下直到第四天才憑著一次出色的夜襲成功登上城頭。

努爾哈赤總是在戰鬥的關鍵時刻以身作則，奮不顧身地衝殺在最前線。正所謂「上得山多終遇虎」，為此，他難免負傷，血灑疆場。其中發生在一五八四年（萬曆十二年）九月的一場激戰差點兒讓他送了命，當時，他率兵五百主動攻擊了建州女真棟鄂部的齊吉達城，不料遭到城內四百守軍的拚命抵抗而遲遲未能得手，只是把城外的懸樓與房屋全部焚毀。不久，突如其來的大雪使進攻陷於停頓。努爾哈赤不想空手而回，他以「既興兵至此，當乘茲以蹂躪一方」的想法又主動出擊別的目標，選中了棟鄂部的甕郭洛城。由於甕郭洛城的人事先得到情報加強了戒備，讓努爾哈赤的偷襲落了空，唯有選擇強攻。他一面命令下屬放火焚燒城外的懸樓與房子，一面登上一間房子的屋脊，用弓箭與城內敵人對射。正打得如火如茶之時，突然，他被一位名叫鵝兒古尼的神箭手一箭射中頭部，只能忍痛拔出穿透盔甲深入肉中的利箭，在血流至腳的情況下，仍彎弓作戰不已。這時，一位叫做老科的敵人在烈焰濃煙的掩護下從暗處射來一支帶有雙鉤的利箭，正中他的脖子，穿過他的頸下的鎖子甲圍領而發出毛骨悚然的響聲，致使他身受重傷，再也難以戰鬥下去。部屬們見勢不妙，俱欲登上屋頂扶他下來。他連忙阻止：「你們不要接近我，恐敵人察覺，待我自己從容而下。」言畢，用手捂著血流如注的傷口艱難地下屋，先伏於兩人的肩上，再昏倒於地。懊悔不已的部屬立即帶他撤離戰場。當晚，他昏迷數次，每次甦醒時抓緊時間飲水，直到次日，傷口的血才漸漸停止流淌，雖然撿回了一條命，但也等於從鬼門關走了一趟。他痊癒之後，再率兵來攻，這次由於準備充分，很快便拿下了甕郭洛城。眾將士欲殺曾經擊傷努爾哈赤的鵝兒古尼與老科，努爾哈赤阻止道：「這兩人射我，是各為其主之故，那時誰不想獲勝？我現在釋放他倆，將來遇到敵人，他倆會為我拼命！像這樣的高手，在打鬥中死於鋒鏑之下尚且可惜，怎可忍心因為曾經打傷過我而濫殺之！」說罷，當即釋放兩人，並賜以官爵。從這件事可以看出他招賢納良、求才若渴的心情。

一五八五年（萬曆十三年）二月，努爾哈赤親率五十人（僅一半人有盔甲）前往界藩寨搶掠財物，不料對方早已有備，竟無所獲。他們往南撤返時在太欒崗附近碰見了由界藩、薩爾滸、東家、巴爾達四

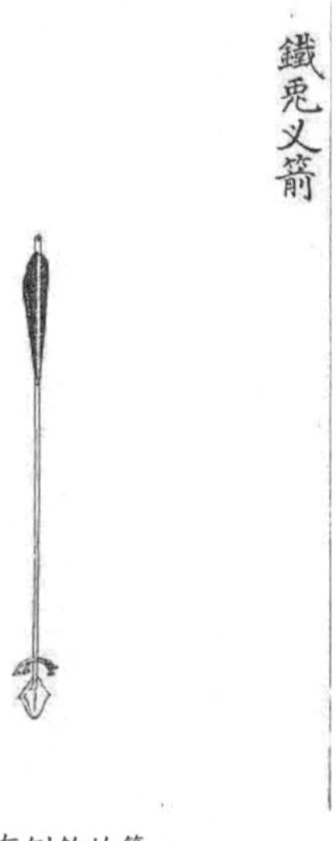

▲清代一種帶有倒鉤的箭。

城酋長帶來的四百敵軍，其中內申、把木尼兩位酋長首先撲過來廝殺。努爾哈赤立即單騎迎戰，在鞭子被砍斷的情況下奮力揮刀還擊，一下子把內申劈為兩截，接著迅速轉身彎弓放箭，將把木尼射於馬下。敵軍雖眾，但帶頭的兩位酋長既死，便皆失去了鬥志，紛紛後退到很遠的地方站立、觀望。努爾哈赤不敢掉以輕心，畢竟對方人多勢眾，稍有疏忽，後果不堪設想。他身邊的部屬悄悄提醒道：「馬俱瘦弱，怎麼辦？」這句話的潛臺詞是羸弱馬匹不能勝任即將發生的激烈角逐。由於山路崎嶇，此地的確也不太適合騎兵作戰。另外，即使大夥一齊騎馬拼命往回跑，所有的人都不一定能全身而退。努爾哈赤為了解開困局而心生一計，說：「你們可以全部下馬，假裝以弓稍拂雪，擺出拾箭的模樣，徐徐牽馬而退，等到退過山嶺之後再以鹽水、炒麵餵馬，解其疲憊，我則殿後作為疑兵。」言畢，令部下先行離開。他獨自一人站立於內申的屍體旁邊警戒。內申的部下呼喊道：「人已死，你為何還不離去，難道還想吃他的肉嗎？你走吧，讓我輩收回主人的屍體。」努爾哈赤故意回應：「內申是我的仇敵，我幸而殺死了他，他的肉也可以吃。」話音未落，他已向後退卻。為了防止追擊，他讓瘦弱之人先撤，自己率領七人隱蔽於偏僻之處，故意露出頭盔，做出埋伏的樣子。內申的部下又呼喊道：「你們留有伏兵，我們已經看出來了。兩位主人既然已被你們殺死，還想殺盡我們？」於是，努爾哈赤假裝在蹤跡敗露的情況下極不情願地撤走，終於帶著所有的人安然無恙地返回了。

後來的治史者多數認為努爾哈赤所部憑「騎射」崛起，但女真部落的聚居點多數位於山區附近，這會對騎兵的作用造成一定的限制，太欒崗之戰便是一例。

同年四月，努爾哈赤率五百馬步兵征伐哲陳部，正巧遇上渾河發大水，不得不令大部人馬返回，只留下五十名綿甲兵與三十名鐵甲兵繼續前進。托漠河、章佳、巴爾達、薩爾滸、界藩等五城首領得到密報，遂決定聯合抵抗。努爾哈赤雖然事先安排了一名哨兵在隊伍的後面警戒，可是這位發現敵情的哨兵卻在歸途中迷了路，未能及時把情況傳送回來。而努爾哈赤仗恃有哨兵在後，完全沒料到會有八百多敵人突然殺來。等到敵人沿著界藩、渾河至南山一線佈陣時，已經近在咫尺了。努爾哈赤的一些部屬驚慌失措起來，特別是夾陳、桑古里這兩位遠房親戚竟然嚇得把身上的鎧甲解下來遞給他人，不敢迎戰。努爾哈赤怒道：「你倆在家，經常在族人面前稱王稱霸，如今看見敵兵，為何怯戰，解甲遞與他人？」話音未落，他親自執旗策馬而進，眼見敵兵不動，遂跳下來站在地上，將馬逐回。隨後，他帶領弟弟莫爾哈奇以及楊布祿、鵝淩剛這兩位家人步行作戰，幾個人一起攜手闖入重圍，奮力射箭，在混亂中殺死敵兵二十人。奇跡發生了，八百人竟然抵擋不住四人，爭先恐後地渡過渾河而逃。此刻，努爾哈赤由於久戰疲憊，喘息不定，便想脫下腦袋上面沉重的兜鍪，爭取時間休息一下。他嫌解開鎧甲的速度不夠快，竟以手指扭斷其鈕扣。不一會兒，部屬紛紛趕到，這些坐享其成的傢伙躍躍欲試，提議乘勢追殺敵軍，再也沒有了怯戰的情緒。努爾哈赤怒氣未息，閉口不應。當他稍事休息之後，重整盔甲，又進行追擊，陸續殺了四十五名敵人，並與弟弟一直追到界藩。界藩附近有一座險隘的山岡，上面聚集了十五名敗兵。努爾哈赤怕被敵人看見，便把盔纓除下來然後隱身於暗處，先射死為首的一人，其弟莫爾哈奇又射死一人。剩餘的敵人在慌亂中皆墜崖而死。戰鬥結束後，努爾哈赤很滿意，他評論道：「今以四人擊敗八百之眾，實得天助。」

從此戰可以看出，努爾哈赤儘管已經起兵數載，但仍未在軍中嚴格區分騎兵與步兵，以各司其職，他本人既可以是騎兵，必要時又可以成為步兵，可一個人的能力是有限的，不能同時勝任不同的角色。當他下馬作戰時，步行的時間一長，身上的盔甲就成為了沉重的負擔，變得礙手礙腳起來，阻礙了對敵人的追擊，難免對戰績造成不利的影響。

此後，努爾哈赤繼續執行擴張政策，先後攻克或招降了蘇克素護河部所屬的安圖瓜爾佳寨、渾河部所屬的拔義渾山城、哲陳部所屬的托漠河城，隨著勢力的發展，兵力亦已增至千人左右。一五八六年（萬曆十四年）七月，他認為最後解決仇敵尼堪外蘭的時機已經成熟，便帶齊人馬晝夜不停地殺向尼堪外蘭棲身的鄂勒琿城，沿途一些不友好的女真部落皆偃旗息鼓，不敢阻擋，以免引火焚身。當他到達城外，發現四十餘名來不及撤入城中的敵人正企圖帶著妻子覓路而逃，為首者身穿青綿甲，頭戴氈帽，與尼堪外蘭非常相像。努爾哈赤不假思索，孤身一人衝上前去攔截，在激烈的打鬥中負傷三十處，其中有一箭竟然從前胸旁邊穿過肩後，露出了滴血的箭鏃。但他沒有膽怯，猶奮勇射死八人，斬死一人，致使殘餘敵眾四散而逃。當城寨攻克後，發現裡面藏有十多名明人，亦一併殺死。然而，尼堪外蘭又一次鬼使神差地漏了網，潛逃入了明境之內。努爾哈赤令人傳信給明朝的邊關官員，強烈要求他們交出仇人。明朝的邊關官員知道尼堪外蘭再無利用價值，決定予以拋棄，他們順水推舟樂得做個人情，慫恿努爾哈赤直接派人入境殺掉這個廢物。努爾哈赤得知明軍不會干涉他的復仇計劃，刻不容緩地命令四十名精兵突襲了尼堪外蘭的藏身之處，乾脆俐落地殺死了他，為祖父、父親報了仇。

尼堪外蘭雖死，但努爾哈赤不認為祖父、父親被殺事件已得到了圓滿的解決，因為當時動手殺他祖父、父親的並非尼堪外蘭，而是明軍將士，他現在暫時還沒有能力向明軍叫板，只有將這筆賬留待將來再算。

努爾哈赤在復仇的過程中積累了一定的威信，他既然打死了明朝有意扶持為建州左衛首領的尼堪外蘭，那麼，取而代之就成為順理成章的事。這時，加強根據地的建設已經提上議事日程，一五八七年（萬曆十五年），他在距離呼蘭哈達山東南方向約數里的二道河山建起了費阿拉城。整座城以土、木、石塊塗以沾泥建築，聳立在兩條河流之間的山坡上，三面為懸崖，只有北面可以通行。據朝鮮人後來的記載，這座城的外面居住了四百戶人家，皆是軍人。城裡又有外城與內城之分，外城範圍為十里左右，高達十餘尺，城上設置敵樓，但沒有雉堞、射台、隔台與壕溝，其中居住著三百戶人家，以軍隊中的將領及努爾哈赤的親族為主。而內城的範圍相當於兩個馬場般大小，城上有雉堞與隔台，居住了百戶人家，皆是努爾哈赤的親人與親信。努爾哈赤本人居住於內城裡面另設的木柵之中。《李朝實錄》記錄了當時親自到過那裡的一位朝鮮人的話，他指出明朝為了幫助努爾哈赤建城，還專門派出了畫工與瓦匠，可見雙方關係比較密切。在此前後，努爾哈赤加大了統一建州女真的力度，奪取了完顏城、洞城等城寨、獲得了不少人口。在歸附者之中，包括來自酸（地名）地的貴族費英東與棟鄂部貴族何和禮等知名人物，他們後來都成為了努爾哈赤的左右手，是清王朝的開國功臣。到了一五八八年（萬曆十六年），努爾哈赤已經基本控制了建州女真的所有部落，勢力日益強盛。此後，又陸續對蘇子江流域的趙家（兆嘉）城等地動武，鞏固與發展自己的勢力。

在努爾哈赤統一建州的一系列戰鬥中，規模都比較小，出動的兵數不過成百上千，而持續的時間也比較短，快則一天，慢則三四天。根據《李朝實錄》的記載，他的軍隊已經重視使用兵種配合作戰，其中，有四個兵種經常在營地裡面操練。這四個兵種即是環刀軍、鐵錘軍、串赤軍、能射軍（環刀軍、鐵錘軍、能射軍這三個兵種從名稱來看都容易理解，串赤軍究竟是什麼兵種卻頗有爭議，有人認為「串赤」是女真語「車盾」的轉訛音，因而串赤兵是車盾兵，這種說法可供參考）。努爾哈赤的軍隊雖然今非昔比，可實力還有限，還不敢像先輩王兀堂與王杲等曇花一現的建州女真霸主那樣向明朝挑戰，他吸取了前人的教訓，暫時採取籠絡明朝的策略，絕不貪圖眼前的利益進行騷擾。

在統一建州女真期間，努爾哈赤基本上對海西女真諸部採取了友好的態度，先與南關領袖王台的孫女結親，後來又娶了北關首領那林孛羅的胞妹。但海西女真內部紛爭不斷，南關繼續示忠於明朝，而北關的情況有點複雜，自從清佳砮與楊吉砮被明軍打死後，他們的兒子卜寨與那林孛羅漸漸強盛起來，多次與南關的歹商（王台的孫子，父親是虎兒罕）發生磨擦。坐鎮遼東的李成梁雖然對努爾哈赤兼併建州女真的行為視若無睹，卻沒有放鬆對海西女真與韃靼左翼諸部的軍事壓力。他對北關的一舉一動都異常關注，絕對不允許出現由北關控制整個海西女真的局面，而是竭力維持南關壓制北關的政策。一五八八年（萬曆十六年）三月初六，按捺不住的李成梁終於出手了，他率師出發，從開原威遠堡出境直搗北關老巢。這次，明軍動員了優勢的兵力，在四百二十輛戰車的配合下前進（這些戰車可以乘載雲梯及火炮，是攻城利器），一路以風捲殘雲之勢硬闖北關的領地。無力抵抗的卜寨不得不放棄自己的地盤而逃入那林孛羅的城寨中，企圖死守下去。那林孛羅的城寨位於陡峭的山坡之上，分為內城與外城。內城為木城，其中修建了一座八角明樓，可用來安置老弱婦孺及財產。外城由石所築，顯得頗為堅固。據統計，全城內外共有四層城牆與一層木柵，此外還挖了三道壕溝，再加上裡面數量驚人的守衛者，要想拿下談何容易！明軍沒有畏葸不前，想辦法擊敗了敢於出城迎戰的少數女真騎兵與甲士，就立即攻城，在兩天的圍攻過程中，有很多人死於滾木、石塊之下，但成功擊破其週邊的二層城牆，取得了階段性成果。等到隨軍的大炮沿著崎嶇的山路被人拖上前沿陣地時，李成梁已是穩操勝券。這個外表固若金湯的城寨在來如電閃的鉛彈之前顯得脆弱不堪，城中的牆壁、柱子被打得破碎斷裂、滿目瘡痍，守城之人更是傷亡慘重，悲泣不已。激烈的攻防戰打到現在，明軍以死五十三人、傷五百三十五人以及損失一百一十三匹戰馬的代價，擊斃不少敵人，其中斬獲敵首五百五十四級，繳獲了頭盔二百七十五頂、身甲二百八十一副、臂手八千零三副，還俘獲了戰馬九十八匹。最後的結局是，卜寨與那林孛羅為了活命向李成梁屈膝投降，發誓不再叛變，以求得諒解，明軍乃班師。

明軍在這一次犁庭掃閭的作戰中動員了接近兩萬的兵力。而卜寨與那林孛羅在固守時動員了一切可以動員的力量，據《萬曆武功錄》記載，城中守衛的「控弦之士」達到數以萬計的程度，儘管其中披甲的戰士僅有千人，但確實達到了「女真滿萬」的地步。特別需要指出的是，海西女真與金代女真有著比較直接的傳承關係，被視為是金國遺裔，本來完全有資格繼承「女真滿萬不可敵」的歷史榮譽。不過，如今「女真滿萬不可敵」的神話破滅了，因為螳臂不能擋車！

假設李成梁這一次討伐的不是卜寨與那林孛羅，而是羽翼未豐的努爾哈赤，那麼，後者在來勢洶洶的明軍之前即使比那林孛羅打得更好，可能最終也不會有什麼好果子吃。儘管努爾哈赤的部隊發展得很快，史載「驍騎已盈數千」，但畢竟雙方實力的對比仍很懸殊。然而這一切都不可能發生，原因是努爾哈赤同李成梁的關係很不一般，就像後來巡撫遼東的熊廷弼說的那樣，「建州諸夷」一直以來都是分裂的，而「合之則自奴酋（指努爾哈赤）始，使之合之，則自李寧遠（指李成梁）始」，意思是說在幕後支持努爾哈赤統一建州女真的就是李成粱。李成粱這樣做的目的之一也許是希望努爾哈赤統一建州女真之後能在一定程度上牽制那些叛背無常的海西部落，成為明朝邊境上的忠誠衛士。

此時，努爾哈赤的敕書已經增加到了五百道，與明朝進行經濟往來的物品也不斷增多。他在統一建州諸部的過程中，逐漸控制了撫順、清河、寬奠、靉陽等四處關口，在這些地方與明朝軍民進行互市交易，出售的土特產包括人參、明珠、黑狐、玄狐、紅狐、貂鼠、猞狸猻、虎豹、海獺、水獺、青鼠、黃鼠等皮。史載，建州女真由此收入增加，「民殷國富」。努爾哈赤為了討好明朝，約束部屬不准犯邊，還打死了與明軍作對的木紮河部的女真酋長，送還了一批被掠走的漢人，因而受到明朝君臣的讚賞。朝廷於一五八九年（萬曆十七年）九月將其從都指揮使之職提升為建州左衛都督僉事。從次年起，努爾哈赤開始親自朝貢，以示忠誠。這一年的四月，他帶著一百零八人到北京進貢關外的土特產，此後，他分別在一五九三年（萬曆二十一年）、一五九七年（萬曆二十五年）、一五九八年（萬曆二十六年）、一六〇一年（萬曆二十九年）、一六〇八年（萬曆三十六年）、一六一一年（萬曆三十九年）入貢了七次，他一直到正式建國與明朝分庭抗禮的前夕，還在一六一五年（萬曆四十三年）派人進行了最後一次的朝貢。

努爾哈赤的所作所為表明，他在時機尚未成熟之前是不會與明朝鬧翻進而大打出手的，可他的部屬與遼東明人已經心存芥蒂，《滿文老檔》記載「昔太平之時，諸申（指女真）與漢人互市往來，且不論漢官之妻，即是平民之妻，亦不得被諸申所見，且輕蔑諸申之官員，欺淩毆打，不准立於其門。而漢人之小官及平民等往諸申處，卻可徑入眾貝勒（貴族的稱謂）大臣之家，同席飲宴，盡禮款待。」深刻揭示了女真人牢記著本族曾經受過的屈辱，他們對明人充滿了猜疑與警惕，與明朝分道揚鑣是遲早的事。

李成梁重創北關的軍事行動確實起到了敲山震虎的作用，無論是海西女真還是建州女真，在幾年的時間裡都偃旗息鼓，不再輕舉妄動。只有桀驁不馴的韃靼左翼諸部還繼續騷擾明朝，明軍時不時亦展開反擊，偶爾也會深入敵境搗巢。然而，到了一五九一年（萬曆十九年）閏三月，李成梁策劃的一次搗巢行動僅殺二百八十名韃靼人，自身的損失卻達數千，因而遭到了朝中多位文臣的彈劾。這時，張居正早已死去，李成梁由於沒有得力上司的監督，已逐漸開始貪贓枉法，並經常在戰績上做一些弄虛作假的事，早已有不少把柄在言官的手中，被告以「欺罔」之罪也是咎由自取。在連受彈劾的情況下，他已是「不安其位」，多次以患病為由辭職。到了十一月，朝廷終於解除了鎮遼二十二年的李成梁之職。他從此開始了十年的退隱生涯。李成梁離職之後，朝廷派出多位將領出任遼東總兵，但均不太稱職，《明史》記載「十年之間，更易八帥」，邊帥如走馬燈般換人的後果是「邊備益弛」。而在此期間，發生了日本侵略朝鮮的大事。明朝為了援助藩屬國，果斷派兵開入朝鮮半島阻擊北上的日本軍隊，從一五九二年（萬曆二十年）起，進行了長達六年的「抗倭（指日本侵略者）援朝」鬥爭，與此同時，對關外地區韃靼、女真諸部的軍事壓力相應有所減弱。

在李成梁被言官搞得焦頭爛額即將離職的這段時間裡，女真諸部又開始蠢蠢欲動了。基本統一了建州女真的努爾哈赤重新執行擴張之策，把擴張的方向轉移到了北方的長白山鴨綠江部，於一五九一年（萬曆十九年）派兵吞併了這個弱小的部落。他的勝利破壞了各方勢力均衡的現狀，在關外女真諸部中引起了強烈的反應。特別是海西女真的諸位酋長，對此猶為惶恐不安，暗中醞釀著聯合起來與之抗爭。北關首領那林孛羅開始遣使警告努爾哈赤，認為烏拉、南關、北關、輝發與建州，都是一家，豈有五王並立之理？聲稱：「你們人多，我們人少，可將額勒敏、紥庫木二處，選擇一處讓給我。」努爾哈赤強硬地拒絕了，他指出建州與呼倫（指海西女真）不能混為一談，道：「你們國家的地方大，我不能強行奪取，我國的地方大，你們也不能奪取。何況一國的土地不等於牲畜，豈有隨便瓜分之理？」就這樣，那林孛羅的勒索行為碰了壁，但此人仍不甘心，竟然召集了南關與輝發兩部，共同派出使者來見努爾哈赤，發出了赤裸裸的戰爭威脅，揚言若不服從割地，彼此會成為仇敵。其中那林孛羅的使者更大言不慚地稱：「我們的兵能踐踏你的土地，你的兵敢進入我們的土地嗎？」努爾哈赤大怒，忍不住抽刀斷案，質問道：「你的主子弟兄兩人，何嘗親自上陣與對手在馬上進行過短兵相接，並且打得甲胄碎爛？」他還當著南關使者的面駁斥那林孛羅的使者，說道：「當年南關內亂，你們乘人之危進行掠劫，如今又想依樣畫葫蘆把我當作另一個容易制服的目標。你們的土地，即使四周都有邊牆阻隔，但當真堅不可摧嗎？我即使白天不能前往，夜裡亦能到達你那裡，你能把我怎麼樣？」最後，努爾哈赤當眾揭開了那林孛羅的陳瘡舊疤：「當年我的父親被大明誤殺，大明補償給我敕書三十道，馬三十匹，並送還屍首，封授我為官，每年給予銀兩、蟒緞等財物，你主子之父亦被大明所殺，其屍骸可否收回？」經過一番痛快淋漓的駁斥，他覺得意猶未盡，把這番話寫成書信，欲讓人攜帶到那林孛羅面前朗讀，可惜的是，他的信使未能完成任務，因為信件在途中被那林孛羅的弟弟卜寨沒收了。

雙方劍拔弩張之際，不少部落酋長選擇支持外表強大的那林孛羅，例如長白山女真所屬的訥殷部、珠舍里部勾結北關劫掠了建州東界葉臣所居的洞寨。努爾哈赤得知這個消息之後，恨聲連連，他認為訥殷、珠舍里這兩部與建州同源，想不到卻遠附北關，趁火打劫。假以時日，非兼併兩部不可！

山雨欲來風滿樓，一場對關外地區所有的女真部落影響深遠的大戰在李成梁離職後必將爆發，在此之前，發生了一次前哨戰。一五九三年（萬曆二十一年）六月，北關的卜寨與那林孛羅，糾集了南關的首領孟革布祿（歹商的叔父）、烏拉部酋長滿太、輝發部酋長拜音達里等人，突然襲擊了建州的戶布恰寨，搶掠了一番後撤退。努爾哈赤馬上報復，帶兵迅速進入了南關境內，攻擊了富爾佳齊寨，在回師時，他獨自殿後，以阻攔南關援兵。不久，南關追兵趕到了，衝鋒在前的共有四名騎士，最前面的一人舉著刀朝著努爾哈赤猛撲過來，另外三人緊跟在後並馬而進。以一敵四的努爾哈赤能否取勝呢？《清太祖實錄》繪聲繪色地記載這位未來的開國皇帝生怕自己的臉會被衝在最前面的那個人砍傷，但是，由於「時敵在右，不便於射」，因而不得不在生死關頭「轉弓過馬首」，也就是將左手拿著的弓以最快的速度從馬首的左邊移到右邊，再用不太自然的姿勢射出保命的一箭。這一箭雖然沒有射中敵人，不過幸運地射中了敵人的馬腹，致使敵馬驚躍起來，暫時解了燃眉之急。值得注意的是，《清太祖實錄》記載的這一段內容本來是想吹捧努爾哈赤武藝高強，不料事與願違，反而暴露了努爾哈赤的弱點，他並非像傳說中的那樣英明神武，因為他的雙手似乎不能「左右開弓」，僅會開單手弓，所以不能右手持弓、左手拿箭，從容射殺來犯之敵。而「左右開弓」通常是衡量古代猛將的標準之一。

說時遲，那時快！衝鋒在前的第一名南關騎士雖然因戰馬驚躍而舉刀劈了一個空，但緊跟在後的三名同伴已經一齊殺到。這時，努爾哈赤的坐騎也突然躍了起來，使他幾乎墜於地下，幸而右腳用力扳著馬鞍，仍得以騎在馬背之上。在這千鈞一髮之際，他又發出了一箭，竟把對面一名南關騎士射下馬來。無巧不成書，這位中箭的騎士正是南關的首領孟革布祿。

孟革布祿的家人立刻讓出坐騎給主人逃命。孟革布祿逃跑之後，南關追兵無心戀戰，被努爾哈赤帶著三名騎兵與二十餘名步兵打了個落花流水，死了十二人，還讓對方繳獲了六副鎧甲與十八匹馬。透過首次與海西女真部落的作戰，努爾哈赤摸了一下敵軍的底細，對敵人的作戰方式有所瞭解，並獲得了寶貴的戰鬥經驗，準備迎接即將到來的大決戰。

不久，一場精心策劃的大決戰於同年九月爆發了。北關的卜寨、那林孛羅，南關的孟革布祿，烏拉部的布占泰（滿太的弟弟）、輝發的拜音達里，這些海西女真的酋長們帶兵與嫩江蒙古科爾沁部首領翁阿岱、剛代、莽古、明安以及錫伯部、卦勒察部會師，另外，長白山女真的珠舍里部首領裕楞額、訥殷部首領搜穩塞克什也前來參戰，共九處人馬，分三路而來侵犯建州女真。努爾哈赤聞報，不敢怠慢，派出哨探偵察。探子回報時自稱往東行了百餘里，到達一處山嶺，只見烏鴉群噪，撲面而來，卻不見任何敵人。努爾哈赤經過思考，斷定對手沒有從東面來，遂轉而命令探子密切注意西面的加哈至渾河那一帶。當探子奉命來到渾河時，果然在夕陽的餘暉下見到河的北岸有大批敵兵，敵營之中燃起的火光如星星般密集。令人意外的是，來犯之敵吃完飯後沒有在當地留宿，而是立即起行，越過夏雞嶺一路前來。努爾哈赤接到探子十萬火急的飛報後，已近五更，他終於知道了敵人的確切行蹤，放下了久懸的心，於是傳諭諸將，準備天明出兵迎敵。接著，他爭取時間休息，以養精蓄銳接受挑戰。

次日早上，有備而戰的努爾哈赤率兵來到拖索寨的渡口，命令部下將所有的臂手、頓項解除下來留於此地。臂手與頓項是用來保護胳膊和頸部的鎧甲，努爾哈赤認為這些東西會使身體在打鬥中受到束縛，難以克敵，因而將之棄如屣。這表明，他預感到即將到來的決戰會在山區中進行，而輕裝上陣正是為了增加勝算，即使身體存在受傷的危險也在所不惜！

全軍輕裝前進來到紮喀關，守將奈虎、山坦前來報告，聲稱北關的大隊人馬已提前一步來到，因一時攻不下此地的關城，轉而進攻附近的赫濟格城。眾人聽見皆惶恐不已，只有一位隨後趕到的軍人處變不驚，這位軍人名叫狼塔里，他登山遙望敵軍陣勢之後向努爾哈赤立下軍令狀：「如果說來犯之敵很多，我方將士亦不少。昔日與明軍交戰，他們的士兵漫山遍野，我軍只有二三百，尚敗其眾，如今我軍膽氣益壯、驍勇善戰，必擊敗來犯之敵，若不勝，我甘於被軍法處置。」於是，眾心稍安。

這時天色已晚，努爾哈赤忙於派出探子偵察敵情，他的意思是如果敵軍有撤退的跡象，就乾脆於晚上搶先發起攻擊，否則留待明日再戰。哨探回報稱敵軍正在搬運糧草、紮營立寨，並無退意。於是，努爾哈赤亦下令部隊宿營。夜深時分，北關部隊跑來一名逃兵，供稱北關在這次軍事行動中出兵一萬，南關、烏拉與輝發三部出兵一萬，此外，蒙古科爾沁等部落也是出兵一萬，總人數為三萬，在兵力上占了優勢。迎戰的建州女真諸將聽後，又皆大驚失色，因為他們有生以來第一次面對這麼多敵人。

那麼，建州女真又有多少人馬呢？儘管史無明載，但可以根據蛛絲馬跡作出一個大致的估計。根據朝鮮《李朝實錄》的記載，努爾哈赤在此前一年因為擔心侵朝日軍會乘勢進入與朝鮮「界限相連」的建州女真，曾經主動請纓，表示願意入朝拒敵，據說建州「原有馬兵三四萬，步兵四五萬，皆精勇慣戰」，可從中選出三萬精兵渡江參戰，然而卻被朝鮮方面以「夷情叵測」等理由拒絕。即使朝鮮史書對努爾哈赤手下人馬的數目有所誇大，但努爾哈赤在一年之後動員過萬兵力迎戰九部聯軍仍是可能的，因為他已基本統一建州女真，而且時間長達五年，控制的人口數量不會比北關少。在此之前，北關首領那林孛羅遣使向努爾哈赤索取土地時說過「你們人多，我們人少」這樣的話，可算佐證。如果北關都能在這次軍事行動中出兵一萬，那麼就沒理由懷疑努爾哈赤動員不了同等數量的人，而努爾哈赤的部屬狼塔里也剛剛在戰場上說過「來犯之敵很多，我方將士亦不少」這樣的話，顯示雙方兵力相差不會過於懸殊。事實上，這麼多女真部落的兵馬嘯聚在戰場上，這在整個明代女真歷史上是空前的。

大戰在即，努爾哈赤見部下暴露出畏懼的情緒，及時做起了精神喊話，說：「你們不必憂愁，我不會讓你們陷入苦戰。我先立於險要之地，再誘敵來戰，如果敵人不來的話，我軍則全部下馬步行，四面列陣，徐徐展開進攻。來犯之敵首領眾多，雜亂不一，諒此等烏合之眾，臨戰時會退縮不前，必須由頭目帶領著前進，我軍在迎戰時只要擊傷其一兩個頭目，敵兵必逃。我軍雖少，全力一戰，定可獲勝。」這全是久經沙場的經驗之談，其中專打敵軍頭目的做法，顯然是吸收了三個月之前在南關境內擊傷孟革布祿的經驗教訓而總結出來的。這些原則在未來的戰爭中還將反覆應用。

兩軍遙相對峙度過了一個不尋常的夜晚，到了第二天曙光初照時，戰場上再度響起了殺聲。北關軍隊繼續進攻赫濟格城。努爾哈赤指揮軍隊立陣於赫濟格城對面的古勒山，佔據了險要之處，並派出上百名士兵誘敵來戰。北關果然中計，停止攻城，調兵來戰，但一交手就被努爾哈赤手下殺死九人，不得不稍為後退。北關的卜寨、金台石（那林孛羅之弟）在受挫後趕緊與蒙古科爾沁部的首領們會合以壯大聲勢。這群烏合之眾重新發動了進攻，而衝在最前面的頭目將成為努爾哈赤重點打擊的目標。可是還沒有等到努爾哈赤下達攻擊的命令，衝鋒在最前面的一個敵人突然撞到了道旁的樹木，從馬上跌了下來，這個倒楣的傢伙正是卜寨。卜寨這一倒就再也沒有機會站起來，他當場被飛奔而來的建州士卒打死。真是

「一石擊起千層浪」，卜寨的慘死引起了強烈的反應，他的同伴金台石等人見狀痛哭起來，皆盡喪膽，竟然不顧其兵，各自四散而走。這夥人跑得非常狼狽，其中慌不擇路的科爾沁部首領明安竟然誤入歧途而馬失前蹄，最後被迫放棄坐騎，改乘騸馬逃出。

努爾哈赤乘機縱兵追擊，打得敵軍的屍體填滿了溝渠，一直追到了南關境內敘哈寨以南一個叫做吾黑運的地方。當天夜裡，建州將士還「結繩攔路」，也就是在敵方騎兵經過的地方拉起「絆馬索」，好讓馬失前蹄的敵人從馬上摔下來，再予以捕殺。追擊殘兵敗將的行動持續到第二天，取得不俗的戰果，連烏拉部的首領布占泰也成為了俘虜。此戰，努爾哈赤殺敵四千，獲馬三千匹，盔甲千副，自此威名大震，成為了眾望所歸的新一代風雲人物。海西女真諸部的酋長經此一敗，再不敢互相糾集前來挑戰努爾哈赤，他們很難逃脫被各個擊破的命運。

面對努爾哈赤咄咄逼人的擴張之勢，一些無力抵抗的弱小部落只能低聲下氣地表示友好，甚至願意接受他的招撫。在古勒山大戰結束不到一個月的時間裡，努爾哈赤便招降了長白山女真的珠舍里部。他趁熱打鐵，於同年的閏十一月派出上千將士圍攻長白山女真訥殷部所屬的佛多和山，歷時三月而拿下。蒙古科爾沁部首領明安與喀爾喀部首領勞萘也向建州女真派遣使者示好，努爾哈赤對此予以接受，他非常樂意與蒙古各部落的首領加強聯繫，拉攏蒙古部落有助於孤立海西女真。

一五九五年（萬曆二十三年）六月，努爾哈赤主動對海西女真出手，揮師討伐輝發部，奪取多壁城，斬其守將而回。這一次，南關、北關與烏拉部的酋長都不敢干涉，眼睜睜地看著努爾哈赤吞併自己的鄰居。

如今唯一能阻止努爾哈赤兼併異己勢力的只有明朝。表面上看，自從宿將李成梁去職後，忙於「抗倭援朝」的明朝實際上已經逐漸對關外的女真諸部失去了控制，然而猛虎雖去餘威尚在，李成梁的很多親屬以及老部下都還在軍隊任職，故尚能在關外維持著一定的影響力。朝廷官員力圖維持現狀，不希望有人破壞對女真地區實行已久的「分而治之」的政策，他們既然不想討伐努爾哈赤，只能對其加以安撫。朝廷與努爾哈赤打交道有時還需要賦閑在家的李成梁出面。在此期間發生了一件蹊蹺之事，已不在其位的李成梁，竟以努爾哈赤「保塞有功」為理由，奏請封其為二品龍虎將軍。過去，在女真各部的酋長中，只有南關大名鼎鼎的首領王台得到過這一崇高的頭銜，可惜王台的子孫不爭氣，致使南關日益衰落。現在，李成梁以官爵來拉攏努爾哈赤的行為可能代表了一部分明朝大臣的想法，即在女真諸部的酋長中重新物色一位忠誠的代理人，而迄今為止未與明軍發生過衝突的努爾哈赤無疑成了最佳人選。最終，努爾哈赤成功得到這一殊榮。根據《皇明通紀輯要》的記載，他受封的時間為一五九五年（萬曆二十三年）八月。這時，他侵犯輝發部剛剛過了兩個月而已。本來，獲得古勒山大捷的努爾哈赤在關外女真地區已經處於無敵狀態，他完全可以放開手腳再大幹一場，但他升為龍虎將軍之後可能不想過分刺激明朝，同時，海西諸部等敵對勢力也擺出和解的姿態，因而放緩了武力擴張的步伐，使建州與海西諸部又勉強維持了幾年和平。同年，努爾哈赤與朝鮮發生了糾紛，起因是朝鮮邊將斬殺了進入境內採參的女真人，為此，他準備興師問罪。可是，明朝應朝鮮的請求調停，建州只得遵命罷兵。總之，努爾哈赤暫時不想搞什麼大動作，他在積蓄力量，等候時機。

一五九六年（萬曆二十四年）七月，努爾哈赤遣返了在古勒山之戰中被俘的布占泰。布占泰回部落後適逢其兄長滿太剛剛死去，便取而代之成為烏拉部首領。掌權之後的布占泰在次年將妹妹嫁給努爾哈赤的弟弟速爾哈赤為妻，接著，他又娶了速爾哈赤的女兒，使雙方關係親上加親。次年，他聯繫南關、北關與輝發共同遣使建州，提出彼此之間摒棄前嫌，重建友好關係。努爾哈赤痛快地答應了。大家按照女真的傳統習俗選擇了一個好日子舉行儀式，歃血為盟，並相繼發誓，以表誠意。努爾哈赤深知彼此之間存在著利益衝突，他對建州與海西諸部能否永久和好沒有多少信心，甚至認定即使在海西女真內部也不太可能會保持長期和平，因而在宣誓時警告海西諸部的人應當忠實地履行盟誓。他以三年為期，聲稱：「如果有人違反誓約，我必統兵討伐！」從這番殺氣騰騰的話中可以看出，這個脆弱的聯盟一開始已不被看好。

努爾哈赤一直想控制關外女真的貿易大權，他費盡心機盤算著如何減少海西諸部與明朝的貿易數量，特別是明朝那些與北關、南關毗鄰的邊貿市場，一直是關外特產與中原貨物的貿易散集地，因此成了努爾哈赤的心頭之患。為此，他既與活動在混同江口的蒙古部落加強聯繫，又拉攏烏拉，儘量使北部的貨源繞過北、南兩關，轉而運送建州。後來，他又行賄明朝邊境官員，用暗箱操作的手段使來自中原的大量貨物繞過開原，轉而運往與建州聯繫密切的清河、撫順與遼陽等地，由此造成北、南兩關生意慘澹。北、南兩關的衰落又使烏拉等北部酋長在商業貿易上更加依賴建州。其後，努爾哈赤過橋抽板，乘機削價收購烏拉等部的土特產，由此得罪了越來越多的海西部落酋長。

烏拉酋長布占泰不想過分依賴努爾哈赤，轉而加強了與北關的聯繫，協助北關招降了東海女真瓦爾喀部安楚拉庫路與內河路的酋長。努爾哈赤心有不甘，於一五九八年（萬曆二十六年）正月命令幼弟巴雅喇、長子褚英與噶蓋、費英東等得力助手，領兵一千，出征安楚拉庫路。建州軍隊星夜疾馳而至，取得屯寨二十處，獲取人畜萬餘而回。褚英的出色表現顯示努爾哈赤的多位子侄已長大成人，即將成為棟樑之材，在未來的戰爭中發揮越來越重要的作用。

內部紛爭始終不斷的海西女真不能團結一致對付建州。北關自恃在海西諸部中人多勢眾，陰謀吞併勢弱的南關，兩關部隊在一五九九年（萬曆二十七年）互相交戰了幾次，致使和平聯盟不到兩年便遭到破壞。「鷸蚌相爭，漁翁得利」，南關首領孟革布祿為了自保而求援於努爾哈赤，並願意以子為質。努爾哈赤深知這時是進軍海西女真的良機，立刻派噶蓋、費英東帶二千兵支援南關。南關「引狼入室」的行為震動了整個海西女真，北關首領那林孛羅透過明朝開原的「通事」（翻譯人員）傳給了孟革布祿一封信，信中表示只要孟革布祿逮捕建州來援之將，殺盡建州援兵，並贖回質子，那麼，彼此可以結親，「仍舊和好」。孟革布祿經過權衡利害，暗中想與北關重歸於好，計劃派遣代表到開原與北關談判。

努爾哈赤聞訊之後，決定一不做，二不休，於同年九月與弟速爾哈赤一起率領主力攻打南關。以一千兵做先鋒的速爾哈赤發現出城迎戰的南關守軍做好了準備，難以奇襲，便按兵不動。這種怯戰行為遭到了努爾哈赤的怒斥，他要求速爾哈赤帶部屬退下，讓路給後繼部隊發動進攻。可是，速爾哈赤所部未能迅速撤下來，後繼部隊不得不兜路而繞城前進，導致不少人被城上的守軍射傷。儘管如此，建州軍隊經過激戰，還是拿下了這座城，大將揚古利生擒了孟革布祿。不久，孟革布祿被殺，他名下的其他城寨也全部歸降，南關遂亡。

南關可是明朝的長期交易夥伴，它的滅亡使朝廷大為震驚，甚至驚動了明神宗。這位居於深宮之中的皇帝遣使前往建州嚴詞責問，勒令努爾哈赤立刻釋放孟革布祿的兒子武爾古岱，讓他返回南關重建家園。努爾哈赤自忖實力不足與明朝對抗，哪敢違抗，只能忍氣吞聲地放武爾古岱回家去。但他強行讓武爾古岱娶了自己的三女兒，以便利用翁婿關係遙控南關。不久，又以北關屢次侵掠南關為由，向明朝申訴，製造南關難以自立的輿論，為重新吞併南關做準備。到了一六〇一年（萬曆二十九年）春，南關遭遇饑荒，人皆無食，武爾古岱向明朝的開原城借糧卻被拒絕。很多人迫於無奈以家中的妻子、奴僕及牲畜換取糧食。努爾哈赤見時機已到，以招撫流離失所的老百姓為理由，重新控制了南關。

南關是第一個被建州滅掉的海西女真部落，海西女真諸部的其他酋長無不人人自危。毗鄰的朝鮮也感受到了一絲「唇亡齒寒」的氣氛，《李朝實錄》記載「老酋（指努爾哈赤）聲勢已張，威行於西北，諸胡莫不慴伏，憑陵桀驁，已有難制之漸。」

就在努爾哈赤一口吞掉南關的這一年，李成梁重出江湖了。自從這位老將離職之後，朝廷先後在國內外進行了三次大規模的用兵，史稱「萬曆三大征」，其一是一五九二年（萬曆二十年）的寧夏平叛之役；其二是從一五九二年（萬曆二十年）起到一五九八年（萬曆二十六年）為止，斷斷續續打了六年的抗倭援朝之役；其三是自一五九九（萬曆二十七年）延至一六〇〇年（萬曆二十八年）的播州平叛之役。《明史》記載寧夏用兵「費帑金二百餘萬」，朝鮮用兵「費帑金七百餘萬」，播州用兵「又費帑金二三百萬」。接踵而至的三大征雖然以犧牲不少將士的性命為代價取得勝利，但消耗了張居正主政期間因成功進行經濟改革而積累下來的大量財富，造成「國用大匱」、入不敷出的不良後果。在此期間，遼東明軍仍舊要抗擊外患，可是取得的戰績比起李成梁主持大局時差得遠了，其中竟然連李成梁的大兒子李如松也以身殉職。李如松是在出任遼東總兵時於一五九八年（萬曆二十六年）四月出塞討伐韃靼察哈爾部而不幸中伏陣亡的。此後，繼任的幾任總兵都強差人意，朝廷只好請這位眾望所歸的老將復出再鎮遼東。李成梁以七十六歲的高齡臨危受命，於一六〇一年（萬曆二十九年）八月走馬赴任。他在重鎮遼東期間，又犯了貪贓枉法的老毛病，勾結稅使太監高淮胡作非為，四處斂財，因而被時人所詬病。更重要的是，他不再像以往那樣針鋒相對地打擊外敵，而是採取息事寧人的態度，儘量與外敵和平相處。這時，與明朝長期為敵的韃靼左翼酋長土蠻、長昂及把兔兒已經相繼去世，蒙古人對遼東的進犯日漸稀少。遼東地方當局也調整了對蒙古的政策，利用開原、廣甯附近的邊貿市場，向蒙古人收購馬匹、木材等物，以懷柔韃靼諸部。韃靼諸部爭相赴市獲取利潤，不太願意冒險入塞搶掠了。而關外地區的女真諸部，在李成梁重新復出的幾年時間裡雖然也會發生內鬥，但是規模有限，致使該地區出現「和平」的假像。

努爾哈赤在此前後加緊籌備建立國家政權，而加強經濟建設是其中一項重要的內容。例如他特別重視冶金業的發展，在自己的地盤內「炒鐵、開金銀礦」，努力提高手工業水準，既能減少對明朝鐵器與軍械的依賴，又能讓財政收入得到相應的增加。此外，他也注意促進本民族文化的發展，於一五九九年（萬曆二十七年）首先倡議創制本民族的文字。由於金朝仿照漢字制定的女真文已經逐漸失傳，他讓人仿照蒙古字制定了新的女真文，從而增加了本民族自身的凝聚力（後來，他的繼承者進一步完善了新式女真文，將之改造成更加適合廣泛使用的「滿文」，在清朝的文化發展史上佔有一席之地）。

要想建立強大的國家政權，必先要建立一支強大的軍隊，而具有女真傳統特色的軍事制度已經在緊鑼密鼓地組建當中。這種軍事制度起源於女真人歷史悠久的狩獵制度。過去，女真人在集體行獵時，每人各自出箭一枝，十人之中選出一人做總領，其餘九人聽總領之命各照方向而行，不許錯亂。按照女真語的說法，這樣的組織叫做「牛錄」，其總領叫做「牛錄額真」（「牛錄」是「大箭」的意思，「額真」是「主」的意思，統稱「大箭主」）。到了努爾哈赤崛起之後，逐步對牛錄制度加以改革，使之既能在和平時期進行生產，又能在戰時執行軍事任務，成為一種軍政合一的社會組織。史載，他吞併南關之後，由於控制的人口數量比以往增多，便下令平均每三百人設立一個牛錄額真（但在現實中不可能讓每個牛錄都湊足三百人，其中有的人數多一些，有的少一些）。每個牛錄之裡面只有少數人是披甲的職業兵，大多數人只能算預備役，即使遇到重大戰事也不會動員所有的人參戰，一般只是出動三分之一或三分之二，其餘的留在家中繼續從事生產以及服各種徭役。後來，他又規定每五牛錄設立一「甲喇額真」（「甲喇」本義為「草木、竹類等植物枝幹中間的節」，用來比喻「甲喇額真」這個處於「牛錄額真」與「固山額真」之間的官職），每五個「甲喇額真」設立一個「固山額真」（「固山」為「旗」之意，「固山額真」就是「旗主」），每個「固山額真」都有兩位副職，即是「梅勒額真」（「梅勒」為「兩側」之意，形象地把「梅勒額真」比喻為站在旗主兩側的副手）。也就是說，在這個軍事制度之中，最高級的組織是由「固山額真」統領的「旗」。在理想的情況下，每旗大約有二十五個牛錄，共七千五百人左右。一六〇一年（萬曆二十九年），努爾哈赤把所有的牛錄組織都隸屬於最初建立的四個旗之中，而這四個旗分別以黃、白、紅、藍四種顏色的旗幟為標誌（關於努爾哈赤創建四旗的時間，各種史料所載不一，專家們的見解也互存分歧，本書以《大清會典則例》記錄的時間為準）。

努爾哈赤在創建四旗的同一年，還醞釀著把大本營從費阿拉遷移到自己的祖居之地赫圖阿拉，他動用了大批役夫前往該地動工，經過兩三年的努力，在山坡之上建成了一座粗具規模的內城，它共有四個城門，城牆主要用片石、青磚、椽木等物築成，再輔以泥土，加以夯實，顯得比較堅固。此城總面積達到二十四萬餘平方米，比起費阿拉城要大得多。一六〇三年（萬曆三十一年），努爾哈赤遷居赫圖阿拉後，繼續對這座城市加以擴建，先後修建了外城與一些宗教寺廟，城中除了居住著他的親人以及部屬之外，最令人矚目的是安置了大量從事手工業的工匠，其中鐵匠打造出來的精良軍械，使建州軍隊如虎添翼。

這時，烏拉部首領布占泰，表面上維持與努爾哈赤的姻親關係，暗中卻處心積慮地想和建州部一爭雄長，他策劃向圖門江進軍，收編夾江而居的女真地方土著，並於一六〇三年（萬曆三十一年）九月出兵數千越江而過，奪取了朝鮮境內的慶源、鍾城、穩城等城寨，招撫了生活在當地的一批女真人。努爾哈赤早已對那個地方虎視眈眈，因而與布占泰爆發衝突只是遲早問題。但他養精蓄銳幾年之後首先討伐的並非烏拉，而是北關。起因是努爾哈赤的妻子納喇氏患上不治之症，她本是北關首領那林孛羅的胞妹，臨終前想見母親一面，當這個請求傳到北關時，卻被顧慮重重的那林孛羅拒絕了，僅派來一位家人敷衍了事。為此，努爾哈赤痛恨不已，視北關為敵國，於一六〇四年（萬曆三十二年）正月初八派軍進攻北關，奪取了張城與阿氣郎城，取得二城七寨的二千多人畜，即班師。

明軍沒有介入女真諸部的內訌。復出數年的李成梁在軍事上碌碌無為，真是「盛名之下，其實難副」。造成這種結果的原因主要有如下幾條：首先是朝廷存在著積重難返的重文輕武之風，即使是李成梁這樣地位高的武將，亦要受總督、巡撫等文官的掣肘。其次是李成梁父子多次出鎮遼東引來不少人的猜忌，朝中的言官們為了防止李家勢力的坐大，時常對李成梁的所作所為進行品頭論足，甚至彈劾，令老態龍鍾的李成梁難免心灰意冷，做起事來諸多顧忌。此外，李成梁舊部之中的能戰之兵在長年累月的南征北戰中損失嚴重。例如《萬曆野獲編》認為以李如松為首的李家軍僅僅在朝鮮碧蹄館與日軍作戰時就有二千家丁被殲，這個記錄不一定真實，但從一個側面反映了「十年征戰幾人回」的殘酷現實。李成梁的兒子李如松、家將李平胡等能征善戰之人先後死於沙場，剩餘下來的多數是李如柏等「縱情聲色」的紈絝子弟，意味著李氏家族已經由盛轉衰。與此同時，遼東軍隊的整體狀況已是一日不如一日，統軍的各級文武官員辦事效率低，熱衷於互相傾軋。軍中賞罰不明，將士們早已難復當年之勇。最明顯的例子是由於國庫入不敷出，時不時會拖欠前線的糧餉，使得敝衣枵腹的軍人難免士氣低落。

遼東政局經過幾年的沉寂之後，終於平地一聲雷，發生了一件日後有損李成梁聲譽的「寬奠棄地」事件。此事說來話長，當年李成梁血氣未衰時，為了加強對女真諸部的控制，曾經於一五七三年（萬曆元年）將遼東邊牆之內的六個城堡遷移到邊牆之外的張其哈佃、寬奠、長佃、雙敦、長嶺散等處，向外辟地數百里，呈現了滲透進女真腹地之勢，同時派出將領長期駐守，威懾一些野性未馴的女真部落，取得良好的效果。史稱「撫順以北，清河以南」的女真部落「皆遵約束」。到了李成梁第二次鎮遼之時，這個位於鴨綠江以西、毗連建州女真的地方經過明人三十年來的開荒與耕種，已經生活著「六萬餘人」（其中有不少是違反明朝法規而逃出境外的流亡者），變成了土地肥沃，「延袤八百里」的好地方。可是，重鎮遼東數載的李成梁突然以寬奠等地「孤懸難守」為理由，與總督蹇達、巡撫趙楫等人一起向朝廷建議放棄此地。朝廷一時偏聽偏信，予以批准。遼東地方當局在一六〇五年（萬曆三十三年）派兵數千「盡徙居民於內地」，驅趕那些不願離去之民，將所有的「室房積累，焚略一空」，為此死傷了不少人。李成梁等人反以招回逃人之功，竟然在第二年八月「增秩受賞」。

明朝棄地後，努爾哈赤成了最大的得益者，他不但近水樓臺先得月，控制了上述地方，而且還因參與招撫及遣返流民，意外地得到朝廷的賞賜。

透過「寬奠」事件，努爾哈赤充分瞭解到明朝政府的腐敗無能，在此前後，他對蒙古的苦心經營也有了重大進展，韃靼左翼喀爾喀巴約特部酋長恩格德爾等人已於一六〇六年（萬曆三十四年）尊他為「昆都倫（恭敬之意）汗」。在這種有利的外部環境之下，他決定放開手腳與烏拉部首領布占泰算總帳，平靜了一段時間的女真局勢突然失控，發生了大規模的戰事，導火線是雙方爭奪的東海瓦爾喀部蜚優城（今中國吉林琿春附近）。原本忠於布占泰的蜚優城城主策穆特赫於一六〇七年（萬曆三十五年）正月表示願意率部前來建州改投努爾哈赤的旗下。努爾哈赤命令弟弟速爾哈赤、長子褚英、次子代善與大將軍費英東、扈爾漢、揚古利等率兵三千前往蜚優城迎接來降的瓦爾喀部眾。他們到達目的地後，收集了四周屯寨的五百戶人家，由費英東、扈爾漢、揚古利領兵三百作為先頭部隊護送而還。不料在途中經過鍾城附

▲恩格德爾來上尊號圖。

近的烏碣嶺時，突然遭到布占泰手下一萬多人的攔截。扈爾漢趕快將五百戶眷屬安置於山嶺之上，以百名士兵看守，另派二百士兵在附近列營，與敵軍相持，同時令人返回報告滯留在後的速爾哈赤等人，請求增援。經過一夜的對峙，到了次日白天，雙方開始短暫交戰。烏拉軍在向揚古利所部發起一次虎頭蛇尾的進攻中僅僅死去七人，便忙不迭地退卻了，並撤過圖門江，駐紮於對岸的山上，不敢再來。傍晚時分，速爾哈赤等人終於帶著主力趕到了，意味著建州軍隊轉守為攻的時間已到，褚英與代善兩人策馬爭先，各自領兵五百搶著渡江而過，直衝向山上的敵營。血腥的廝殺持續了不長的時間，烏拉軍首領博克多（布占泰的叔父）就被代善用左手捉住頭盔殺死，致使群龍無首的烏拉軍全線崩潰，連博克多的兒子也死於亂軍之中，另外，常柱父子與胡里布等三員將領被生擒。在這場戰鬥中，以寡敵眾的建州軍殺敵三千，獲得三千副鎧甲與五千匹馬。可是，統帥速爾哈赤卻表現不佳，在衝鋒時，他所屬的五百兵落後了，未能及時參與攻山以及追擊殘敵，使一些敵人成了漏網之魚。不過，變幻不定的天氣幫了建州軍隊的忙，本來晴朗的天突然烏雲密佈，下起了大雪，凍死了很多四處躲藏的烏拉傷兵。

戰後，努爾哈赤沒有追究速爾哈赤的責任，但公開指責常書與納奇布這兩個部屬。原來，努爾哈赤在發兵之前曾經囑咐二人說道：「我的兒子若騎馬而戰，你們應充當護衛，若下馬步戰，你們應為之執馬。」可是常書、納奇布二人有負所托，沒有陪同褚英與代善兩貝勒前進破敵，而是與百名手下跟著速爾哈赤在山下袖手旁觀，因而被努爾哈赤定為死罪。速爾哈赤為此懇求道：「若殺二將，即殺我也。」努爾哈赤只得作出讓步，赦宥兩人的死罪，改罰常書白銀百兩，奪取納奇布所屬部眾。正所謂「一山難容二虎」，努爾哈赤兄弟倆現在已經心存芥蒂，將來也難免手足相殘，從此以後，努爾哈赤不再讓速爾哈赤領兵打仗。

雄心萬丈的努爾哈赤勢必與明朝的利益發生衝突，使彼此關係惡化起來，他竟在一六〇七年（萬曆三十五年）二月停止了對明朝的朝貢，揚言：「搶了吧！」暗示將不再效忠於明朝。而雙方在邊境上的互市亦逐漸停止。然而，努爾哈赤經過再三思考，沒有迫不及待地把矛頭轉向明朝，而是繼續把統一女真的大業放在第一位。五月，他令幼弟巴雅喇，大將額亦都、費英東、扈爾漢等，率兵一千，往征依附烏拉的東海女真窩集部，取赫席赫、鄂漠和、蘇魯佛納赫三處，獲得人畜二千而回。此後，他仍沒有放鬆對海西女真的經略，但暫時放過了實力相對較強的烏拉，轉而把目標對準孱弱的輝發。輝發在海西諸部中的疆域僅次於烏拉，可是內部凝聚力不強，其首領拜音達里的性格比較殘忍嗜殺，在部落中不能服眾，致使很多族人投靠了北關。拜音達里為了鎮壓內部的反對者，向努爾哈赤借兵，表示願以屬下七大臣之子為質。努爾哈赤立即出兵一千幫助他平亂。然而，拜音達里渡過難關之後有意疏遠努爾哈赤，企圖在建州與北關之間做牆頭草而達到左右逢源的目的。努爾哈赤心有不甘，決定以此為藉口討伐輝發，他於九月九日率兵出發，五日後到達拜音達里位於扈爾奇山上（今中國吉林輝南縣朝陽鎮東北附近）的大本營，僅用了一天就攻克這座修築有三層城牆的城寨。仗打得如此順利的原因在於努爾哈赤事先派遣百餘手下冒充商人混入城中做內應，戰鬥一打響，這些內應便伺機打開城門放建州兵進入裡面。就這樣，努爾哈赤捕殺了拜音達里父子，屠戮守城之兵，招降其民，輝發從此滅亡。此後，建州軍隊在攻城時更加重視間諜的作用，因為事先派人潛伏在被圍的城中有時確實能起到事半功倍之效。

到目前為止，在海西四個主要部落之中，南關與輝發這兩個部落已經覆滅，而烏拉的處境在努爾哈赤的虎視眈眈之下也朝不保夕。只有北關由於距離遙遠尚能苟安一時。

明朝對努爾哈赤的過火行為再也不能坐視不管了，朝中有人要求出兵討伐建州。一六〇七年（萬曆三十五年）十二月，遼東巡按肖淳提出召集大軍，分作五路出擊，就像當年圍剿清佳砮、楊吉砮、王杲、阿台等人一樣圍剿努爾哈赤，目的是為了「消患未萌」。兵部對此表示同意，但需要時間準備。

不懂收斂的努爾哈赤於一六〇八年（萬曆三十六年）三月再攻烏拉，他命令兒子褚英與侄兒阿敏共同領兵五千攻克了烏拉的宜罕山城（今中國吉林龍潭山城），斃敵千餘人，獲甲三百副，將所有的居民與牲畜囊括一空，挾持南歸。烏拉首領布占泰帶領援兵開出烏拉城約二十里，遙見建州軍有不可阻擋之勢，遂怯戰而回。

此時的明朝仍然沒有出兵干涉，那些寬衣大袖之輩繼續在廟堂之上討論對付努爾哈赤的良策。在這一年的二月、三月間，薊遼總督蹇達與禮部官員楊宗伯先後向朝廷反映努爾哈赤野心勃勃，四處擴張，不但兼併同族，而且還染指周邊的朝鮮與蒙古部落，同時又在邊境貿易中無事生非。本來開原等地的邊貿市場僅允許交易馬匹，暫停了人參的買賣，但努爾哈赤企圖強行兜售人參，並「強栽參斤，倍勒高價」，還在其他經濟問題上糾纏不休，使邊關將領不勝其煩。現在有不少人已經對努爾哈赤起了殺心，然而，部分官員反對貿然動武。例如《明經世文編》就收錄了楊宗伯的反戰疏文，他自稱對歷史做過調查，閱讀過《遼史》與《金史》，並引述遼代之人曾經說的話，即是那句著名的「女真兵若滿萬則不可敵」。他以古諷今，認為如今努爾哈赤所部精兵超過三萬，實力已能傲視遼東明軍。相反，遼東鎮的官軍雖然在兵冊上有八萬名額，但真正堪戰的親兵不滿八千，因而不可立即出動問罪之師，應該先禮後兵，派人進行調解，如果努爾哈赤「悔罪」，則准其改過自新，不然再進行聲討也未遲。

儘管一直到這時為止，明軍還沒有和建州女真交過鋒，到底誰強誰弱還是一個謎。但是，某些埋首於故紙堆中的明朝文官已經引經據典開始公開討論「女真滿萬不可敵」的問題了，似乎這是一個經得住時間考驗的顛撲不破的真理。可是，缺乏邏輯思維的文官不知道「女真滿萬不可敵」是一個自相矛盾的「偽命題」，假如兩支滿萬的女真軍隊打起內戰來，那麼，雙方怎麼可能會同時獲勝呢？只要有一支軍隊失敗，就足以證明「女真滿萬不可敵」是胡說八道，即使雙方以平局收場，由於沒有贏家，也同樣能證明這句話是荒謬的。鐵的事實已經證明，海西女真不止一次在滿萬的情況下打了敗仗。也許，從文官口裡說出的「女真滿萬不可敵」僅僅是指建州女真，可要將屢戰屢敗的海西諸部排除出女真的範圍之外，實在難以讓人信服。總之，這些以訛傳訛的錯誤言論只會起到「長別人志氣，滅自己威風」的作用。一旦類似的說法在前線流傳開來，無疑會影響明軍將士的鬥志。

兵部為緊張的形勢火上加油，於五月上奏稱努爾哈赤騷擾朝鮮，攻擊烏拉。朝廷暫時的對策是命令地方官員派人「宣諭努酋各守邊疆，毋相侵擾」。

努爾哈赤在地方要員、禮部與兵部的相繼參劾之下，儼然成了一個不守法紀、圖謀作亂之人，只待出動軍隊除之而後快。照這種形勢發展下去，建州部與遼東明軍必將兵戎相見，努爾哈赤也必將與李成梁在戰場上一爭雄長。

然而李成梁無意大動干戈，他在這一年的六月發揮了自己殘存的影響力，與趙輯一起出面，要把努爾哈赤與速爾哈赤召到撫順進行誡勉談話，以圖和解。眾所周知，努爾哈赤的祖先董山曾經在一百四十年前的成化年間與明軍發生過矛盾，董山誤以為朝廷會既往不咎，帶人朝貢，結果被明軍捕殺於廣寧。歷史有時是會重複的，現在，明朝地方當局雖然擺出了和解的姿態，可是也完全可以乘努爾哈赤入境之機將其殺死，然後圍剿建州。不過，如果以史為鑒的努爾哈赤擔心自身的安全而拒絕進入明朝，那就等於向世人表示他不想和解，因而難免會與有提攜之恩的李成梁在戰場上拼個你死我活。到底何去何從？努爾哈赤權衡再三，覺得還未到與明朝反目成仇的時候，他最終憑著「雖萬千人吾往矣」的勇氣，鎮定自若地和弟弟速爾哈赤一齊來到撫順，不惜身入險境，以死中求生。事實證明，努爾哈赤的賭注下對了！趙輯與李成梁也沒有讓努爾哈赤失望，保證了他的人身安全。可是，自視甚高的李成梁沒有接見努爾哈赤兄弟倆，而是派遼陽管副總兵事的參將吳希漢於六月二十一日與他們會面。雙方宰白馬祭天，刻誓詞於碑。根據《清太祖實錄》在多年以後的追記，碑文稱：「各守皇帝邊境，敢有竊逾者，無論滿洲（指建州女真）與漢人，見之即殺。若見面不殺，殃及於不殺之人。大明國若負此盟，廣甯巡撫、總兵，遼陽道副將，開原道參將等官，必受其殃。若滿洲國負此盟，滿洲必受其殃。」不論這個碑文是否準確，但雙方曾經約定管束邊民不要擅自逾越邊界這一點倒是真的。就這樣，努爾哈赤兄弟倆重新向朝廷效忠，表示願意補齊過去兩年拖欠的貢賦，修復雙方的關係。這年的年底，努爾哈赤親自到北京朝貢，給明朝君臣留下了恭順忠誠的印象，有效地減輕了他們的疑慮。

遼東邊防將領與努爾哈赤立誓刻碑，有使建州佔領寬奠等地變得合法的嫌疑。李成梁放棄寬奠等地本來就屬於決策錯誤，時間一長，朝中自然有人追究他的責任，並極力加以抨擊。當中最有代表性的人物是兵科給事中宋一韓，他於一六〇八年（萬曆三十六年）六月上疏，以如椽之筆從經濟方面著眼，令人信服地分析李成梁放棄寬奠等地的意圖，指出生活在該地的明人由於與女真人毗鄰而居，更容易得到「參、貂」等關外特產，從而打破了邊關將官對這些特產的壟斷局面，妨礙了軍方的財路。久而久之，各方經濟利益的衝突導致「爭擾漸起」。而李成梁害怕由此而產生「邊釁」，造成邊境不穩，便在受到「建酋（指努爾哈赤）」賄賂的情況下簡單粗暴地解決問題，強行迫使邊民遷回內地，將那裡拱手送予建州。甚至，當時的官場之中還有一些流言，說李成梁割地給建州，是想借努爾哈赤之力奪取朝鮮，然後在那裡設立「群縣」，直接由明朝管轄。當然，沒有明朝政府的首肯，這樣的計劃即使真的存在也只能是紙上談兵。

朝野洶洶，追究棄地的呼聲越來越高，把李成梁搞得左支右絀、難以應付。朝廷在輿論的壓力之下削奪了他的兵權，使之「解任回京」。他第二次鎮遼，歷時七年多，現在以不太光彩的方式下臺。

對寬奠棄地事件的調查還在繼續。遼東巡按禦史熊廷弼奉命親臨其境調查真相，他於一六〇九年（萬曆三十七年）二月作出了自己的判斷，認為李成梁以寬奠等地為累贅，早就存在棄地的思想，又怕遭人議論，因而指使邊境的通事（翻譯官）在境內散佈有關努爾哈赤要將漢人從女真故地趕走的消息，接著又以防止發生邊釁為藉口，提議放棄寬奠等地，此舉的後果是「夷志日驕」，看輕了朝廷。故此，輕棄國土的李成梁等人，其罪非輕。

至此，努爾哈赤面臨著要將寬奠等地交還明朝的強大壓力，他在過去的兩年中由於與明朝的關係鬧僵，致使大量人參賣不出去，堆積在倉庫之中，史稱「浥爛至十餘萬斤」。這樣多的新鮮人參因潮濕而黴爛，使建州在經濟上損失慘重，如今好不容易才與明朝改善了關係，他不想再次發生變數，經過考慮之後便在表面上同意將新得到的部分土地交還給明朝，後來卻敷衍了事，交回的僅僅是「吐佃子峽」等「密箐峻險」的「不可耕之地」，而「橫江之二百里」以及「鴉鶻關之七十餘里」等肥沃之地「皆不吐」。這是明朝在十餘年的時間裡第二次企圖迫使努爾哈赤吐出吞併的土地（第一次是南關），而努爾哈赤在強大的壓力之下不得不暫且忍氣吞聲，他只是把仇恨埋藏於心底，等待將來再與對方算清所有的賬。

禁止人參輸入的措施的確是明朝制裁女真人的有效辦法。過去，女真諸部到明境售賣的基本是新鮮的人參，這些人參用水浸潤過，外表顯得容光煥發，如果滯銷，時間一長就會變質腐爛。為了避免損失，迫於無奈的女真人常常會在腐爛之前削價出售。某些精明的明朝商人抓住女真販子的心理，不肯爽爽快快地購買，而是推三阻四，專等對方減價賤賣。更可怕的是，明朝政府有時出於政治上的目的會在邊貿市場禁止買賣人參，結果可能會使急於出售的女真販子血本無歸。努爾哈赤為此曾經苦心積慮地想出了一個解決方法，把採集的新鮮人參煮熟曬乾，這樣一來，它就不那麼容易變質腐敗了，可以放在倉庫中慢慢出售，甚至還可以囤貨居奇，提高價格。可是，努爾哈赤的想法一開始沒有被身邊的人理解與接受，但他沒有氣餒，而是繼續摸索把人參煮熟曬乾的技術，當這種技術逐漸成熟的時候，便容易在部落中推廣了。到那時，明朝就很難以依靠禁售人參的政策逼使女真人就範了。

在明朝迫使努爾哈赤歸還棄地的這一段時間裡，努爾哈赤與三弟速爾哈赤的關係幾近決裂。速爾哈赤長期以來一直被外界視為是建州部的第二號人物，可他在烏碣嶺之戰中發揮失常後實際上已被逐漸削奪了兵權，因而心有不甘，與自己的三個兒子密謀自立。明朝乘機實施分化瓦解之策，利用努爾哈赤和速爾哈赤來北京朝貢之機，於一六〇八年（萬曆三十六年）十二月公開對外宣傳速爾哈赤是新成立的「建州右衛」的首領，企圖把努爾哈赤轄下的建州部眾一分為二。

不想受制於人的速爾哈赤終於和兄長鬧翻了，他於一六〇九年（萬曆三十七年）初不辭而別，離開了赫圖阿拉，跑到了黑扯木企圖另起爐灶，要建立「建州右衛」。努爾哈赤怒不可遏，沒收了速爾哈赤的所有財產，殺死了他的兩個兒子，但放過了他的次子阿敏。無力自立的速爾哈赤被迫重返兄長的身邊，表態願意悔改。努爾哈赤沒有原諒這個弟弟，把他永久禁錮起來，導致這位政治上的失勢者於一六一一年（萬曆三十九年）死於囚室之中，年僅四十八歲。速爾哈赤有一個女兒嫁給李成梁的兒子李如柏為妾，政治立場一向被視之為「親明」，不同於暗中醞釀著反明的努爾哈赤。他的突然死去，讓明朝感到震驚，曾經專門派出使者前往弔唁。不過，明朝不會為了速爾哈赤而與努爾哈赤反目，雙方關係表面上波瀾不驚，似乎沒什麼事發生一樣。在此前後，明朝還應努爾哈赤的請求而專門遣使諭告屬國朝鮮，要朝鮮將擅入其境內的瓦爾喀部女真人送還建州。朝鮮果然聽從命令，送回了千餘戶女真人。

烏拉首領布占泰自上臺以來兩次與建州作戰均以失敗告終，他自知無力抵抗外侮，只得放下自尊向努爾哈赤求和，自己主動承擔背盟的罪過，表示今後要痛改前非。獲得了努爾哈赤的諒解之後，他再娶了努爾哈赤的第四個女兒穆庫什，以加強雙方的政治聯姻。布占泰的求和只是權宜之計，他先後娶了多個努爾哈赤家族的女人為妻，可婚姻生活過得不是很美滿，有一次因為家庭爭執，他用一種骨木所制的骲箭射向自己其中一個妻子娥恩姐（努爾哈赤的侄女），這種箭不會致命，但有強烈的侮辱意味。更有甚者，他竟敢與努爾哈赤爭女人，堅持要娶努爾哈赤早已下了聘禮的北關女人（此女的父親是北關首領卜寨，她本來與努爾哈赤訂親，但尚未過門便因北關與建州的關係變差而擱置了婚事），這讓努爾哈赤很沒面子。此外，他繼續出兵東海女真，與建州爭奪窩集部的虎兒哈衛，直接威脅到了努爾哈赤的切身利益。

忍無可忍的努爾哈赤於一六一二年（萬曆四十年）九月二十二日與五子莽古爾泰、八子皇太極一起領兵前往討伐，經過七天的行軍，直闖烏拉腹地，沿著松花江而下，以破竹之勢連克金州等六城，直抵於河西岸，在距離布占泰所居的烏拉城僅有兩里的地方安營紮寨，並分兵四出，焚燒敵人的糧食。布占泰領兵出城迎戰，來到江邊，見沿岸的建州將士「盔甲鮮明，兵馬雄壯」，手下皆面無人色，失去鬥志，不敢在白天與之對陣，好不容易支撐到夜晚，便悄悄回城歇息。兩軍就這樣對峙了三日，建州軍隊始終沒有進攻烏拉城，這是因為努爾哈赤覺得烏拉地域遼闊，而烏拉城修建得較為堅固，很難一口將其吞掉，他對請戰的莽古爾泰與皇太極解釋道：「欲伐大樹，豈能驟然將其砍斷，應該先用斧子慢慢砍伐，等其樹杆漸漸變得微細，然後才能折斷。欲討伐一個相等的國家，豈能一下子就將其滅亡，應該先將其所屬的各城盡行削平，獨存其都城。就好像沒有僕人，怎能做得了主人？沒有百姓，何以為君？」努爾哈赤的這番話對二十一歲的皇太極影響很大，皇太極後來登基時就是按照「欲伐大樹，先剪附枝」的戰略與明朝對敵的。暫時不想攻打烏拉城的建州軍隊摧毀了所得的六城，焚燒了所有的房屋與積穀，沿江而返。布占泰多次乘船至江中懇求努爾哈赤罷兵。努爾哈赤首先譴責了布占泰過去的所作所為，接著提出重歸於好的條件，即讓布占泰與他的心腹部下都將兒子交出來做人質。其後，建州主力返回休整，不過，這支軍隊臨走之前還在附近的山上修建了一座木城，留下一千兵駐守在那裡監視著布占泰。

可是時間過了一天又一天，轉眼已是數月，布占泰始終沒有把兒子送到建州來，相反，他把自己與心腹手下的兒子全送往北關做人質，企圖與北關聯手對付建州。為此，他強娶了北關已聘給努爾哈赤的女人，囚禁了努爾哈赤的女兒與侄女。至此，雙方的矛盾已經徹底激化，努爾哈赤於一六一三年（萬曆四十一年）正月冒著嚴寒親自帶領三萬軍隊再征烏拉，隨行的諸將包括努爾哈赤的大兒子褚英、侄子阿敏以及費英東、何和禮、安費揚古、厄亦都等人，可謂猛將如雲。他們於十七日初戰告捷，攻取孫扎泰、郭多、鄂謨三城。次日，布占泰傾囊而出以兵三萬越過富爾哈城迎戰。

這時，集結在戰場上的雙方軍隊已經超過六萬，論規模早已超過了二十年前的古勒山大戰。努爾哈赤首次指揮這樣大規模的戰事，他最初對於能否全殲敵人心存疑慮，但眼見旗下諸將紛紛請戰，遂改變了主意，說道：「兩軍交戰，我同我的孩兒們以及諸位大將必須身先士卒，衝鋒在前。我自己無所畏懼，只是顧惜你們當中可能會有人受傷。」接著，他怒目而視、慷慨激昂地說：「承蒙上天的眷助，我自幼親歷戰陣，面對優勢之敵常常孤身突入，與對手弓矢相交，兵刃相接，不知經過多少次鏖戰，如今大家既然要戰，就應當立即決戰！」言畢，他披上鎧甲準備打仗。建州將士接到決戰的命令皆盡歡呼雀躍，如雷的叫聲震天動地，所有人都披上了鎧甲。總攻即將發起了，努爾哈赤不忘抓緊時間諭告全軍，稱：「倘若蒙得上天保佑，能擊敗敵兵，將士們可乘勢而進，奪門取城。」他指揮著氣勢如虹的軍隊一路疾進。在前面，三萬烏拉軍人全部步行，列陣以待。當建州軍隊進至兩軍相距百餘步之外時亦紛紛下馬而步行作戰。努爾哈赤看見雙方對射的箭遮天蓋地，如「風發雪落」，又嗤嗤作響，「聲如群蜂」。一陣陣直衝雲霄的殺氣讓他心中感到極不耐煩，遂不顧一切地向前衝殺，以儘快分出勝負。最後，奮不顧身的建州將士前仆後繼，如摧枯拉朽一般大敗烏拉軍，使之「十損六七」，其餘的「拋戈棄甲，四散而逃」。

一切就像努爾哈赤事先計劃的那樣，他的手下不給敵人喘息之機，乘勝追擊，以風馳電掣的速度奪得烏拉城的城門，一舉控制了全城。

當努爾哈赤登城而坐於西門樓之上時，已經勝券在握。這一刻，布占泰帶領數十名殘兵敗將正慌不擇路地企圖撤退回城，他驟見城上樹起敵人的旗幟，不禁大驚，遂轉身回奔，不料途中被褚英所部攔截，折損大半人員，剩餘的皆潰散，只剩下自己孤身一人前往投靠北關。大獲全勝的建州軍隊殺敵一萬、奪取盔甲七千副、俘獲了大批馬匹。此後，烏拉滅亡，其殘存的城邑全部歸附建州，而成為俘虜的百姓被努爾哈赤編為一萬戶，攜之以歸。

海西四部之中，南關、輝發與烏拉先後被建州吞併，剩下的北關也危在旦夕。越來越多的人已經看出來，女真統一的局面已是不可逆轉。統一的女真必然打破關外的勢力平衡，對蒙古與朝鮮造成威脅，甚至禍及明朝。時刻關心女真局勢的朝鮮君臣當時就指出努爾哈赤兼併烏拉之後，「始強大，有窺遼左（指明朝遼東）之志矣」，這個評論很有遠見。

努爾哈赤的統一大業主要依靠武力來進行，後人往往稱讚清朝依靠「騎射」起家。所謂「騎射」，最常見的解釋是騎士在奔馳的馬上用箭射擊目標。無可否認的是，這是具有狩獵傳統的女真人所擅長的武藝。後來清朝的多位統治者亦將「騎射」當作國策在本族中推行，以保持民族特性，避免漢化。但實際上，建州女真在統一其他的女真部落時之所以屢戰屢勝，主要是因為擁有一支強大的步兵。儘管在建州軍隊裡面的騎兵也不少，但由於受到「白山黑水」地區山多林密等地理形勢的限制，這些騎兵常常要下馬充當步兵作戰，故此，步兵出盡風頭是歷史的必然。

一般而言，古代的步兵可分為重裝步兵與輕裝步兵兩種。重裝步兵主要使用長槍、大刀與盾牌等近戰兵器，可以排成密集的橫隊，形成人肉盾牌，他們全身上下披掛著沉重的鎧甲，具有極佳的防護能力，但在進行激烈的運動時由於身體的負荷過重，會對運動速度造成一定的限制，因此在崎嶇的山地上作戰，時間一長容易疲憊。輕裝步兵作戰時主要使用弓箭進行遠距離的射擊，而所用的弓以短梢為主，雖然威力比不上長梢弓，但用起來更加省力，就像《滿文老檔》記載努爾哈赤所說的：「弓梢長且硬，差矣。弓軟而長射之，則身不勞也。」他們身上的鎧甲通常比重裝步兵的輕，很多人甚至無甲，由於身體的負荷相對比較輕，在崎嶇的山地上作戰不太容易疲憊。

▲輕裝步兵。

在統一女真諸部的戰爭中，建州步兵發揮的作用比騎兵大，而輕裝步兵的作用又比重裝步兵大。對此，努爾哈赤本人深有體會，最顯著的例子是他在一五八五年（萬曆十三年）四月出征哲陳部時，毅然下馬步行用弓箭射擊，因身上的盔甲過於沉重，致使久戰疲憊，不得不伺機解開鎧甲爭取時間休息一下。此後，他吸取了教訓，在一五九三年（萬曆二十一年）九月發生具有歷史轉折意義的古勒山決戰中，命令所有部下將身上的臂手、頓項解除下來，以便輕裝上陣，並要求部隊在對陣時要全部下馬步行，徐徐展開進攻。在一六一三年（萬曆四十一年）正月發生的這一場規模宏大的消滅烏拉之戰中，建州軍隊已經裝備了一批適應輕裝步兵的「短甲」，故努爾哈赤在臨陣之前不再要求部隊解除軀體上多餘的鎧甲，以減輕負擔。那些跳下馬來步行作戰的建州軍隊憑著手中的弓箭在對射時重創了敵軍，為勝利奠定了基礎。需要說明的是，在建州軍隊之中，騎兵與步兵等各兵種並非總是涇渭分明，截然不同，大多數的情況下是你中有我，我中有你。必要時，下馬的騎兵，或者解除鎧甲的重裝步兵，這些人拿起弓箭就立即搖身一變成為輕裝步兵。

現在，與建州女真作對的海西部落只剩下北關了。根據明人的觀察，北關試圖用騎兵對抗建州的步兵。明末史籍《剿奴議撮》指出「……奴（指努爾哈赤）步善騰山短戰，馬兵弱；北關馬兵最悍，步兵弱。故奴畏北騎，北畏奴步。北關白羊骨（卜寨的兒子，又叫布揚古）輩曰：『我畏奴步，奴畏我騎，力相抗也，技相敵也』。」也就是說，努爾哈赤的步兵最擅長山地戰，但騎兵比不上北關。為此，北關首領白羊骨誤以為用自己的騎兵完全可以抗擊努爾哈赤的步兵，這種錯誤的想法顯然沒有吸收古勒山決戰與烏拉滅亡之役的教訓，為北關的滅亡埋下了伏筆。

北關收容布占泰無異於引火焚身，努爾哈赤為此先後三次遣使前往索取，但北關置若罔聞。這時，北關的首領已經易人，其政治中樞位於今中國吉林省四平市西北梨樹縣葉赫鎮，按傳統分為兩城管治。卜寨的兒子白羊骨主管西城。而那林孛羅死後，他的弟弟金台石管理東城。自從一五八八年（萬曆十六年）經過李成粱犁庭掃閭的打擊後，北關的歷任首領不敢再對明朝不恭，而為了牽制日益強大的建州，他們也不得不巴結明朝以為外援。

努爾哈赤用和平的手段索取不了布占泰，轉而動武了。他在九月初六日領兵四萬親征北關，殺向張城與吉當剛城。由於事前洩露消息，早有準備的北關已把兩城的部眾全部遷走，唯有附近的兀蘇城居民因發生痘疫（指天花這種傳染病）而不能遷移，以免病源擴散。當「師眾如林，不絕如流，盔甲鮮明，如三冬冰雪」的建州軍隊來到兀蘇城外時，全城的人馬上投降了。努爾哈赤掃蕩了張城與吉當剛城鄰近的那一帶地區，總共焚毀了十幾處城寨，然後班師。

金台石、白羊骨慌忙派人攜帶書信向明朝投訴，認為建州盡取南關、輝發、烏拉之後，再侵北關，目的是「欲削平諸部」，然後侵略明朝，取遼陽為都城，以開原、鐵嶺為牧地。明朝君臣不一定全信金台石與白羊骨的話，可是，稍有常識的人都清楚，一旦讓建州滅掉北關，那麼努爾哈赤將控制女真諸部與明朝進行互市交易的所有關口，完成了他長期夢寐以求的掌握關外女真貿易大權的心願，並有可能全部壟斷參、貂等女真土特產的貨源，再加上他已經掌握人參曬乾等先進的儲存技術，到那時，就可以用囤貨居奇等手段來操縱市場價格了。這無疑會相對減少明朝軍民在邊境貿易中的收入，同時損害那些涉及地方生意的官員的切身利益。朝廷很快做出了決定，一面緊急調派遊擊馬時楠等將領率領一千銃炮手，保衛北關東、西二城；一面遣使警告努爾哈赤適可而止，不可越雷池一步。

努爾哈赤知道吞併北關的軍事行動已觸及明朝最後的底線，他認為立即與明朝決裂的時機仍未成熟，寫了一封信自辯稱無意冒犯明朝，親自來到撫順交給明軍守將李永芳，意圖平息明朝君臣的疑慮。與此同時，明朝又譴責建州越界耕種，努爾哈赤情願犧牲一些經濟利益而平息事態，他為此撤去了在邊界上新添加的一些牧、耕之地。此外，他又表示願意把第十一子阿布海送往明朝做人質。不久，阿布海在阿都、乾骨里等三十多名建州將士的護送之下抵達廣寧。遼東巡撫張濤上奏稱已經證實阿布海為努爾哈赤第三妾所生之子，可將其留於廣寧，或者，轉送北京也行。但兵部認為真假難辨，留下來恐怕受其欺騙，不如遣返。雖然此事已經結束，可遼東巡撫張濤已被努爾哈赤示忠的行動所麻痹，為他的所作所為辯護，使朝廷放鬆了應有警惕。

此後，努爾哈赤繼續委曲求全，討好遼東官員，同時，他勵精圖治，以待將來。他在頻頻告捷的統一戰爭獲得了不少人口，遂於一六一五年（萬曆四十三年）對軍隊進行整編，將四旗擴大為八旗。新編四個旗所用的旗幟是參考原來的黃、白、藍、紅四旗而製成的，也即是在原有旗幟的周圍鑲上邊，成為鑲黃、鑲白、鑲藍與鑲紅等旗。軍政合一的八旗仍然以牛錄製為基礎，平均每一旗有七千五百人，而八旗可達六萬人左右。實際上，八旗已將統治區域之內的所有男丁包括了進來（除了老幼病殘之外），形成了具有女真特色的戶籍制度，旗內成員不得擅自遷居，有私事外出需要得到批准。就像《大清會典》所說的：「按照行軍的旗色，以定戶籍。」可見，八旗已經把整個社會都軍事化了。旗裡的成員以女真人為主，還有少量蒙古人。八旗的官衙在平日裡相當於地方政府的行政機構，管理著旗內成員的生活與生產，還負責戰備訓練，並派遣部分人員到一些軍事要害之地駐守。按照《清朝文獻通考》的說法，原則上「凡隸於旗者，皆可以為兵」，可是一般情況下只是抽出部分人丁執行軍事任務。

分管八旗的全部是努爾哈赤的子侄，並且具有世襲管理旗務之權，使這個政權帶有濃厚的「家務」色彩。而所有的奴僕、牲畜與其他的財物也同樣分為八份，分別隸屬於各「家」，因而又出現了「八家」的說法。努爾哈赤後來硬性規定了「但得一物，八家均分」的家法。管旗的貴族成員有權與努爾哈赤「共議國政」，參與決策。至於那些功臣、異姓族長也成為管理各個牛錄的負責人。在牛錄的成員之中，有資格「披甲」一般是一家之主。而披甲者通常需要自備車械、餵養戰馬。頻繁地服役容易對經濟造成負擔，有人為此貧困不堪，連妻子也娶不起。不過，也有人利用戰爭的機會四處搶掠而發了橫財。

八旗出師時通常分為左右兩翼，左翼為鑲黃、正白、鑲白、正藍，右翼為正黃、正紅、鑲紅、鑲藍。八旗的顏色可以對應中國傳統文化的五行方向，比如黃色屬土，故兩黃旗居北，蘊藏土剋水的意思；白色屬金，故兩白旗居東，蘊藏金剋木的意思；紅色屬火，故兩紅旗居西，蘊藏火剋金的意思；藍色屬水，故兩藍旗居南，蘊藏水剋火的意思。另外，八旗又可對照東、東南、南、西南、西、西北、北、東北等八個方位，蘊含八卦之意。將八旗的方向、位置與中國的傳統文化沾上邊，可能是古代文人有意對此進行的潤色，不意味著八旗軍的戰鬥力會因這些玄妙的學問而登上一個新的臺階。

▲正黃、正白、正藍、正紅四旗。

總之，八旗的隊形可根據不同的地勢做出相應的調整，他們既能夠並列成橫隊，整齊地走在廣闊的地方，又可以合併為縱隊，按次序通過狹窄之處。他們排列各種隊形時，每個士兵不得喧嘩，也不會亂走亂動，顯得訓練有素。

在努爾哈赤初起兵之時，跟隨他東征西討的

軍人們還沒有兵種的區別，只是在裝備上有的「有甲」，有的「無甲」；有的「有馬」，有的「無馬」。到了組建八旗的時候，由於他多年來重視的冶金業發展較快，已最大限度地減少對明朝與朝鮮出產的鐵器的依賴，故此，旗中軍人不但武器精良，而且普遍裝備了鎧甲，並水到渠成地產生了三個兵種，即是「長厚甲」兵、「短甲」兵與「精兵」。根據《滿文老檔》與《清太祖實錄》等史書的記載，八旗軍在戰時以五個牛錄為一隊，衝殺在第一線的是身披「長厚甲」（又稱「重鎧」）的「前鋒」，他們手持長矛與長柄大刀，配以短柄刀劍，用短兵相接的方式與敵人貼身格鬥。而那些身披「短甲」（又稱「兩截甲」或「輕網甲」）之人，手裡拿著弓力為「七鬥」之弓，緊跟在前鋒的後面「非五十步不射」。[1]此外，還有一支由預備隊組成的「精兵」，這些人在戰時全部待在陣後待命，一旦發現哪個地點出現不利於己方的戰鬥態勢，就快馬加鞭前往接應。

▲鑲黃、鑲白、鑲藍、鑲紅四旗。

這三個兵種互相配合，協調作戰。可是，《清太祖實錄》等史書沒有確切地說明這些兵種究竟是騎兵還是步兵，也許在他們當中，既有騎兵，也有步兵，但以騎兵為主。

可以判斷，大多數「長厚甲」兵既可以上馬衝鋒，又可以下馬步行作戰，實際上同時扮演著「重裝騎兵」與「重裝步兵」的角色。按照現代一些學者的觀點，典型的重裝騎兵具有極強的防護能力，騎兵與跨下的戰馬都裹在厚厚的鎧甲裡面，最適合於在平原衝鋒陷陣，用刀劈、槍刺等方法強行從敵人的防線中撕開一道口子。五百多年之前，在中原叱吒風雲的金軍「拐子馬」就屬於重裝騎兵。如今，自命為金朝女真人後裔的八旗將士，也擁有了自己的重裝騎兵，雖然所有的戰馬不一定都有鎧甲，但騎士肯定披掛厚甲，有些人的鎧甲甚至厚達兩層以上，他們的裝備儘管與「拐子馬」不太一樣，可在戰時的任務都差不多，都以衝鋒陷陣為主。有時為了爭取時間，重裝騎兵可駕馭馬匹迅速到達作戰地點，然後下馬變成重裝步兵執行任務，能夠彌補重裝步兵由於披掛過多、負擔過重而導致步行速度緩慢的缺點。本來，重裝步兵的強項是站在原地排列成行進行防禦，但對於努爾哈赤這樣的常勝軍來說，重裝步兵打防禦戰的機會極少，而是經常要參與進攻，這與五百多年之前金軍的「鐵浮屠」頗為相似。另外，八旗的重裝步兵走在最前面可以起到盾牌的作用，掩護緊跟其後的「短甲」兵。

相對而言，「短甲」兵身上的鎧甲比起「長厚甲」兵要少，重量也要輕，因而防護能力比較弱，故此，他們的主要武器不是用來面對面拼殺的刀槍劍戟，而是遠距離射擊的弓箭。他們上馬時是靈活機動、輕快迅疾的「輕裝騎兵」，但破陣能力遠在重裝騎兵之下。他們下馬便成了不易疲憊的「輕裝步兵」，比起重裝步兵更適合於在山地作戰，曾經在努爾哈赤統一女真諸部時大出風頭。

至於「精兵」，作為一支精銳的預備隊。裡面有不少人是從「長厚甲」兵與「短甲」兵之中抽調而

---

1 詳見明人于燕芳：《剿奴議撮》。

出的，因而同時擅長後兩者的戰法，至於戰時具體採取哪一種戰法則要視情況而定。

八旗軍雖然有三個兵種，但在此後相當長的一段時間裡，基本劃分為兩大部分，即「營兵」與「巴雅喇」。「營兵」包括「長厚甲」兵與「短甲」兵兩大部分。「巴雅喇」則是「精兵」的女真名稱，它始見於史書是在一六一八年（明萬曆四十六年，後金天命三年），而漢語通常稱之為「護軍」。護軍的戰鬥力比營兵更勝一籌，因為這支部隊主要由每個牛錄（包括包衣牛錄）之中最精銳的戰士組成，在戰時由統帥直接指揮，常常在決定勝負的關鍵時刻投入戰場，以起到關鍵的作用。經過長期的發展，護軍形成兩級編制，「護軍纛額真（護軍統領）」等同於八旗中的旗一級；「護軍甲喇額真（護軍參領）」等同於八旗中的甲喇一級；護軍參領以下又設有「護軍校」等職。

特別要提及的是，護軍最初還負責哨探，軍中不少人是哨兵。滿文史籍記載八旗軍「每出兵征戰，兩軍（指敵我雙方）所派哨探，皆為聰睿恭敬汗（指努爾哈赤）之哨兵先行探得敵方，兩哨兵交戰，亦是聰睿恭敬汗之人得勝矣」。從這些溢美之詞可以看出，哨兵不但是八旗軍征戰時的「千里眼」與「順風耳」，而且負有消滅敵軍哨兵的責任，力圖使敵軍成為「瞎子」與「聾子」。可見，哨兵在戰時將會起到極為重要的作用，因而一直得到上層統治者異乎尋常的重視。以致到多年以後，護軍中的哨兵要獨自組建新的兵種——「前鋒」（女真語叫做「葛布什賢超哈」）。前鋒將領稱為「前鋒統領」（主將）與「梅勒章京」（副將）。即使是前鋒的士卒，由於與護軍士卒一樣同屬精銳部隊，其待遇比一般八旗兵要好。

努爾哈赤擴建八旗，完成了建軍大業，接著他舉賢任能，又設立了五員「理國政聽訟大臣」與十員

「都堂」，由後者輔助前者管理政務。凡有訴訟之事，先由都堂審理，再報告給五大臣。五大臣鞫問清楚，上報給努爾哈赤的子侄。如此循序漸進地作出判決。然後，經「五日一朝」的努爾哈赤批准生效。在這個最高權力機構的治理之下，既讓民情得以上達，又令下層各級官員不敢隨便徇私舞弊，非常有利於社會秩序的穩定。在此期間，努爾哈赤繼續征討著散居於北部的野人女真，招撫降民，壯大實力。正是由於境內形勢大好，呈現出一派蒸蒸日上的景象，他才敢於在沒有完成統一女真大業的情況下於次年毅然成立了「金國」，又稱「後金」（史稱「後金」），建元「天命」，正式即位稱汗。這一年，他已經五十八歲，雖然已近暮年，但雄心壯志仍未稍減。此前，他處死了心懷異志、企圖獨攬大權的長子褚英，如今又從數十位子侄之中選出四名貝勒在身邊時常參與決策，其中，次子代善為大貝勒，侄子阿敏為二貝勒，五子莽古爾泰為三貝勒，八子皇太極為四貝勒。幾年之後，努爾哈赤乾脆讓四大貝勒按月值班，輪流掌管國中一切機務，目的是培養未來的接班人。

「後金」這個國名顯示努爾哈赤以金朝的後裔自居，隱含著與明朝分庭抗禮之意。而同樣來自「白山黑水」的八旗軍早已過萬，這支軍隊在即將開始的新一輪戰爭中是否還能繼續「女真滿萬不可敵」的神話？這一切必將會在未來見分曉。

儘管努爾哈赤建國稱汗之後在女真諸部中的身份與昔日相比早有天壤之別，但一些在思想上拐不過彎來的明朝地方官員仍習慣於對他頤指氣使，把他當作一個永遠處於從屬地位的酋長來看待。在一六一六年（明萬曆四十四年，後金天命元年）發生的「伐木之爭」就說明了這一點。過去，雙方曾經在邊界立碑，共同約定要管束邊民，禁止他們擅自越界，但明朝每年都有一些人鋌而走險進入女真轄區之內做一些挖掘人參、砍伐木材的事，努爾哈赤曾經對此睜一隻眼閉一隻眼，可現在既已建國稱汗正是趾高氣揚的時候，忍不住動了真格，於這一年的六月派兵殺死了擅自進入境內砍伐樹木的五十多名明朝軍民。這時適逢遼東巡撫李維翰剛剛上任，他不由分說馬上拘留了後金派來道賀的使者，並「移文責問」努爾哈赤，勒令其交出殺人兇手，否則要將事情鬧大。努爾哈赤在抗辯無效的情況下為了使者的安全，不得不低聲下氣公開表示願意悔罪認罰，但暗中採取調包計從獄中取出十名北關俘虜，解送到明境冒充殺人兇手做替死鬼，以委屈求全的態度平息了這一紛爭。堂堂金國大汗上任伊始即遭此奇恥大辱，努爾哈赤怎可甘心，在新仇舊恨的刺激下，讓他重新產生了與明朝決裂的想法。為此，他已預有準備，抓緊時間出兵招撫偏遠地區一些弱小的女真部落，攻擊的範圍已經擴展至生活在黑龍江中下游的「野人女真」。八旗軍所過之處，那些大大小小的村寨紛紛歸附，使後金的領土不斷擴大，人口不斷增加。由於軍事實力的強大，努爾哈赤越來越充滿了自信，他經過權衡利弊之後認定與明朝鬧翻也絕無亡國之虞，即使因此而遭受明朝的經濟制裁，關閉邊貿市場，但後金還可以間接透過蒙古諸部向明朝境內轉售土物產，甚至能夠採用走私等不法手段來彌補商業上的損失。只要明朝境內還存在對人參、貂皮等奢侈品貪得無厭的需求，女真人堆積在倉庫中的貨就永遠不愁賣不出去。況且，依靠武力搶掠可在短時間內獲得巨大的利益，特別是在入侵者具有必勝把握的情況下，他們將得到用錢買不來的土地與人口。就這樣，後金對明朝開戰如箭在弦上，不得不發！

第二章
全面戰爭

一六一八年（明萬曆四十六年，後金天命三年）正月，努爾哈赤正式宣佈：「吾意已決，今歲必征大明國。」他敦促手下餵養馬匹，整頓盔甲兵器，還專門抽調七百人伐木以製作攻城器械。全面戰爭爆發的日子一天比一天近，努爾哈赤抓緊時機向全軍頒佈了攻戰之策，其中包括了一些野戰與攻城的辦法，這些都是他數十年來作戰經驗的總結。例如，他認為在野戰時「我眾敵寡」，應該先讓主力埋伏於隱僻的處所，再派出少量士兵為餌，誘敵入伏。

假如敵人沒有中計，則詳細觀察敵人城池的遠近，再作決定。如果敵人遠離駐紮的城池，那麼應該竭盡全力對其進行襲擊及追擊。如果敵人距離駐紮的城池比較近，則不必竭盡全力發起進攻，只要迫使敵軍亂哄哄地撤退回城就可以了，等到敵軍在城門口擠作一團，互相堵塞時，就是尾隨其後進行掩殺的良機。倘若「敵眾我寡」之時，我軍一二固山（旗）等少數人馬應該立即後退尋覓主力，然後再伺機與敵對陣。如果我軍的兵力不多不少，分佈於兩三處，則按照實際情況酌情處理。

至於攻城的辦法，當觀形察勢，容易攻下的地方立即攻下，否則切勿進攻，以免有損威名。軍中每一個牛錄都有五十名披甲者，當中可留十人守城，四十人出戰。在出戰的四十人裡，再抽調二十人製作兩副雲梯準備攻打城池。努爾哈赤特別指出軍中存在的一個不良現象，就是在攻城

▲努爾哈赤之像。

時經常有一兩個人脫離部隊搶先前進，可這樣做會造成非死即傷的後果，他強調犯了這種錯誤的人有傷不行賞，戰死不算功。但是，首先拆毀城牆的人，一定算立下首功，可報固山額真（旗主）記錄在案。等到眾將士拆毀城牆的行動完畢之後，固山額真要吹螺為號，命令各處人馬一起前進。為了嚴明軍紀，他要求自出兵之日起，至班師之日止，每一個士兵都不能離開本管牛錄之旗，違者一定執拿詳問。總之，儘量以最小的損失獲得最大的戰果，最好是「不損己兵，而能勝敵」。

四月十三日，後金正式舉兵反明，努爾哈赤以「七大恨」告天，作為與明朝開戰的理由。所謂「七大恨」，是指他數十年來一直耿耿於懷的七件恨事。根據《明實錄》等相關史籍最早的記載，他的第一恨是埋怨朝廷無故殺其祖、父；第二恨是明軍發兵保護北關，阻止女真的統一大業；第三恨是靉陽、清河等地的漢人潛出境外採礦、打獵，殺害女真人；第四恨是明朝偏袒北關，將努爾哈赤二十年前已給聘禮的女人改嫁給蒙古人；第五恨是明軍驅逐邊境的女真人，禁止女真人收割種植在三岔、柴河、撫安三堡附近的莊稼；第六恨是明朝偏聽北關之言，反過來用種種惡言侮辱努爾哈赤；第七恨是明朝在努爾哈赤奪取南關之後強迫他交出土地，為此致使不少南關百姓被北關搶去。「七大恨」無異於一篇新賬舊賬一起算的討明檄文，同時，努爾哈赤又強調與明朝的恩怨遠遠不止七件，其他的「小忿」難以枚舉。從此後金與明朝決裂，雙方不再是臣屬關係。

八旗軍按照傳統的儀式拜祭了神靈之後，以步騎二萬兵分兩路先行踏上征途，一路以左翼四旗為主，向東州堡進軍；另一路以努爾哈赤親自率領的右翼四旗為主，直取撫順。努爾哈赤採取皇太極之計，先派一些人扮作商人前往撫順售賣人參、貂皮與馬匹，再伺機潛伏於城中，意圖配合隨後到達的主力攻城，以起到內外夾擊之效。當天晚上，金軍主力在一個名叫「臭泥泊」的曠野之處安營而宿。努爾哈赤為了穩定人心，與恩格得里與薩哈連這兩位蒙古額附（「女婿」的意思）秉燭夜談，他有感而發地講了「先朝金史」，赫然以金朝後人自居，最後自稱：「此次興兵，非欲圖大位，乃是因為明朝屢次招惹我，致我忿恨，難以容忍，無可奈何之下故憤而興師。」顯示他反明之初沒有角逐天下的野心，只是想在關外一隅稱王稱霸而已。可是夜裡天氣反常，忽晴忽雨，努爾哈赤心中忐忑不安，召來諸貝勒、大臣商討對策，他提出軍隊不便冒著陰雨的天氣行軍，想退兵。原因之一是與八旗軍裝備的弓有關，因為製弓時需要採用動物的筋、膠，這些東西淋雨之後可能會變軟，從而影響射程。

這個想法遭到大貝勒代善的強烈反對，「我國與大明長期和好，因對方胡作非為故成仇隙，興師已至其境，如果退兵，那麼以後與大明和好還是為敵？況且即使退兵也不能隱瞞曾經興兵之舉，現在天雖下雨，但我軍備有雨衣，而弓箭等武器亦各有雨具防護，此外還擔心那些東西會被淋濕？相反，天下起雨來，會使明軍鬆懈，他們怎麼也想不到我軍會選擇這個時候出兵，總之，此時下雨有利於我，不利於敵。」努爾哈赤聽後覺得很有道理，傳令軍隊乘夜起行。不久雨漸漸停歇，雲開月霽，後金各分隊旌旗蔽空，一隊一隊地散佈在百里的範圍之內，在十五日早晨對撫順形成包圍之勢。

這次軍事行動果然起到了出奇不意的效果，毫無思想準備的明軍完全措手不及。努爾哈赤致書守將李永芳，勸其投降，但沒有收到明確的答覆，不久，他發覺城上的守軍正在備戰，便下令部隊豎起雲梯開始攻城。身穿官服站於城上的李永芳稍為抵抗之後知道大勢已去，決定不做以卵擊石、自取滅亡的事，便騎馬出城投降。李永芳是第一位屈膝投降的明軍將領，他後來受到重用，負責管理降戶，並娶了努爾哈赤第七子阿巴泰的長女為妻，得以躋身於後金的統治階層，搖身一變成為額附。

八旗軍出手不凡，在一天之內輕而易舉地連下撫順以及附近的東州、馬根單兩城，此外，還取得周圍的五百餘座寨、堡。努爾哈赤為防後患，派出四千軍人拆毀撫順城，他把所得的三十萬人畜分散賞給諸軍，鑒於沒有遇到激烈的抵抗，他下令軍隊不要屠殺當地的百姓，並將降民編為一千戶。在這些降民之中，有一些知識份子為後金所用，範文同就是一例，此人是明正德年間兵部尚書范鏓的曾孫，因是名臣之後，故得到努爾哈赤的善待，他從此甘心投附後金，為之效犬馬之勞。在後金的俘虜之中，還有來自山東、山西、涿州、蘇州、杭州、益州、河東、河西等處的商賈，努爾哈赤釋放了十六名這樣的人，讓他們攜帶著七大恨的檄文給明政府，以示宣戰之意。

《清太祖實錄》在記敘後金奪取撫順的經過時，出現了一句有爭議的話，稱努爾哈赤先命「六萬」士兵押送所得的降民與牲畜返國，他另外再帶著「四萬」人殿後。類似的資料在《滿文老檔》中也可看到。根據這個資料，後金先後參戰的人數達到了十萬。可是，努爾哈赤在一六一五年（萬曆四十三年）建成八旗之時，平均每一旗為七千五百人，總數僅為六萬人左右。時間過了三年，後金在此期間沒有大規模招降納叛，不太可能一下子會讓八旗的人口總數增至十萬。但必須指出的是，後金參戰的除了普通旗人，還有奴婢（清書中稱為「阿哈」或「包衣」，他們當中成分不一，包括女真人、漢人、蒙古人與朝鮮人等）。

《建州聞見錄》記載一些士兵的家中「有奴四、五人」，每當出征之時，這些奴婢便爭著赴戰，目的是為了搶掠財物。普通士兵尚且如此，至於那些官員、貴族與汗王，他們的奴婢數量按身份地位而依次增加，當中出征的人數必定不少。更加有意思的是，連身為奴婢者也可以擁有奴婢，也同樣有上陣的可能。至於後金建國初期的奴婢總數，卻是史無明載，但他們的人數大於旗人總數應是確鑿無疑的。由此不難理解，後金在首次征明中何以能夠動員數量如此龐大的軍隊。假若八旗果真以十萬之眾，撲向撫順這座小小的邊城，可謂「牛刀殺雞」，勝之不武，故仍不排除這個數字有所誇大。不管怎麼說，有一點可以肯定的是，努爾哈赤不掌握相當規模的人口，是不敢輕易向明朝叫板的。由於撫順之戰是後金與明朝第一次正式較量，出動的兵力過多了，也是容易理解的。

儘管這場戰爭從表面上看，明朝的總兵力遠遠超過後金，但是遼東全鎮額定的兵員只有六萬，他們大部分散佈於各地的城、堡與驛站之中，能應急的野戰軍才兩萬多人，而在這兩萬人當中，真正具有戰鬥力的僅有數千家丁。家丁能夠異軍突起與明朝軍制日益腐朽有關。那時，軍隊屯田的制度早已被因商品經濟發達而導致的土地兼併所破壞，而越來越多的正規軍由於待遇不高以及軍事徭役沉重等原因選擇了逃亡，為此朝廷不得不從民間招募人員補充兵源以維持戰鬥力。各級將領們為了能夠在戰時拿出一支隊伍來給自己賣命，透過各種管道專門招攬一些騎射嫻熟的勁卒以作心腹之用，由此喚之為「家丁」。

家丁的成分比較複雜，既有衛所的士卒，也有逃兵、流民，他們的待遇高於普通士卒，可以領取雙份薪水，甚至有些人的薪水竟然高至十倍。豢養家丁的成本雖然不菲，但難不倒那些利用職權巧取豪奪田產的將領，也難不倒那些勾結商人透過壟斷邊關貿易來積累資本的將領。就算是窮困潦倒的將領，還可以透過克扣正規軍的糧餉來給家丁發工資。將領們種種本末倒置的行為簡直視正規軍為無用之物。可惜的是，家丁雖然是各支正規軍裡面的核心力量，可由於豢養的成本過於昂貴，從而使人數受到限制，他們在各支部隊之中所占的比例，從十分之一到三分之一不等，一旦遇到燎原大火只能起到杯水車薪的作用。就以戰鬥力最強的李家將為例，他們豢養的家丁在長年累月的征戰中損失慘重，從而導致兵力不足的問題到了雪上加霜的地步。

總之，在局部地區發生的戰事中，後金常常能集中優勢兵力逐一擊破分散駐防的明軍，但這樣「一而再、再而三」地「以多打少」，並不能顯示出八旗將士超凡脫俗的過人之處，也使得「女真滿萬不可敵」這個神話顯得名不副實。綜上所述，後金反明的具體情況與西元十二世紀在關外挑戰遼國的女真完顏部完全不同，後者才是真正的以少勝多，是「女真滿萬不可敵」的始作俑者。

後金全軍班師的時間是二十一日，努爾哈赤殿後時將軍隊駐紮於距離明境二十里的舍里甸，以防後路。遼東巡撫李維翰得到撫順失守的消息，慌忙從各地糾集一萬明軍應變，他們在鎮守廣甯的總兵張承胤、鎮守遼陽的副將頗廷相，鎮守海州的參將蒲世芳等人的帶領下，分五路趕來增援。由於兵力處於劣勢，明軍不敢逼近八旗軍，只是遠遠地在後面尾隨觀望。

八旗哨兵將明軍的動向及時報告給大貝勒代善、二貝勒阿敏與四貝勒皇太極，三位貝勒一面下令所有的士兵披甲備戰，一面上報努爾哈赤。努爾哈赤對明軍慣於弄虛作假、欺上罔下的腐敗情況早已有所瞭解，準確地判斷道：「他們來這裡不過想擺出一副驅逐我軍出邊境的樣子，以欺騙其君，其實是想避免與我軍作戰。」因而叫人傳命給前線，讓諸貝勒按兵不動，注意觀察敵情。不久，諸貝勒請戰：「敵軍如果繼續在原地等待，我軍應當迎戰，如果他們不在原地等待而往回撤，我軍應當乘勢襲擊其後，不然我軍默默而回，敵人必定以為我們怯戰。」努爾哈赤覺得言之有理，遂督促殿後的各旗軍隊立即展開反擊。他在過去統一女真諸部的戰爭中從未遇到過明軍這樣的對手，而明軍一個顯著的不同之處是裝備了大量的火器。

明軍裝備的火器包括管形火器、燃燒性火器與爆炸性火器。管形火器之中威力巨大、應用廣泛的是那些用金屬製作的銃（有時又叫「槍」）與炮，它們在管子裡面裝入火藥與彈丸等物，利用火藥燃燒產生的推動作用將彈丸發射出去。常用的國產管形火器有神槍、三眼銃、虎蹲炮等等。就拿銃來說，為了增加威力，人們不斷加以改良，有時會在火藥之前墊上一塊木塊來防止銃管洩氣，以增加射程，亦可在木塊的前面放入一支箭，變著花樣殺傷敵人。各種方法不一而足。

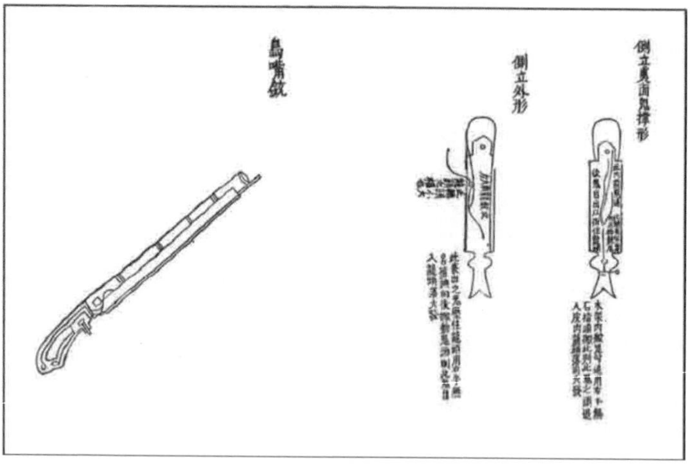

▲鳥銃。

到了明朝中期，明軍又使用了從西方引進的鳥銃、佛朗（狼）機等西式銃炮。其中，鳥銃屬於火繩槍，它與國產銃的重要區別是擁有先進的發火裝置，只需使用食指扣動銃管下面的板機，銃管側面的金屬杆便會帶動前端那條燃燒的火繩一起繞軸轉動，最後落下來點燃銃管中的引信，射出彈丸。由於射手可以用雙手握住火繩槍，而不需要像發射國產銃那樣專門騰出一隻手來點燃火藥的引信，所以更加方便瞄準。

為此，它的銃管前端設置了準星、後部增加了照門，射手的眼睛通過準星與照門對著目標，便形成了三點一線，從而提高了射擊的準確度。火繩槍種類繁多，具體有嚕密銃、軒轅銃、迅雷銃等，其中明軍裝備比較多的是鳥銃，這種武器平射時射程一般為八十步，仰射為三四百步。上述火繩槍都是從銃管的前端裝入火藥與彈丸，但是佛朗機這種西式火炮卻「反其道而行之」，從炮膛的後部裝彈，那裡有一個敞開的裝彈室，能夠迅速地裝載與卸出彈藥。這些彈藥事先已被裝載在幾個細小的炮管裡面，戰時輪流放入裝彈室，發射的速度比起前裝炮要快。

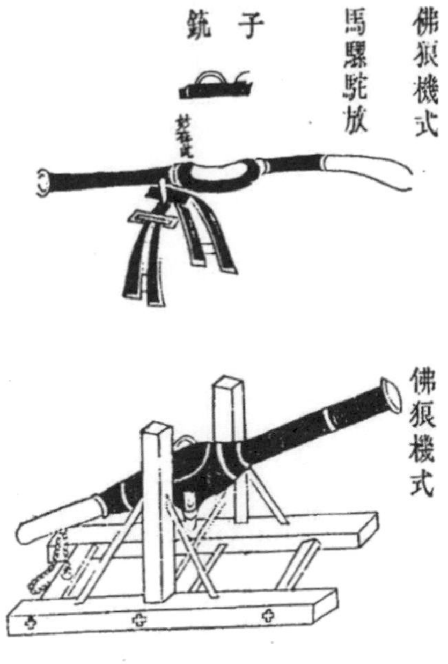

▲佛朗機。

最初從歐洲傳來中國的一些佛朗機長達五六尺，最大的射程可達一里以上，有效射程可達到一百步左右。後來經過明軍的仿製與改進，這種武器又發展出了佛朗機式流星炮、馬上佛朗機、百出佛朗機等等，以方便不同地區的水陸部隊使用，到後來，連一些單兵使用的銃，也仿照佛朗機的形式改成從後部裝彈。此外，明軍裝備的還有火箭等燃燒性火器與地雷等爆炸性火器，但它們在戰場上的總體表現不像銃與炮那麼搶眼。那時，各式銃發射的多數是小口徑的彈丸，而大部分炮發射的也以散彈為主，至於那些可發射大彈丸的巨炮，由於過於笨重，在部隊中很少裝備。

這次來援的明軍雖然擁有不少戰馬，但在山區之中不得不下馬步行作戰。佈置在陣營最前列的是兩千多門大大小小的銃炮，這些當作拳頭部隊來使用的銃炮手實際上相當於輕裝步兵，他們即將與八旗軍中最擅長山地戰的輕裝步兵一較高下——因為崎嶇的山路與茂盛的樹木正可使輕裝步兵的作用得到淋漓盡致的發揮。八旗的輕裝步兵善於使用弓箭，弓箭的缺點是弓手在反覆操作的過程中容易疲憊，但優勢是射速快，還可以向天仰射，讓箭以弧形的飛行軌跡越過障礙物，打擊躲藏在障礙物後面的敵人。相反，明軍的大部分銃炮只適合向前平射，很難像弓箭那樣仰射。而且，明軍的銃炮還有射速慢以及長時間發射會過熱與爆膛等缺點，優點在於射程遠，威力大，品質上乘者甚至「可穿透二三層鐵甲」，同時，銃炮手在反覆操作的過程中不易疲憊。

八旗軍與明軍有史以來的第一場野戰終於正式開始，當時明軍兵分三處搶先佔據了山上的險要之處，挖掘壕溝，佈列火器，紛紛射擊。由於發生了一件意想不到的事使得戰局很快明朗化了，這就是風向突然逆轉，將明軍發射火器產生的大量濃煙往回吹，致使明軍陣地之前硝煙彌漫，嚴重影響了銃手與炮手的視線，混亂中，至少有七名炮手被自己人誤射而死。八旗軍乘此良機順風發起衝鋒，以銳不可當之勢連破明軍三處陣營，一直追殺四十里，殺得屍橫遍野，血流成河。經此一戰，八旗軍在與明軍銃炮手的較量中獲得了寶貴的經驗，順風進攻這一招在後來的戰鬥中反覆使用。

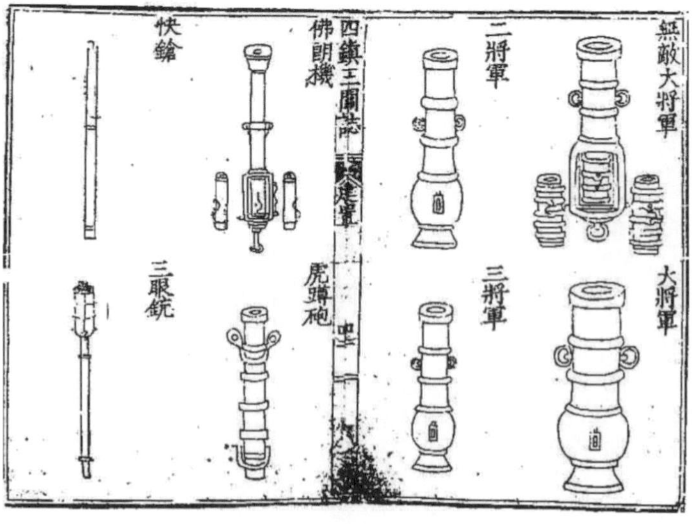

▲明軍裝備的各類銃炮。

望風披靡的明軍「十損七八」，死者之中包括總兵張承胤、參將蒲世芳等五十餘員軍官。此外，共有九千匹戰馬與七千副盔甲成為對手的戰利品，至於丟棄的其他器械已無法計算。關於八旗軍傷亡總數，明朝官方史料沒有記載，而《清實錄》稱八旗軍「止折小卒二名」，損失微乎其微。那麼，《清實錄》的離奇的傷亡資料是否可信呢？那就需要分析一番了。對一支軍隊來說，由於需要對傷亡者的家屬進行撫恤，因而其自身統計的傷亡數位比敵方記載的更加準確和可靠，不過，有時出於政治上的考慮，統治者會在公開出版的書籍上任意增減傷亡數字，《清實錄》之類的書就存在這種現象，例如它記載一六三七年（明崇禎十年，清崇德二年）四月出征明朝皮島時，含糊其詞地寫道：「陣亡四十人，骸骨莫能辨識。」然而，學者劉建新、劉景憲與郭成康等人找到了一份有幸保存至今的《盛京滿文原檔》，在這張原始資料中清楚說明清軍在四月份攻打皮島中陣亡二百六十人，這個統計數字比《清實錄》的記載多出六倍以上。

▲放銃圖。

必須指出的是，這張詳細的陣亡清單的末章節附註有「不寫入檔子」的批語，由此可知，清朝史官在編輯「檔子」時所用的原始資料是經過精心挑選的。舉一反三，主要依據檔子修撰的《清實錄》，其裡面的傷亡數字就值得懷疑了。

可是，後來有一些人把清代官書的政治宣傳奉為圭臬，認定八旗軍所向披靡，作戰時總是「敵人的傷亡最大最大，自己的損失最小最小」，那自然是荒謬可笑的。

安全返回赫圖阿拉的努爾哈赤從撫順之戰中嘗到了勝利的甜頭，他又率兵接二連三侵入明境擄掠，並越過撫順，於十九日攻克撫安堡、花豹沖與三岔兒等大大小小的十一個城堡。次日又招降了崔三屯，還擄掠了周圍拒絕投降的百姓。八旗主力在三岔兒堡留駐六日，各旗平均分取所得的人畜，他們臨撤軍之前還沿屯搜索與挖掘糧窖，唯恐有所遺漏。到了七月二十日，八旗再次出兵，取道鴉鶻關圍攻清河堡（今中國遼寧本溪清河）。清河堡是明朝為防範建州女真早就設置的重要據點，有近萬名駐軍，其中一千餘人為炮手，現在，所有的守軍都已撤回城堡裡面，準備固守到底。二十二日，發起強攻的八旗兵使用大木板抵禦明軍的火器、弓箭與滾木、飛石，拼命靠近城牆，一些人豎起雲梯攀援而上，另一些人在下面挖牆角，他們想方設法地突進城中，冒著槍林彈雨在巷戰中殲滅了大部分守軍。指揮守城的參將鄒儲賢並非貪生怕死之輩，他堅決拒絕了李永芳的招降，義無反顧地與城堡共存亡，最後戰死於城南。協助守城的遊擊張旆亦以身殉職。

努爾哈赤攻下清河之後，繼續向明朝的遼東首府遼陽進軍，走了兩日之後，他又以行蹤洩露的名義撤回，可能是覺得攻打這樣的大城市，還沒有必勝的把握。八旗軍沿著南路班師，途中沒有碰到任何阻擊的明軍，所以也沒有發生戰鬥。當努爾哈赤經過清河附近的一堵牆與鹼場時，發現這兩座城堡裡面的軍民早已棄城而走，便下令將它們的城牆拆毀，然後把搜索得來的糧食運回。在此期間，部分明軍的反擊也牽制了努爾哈赤的進軍，其中，副將賀世賢在清河失守的當日領兵五千從靉陽出境，攻擊了後金的新棟鄂寨，殺死七名壯丁以及百餘婦孺而還。

後金頻繁入侵，連番得手，讓遼東地區人心惶惶。生活於靉陽、寬奠等處的軍民，因與後金接壤而充滿了「草木皆兵」的氣氛，開始出現了逃亡潮。個別擅離職守的將領為此掉了腦袋。

努爾哈赤悍然舉兵的消息傳至北京，措手不及的明朝君臣驚駭萬分，他們不約而同地意識到遼東的防務急需整頓。自從十多年前重新出山的李成梁解任之後，遼東地區的防務每況愈下，繼任者杜松馭軍無方，因部隊殺良冒功而被朝廷罷職，前後在位僅九個月而已（兵部抨擊他利用職權插手邊貿，壓價收購人參與貂皮以謀取私利，種種不端的行為很不得人心。可見，邊關總兵之位確為肥缺）。此後，出任此職的有王威、麻貴等人（王威在位時間不足一年，麻貴做了兩年左右），皆因各種原因匆匆棄職。總兵一職在數年之間頻繁換人，很容易產生兵不識將，將不識兵的惡果。其中只有張承胤做得比較久，出任總兵的時間超過了六年，可如今戰死沙場，留下一個爛攤子，不知由誰接手才最合適。

鑒於局勢持續惡化，朝廷迫於無奈不得不於一六一八年（明萬曆四十六年，後金天命三年）四月讓李家將重掌帥印。不過，這次統軍的不再是李成梁，而是李成梁的次子李如柏。李如柏雖然曾經跟隨其兄李如松抗倭援朝，有參戰經歷，但由於身體不太好，竟以疾辭歸，然後在家休養二十餘年。朝廷讓他出山，與其說看重的是他的指揮能力，倒不如說看重的是他作為李家次子的聲望與地位。可惜的是，李如柏早已被歲月消磨了意志，史稱他「放情酒色，無復少年英銳」，而父兄舊部亦存者寥寥，早就今非昔比。當八旗軍兵臨清河之際，李如柏不敢迎戰，而是率領主力駐防於懿路，守衛李家將的根據地鐵嶺。因為鐵嶺這個邊防重鎮正是李成梁的老家，也是李家將的大本營。史載李氏一族發跡之後，「子弟盡列崇階，僕隸無不榮顯」，因而「貴極而驕」，逐漸變得「奢侈無度」，他們染指軍費、插手邊貿，各種斂財的手法層出不窮，以致號稱盡得「全遼商民之利」，早已富得流油，並在鐵嶺修築了「甲於一時」的第宅。這個城市經過李家將的長期經營，「繁華反勝內地」。《遼左見聞錄》對這個地方進行過繪聲繪色的描述：「當遊人尚未接近鐵嶺時，在城外只見樹林障天，不見城郭；當距離城市越來越近時，又看到城牆外面的民居鱗次櫛比，範圍達到十餘里之寬；當進入這個繁榮昌盛的地方時，給人留下深刻印象的是無處不在的妓女。」據說她們的數目達到二千名，每人各以香囊數十綴於襪帶，並用珠寶貫連，因而一條帶子的價值可達三四十金，致使遊人在數十步外即覺得香氣襲人，真是「窮奢極麗」。這些風塵女子重要的客源無疑是那些南來北往的商販，她們的發展壯大實際與人參、貂皮這些奢侈品的買賣有著極大的關係。就在鐵嶺或存或亡的緊要關頭，名滿天下的李成梁竟已撒手人寰，雖然他去世的時間各種史籍記載不一，但根據流傳至今的《李氏譜系》所述，他是在李如柏出鎮遼東的同一年去世，享年九十三歲。李成梁的死對努爾哈赤而言是一個好消息，從此，這位後金霸主做起事來更加無拘無束。

李如柏在清河之戰的表現讓朝廷失望，朝中君臣知道僅憑「李家將」之力難以與後金抗衡，便更加積極地增強遼東地區的防禦力量，除了需要在本地招募二萬新兵之外，還要從關內各地抽調一萬六千多人，可這一點兵力在前線軍隊新敗之餘作用有限。為了聲援遼東，朝廷決定新設山海關鎮，重新任命杜松為總兵，此外，還策劃從其他地方調兵遣將支援。不過，朝中君臣沒有摒棄重文輕武的傳統，李如柏、杜松等武將仍分別要受薊遼總督與巡撫等文官的節制。此外，朝廷還特設遼東經略一職，讓楊鎬出任。楊鎬是河南商丘人，他科舉進士出身，從知縣起一直做到兵部右侍郎兼經略，是一位典型的文官。明朝在這個關鍵時刻起用楊鎬，一方面是按照「以文馭武」的老政策辦事，另一方面也與楊鎬複雜的背景有關，他有過戰爭經歷，過去分守遼海道時，曾經與武將一起同蒙古人打過仗，並以經略朝鮮軍務的身份參加過抗倭援朝，儘管在進攻蔚山一戰中表現不佳而被朝廷罷官，可後來他的過失隨著朝鮮之役的勝利而被一筆勾銷。一六一〇年（萬曆三十八年），他得以復出擔任遼東巡撫。在任期間曾力薦李如梅為遼東總兵，但遭到朝廷的否決，為此，他竟負氣引退。

到了後金入侵遼東之時，朝廷君臣認為楊鎬「熟諳遼事」，值得賦予重任，不但任命他為遼東經略，而且取代了黯然下臺的李維翰重新出任遼東巡撫，可謂權傾一時。實際上，朝廷如此重視楊鎬與重新起用李家將鎮遼的政策是一致的，因為楊鎬與李家將的關係很好。特別是李如梅，曾經與楊鎬一起在塞上討伐過蒙古人，又在朝鮮並肩作過戰，算是生死之交。不過，史稱李如梅「躁動，非大將之才」，他曾經在十幾年前代替戰死沙場的大哥李如松短暫做過一年的遼東總兵，最終因「擁兵畏敵」而被奪去兵權（李如梅在稍後死去，葬於鐵嶺蕭家嶺，其具體的死亡時間不詳），唯獨楊鎬對李如梅的軍事才華深信不疑，竟然在第一次擔任遼東巡撫時為了這位好朋友的前途而不惜與朝廷力爭。除了李如梅之外，楊鎬與李成梁其他兒子也相處得不錯，就像明末著名歷史學者黃景昉在《國史唯疑》中所說的那樣「楊鎬素與甯遠諸李厚（所謂「甯遠諸李」，當然是指甯遠伯李成梁諸子了）。」雖然目前在位的遼東總兵是李如梅的二哥李如柏，但不少人相信楊鎬這位文官定會與李如柏這位武官很好地合作。

明朝積極備戰，各地前往遼東的軍隊絡繹不絕，前線的最高指揮官楊鎬也從關內起程趕赴山海關，他的目的地是遼東首府遼陽。為了能夠讓楊鎬專心致志地進行作戰部署，朝廷又命周永春為遼東巡撫協助楊鎬搞好後勤工作，並調撥遼餉三百萬，好讓將士無後顧之憂。戶部在全國各地增加田賦，每畝加派三厘五毫，力圖儘快把援遼資金籌集到手。

朝廷自從萬曆三大征之後，財政狀況一直不太好，故此，朝中不少人期望對後金用兵能夠速戰速決，以免曠日持久、耗費錢財。大學士方從哲、兵部尚書黃嘉善、兵科給事中趙興邦等京師文官多次以各種方式敦促楊鎬儘快出戰。楊鎬不得已，在一六一九年（明萬曆四十七年，後金天命四年）正月會同總督汪可受、巡撫周永春、巡按陳王庭等身在前方的文官商議，確定了在二月份誓師以及出塞的日期。參戰的明軍採取「分進合擊」之策兵分四路「搗巢」，獲得重新起用的原遼東總兵馬林取道開原向北；山海關總兵杜松取道撫順向西；遼東總兵李如柏從清河取道鴉鶻關向南；總兵劉綎取道寬奠從東南方向出塞。根據《明實錄》中保存的楊鎬奏報與《三朝遼事實錄》等明朝方面的史料，各路明軍的總數為七八萬人左右。《清實錄》等清朝方面的官書則誇大其詞地宣稱來犯的明軍有二十萬，號稱「四十七萬」。當代學者孫文良、李治亭經過對各種史料比較研究之後，認為明軍總數在八萬以上十萬以下最為可信，其中分兵出塞的每路明軍多則二三萬，少則一兩萬。另外，明朝的附屬國朝鮮與北關女真也應邀出兵。渡過鴨綠江助戰的朝鮮軍據說有一萬三千人。相比之下，北關女真出動的人數比較少，只有二千多人。

楊鎬作為全軍統帥並沒有出塞，他手持皇帝賜予的尚方寶劍坐鎮遼陽，具有執行軍法之權，可斬總兵以下不聽號令之官，他上任以來，斬了清河逃將陳大道等人以立威。像這樣大規模的軍事行動很難瞞得過後金，書生習氣很重的楊鎬乾脆派人通知努爾哈赤，申明王者之師即將前來問罪之意。

明朝緊鑼密鼓地準備進行報復性的「大舉征剿」。後金也沒閑著，大貝勒代善奉命率五千人進駐三道關，加強防禦。努爾哈赤本人於一六一九年（明萬曆四十七年，後金天命四年）正月初二帶著八旗勁旅，征討受明朝庇護的北關，一舉奪取伊特城等大小二十餘處屯寨，駐軍於距離葉赫城十里之外的地方。明軍緊急來援，領軍之將是總兵馬林，他眼見後金軍隊聲勢浩大，自知無必勝的把握，遂不戰而退。努爾哈赤經過對敵情的分析之後認為難以迅速攻克堅固的葉赫城，也匆匆結束了這次軍事行動。努爾哈赤沒有攻擊明軍，是想與明朝和談，他提出「罷兵」的具體條件包括：明朝正式封自己為王，並將過去給予女真諸部的一千五百道敕書改授後金，而過去給予建州女真的原額賞金，現在應繼續保持，另外還要送給自己以及大臣三千匹緞、三百兩金、三千兩銀。老謀深算的努爾哈赤知道明朝很可能不會理睬這種漫天要價一般的勒索，因而繼續密切注視著明軍的動向，還於二月十五日抽調一萬五千民夫前往界藩等地運石築城，以防從撫順關殺過來的明軍，另派四百騎兵作為護衛。不久，楊鎬的使者前來宣戰，使努爾哈赤得以確定大戰即將在近期發生。三月初一，後金哨探發現明軍於二十九日夜間手執燈火從撫順關往東前進，在此前後，南方的棟鄂亦發現有明軍活動的跡象。後金統治者經過商議之後，決定採取「憑爾幾路來，我只一路去」的戰法，先集中兵力迎擊撫順方向的明軍，而在南方僅留兵五百以作牽制。努爾哈赤命令代善率部先行，就在後金先頭部隊前進期間，又有哨探飛報稱清河方向發現明軍。代善鎮定自若地說：「清河雖有敵情，但其地狹險，明軍不能遽然而至，可以姑且不管他們，我們先往撫順關迎戰。」遂快馬加鞭向西疾進。

「薩爾滸」即將成為兩軍迎頭相碰的第一個地方，後來，這場大決戰被命名為「薩爾滸之戰」。此地位於撫順以東七十里之處，是通往後金大本營赫拉阿圖的必經之地，它的東北方向聳立著鐵背山，而渾河、蘇子河在附近匯合，是一個山水相連的交通要衝。後金早已對此地倍加留意，此前派了一萬五千民夫前往與鐵背山接壤的界藩山上築城，就等明軍自投羅網。

途經此地的正是山海關總兵杜松所部。這一路是明軍的主力，兵力有所增強，《滿洲實錄》稱其有六萬人，但真正的人數可能是兩三萬人左右（包括數百名朝鮮炮手）。隨軍參戰的武將還有保定總兵王宣、總兵趙夢麟、管遊擊事都司劉遇節、參將柴國棟、參將龔念遂、遊擊王浩、遊擊張大紀、遊擊楊欽、遊擊桂海龍、遊擊李希泌、管遊擊事備禦楊汝達。監軍的文官有分巡兵備副使張銓。他們於二月二十八日從瀋陽出發，而總兵秉忠與李光榮分別留在瀋陽與廣寧策應。按照原定計劃，以杜松為首的部隊應該在二十九日下午到達撫順候命，而在此前後，李如柏與馬林的部隊也應該到達清河與開原這兩個指定位置，等到三月初一這天，三路部隊分別從西、南、北三個方向共同出塞，直抵渾河，在二道關會師。然而，有勇無謀的主將杜松為了搶頭功，卻提前一日出塞。

原來，李如柏在出師之日運用了激將法，他先把送別酒澆在地上，然後對杜松說：「我準備將頭功讓給你。」杜松豈能示弱，便揚言要生擒敵酋，絕不讓他人分功，他臨出發時連腳鐐手銬等物都準備好了，大有「不破樓蘭終不還」之勢。為了搶在李如柏的前面到達二道關，他帶著部分人馬爭分奪秒地奔馳百餘里，好不容易抵達了渾河。此時天色已暮，軍中將士紛紛請求立營休息，以便喘一口氣。可是一心要立頭功的杜松根本不聽，他偵察得知河水不及馬腹，遂大喜，立即裸身騎馬而渡，並大言不慚地笑著對懇求他穿戴盔甲的手下說道：「披甲入陣的不算好漢，我結髮（古代男子自成年開始結髮）從軍，如今已老，尚不知盔甲到底有多重！」主將既然以身作則，部下就不得不跟隨其後解衣涉水。當全軍來到河中時，水流突然變急了，溺死了不少士卒。杜松不管三七二十一地勇往直前，沿途殺死十四名敵人，焚毀兩寨，終於成為了第一個到達二道關的人。然而，由於杜松所在的先頭部隊前進過快，已經把其他部隊遠遠拋在後面，因而存在著被後金各個擊破的危險。

面對洶湧而來的明軍，在界藩山上築城的一萬五千後金民夫搶佔了吉林崖，據險而守。而護衛的四百名八旗騎兵採取靈活機動的戰術，不斷騷擾明軍，阻止其前進。

這時，後金先頭部隊在代善的帶領下已經過了紮喀關，並與因祭祀神靈而後至的皇太極會師。皇太極鑒於形勢緊急，建議道：「我方在界藩山上築城運石的民夫沒有正式裝備軍械，山上雖然險固，倘若明將不惜代價極力攻打，後果不堪設想。當務之急要趕快前往那裡，以免民夫人心惶惶。」代善等人認為此話有理，當即下令所有士兵全部披甲備戰，可是來到太攔岡時，代善又感到信心不足，想在此等候努爾哈赤的主力，再作打算。皇太極不樂意地說：「為何要立兵於偏僻之處？應當迎敵佈陣。運石的民夫見我兵至，亦會奮勇參戰。」皇太極的話得到了大臣額亦都的支持，眾人見此再無異議，遂前進與明兵對壘，佈陣準備作戰。

明軍這支先頭部隊已經一分為二，一部搶佔了薩爾滸山，另一部正想佔據吉林崖，但未能成功。代善、皇太極等人商量後決定派一千兵登上吉林崖與山上的四百護衛會合，以居高臨下之勢伺機出擊，配合右側四旗夾攻明軍，而左側四旗則監視薩爾滸方向的明軍。這時天色漸晚，努爾哈赤率領主力已經到達，他得知諸貝勒的破敵之策後，認為應該加以修改，可抽調右側二旗增援左側四旗，先破薩爾滸山上的明軍，此處明軍一敗，另一處明軍自然喪膽，然後再令右側二旗配合吉林崖上的軍民解決殘餘敵人。

次日，一場生死攸關的決戰即將開始，可後金的人馬尚未全部集中，先行到達戰場的多數是精壯之輩，而那些體力疲弱之人以及遠方的駐軍皆未趕到。努爾哈赤管不了那麼多，下令左側六旗馬上進攻薩爾滸山。後金士兵用弓箭仰射，冒著從山上射下來的炮火一下子衝上山頂直搗明軍陣營，沒多久便殺得明軍屍橫滿地，四處成堆。此時，吉林崖上的金兵乘「黑霧障天」之機從山頂居高臨下地往下衝擊，配合渡過蘇子河的右側二旗前後夾攻明軍。明兵拼命發射火炮也未能挽回敗局，紛紛向北潰退。總兵杜松、王宣、趙夢麟等皆死於陣中，倒斃的潰逃者一時之間漫山遍野，血流成河。大批遺棄的軍械與屍體一起隨著渾河的濁流而上下沉浮，如冰雪融解一般旋轉而下。八旗向北追擊了二十里路，直至碩欽山而還，這時天色已晚，但仍未停止沿途截殺逃竄之兵的行動。

明軍向北潰逃的士兵正好與總兵馬林的一路人馬相遇。《滿洲實錄》稱此路明軍有四萬人，但真正的人數可能是一萬五千人至兩萬左右。與馬林一起進軍的武將有管副總兵事遊擊麻岩、管遊擊事都司鄭國良、管參將事遊擊丁碧、遊擊葛世鳳、遊擊趙啟禎、參將李應選、守備江萬春、管遊擊事都司竇永澄。監軍的文官有兵備道僉事潘宗顏。隨行贊理軍務的文官有通判董爾礪。這一路軍隊從北向南於三岔兒堡出邊，主將馬林在三月初二得知杜松已提前一日出發，為了避免落後於人，慌忙向二道關疾進，剛巧在杜松戰死的這一天夜間來到渾河以北宿營。明軍在營地的周圍挖鑿壕溝，加強防禦，並派哨兵「擊鼓傳鈴」，周圍巡邏。

馬林的駐營地點不久就被後金探知，大貝勒代善在第二天早上領兵三百多前往偵察，為新一輪激戰做準備。按照常理，明軍應該集中兵力與敵人較量，但馬林做了一個奇怪的決定，竟然將部隊分散為兩部分，自己帶領一部分人馬退往尚間崖，另一部分兵力在監軍潘宗顏的指揮下駐營於尚間崖以西的斐芬山，雙方的距離有三里之遙。在此期間，杜松的後繼部隊在參將龔念遂與遊擊李希泌的帶領下也趕到戰場，這支部隊擁有車營及騎兵，據說人數上萬，儘管他們知道杜松已死，但沒有後退，而是在尚間崖旁邊一個叫做「穵哄泊」的地方安營佈陣，鑿壕列炮。

明軍分散為三部分正好讓北渡渾河的八旗軍有機可乘，將之各個擊破。努爾哈赤與皇太極求戰心切，帶著不滿千人的士兵首先向龔念遂與李希泌所部發起攻擊，其中，一半人下馬步行，冒著炮火前進，而另一半人則騎馬強行突陣。八旗步騎兵互相配合，很快摧毀了明軍的大型戰車與堅盾，取得勝利，打死了龔念遂等人。

代善一直監視著尚間崖的動靜，他沒有忘記派人向努爾哈赤通報敵情。努爾哈赤殲滅「穵哄泊」之

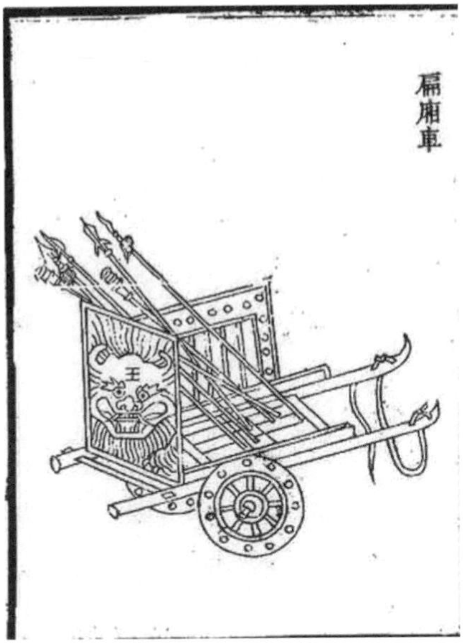

▲明軍的扁廂車。

▲明軍的輕車圖。

敵後，不等皇太極前來會合，便立刻帶領四五千名隨從縱馬向尚間崖疾進，在中午時分抵達代善的所在地。這時，尚間崖上的明軍已繞營鑿壕三道，壕外佈列大炮，炮手皆站立，而大炮之外，又密佈騎兵一層，騎兵的前面擺放著一大批銃炮。而馬林的大本營設在三道壕溝之內，裡面的所有將士皆下馬備戰。久經沙場的努爾哈赤經過細心觀察，胸有成竹地指出如果部隊搶佔山巔然後從上往下打，那麼明軍必敗無疑。因為從山上往下衝的好處是使騎兵只能前進而不方便後退，同時，俯衝也有利於射箭。就在八旗軍那些披甲的騎兵即將進攻山巔時，情況又發生了變化，明軍大營裡的士兵紛紛越過壕溝，正與壕外的銃炮手會合。努爾哈赤據此認為明軍將要攻下山來，他轉而命令先頭部隊立即停止仰攻山巔，改為下馬步行迎戰。代善也想向自己的部屬傳達下馬之令，可是沒有時間了，因為明軍已經衝下山來，在這個緊急關頭，他叫喊道，「明軍已來戰，我軍要反擊」，遂策馬向前衝去。跟在後面的部隊完全來不及排列整齊的隊伍，幾乎處於各自為戰的狀態——騎馬快速者疾馳而往，騎馬緩慢者穩步而進，猶如平時打獵攔截野獸一樣，一擁而上。八旗軍用弓箭與明軍的銃炮對射，幾經較量，終於占了上風，打得明軍四處逃竄，致使尚間崖下，河水皆赤。明軍管總兵事遊擊麻岩等人戰死，馬林僅以數騎突圍而出。

連戰連捷的八旗軍馬不停蹄地回師進攻斐芬山的明軍，努爾哈赤這次終於有充分的時間按步就班地佈陣，他命令一半的將士下馬，讓那些身穿重甲者手執長矛與大刀走在前面，而身穿輕甲者則在後面射箭。還有一半的將士騎馬殿後，以應付突發事件。明軍於山上結營並豎起盾牌，他們在戰車的掩護下發射銃炮還擊，可仍然阻擋不住向山上仰攻的八旗軍，以慘敗告終，潘宗顏以身殉職。

北關女真領袖金台石、白羊骨領兵來助明朝，這夥人在中固城（今中國遼寧開原附近）一帶得到明軍兵敗的消息，不禁大驚失色，忙不迭地撤回老巢。

到目前為止，四路出師的明軍已經被後金打垮了兩路。這兩路明軍的慘敗並非偶然，他們不約而同地犯了分兵的錯誤。在渾河以南指揮作戰的杜松把部隊一分為二，一部搶佔了薩爾滸山，另一部圍攻吉林崖，最終被後金各個擊破；在渾河以北作戰的馬林同樣沒有集中兵力，他的部隊分散佈置在尚間崖、斐芬山與「穵哄泊」這三個地方，結果又一次被後金各個擊破。各路明軍之所以會重複地犯下分散兵力的錯誤，原因很複雜，首先要從他們裝備的大量銃炮類火器說起。這類火器的一些性能與八旗軍最常用的弓箭有著極為顯著的區別，除了臼炮之類的火炮適合拋射大彈丸之外，大部分銃炮類火器發射的彈丸都比較小，一般只是對準前面的目標平射，很少向天仰射。

雖然向天仰射在射擊角度合理的情況下可增加射程，但由於射手難以觀察彈丸的軌跡，常常弄不清楚射擊的效果，因此少用。相反，弓箭仰射時射出的箭比彈丸大得多，因而弓箭手有機會觀察利箭在天空的弧形飛行曲線，故能隨時調整弓的射擊角度，以便讓下一箭能更好地飛越障礙物而擊中目標（在實戰中，弓箭手即使躲藏在陣營的後面，也能夠不停地射擊，使那些射出的箭在天上向遠方延伸，越過一個又一個站立在弓箭手之前的士兵，最後落在陣地的前面，對敵人造成威脅）。綜上所述，銃炮手與弓箭手不同，他們受制於銃炮類火器的性能而主要依靠平射，他們進行平射時開火的最佳位置不是在陣後，而是在陣營的最前列。可是，當一支部隊裡面的銃炮手有很多，而這些銃炮手都一齊集中起來排列在陣營前面的幾列時，肯定會使佇列變得更長、對地形的要求也更高。就以明軍常用的方陣為例，所有銃炮手都擁上前列會使一個實心方陣急劇膨脹成為空心方陣。可在崎嶇的山地戰之中，要想找到一塊合適的平地能夠容納上萬人佈置空心方陣，絕非易事。同樣的困難在佈置空心圓陣或者其他大型陣營時也可以遇到。故此，杜松與馬林的部隊在渾河南北的山區就難以佈置一個大陣，他們不得不遷就地形，將部隊分散成為兩個或者三個小陣，佈置在東一處、西一處。理論上，小陣與小陣之間可以互相進行交叉的火力支援，以防敵人乘隙而入。但銃炮類火器的射程普遍比弓箭遠（根據史料之中充滿爭議的記載，一些火炮的最大射程可達數里），為了避免在進行交叉射擊時誤傷自己人，明軍只好增加陣與陣之間的距離。儘管，雄才大略的明成祖早在明初就說過：「兩陣相對，勝敗在於呼吸之間，雖百步不能相救。」這樣的話，提醒部隊臨戰時不要輕易將兵力分散，以免應援不及。可現在時過境遷，到了明朝中後期，由於北方邊防部隊長期面對的敵人都是那些出沒無常、志在搶掠財物的韃靼諸部，因而在長城沿線分散兵力、處處設防逐漸成了常態。

明軍與韃靼諸部的大多數戰鬥都是速戰速決的，從而使得邊防將士更加重視銃炮類火器所具有的射程遠、威力大等優點，相對而言，銃管與炮管因發射時間過長會出現過熱與爆膛等缺點就容易遭到忽視。特別是戚繼光與俞大猷這兩位西元十六世紀的名將更是熱衷於使用乘載火器的車營來佈置方陣，用以防禦入侵的韃靼人。就以戚繼光在主持薊、昌、保定地區練兵事務時組建的車營、騎營與步營為例，在這些部隊中使用火器的人數占了一半以上，並儘量在戰時把它們佈置到各個陣營的前列，以便形成最猛烈的火力。當部隊的規模稍大、兵種稍多，佈置的各式方陣（也可以是圓陣，或者別的陣）就不止一個了。這類戰法在以前用來對付各自為政、不思進取的韃靼諸部可能有效，但一旦遇上前所未有的強敵，明軍各個陣營難免會被逐一擊破。況且，並非所有的明軍將帥都像戚繼光與俞大猷那樣文武雙全，會著書立說，他們不少人都是有勇無謀的一介武夫，只擅長於騎馬射箭，對如何按照兵書上的規定使用車營與火器佈陣則是一知半解。例如《籌遼碩畫》記載提督學校禦史周師旦在薩爾滸之戰後對明軍提出了批評，沉痛地指出，當今一些所謂的軍事訓練，不過是搞形式與走過場、只求形似而已。部隊在訓練場上擺出一個方陣，表面上井然有序，金鼓聲振，旗幟翩翩，可這個陣到底有何妙處？「問之兵，兵不知其故，問之將，將亦不知其故。」一旦遇上敵人，又匆忙把方陣改為「一堵牆」那樣的線式隊形，挖掘塹壕，佈置火器，然而訓練不足的士兵「腳跟不定，每欲望敵先潰」，怎能不打敗仗呢？

反觀沒有裝備火器的後金軍隊，行陣佈陣時對地形的要求就沒有多麼苛刻了。就算亂成一窩蜂也沒關係，畢竟，他們的弓箭手在什麼地點都可以射擊，既可以騎著馬衝在部隊的前頭進行平射，又可以下馬步行躲在重甲兵的後面拋射，真正做到了「召之即來，來之即戰」。

連續獲勝的努爾哈赤於四月初二傍晚收兵至古爾本安營紮寨時收到偵探的報告，得知南方的兩路明軍各自從棟鄂與清河向赫圖阿拉挺進。他決定南下迎擊從棟鄂方向殺過來的明軍，先令達爾漢領兵一千出發，其餘人馬爭取時間休息，以養精蓄銳迎接下一輪大戰。第二天早晨，他又命令二貝勒阿敏領兵

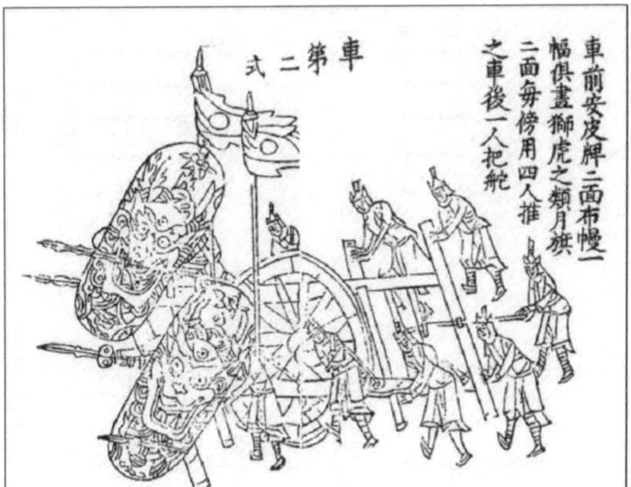

▲駐守邊境的明軍戰車部隊。

一千增援先行出發的達爾漢，而主力尾隨在後。努爾哈赤與代善等人返回到界藩這個舊戰場，殺牛八頭祭旗，慶祝已取得的勝利。代善不等祭旗完畢便帶著二十人扮作小卒前去打探消息，三貝勒莽古爾泰與四貝勒皇太極也不甘落後，相繼上路。代善回到赫圖阿拉時已是夜近初更，他在城內的衙門見到了留守於此、並憂心忡忡的一大批後金的上層貴族女性，便撫慰她們道：「明軍從撫順與開原方向打過來的兩路兵已被打敗，現在從棟鄂與清河方向而來的兩路兵也到不了這裡，我正等待父命前去接戰。」眾人之心稍寬。其後，莽古爾泰、皇太極與祭旗完畢的努爾哈赤全都一一回到了赫圖阿拉，他們經過商議，決定由代善等人率領主力迎戰棟鄂方向的明軍，而努爾哈赤與四千人留在赫圖阿拉，防範清河方向的明軍。

從棟鄂方向殺過來的是劉綎所部，《滿洲實錄》稱此路明軍有四萬人，但真正的人數可能是一萬五千人至兩萬左右，其中最有戰鬥力的是劉綎所帶的幾千家丁。與劉綎一起進軍的武將有管遊擊事都司祖天定、都司姚國輔、都司周文、副將江萬化、守備徐九思、備禦周翼明，文官有兵備副使兼監軍康應乾與贊理軍務的黃宗周。此外，這路明軍還可以得到朝鮮的協助。越境參戰的朝鮮軍號稱一萬三千，由都元帥姜弘立與副元帥金景瑞統領，監軍的是管遊擊事都司喬一琦。二月二十八日出發的劉綎所部，經寬奠堡、固拉庫崖直取赫圖阿拉，於三月二日來到清河，深入敵境三百餘里，在途中連克十餘堡，軍威大振。沿途的後金居民紛紛逃進山林之中躲避，而一些瘸腳與瞽目之類的殘疾人因來不及撤走而慘死於明軍的刀下。駐紮於當地的五百名八旗軍在托保、厄里納、厄黑乙這三個牛錄額真的帶領下企圖牽制明軍，但寡不敵眾，折兵五十。厄里納、厄黑乙死於陣中，僅剩托保率殘兵逃脫。

孤軍深入的劉綎一直挺進至清風山，距離赫圖阿拉已經越來越近，成功似乎已經在望，可這個時候他哪裡知道杜松所部已在渾河附近一敗塗地，自己即將與掉轉矛頭的八旗主力決一死戰。

努爾哈赤為殲滅劉綎作了精心的佈置。一名喬裝打扮的後金間諜從北面飛騎南下，他手裡拿著繳獲的杜松令箭，冒充明軍的傳令兵催促劉綎儘快北上會師。劉綎果然中了敵人的「誘敵深入」之計，只是簡單地盤問了幾句就下令全軍加快前進的步伐，就像《明季北略》所評論的那樣，劉綎之所以輕易上當是惟恐杜松「獨佔其功」的心理在作怪。明軍按照預定的行軍佈陣之法，讓老弱之人拿著可以阻礙敵軍騎兵衝鋒的鹿角（這種兵器主要由一些削尖的木棒製成，因形狀像鹿的角而得名），以便一旦發現敵情就馬上將它們插於地上，然後圍繞著軍隊排列成一圈，就可「轉瞜成營」，能起到較好的防禦作用。這種穩妥的佈陣辦法使營內的士兵得以爭取時間來佈置火器，準備用於挫敗敵人的第一輪進攻。而勁騎又可乘機衝出營外格鬥，等到疲憊時再回營休息，因而常常立於不敗之地。可惜的是，劉綎竟然做出了「自毀長城」的蠢事，他經過二十里的急行軍之後遙聞前面響起了炮聲，不禁心如火燎，彷彿杜松就快要進入赫圖阿拉搶去頭功，致使自己的宿將名聲受損，為了防止這種情況發生，他下令全軍拋棄所有的鹿角而輕裝前進，此舉無異於親手把軍隊送入了虎口。就這樣，明軍一步一步地走向深淵，再走一里多路就要與埋伏在山谷險隘之處的後金先頭部隊迎頭相碰了。以達爾漢為首的後金先頭部隊僅有一千人，靠這點兵力要想圍殲劉綎所部談何容易，在這個關鍵時刻，代善、莽古爾泰與皇太極及時率領主力趕到，至此，八旗軍已經勝利在望。

劉綎發現前路有敵軍出沒，下令士兵搶佔阿布答里山這個制高點，轉入防禦狀態。但是明軍又一次犯了分兵的錯誤，只有一半人登上了阿布答里山佈陣，另一半人駐於附近的野地。

代善認為應當儘快拿下阿布答里山，他本想親自出馬與明軍爭奪制高點，然後指揮部隊以破竹之勢從山上一路殺下來，但在皇太極主動請求出任先鋒的情況下，只好順水推舟地讓賢了，可他不忘叮囑自己即將上陣的弟弟：「你不要違背我的話，不得隻身入陣，只可立於軍隊的後面督戰。」後金開國者們經常親臨前線，當然知道身先士卒的危險性，這種行為常常要付出血的代價。那時，無論是明軍，還是蒙古與女真諸部，都存在著很多衝鋒陷陣的將帥，為此，努爾哈赤在過去甚至制定出專打敵軍頭目的戰術原則，認為「領兵前進者，必頭目也……但傷其一二頭目，彼兵必走」，事實證明這一招在戰場上屢試不爽。現在，代善為了避免被明軍「以其人之道還治其人之身」，便提醒皇太極，以免讓對手有機可乘。然而，血氣方剛的皇太極把兄長的叮囑置之腦後，他指揮八旗右翼兵搶佔制高點之後，立即帶著三十名精兵就像離弦之箭一樣風馳電掣般地從山上衝了下來。時刻關注皇太極動靜的代善不失時機地率領八旗左翼兵從山的西面進行夾擊，把阿布答里山的明軍打得全線崩潰，四散而走。劉綎慌忙讓駐於附近野地的兩營士兵趕往阿布答里山增援，不料剛到半途，就被身穿明軍服飾的八旗兵所襲擊，猝不及防的劉綎在作戰中「中流矢，傷左臂。又戰，移傷右臂」，直至陷入重圍，「內外斷絕」，仍鏖戰不已。《明史紀事本末補遺．遼左兵端》記載他最後面上中了一刀，被砍去半邊面頰，猶左右衝突，竟與養子劉招孫與等人一起戰死。

《明史．劉綎傳》稱：「劉綎所用鑌鐵刀百二十斤，馬上輪轉如飛，天下稱『劉大刀』。」簡直就是《三國演義》中描寫的猛將的翻版。《三國演義》及《水滸傳》等書寫定於明代（三國、水滸的故事，都經歷了幾個世紀的流傳和積累，彙集歷代文人墨客的智慧，然後在明代分別由羅貫中、施耐庵在此基礎上加工寫成）。在這兩本書中，描寫古代戰爭的場面時，將帥們總是身先士卒，帶頭衝鋒陷陣，所向披靡。這很可能在某種程度上就是明代將帥率軍打仗的真實寫照。無獨有偶，精通漢、蒙古與女真語言的努爾哈赤也喜歡讀《三國演義》及《水滸傳》，這位後金開國領袖在剛開始的征戰生涯中，也經常帶頭衝鋒陷陣。不過，上得山多終遇虎，他經常披堅執銳就必然會在作戰中付出血的代價。最顯著的例子是在一五八四年（萬曆十二年）的攻打甕郭洛城之戰，身先士卒的他被對手用箭射中頭部與脖子而昏迷數次，差點喪了命。多年來的浴血奮戰積累的經驗教訓使努爾哈赤深深知道帶頭衝鋒陷陣的危險性，他曾經告誡自己的兒子不要隨便衝殺在前，同時提出了一條專打敵軍頭目的作戰原則，具體方法是在作戰中要儘量查清楚哪些人是敵軍的頭目，確定目標之後，再集中力量打擊。從大量的戰例判斷，打的主要手段是用箭射。在薩爾滸這場大決戰中，明軍將領杜松這位過去在鎮守陝西時親自與胡騎打了「大小百餘戰」的猛將如今就死於八旗軍的亂箭之下，根據《明季北略》的記載，八旗軍攻打吉林崖時，於火光中認出了杜松，「爭射之，臠其肉立盡」。稍後，另一名將領劉綎亦在作戰中被箭射傷，最後奮戰而死。此後，八旗軍在與明朝的數十年爭戰中，屢次使用這種打法，用箭射殺了無數的明軍將領，使之成為一種經典戰術。明軍將領反覆死傷於箭下，亦與他們缺乏精良的盔甲有關，致使自身的防護能力大打折扣。明臣徐光啟在戰後總結經驗教訓時指出，杜松的腦袋遭到利箭的密集攻擊，潘宗顏的背脊也中了一箭，由此可知，就連「總鎮監督亦無精良之甲冑，況士卒乎？」由於武備荒廢等緣故，明軍很多將士的身上只有胸甲與背甲，而其餘地方沒有片甲遮蓋。八旗兵經常在五步之內彎弓，專門射擊明軍沒有任何盔甲保護的面部與脅部，因而頻頻得手。

劉綎所帶的明軍雖然在阿布答里山附近潰敗，但並不代表這一路軍隊已經全部覆滅，由於軍中存在著根深蒂固的分兵習慣，早已有部分兵力被監軍康應乾帶到一個名叫富察甸的曠野之地駐紮，這些殘餘的明軍與朝鮮援軍會合在一起，準備拒敵。明軍皆手執狼筅、竹竿長槍等兵器，身披藤甲與皮甲，朝鮮兵則頭戴柳條盔，身披紙甲，他們都在銃炮的掩護下層層佈列。不過，明軍與朝鮮軍並非集合在一起佈置成一個大型陣營，而是分散為兩個以上的小陣。其中有的小陣在山嶺上，有的在嶺下平地。

四大貝勒率部先後趕到此地，列陣進攻，先出動數千騎兵縱橫馳騁，切斷敵軍小陣與小陣之間的聯繫。對手馬上作出反應，營中銃炮連發，不料突然大風驟起，刮起的煙塵皆返吹，一時之間天昏地暗，致使銃炮手難辨彼此，開不了火。八旗軍乘機發起總攻擊，奮力射箭，一齊突陣。但破陣的過程並非一帆風順，朝鮮史料《燃藜室記述》記載，在牛尾嶺佈防的朝鮮軍「設櫃木於陣前，分隊放炮，虜騎阻不能突，而屢進屢退……」多次受挫的八旗軍為了破陣，竟然以「鐵騎隨馬後，以兵器驅馬」，也就是使用重裝騎兵驅趕馬群做炮灰，讓這些可憐的馬冒險衝開阻擋在跟前的「櫃木」，如決堤之水湧入朝鮮人的陣中「……前者顛，後者蹂躪而進」。八旗軍的精銳部隊緊隨其後，成功強行突入，逐一擊敗對手，將之砍殺殆盡。康應乾僅以身免。

仗打到現在，大局已定。唯有設營於孤拉苦山上的朝鮮都元帥姜弘立所部五千人尚保存完好，未受攻擊，並收容了明軍管遊擊事都司喬一琦率領的一些殘兵。薑弘立在明軍敗後早已喪膽，派副元帥金景瑞下山與後金聯繫投降之事。不願投降的喬一琦自殺身亡。大獲全勝的八旗軍在戰場駐兵三日，盡收對手的盔甲、兵器以及輜重，於初七日返回赫圖阿拉。

身在瀋陽的楊鎬遲遲才得知杜松、馬林兩路兵敗的消息，不禁大驚失色，緊急下令劉綎與李如柏這兩路人馬撤回，可惜已經太遲了，深入敵境三百餘里的劉綎早已一去不返，身死異鄉。只有從清河出塞的李如柏能僥倖撤回。李如柏所部撤退時，被後金派到呼蘭路的二十名哨卒看見，這些哨卒遂立於山上，或吹螺、或系帽於弓不停地揮動，裝作八旗軍主力已經殺到的模樣。明軍大驚，在奪路而回時因自相蹂踏而死了不少人。後金哨卒乘機捕殺了四十餘名滯後的明軍，獲馬五十餘匹。

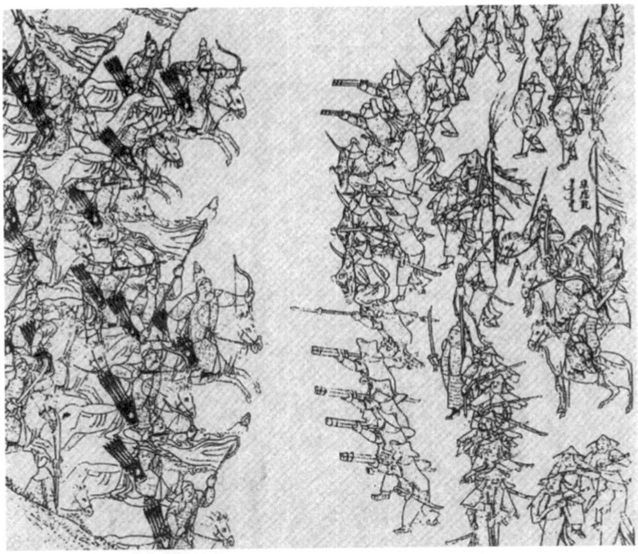

▲《滿洲實錄》中的薩爾滸之戰。

回顧這次空前的大決戰，四路參戰的明軍接近十萬，其中「文武將吏前後死者三百一十餘人，軍士四萬五千八百餘人」，這個資料被後來出任遼東經略的王在晉所採信，寫進了他編撰的《三朝遼事實錄》之中。明軍還損失了兩萬八千匹馬、駝與騾子。僥倖生還者有四萬二千三百六十餘名。至於後金的損失，《清太祖實錄》聲稱「約折二百人」，這個傷亡數字顯然低得離譜、不太可靠。但無可否認的是，後金獲得了讓人難以置信的勝利。

後金的輝煌勝利並非是「以少勝多」取得的，更不是「女真滿萬不可敵」的重演。儘管在個別的戰鬥中，八旗軍的兵力可能少於明軍，但掩飾不了後金總兵力佔

薩爾滸之戰（西元 1622 年 2~3 月）　　**比例尺　一百萬分之一**

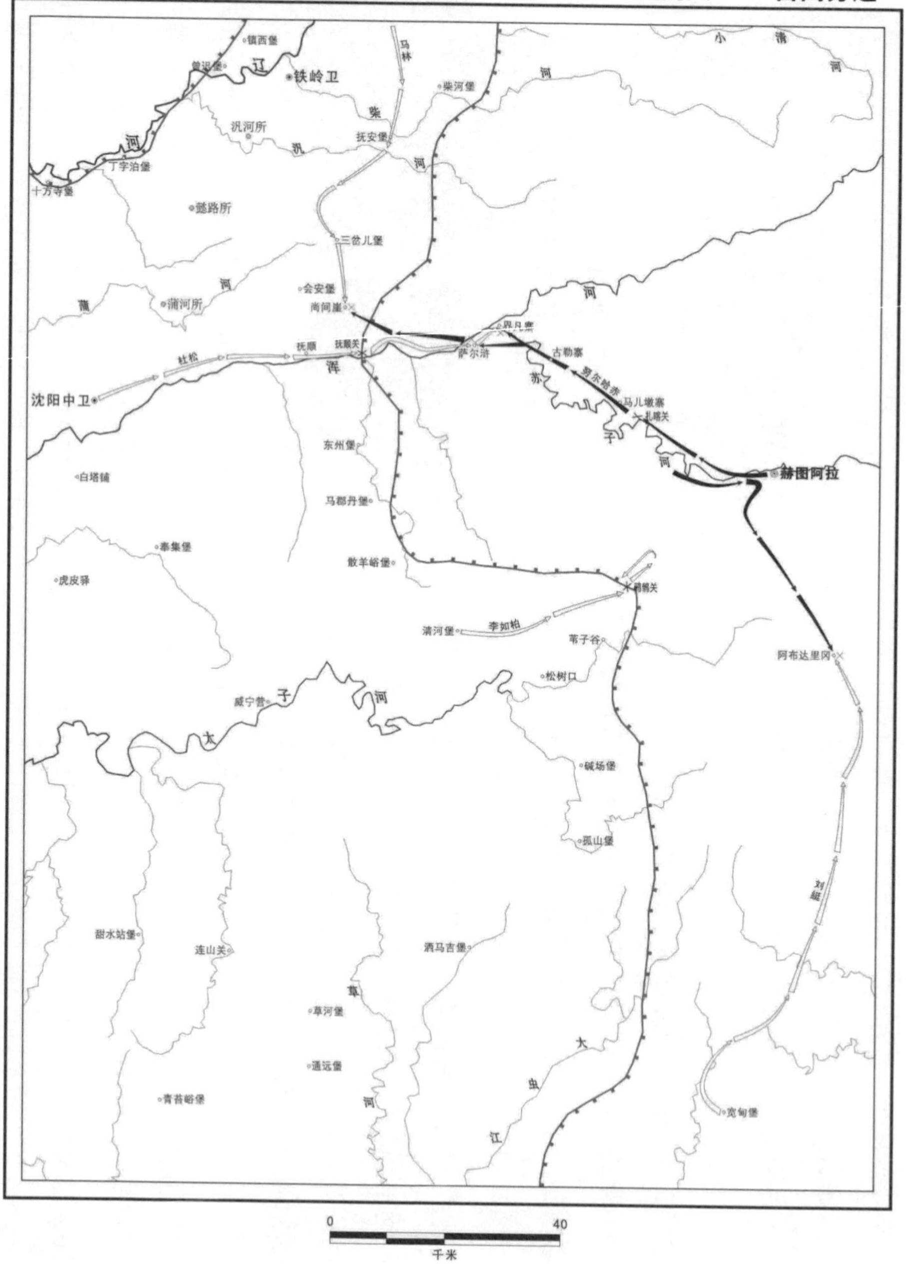

▲薩爾滸之戰。

優勢的事實。前文已經說過，後金在攻打撫順時可能動員了十萬之眾，而這一次，在薩爾滸大決戰這個生死存亡的緊急關頭，這個新興國家必然不惜一切代價，全力以赴。很難相信，它出動的總兵力會少於十萬明軍，由於採取「憑爾幾路來，我只一路去」的正確打法，後金統治者在集中兵力逐一對付分作四路的明軍時，這種優勢就更明顯了。另外，後金的兵權高度集中於努爾哈赤的家族手中，決策過程簡單、有效，在戰時令出必行，獲勝實非偶然。努爾哈赤如臂使指，迅速集中兵力從這個地方調往那個地方、總是顯得遊刃有餘。

明軍不但兵力難佔優勢，而且軍事制度存在著根深蒂固的缺陷。明朝的軍事指揮機構如「疊床架屋」般重複設置，呈現出政出多頭的弊端。表面上，這支軍隊的最高統帥是皇帝，可在宮中深居簡出的皇帝逐漸失去了乾綱獨斷的能力，遇到重大問題需要群臣以「廷議」的方式參與決策，因而朝廷一些部門都能分享部分決策的權力。內閣由於擁有「票擬」（內閣學士代替皇帝在朝臣的奏疏中做批示草稿）的權力，常常企圖代表皇帝發號施令。皇帝如果有不同的意見，可以將內閣上送的奏疏扣留起來不處理，或者將奏疏發回內閣重新改寫，後一種行為稱為「改票」。不管怎麼樣，內閣的意見總有得到皇帝同意的時候。但是，並非每一個皇帝都能堅持每天勤奮地批示奏疏，代替皇帝在奏疏上用朱筆批准內閣草稿的通常是司禮太監，因而司禮太監有時憑著給皇帝擬旨的機會得以染指決策。皇帝的正式諭旨一般要經過政府部門（兵、吏、工、刑、戶、禮等六部尚書）執行，而依照六部尚書設立的兵、吏、工、刑、戶、禮等六科「給事中」（雖然官階為七品，但位卑權重）類似於現代的「智囊團」，他們有權參與審核皇帝的諭旨，如果他們具有反對的意見，可將原旨退還，不予執行，這種權力就叫「封駁權」。由此可知，擁有「批駁權」

的兵科給事中也能參與軍機。而兵部作為全國最高的軍事指揮機構，其在中樞的影響力不容忽視。此外，負責監察作用的禦史也時不時地插嘴軍事問題。在薩爾滸決戰之前，內閣的大學士方從哲、兵部尚書黃嘉善、兵科給事中趙興邦等人分別透過嚴詞督促、寫信勸說與發佈命令等種種方式按照自己的意願在京城遙控指揮前線的最高指揮官楊鎬。

楊鎬的權力既受控於京官，同時也被地方的軍政要員所掣肘。在戰前，他需要總督、巡撫、巡按等地方軍政要員一起共同商議作戰方略。由於「以文統武」的傳統政策已經積重難返，致使軍中武官的地位一直很低。有資格參與商討作戰方略的全是文官，各級武官統統被排除在外、不容置喙。科舉出身的文官們雖然飽讀詩書，可大多缺乏實戰經驗，所擅長的只是紙上談兵。就以統帥楊鎬為例，他過去所經歷的戰事大多規模有限，唯一的例外是抗倭援朝時的蔚州之戰，此戰中，他參與指揮的各路軍隊為五萬左右，可惜以失敗而告終。

這次薩爾滸大決戰，他指揮的明軍、朝鮮軍與北關女真所部總數達到了史無前例的十萬之眾，更顯得力不從心了。從他制訂的作戰計劃可以看出，在很大程度上照搬了蔚州之戰分進合擊的經驗，他讓四路明軍分別從西、北、南等多個方向進攻後金的大本營赫圖阿拉，唯獨在東路留了一個缺口，也許是想採取「圍師必闕」的老辦法，迫使對手棄地而逃，從而避免出現蔚州之戰那樣因對手頑抗而發生曠日持久的攻防戰，最終出現變數，導致功敗垂成。就像《明史紀事本末．補遺》所評論的：「楊鎬之意不在戰，而在『虛張撻伐，冀取近寨小捷，得塞軍書』。他事先把出師日期透露給努爾哈赤，很可能是書生意氣用事，幻想對手能主動退避三舍。這種不切實際的想法從一開始就讓出塞的明軍走向了鬼門關。」

總督、巡撫、兵備道等主持地方軍政的文官經常走馬燈一般地換人。總會有一些武將對那些剛到任職地點，就開始指手畫腳的文官不太服氣，揭示「以文統武」的政策隱藏著內在的矛盾。《明季北略》記載總兵杜松說過的一句話，就很能說明「文武之爭」存在的問題。當時，這位奉命援遼的「西陲名將」經過潞河時，因天熱在路旁的郵亭休息，被當地的百姓圍觀。他乾脆解衣裸體示人，露出身上密密麻麻的刀箭傷疤，揚言道：「杜松本是個不識字武夫，惟不學讀書人貪財害人。」而《明史紀事本末．補遺》則記載杜松所說的話是「杜松不解書，第不若文人惜死」，顯然是暗諷文官貪生怕死。明軍的另一名總兵劉綎因未能參與商議出師日期而不滿，他昔日與楊鎬共事朝鮮，向來不和，他在楊鎬指定出兵討伐後金的日期之後曾經提出不同的意見，認為部隊對戰區的地形不太熟悉，請求稍後出師，楊鎬怒道：「國家養士，正為今日，若複臨機推阻，有軍法從事！」言畢，懸掛一劍於軍門，以示恐嚇，劉綎不敢再請。

▲實行「以文統武」之策的明軍。

雖然楊鎬擁有皇帝賜予的「尚方寶劍」，號稱能斬「總兵以下不用命者」，但無權軍法處置武官之中的最高級統兵將領——總兵。總兵對部隊具有一定的影響力，常常以此作為與文官討價還價的籌碼。

明朝建國初期的一段時間裡，軍隊在征戰時以總兵的權力最重，出任這一職位者一般都是公、侯、伯等貴族勳戚，他們擁有「人事」、「財政」與「軍法從事」之權，後因朝廷擔憂出現藩鎮割據的流弊，逐步削減了總兵的各項權力，使之受控於文官。中央政府經常派遣文官以巡撫、總督等軍務銜頭出征，這些人有權節制地方上包括總兵在內的一切文武官僚（而地方上的文官還以兵備道、監軍道等各種名目插手軍權，對各級駐防武官形成掣肘）。由勳戚武臣出任的總兵在總督等文官之前時常也要在表面上採取恭敬的態度，更不用說那些在明代中後期以流官身份鎮守地方的總兵了。《萬曆野獲編》指出「總督與巡撫到任之初，當地身披戰袍的總兵要執行叩首之禮。只有當總兵脫下戰袍，換上峨冠博帶式的儒服，督撫才會以禮相待」。到了明代中後期，總兵名義上是前線軍隊中的最高武將，但真正能掌握的只有自己的直屬部隊（通常以「營」為單位，人數有的過千、有的過萬，並不一致）。總兵以下的各級武將有副將（又稱「副總兵」）、參將、遊擊、守備、指揮等等，他們也同時擁有以「營」為單位的直屬部隊（這些「營」的具體人數，有的比總兵所轄的「營」要少，有的差不多），平時各自獨立地守禦一方，日子一長便容易成為與總兵分庭抗禮的地頭蛇，遇到棘手之事常常互相扯皮、互相推諉。總兵與守禦一方的各級武官雖然有地位高低的分別，卻無權力截然高下之制，因為總兵早已普遍失去「軍法從事」的權力，從而致使威信下降。就像當代歷史學者趙現海先生所指出的那樣，這是「明朝中後期軍事作戰能力下降的原因之一」。相反，八旗軍的制度比明軍更適應大規模的征戰，例如，後金統治者可以從八旗軍的各個牛錄之中順利抽調精兵作為預備隊（即後來的護軍），而在政出多頭的明軍之中，無論是總督、巡撫等文官，還是總兵等武官，很少從直屬於各級將領的各個軍營之中抽調精兵作為預備隊，因為這樣做的難度比較大。

總之，在明軍的指揮機構當中，各級文武官員互相牽制，沒有哪一個人能夠真正掌握軍權，杜松敢於違背楊鎬之令先行出關說明了這一點。不過，這種軍事體制與四分五裂的蒙古以及女真諸部作戰，怎麼打都不會有喪師失地、改朝換代之虞。如果所有將帥都有能力像李成梁那樣將自己的親屬與家人大量安排在軍中任職，逐漸以血緣關係控制各個軍營，必能維持一定的凝聚力，經常打勝仗也並非難事。可是，在薩爾滸大決戰中，明軍遇到的是截然不同的新對手，參戰的各支部隊與各個總兵來自不同的地方，互不隸屬，難以同心協力，以致各自為戰，被對手逐一擊破。然而，當時身在前線的大多數明軍的指揮官並不瞭解這些，對他們來說，昔日李成梁能出塞直搗黃龍，成功突襲建州女真酋長阿台與海西女真酋長卜寨、那林孛羅等人老巢，就是最好的榜樣。杜松、馬林、劉綎等總兵無不想效仿先賢，用最快的速度撲向對手的大本營，搶個頭功。很多人一廂情願地認為努爾哈赤會像阿台與卜寨一樣龜縮於老巢之內負隅頑抗，以致在野外碰到傾巢而出的後金軍隊竟然被打了個措手不及。

一些有遠見的文官已經看出這種文武互相牽制，指揮機構重複設置的制度削弱了軍隊的戰鬥力，因而有意把「人事」、「財政」與「軍法從事」之權交回總兵，以期待領兵的武官之中能夠重新出現徐達、常遇春這樣獨當一面的常勝將軍。例如後來出任內閣大學士的孫承宗一針見血地指出朝廷以邊防重任託付給經略、巡撫等文官，而這些文官卻難以自作主張，每日向朝廷詢問戰守之策「此極弊也」，如今應該增加武將的權力，選擇那些深沉雄健，具備氣魄與謀略的人在軍中主持大局，而偏裨將校以下的武職由其自行辟置，勿使文吏以雞毛蒜皮的小事侮辱其尊嚴。從孫承宗的意見可看出，為了抵禦強大的外患，朝野內外重文輕武的風氣有所改變，而武官的權力也將得到適當的提升。到了明朝滅亡前後很多總兵已經得到了皇帝賜予的尚方寶劍，重獲「人事」、「財政」與「軍法從事」之權，甚至能夠染指地方事務，以便宜行事。不過，要想勢力龐大的文官集團拱手交出手中既得的兵權，任由武官率性而為，那是不現實的，內閣與兵部等充滿了文官的中樞機構始終與皇帝保持密切的聯繫，牢固地掌控著軍事決策之權，而前線的總督、巡撫等文官干預軍事的制度也沒有撤銷。

後金取得薩爾滸的勝利之後，打算乘勝追擊，長驅直入明朝境內。在大舉進攻之前，努爾哈赤下令部屬加緊時間餵養羸弱的戰馬，同時繼續在界藩等地築城，增強防衛，並督促農夫春耕，以準備軍糧。為了爭取朝鮮，以免在討伐明朝時腹背受敵，努爾哈赤派遣後金使者攜同朝鮮降將張應京一起前往朝鮮半島，要求朝鮮國王保持中立。儘管朝鮮國王在表面上仍舊效忠於明朝，但他吃一塹，長一智，再也不想出兵介入後金與明朝的戰事，以免引火焚身。到了四月份，戰端重開，後金對明朝進行試探性攻擊，於初九日派出上千八旗騎兵侵入明朝鐵嶺境內，掠得人畜一千而還。剛剛遭受重大挫折的明軍無力反擊。六月初十，一切準備就緒的努爾哈赤親自率兵四萬經尚雲堡向開原前進，摩拳擦掌要大動干戈。遼東明軍已經預感到後金會大舉進犯，緊急從關內抽調援兵，連同本地的駐軍，糾集了七萬之眾應急，但因在薩爾滸之役損失了大量能戰之兵，一時之間難以恢復元氣，故只能將部隊分散在各個據點裡面打防禦戰。這就讓努爾哈赤又一次有機會施展各個擊破的戰法了。開原長期是明朝與女真部落進行邊境貿易的重要貨物集散地，過去，女真南、北兩關取道此地把人參、貂皮等土特產源源不斷地運往中原，使努爾哈赤壟斷邊貿的計劃長期未能得逞。現在，努爾哈赤把矛頭對準這個地方，既打擊了明朝，又威懾北關女真，可起到一箭雙雕的作用。

在這個生死攸關的時刻，明朝派往開原的主帥韓原善尚未到任，在薩爾滸之戰中大敗而還的總兵馬林負起了守城的責任。他在副將于化龍、參將高貞、遊擊於守志、備禦何懋官等人的協助之下，與署監軍道事推官鄭之范這個文官一起佈置城防，他們倉促應戰，增加城上防守力量的同時，又讓部分人馬出四門之外拒敵。八旗軍的主攻方向是東門，參戰人員全部下馬作戰，將城外的明軍打得落花流水。士氣低落的明軍士卒爭先恐後地企圖退回城中，致使城門為之堵塞，難以及時關閉。緊跟在後的八旗軍立即集中兵力與明軍爭奪城門，同時派出部分人員試圖在戰車的掩護下靠近城牆，然後豎起雲梯進攻。可是攻城的過程比原先設想的容易得多。很多攻城者不等雲梯豎起，就奪門逾城而入，四處驅逐城內的守軍。在城外的西、南、北三面佈陣的明軍見東城已破，無不大驚失色，一哄而散。不少人在逃亡時遭到八旗軍的攔截，慘死於門外的壕溝與高粱地之中。馬林、于化龍、高貞、於守志、何懋官等人戰死，只有鄭之範得以逃脫。意得志滿的努爾哈赤登上城頭南樓，坐在那裡督戰。不久，三千明軍從鐵嶺方向趕來增援，他們見開原已失，又慌忙撤了回去，整場戰事就以後金佔領開原告終。八旗軍從十六日開始在城內連續三天大肆殺掠，共有數萬居民罹難，勝利者奪取了難以估量的財物，前後運了三日猶未運完。最後，努爾哈赤下令拆毀城牆，焚燒城內的公廨與民居，遂班師。

後金把開原夷為平地的暴行令遼東地區一片風聲鶴唳，人人自危。然而，努爾哈赤並沒有返回赫圖阿拉這個大本營，而是駐軍於距離明境較近的界藩，隨時準備捲土重來。果然，五六萬八旗軍在一個月後浩浩蕩蕩地又進入了明境，這一次，他們的目的地是鐵嶺。鐵嶺是李成梁的祖居之地，也是李家將的大本營，後金膽敢攻打此地，按常理免不了一番龍虎鬥。然而，情況今非昔比，李家將的實力早已一落千丈，李如柏雖然在薩爾滸決戰中拾回了一條命，但他的低劣表現遭到朝臣的交章參劾，竟被撤去總兵一職。頂替李如柏之位的是李成梁的第三子李如楨，原因是當時關外有許多官紳地主認為李氏世鎮遼東，在女真人之中具有一定的威望，因而，他們強烈要求軍隊主帥一職繼續由李家之人出任。雖然給事中李奇珍認為繼續讓李氏一族壟斷遼東總兵之位，將來恐怕會造成藩鎮割據的不良後果。但遼東巡撫周永春表示支持。兵部尚書黃嘉善在民情沸騰的情況下只好順水推舟地推薦李如楨做總兵，並在一六一九年（明萬曆四十七年，後金天命四年）四月得到了皇帝的正式批准。李如楨本來托父親的福在京城當了四十年錦衣衛官員，官至都督，可是因為朝廷在近段時間對政府部門的官員進行考核，裁減冗官，他處於下崗待命的狀態，正在等候安排，想不到現在陰差陽錯地當上了總兵。這位從來沒有打過一天仗的傢伙卻傲氣沖天，他自恃家世，竟然目中無人，不肯居於軍中的文官之下，還未出關即先行遣使前往總督汪可受之處，要求在相見之日彼此要互行平等之禮。李如楨妄自尊大的態度傷了文官集團的自尊，導致「朝議譁然」，連推薦他做總兵的黃嘉善也坐不住了，公開就此事表明自己的態度，說道：「國家讓總督管轄總兵，實行『以文馭武』的政策，其中寓有深意。總兵不能與總督平起平坐，二百五十年來一直都是這樣的。李如楨如今已經不再是錦衣衛官員，因而不能算皇帝近臣，他若以總兵的身份與總督相見，應該遵守以往通行的禮數，有什麼理由要改變現狀呢？」最後，黃嘉善警告李如楨要聽經略與總督之命，不要「執拗取罪」。胳膊扭不過大腿的李如楨只好怏怏不樂地走馬上任。他到達遼東之後，奉經略楊鎬之命守禦鐵嶺這個李氏宗族墳墓所在之地。當地的官紳地主本來以為李如楨出自「遼之巨族」，必定會竭

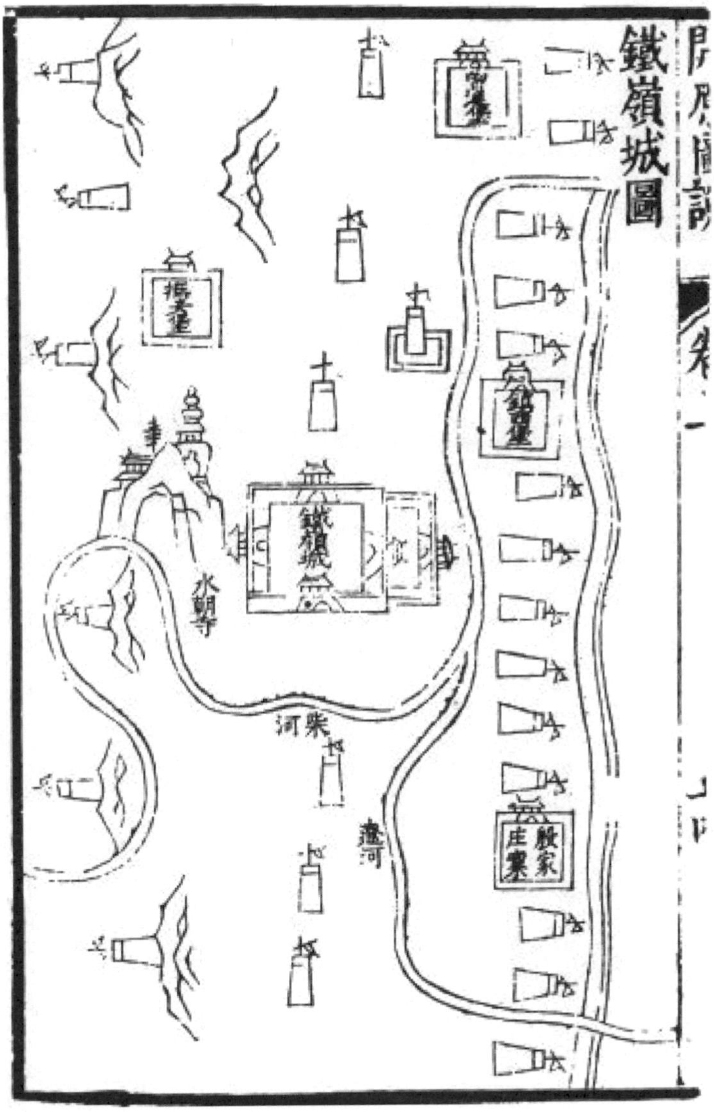

▲《開原圖說》中的鐵嶺。

盡全力保衛「遼之巨姓」，絕不會後退。可惜，他們的願望是美好的，現實卻是殘酷的，就像《三朝遼事實錄》所記載的那樣，當初李如柏被罷官之後返回京城居住時，攜帶了李如楨等一百七十六名同族親屬一齊離開，可謂「傾巢而出」。甚至連跟隨李如栢的士兵，他們當中不少人早已將那些帶不走的家產全部售賣乾淨。時人評論道：「鐵嶺之亡，已卜於如柏回京之日矣！」意思是從李如柏回京之前的所作所為，可以看出鐵嶺必亡於敵手。這個城市之所以能夠繁榮昌盛，一是得益於邊貿，二是得益於作為李家將的大本營的顯赫地位。如今隨著後金以泰山壓頂之勢發起針對明朝的戰爭，一切即將煙消雲散。《明史》記載，當資財雄厚的李家將及其部曲以李如柏被撤職為契機紛紛離開鐵嶺之後，竟達到了「城中為空」的地步。楊鎬雖讓李如楨防守鐵嶺，但不久即以孤城難守為理由，令如楨返回瀋陽，僅留下參將丁碧等人，守衛的兵力更加薄弱。後金進攻開原，李如楨無所作為，充分暴露了志大才疏的本色。如今鐵嶺岌岌可危，這位「將門犬子」一樣是束手無策。

▲明神宗之像。

努爾哈赤於七月二十五日率領諸貝勒取道三岔兒堡包圍了鐵嶺，先逼降了城外各個小堡的明兵，然後四處攔截屠殺那些來不及進城之人。八旗軍躲藏在戰車的後面，一步一步地靠近城牆，強攻城牆的北面。他們不顧守軍傾瀉下來的利箭、大石與銃炮彈丸，一批批地豎起雲梯往上爬，而那些站在下面的人也沒有閑著，動手鑿開城牆的磚石，力圖把它們一塊塊挖掘出來。最後，這支虎狼之師突入了城中，進行了血腥的殺戮，先後打死了遊擊喻成名、史鳳鳴、李克泰等將領。當晚，努爾哈赤擊退了一股乘亂搶掠的蒙古人，鞏固了來之不易的戰果。鐵嶺一戰，當地軍民死傷無數，史稱「一城皆忠義」。雖然李氏一族在戰前已經有很多人離開，但那些來不及撤退的難免死於鋒刃之下。李氏的族譜記錄李如梴、李如梓、李一忠、李存忠等二十多人被害。李家軍的大本營從此成為廢墟。直到數十年後，有人重遊此地，猶發現「掘土數寸，即有刀鏃、甲冑、骷髏諸物，處處皆然」，憑此可以想像當時戰況之激烈。可能有人認為，李成梁對努爾哈赤有提攜之恩，努爾哈赤不分良莠地屠戮李成梁家族的人，過於冷酷無情。可是，當初殺死努爾哈赤祖、父的正是李成梁的手下，努爾哈赤一直對此耿耿於懷，他在向明朝宣戰的「七大恨」中不忘重申這一點。如今，鐵嶺被屠正是體現了他「皆睚必報」的倔強性格。何況，對於努爾哈赤這樣胸懷大志的人來說，誰不利於他的國家，就一定消滅誰，就算是他的親兄弟速爾哈赤與親兒子褚英，也不在話下，更不必說是毫無血緣關係的李氏一族了。

坐鎮瀋陽的李如楨於二十五日早晨得知後金進犯，立即與賀世賢等將領赴援，但還沒有等他們到達，鐵嶺已失。李如楨所部在「乘奴（指女真人）惰歸」之時，「斬獲虜首一百七十六級」。然而，後來有人揭露他們殺死的可能是那些企圖在戰區混水摸魚的蒙古人。

開原與鐵嶺的淪陷使得遼陽與瀋陽的藩籬盡失，影響了整個遼東的防守。朝廷的大臣不斷彈劾李如楨，指責他擁兵不救、觀望不前之罪。李如楨盡力為自己辯護，否認對後金的入侵坐視不顧，只是承認「救援不及」，不管他怎麼樣申辯，也改變不了喪師失地的事實，只能面臨被撤職的懲罰。朝中的一些言官仍然窮追猛打，不斷上疏皇帝請求徹查遼東兵敗的責任。有人舊事重提，連李如楨的兄長李如柏也不放過，指控李如柏娶努爾哈赤的侄女為妾一事有通敵之嫌。其後，惶惶不可終日的李如柏於次年自殺身亡。李如楨則被打入死牢，直到十餘年後，朝廷因念他父親過往的功勳，特免其一死，充軍了事。名重一時的李家將從此威信掃地、一蹶不振，成為士大夫嘲弄的對象。例如，著名文人夏允彝後來在《倖存錄》中評論李家將由盛轉衰的原因寫道：「李家之子弟，縱情於聲色之中，平日裡騎著馬大搖大擺地遊覽賞玩，而功名隨之衰落矣。我曾經就李家將盛衰的問題請教遼東的朋友。朋友回答說：『此乃天意。昔日李成梁、李如松得志之時，與之談話，頓覺他們娓娓道來時的言辭精確恰當。及至李如柏之輩，既弱且蠢，與其談話，令人不得要領，這些紈絝子弟毫無其父兄之風，一見便知其必敗。』可歎的是，李氏一族之盛衰，竟然關係到遼東政局之興壞，真是天意！」不過，夏允彝又說：「後人議論紛紛，往往怪罪李氏子弟私通外夷，這種說法則太過苛刻。」鑒於李氏一族在鐵嶺失守時遭到後金的屠戮，故此，基本可以排除李家將私通八旗軍的可能。然而，李家將對後金的崛起負有不可推卸的責任，他們最初企圖養寇自重，誰知事與願違，到後來竟然變成養虎為患，禍及自身，可謂咎由自取。與李家將交情非淺的楊鎬也自身難保，在開原、鐵嶺相繼失陷之後被朝廷逮捕，下獄論死，於十年後伏法。

後金征明的軍事行動連連得手，先後摧毀了明朝多個邊貿城鎮，切斷北關女真的外援，現在，已經到了徹底解決北關女真問題的時候了。八月十九日，努爾哈赤親自主持軍事會議，制定破敵之策，決定由四大貝勒率領健卒包圍白羊骨的西城，而他本人與一批「固山額真」一起率營兵進取金台石的東城。一聲令下，八旗軍如離弦之箭，以雷霆萬鈞之勢星夜前進。

北關女真得知努爾哈赤起兵的消息，舉國震驚，馬上堅壁清野。城外的居民或者遷入城內，或者避入山谷。明代史籍《開原圖說》記載，北關女真的西城城主白羊骨「部落約五千，精兵二千」，東城城主金台石「部落六千，精兵三千」，兩者合計，動員上萬的兵力沒問題。白羊骨與金台石可不敢奢望「女真滿萬不可敵」的歷史會重演，他們甚至連守住自己的領地也信心不足，需要明朝派軍協守。一千明軍在遊擊馬時楠的帶領下駐守在此地，這點兵力實際上於事無補。

二十二日天剛亮，白羊骨率軍開出西城準備迎戰遠道而來的八旗軍。只見八旗軍軍容整齊，一副威不可當的樣子，他們身上的「盔甲明如冰雪」，樹起的「旌旗劍戟如林」，一波接一波仿如潮水湧至，漫山遍野，比比皆是。白羊骨大驚，不敢與之野戰，慌忙調兵返回，困守愁城。其後，八旗軍在四大貝勒的帶領下開始攻打西城。

到了太陽升起之時，努爾哈赤所部也來到了預定的戰場，從四面八方圍攻金台石所在的東城。八旗軍經過撫順、開原與鐵嶺等地的攻堅戰的鍛煉，拿下東城這個小地方簡直易如反掌，不一會兒，就破其外城，並陸續把軍中的戰車與雲梯沿著山路推送到最前面去，準備強攻內城。努爾哈赤在總攻發起之前派人勸告金台石投降。金台石不從，言辭強硬地答覆：「我作為一個男子漢豈能像漢人那樣投降，只有靠自己的手『死戰而已』。」和談既然破裂，戰鬥馬上打響，八旗兵衝殺在最前面的士兵除了貼身穿上堅固的鎧甲之外，還在外面再披掛一件綿甲，就連頭盔的外面也戴上了厚厚的綿帽子，他們有的執盾、有的在戰車的掩護下向前推進，跟隨在他們後面的是那些身披輕甲的善射之士。霎時間，城下發出的利箭如雨點濺落，逼使城上的守軍躲藏在城垛之內，不敢輕易暴露身體。大批八旗兵乘機靠近城南、城西與城北，不管城上擲下的石塊與滾下的木頭、火藥罐，用斧子動手拆城。很快，北面的將士成功破城，二三十人並列登上了城頭。後繼部隊陸續從突破口湧入，只一會兒，打得東城的守軍四散而走。很多士兵躲回了家裡。努爾哈赤緊急傳命，要求部下勿殺城中居民，要予以招降。

在八旗軍的招撫之下，東城的軍民紛紛歸降。寧死不屈的金台石帶著親屬退守堅固的八角樓，他自知難以倖免，遂向包圍八角樓的八旗兵提出想見一見他妹妹所生的兒子皇太極。努爾哈赤得報後同意了金台石的請求，當即派人把圍攻西城的皇太極召來，讓這舅甥倆在火線上會一會面。然而，皇太極也未能說服金台石。這位東城的城主只肯讓自己的妻兒下樓投降，自己手拿弓箭，與心腹隨從一起重整盔甲，打算一直打到死去為止。他在八旗兵用大斧砍樓的危急關頭放火自焚，誰知缺乏堅強的意志，竟在烈焰的燒烤之下如熱窩上的螞蟻團團轉，最後不得不主動走下來束手待擒，被努爾哈赤下令用繩子縊死。

東城失守，西城也獨木難支。白羊骨心知苦撐不了多久，不斷派人與指揮攻城的代善商議投降事宜。代善發下重誓，表示白羊骨若來降，必可保全性命。白羊骨相信了代善的話，開城投降。努爾哈赤卻有不同的想法，他認定白羊骨心懷異志，留他一命必有後患，便在當天夜裡讓手下把他絞死了。

努爾哈赤收編了所有的北關軍民，但將駐守東、西二城的一千明軍全部殺死。至此，後金基本統一了女真諸部。《清太祖實錄》記載這個新興國家轄下的區域「自東海至遼邊，北自蒙古嫩江，南至朝鮮鴨綠江，同一音語者俱征服，是年諸部始合為一」。

從此，北關女真滅亡，海西女真扈倫四部叱吒風雲的歷史也畫上了句號。它們因競爭不過建州女真，終於被歷史無情地淘汰了。根據學者的研究，在後金建國之初的二百三十九個牛錄之中，出身於海西女真的牛錄額真約有四十七個，比不上建州女真的一半，甚至連東海女真也不及。這與努爾哈赤防範海西女真有關，他將獲得的海西女真之人分屬於各個旗下，很少獨自編成牛錄（據統計，以海西女真人為主編成的牛錄僅約五十二個，大部分人被分散編入了其他旗的牛錄），以保存建州女真的優勢。這樣一來，海西女真融入了以建州女真為主的八旗之中。

八旗制度進一步完善起來，一六二〇年（明萬曆四十八年，天命五年）三月，努爾哈赤參考明朝的軍制對武官制度進行改革，他將「總額真」（開原之戰出現的新職，可統率八旗左翼或右翼）與固山額真授為總兵、梅勒額真授為副將、甲喇額真授為參將或者遊擊、牛祿額真授為備禦，每一牛錄另設四名千總（後來，為了管理遼東漢民事務，又一度設置了「都堂」之職，由固山額真之中出類拔萃者出任，具有參加議政的資格）。而總兵、副將、參將、遊擊、備禦等職分別列為三等，致使八旗武官形成了五等十五級，令以後更加方便「論功序爵」了。這些人逐漸成為軍事貴族，享有按品級免糧等政治特權。可是，後金始終沒有為各級武官建立薪俸制度，主要依靠在對外戰爭中奪取的土地、人口與財物「照官職、功次，加以賞賚」。

根據歷史學者郭成康等人的總結，在後金軍中，最高的獎賞是「賞賜戶口」，就是將那些在戰爭中擄掠的人口編為牛錄，賞給功高者。由於受賞者可憑這類牛錄擁有各種特權以及分取各種經濟利益，並可傳給子孫後代，故被視之為最高的獎賞。立功者還有機會被授予世爵（如系宗室之人，可獲得貝勒等爵位）與世職（如系非宗室之人，可獲得總兵、副將、參將、遊擊、備禦等職位）。此外，立功者也可得到銀、帛、牲畜等財物以及獲得「巴圖魯」（「巴圖魯」起源於蒙古語，原意是指「勇」的意思，後來，這個詞被女真諸部沿襲，用來稱呼那些驍勇善戰的壯士）等榮譽稱號。就算是奴僕，如果立有戰功，就可免除奴籍。由此可知，對外戰爭不可能馬上停下來，因為它與八旗這個軍事集團的切身利益直接相關。

第三章

逐城爭奪

明朝自與後金作戰以來，屢遭挫敗。在前線主持大局的經略楊鎬為此丟了烏紗帽，成為階下囚。接替他的是曾經在一六〇八年（萬曆三十六年）巡按遼東的熊廷弼。年過五旬的熊廷弼雖然是進士出身的文官，卻並非手無縛雞之力的文弱書生，他身長七尺，生得高大威猛，善於射箭，能夠左右開弓，為人很有膽略，對軍事有一定的研究。由於他在十一年前任巡按遼東一職期間與建州女真打過交道，並向朝廷彈劾當時的巡撫趙楫與總兵李成梁，指控兩人放棄寬奠等地之罪，從而引起了朝野的注目，故被認為是熟悉遼東邊事的人才。朝廷既然知道熊廷弼過去與李成梁的關係不太和諧，現在又緊急任命這個人為遼東經略來取代楊鎬的位置，這一切顯示朝中君臣希望熊廷弼接手李家將留下的爛攤子後能撥亂反正。

熊廷弼尚未離開京城走馬上任，已經傳來開原失守的消息，當他帶著皇帝所賜的尚方寶劍趕赴遼東，在途中又得知鐵嶺淪陷。此時，前線風聲鶴唳、草木皆兵，無論是瀋陽、遼陽等城市，還是它們周圍的城堡村寨，相繼出現了一波又一波的逃亡潮，兼程而進的熊廷弼在途中凡是遇見逃亡者，都勸告其重返家園。到任後，他為了穩定軍心，馬上執行軍法，斬掉逃將劉遇節、王捷、王文鼎等人的腦袋，以祭死難之士，同時，誅殺貪污軍餉的遊擊陳倫，並起用以「廉、勤」著稱的李懷信為總兵，意圖扭轉部隊極端不正的風氣。取代原總兵李如楨之位的李懷信是大同人氏，他長期在延綏、甘肅等北部邊境擔任總兵，以防禦蒙古諸部，打過不少的仗，威名素著。然而，他那一套打法用來對付一盤散沙般的蒙古人可能比較有效，但不一定制服得了後金的八旗軍。他現在奉命轉戰遼東，要想出色完成任務，必須因時導勢地採取新的打法，才有取勝的希望。不過，對全軍的戰略戰術進行調整，決策權並非掌握在武官的手裡，而是唯文官馬首是瞻，熊廷弼當仁不讓地肩負起了這一責任。

那時，朝野內外對應該怎麼樣與後金作戰的意見不外乎有三種，一是恢復失地，二是出境進剿，三是固守。前兩種意見的宣導者主張明朝在戰略上應該繼續採取進攻的態勢，力求在短時間之內反攻，最好是將戰線推進到後金的國境之內。熊廷弼卻認為現階段還沒有反攻的能力，因而主張固守，他充分利用在前線主持大局的機會，果斷地下令遼東明軍全面轉入戰略防禦，為此，他向朝廷申請從內庫以及關內長城沿線的駐軍中抽調各種軍械，以支援遼東地區，同時，又籌建資金打造兵器，其中，有數百門重二百斤以上的大炮以及數百門從六七十斤至百斤不等的火炮以裝備部隊，這些都是防禦的利器。此外，他還製造了數量過千的百子炮，而三眼銃與鳥銃竟達七千餘支，至於其餘的戰車、牌楯、盔甲、臂手、刀槍弓箭等物，更是不可計數。熊廷弼上任之初，各地的兵力明顯不足，例如，遼陽城僅剩四五千名老弱殘兵與來援的萬餘川兵，而瀋陽守軍也只有萬餘人，但經過他想方設法地招募人員之後，情況已有改善，再加上從關內調來的援兵，總兵力很快就恢復過來，迅速達到了十三萬。這樣一來，各處的城鎮屯堡就有兵可守了。在他的大力督促之下，各個據點無不盡力修繕城牆、挖掘壕溝，力圖把城防工程建設得固若金湯，時間僅僅過了短短的數個月，整個遼東防務煥然一新。

▲熊廷弼之像。

在此期間，後金髮起了消滅北關女真之戰，遼東明軍沒有及時派出主力予以援助，引起了朝中一些人的不滿。熊廷弼不管別人怎麼看，而是繼續堅持防禦的戰略，並借上疏皇帝之機全盤提出自己的戰略方案，他自稱親身到過前線探測地形，判斷後金入侵的路線有四條，第一條是從東南方向的靉陽；第二條是從南路的清河方向；第三條是從西路的撫順方向；第四條是從北路的柴河、三岔兒之間進犯。因而，他建議增兵防禦這四條可資敵用的路線，平均每一路駐軍三萬，另外還需要在鎮江駐軍兩萬以從側翼牽制來犯之敵，而遼陽、海州、三岔兒河、金州、複州等地也需要加強防務，為此應當將遼東地區的駐軍增加到十八萬，才能滿足需求。這個戰略方案的目的是讓各個據點起「首尾相應」的作用，如果發生小警，它們可以自行防禦，如果有大敵進犯，它們互為應援，儘量「禦敵於國門之外」。平時，可以從部隊中挑選一批精悍的軍人靈活機動地潛出境外打擊敵人，使敵人的農、牧業不能進行正常的生產活動。透過這種輪流出擊的方式，可使敵疲於奔命，等到反攻的時機成熟，才可以「相機進剿」。

皇帝雖然同意了熊廷弼的戰略方案，但朝中的主戰派聒噪不已，這些人正在處心積慮地尋求著攻擊熊廷弼的藉口。恰巧此時後金發動了幾次騷擾行動，在付出一定代價的情況下給明軍造成了七百餘人的損失。朝中的主戰派以及個別與熊廷弼有私人恩怨的文官立即發難，在吏科給事中姚宗文的煽動之下，御史顧慥、馮三元、張修德等人先後彈劾熊廷弼出關逾年，卻在恢復領土的工作上毫無建樹，只讓「荷戈之士」去做一些挖掘壕溝、清除淤塞的徭役，還憑著尚方寶劍作威作福，在軍中不得人心。各種誹謗之詞，無所不用其極，甚至有人認定熊廷弼犯了欺君之罪，揚言不罷此人之官「遼必不保」！熊廷弼憤而抗辯，無奈他平時因性格剛烈、爭強好勝而得罪了不少人，以致到了關鍵時刻，竟然在朝中找不到願意幫腔之人，任他聲嘶力竭，也敵不過眾人的悠悠之口，最後只能敗下陣來，表示情願交還尚方寶劍，辭掉經略一職，請朝廷另擇賢能。這時，明神宗已經去世，而登基的明光宗不足一月亦死，轉由明熹宗繼位。熹宗順應輿情允許熊廷弼辭職。熊廷弼臨走之前，感歎萬千：「如果批評我擁兵十萬，不能斬將擒王，這當然是罪過。然而這種苟求於今時今日，又談何容易。」他繼續舉例，指出在撫順之戰中，正是由於後方的盲目催促而使張承胤在前線殞命，而在薩爾滸之戰中，又是因為後方的催促而使得出塞部隊三路喪師，「臣怎敢重蹈覆轍？」他批評那些在朝堂上議論紛紛的人，皆是紙上談兵之輩。他們往往不顧形勢如何，只是一味以戰事拖延的時間過久會浪費國家的錢財為藉口促戰。當軍隊因倉促進軍而大敗，他們才啞口無言。可是，一旦等到前方有人收拾殘局，穩定人心之後，處於後方的主戰派又故態復萌，哄然促戰了。熊廷弼對主戰派的批評非常中肯，可是「冰凍三尺，非一日之寒」，朝廷裡面有這樣多的人熱衷於主戰，與傳統的歷史文化脫離不了關係。眾所周知，由於努爾哈赤公開宣揚自己是金國的繼承者，故此，明朝很多人潛移默化地把遼東之戰與幾百年前的宋金戰爭掛上了鉤。而那些對歷史稍有瞭解的明朝官員都知道南宋主和派代表秦檜枉殺抗金名將岳飛的故事，為此，秦檜留下了數百年的罵名。殷鑒不遠，那些飽讀詩書的文人吸取了歷史教訓，現在自然誰都不肯輕易示弱，他們總是不顧客觀條件，一有機會就極力慫恿前線軍隊發起進攻，似乎只有這樣才能證明自己是真正的愛國者。對於這類志大才疏、沽名釣譽之輩，熊廷弼一針見血地嘲諷道：「自從遼東發生戰禍以來，前線諸事，很多都出自於朝中大臣的建議，可是『何嘗有一效』？」他認為疆場之事，應當由疆場的官員自行處理，不需要遠隔千山萬水的京官指手畫腳，以免起到干擾的反作用。

熊廷弼的抗辯改變不了黯然下臺的命運，他離去後，由袁應泰繼任經略一職。袁應泰也是進士出身的文官，他在熊廷弼主持遼東大局期間以按察使的身份治兵於永平，由於能夠及時給關外提供草料、火藥之類的軍用物資，故深得熊廷弼的信賴，並一度代替周永春出任遼東巡撫。現在，他又升為經略，而巡撫一職則由薛國用擔任。袁應泰就職時許願道：「願文武諸臣無懷二心。」話雖如此，可在明軍內部文武互相牽制的軍事制度之下，要做到這一點談何容易。為了鞏固自己在軍中的地位，他仿效熊廷弼的做法，在上任之初就以執行軍法立威，以皇帝所賜的尚方寶劍，先後懲處了「貪將」何光先等十餘人。這時，遼東總兵亦換了幾任，李懷信因不能忍受熊廷弼的頤指氣使，託病去職，不久，繼任的柴國柱以同樣的藉口棄職歸隱。但當時不愁無將可用，因為四方宿將「鱗集遼左」，其中，著名的總兵有賀世賢、童仲揆、陳策，還有來自四川土司的女將秦良玉的部隊。當時，秦良玉遣其兄秦邦屏與其弟秦民屏率數千人作為先頭部隊已到達前線。

袁應泰順應主戰派的要求，把熊廷弼的戰略防禦改為戰略進攻，他積極準備恢復撫順等失地，計劃出兵十八萬，由大將十人統領，盼能起到馬到功成之效。但用兵非其所長，故在前線的佈置規劃頗為粗疏。他有鑒於熊廷弼因過去治軍嚴格而引起不少將士的不滿，轉而實行寬鬆之策，希望能籠絡人心，可矯枉過正，不利於對部隊的嚴肅整頓。恰巧在此時，遊牧在遼東的蒙古諸部發生了饑荒，很多人入塞乞食，使遼東形勢更加複雜。

韃靼左翼作為遊牧部落，自然以遊牧經濟為主。但遊牧業與農業相比，更加承受不起自然災害的打擊，每當塞外的氣候反常，便有大批牲畜死於狂風暴雨之下。根據竺可楨等專家學者的研究，從十五世紀起，至十九世紀中後期，都屬於氣溫偏低的時期，其中又以明清交替時的十七世紀為最冷，在東北與內蒙古地區，初霜期比現代提早一個月以上，這使得草木凋零，植被提早處於休眠狀態，也讓牧民儲備不了足夠的冬季飼草。另一方面，寒冷的氣候增加了牧畜的死亡率。在後金侵明的這個大動亂時代，多發的自然災害使大量蒙古牧民離鄉背井，以類似於雇傭兵的身份加入到遼東的爭霸戰之中，成為明朝與後金爭取的對象。

遼東戰事初起時，蒙古已經不能置之度外。儘管蒙古與後金一樣，都對明朝構成了威脅，但是，明朝的有識之士認為蒙古人歷來「所欲不過搶掠財物而止，無遠志」，僅僅是皮膚上的疥癬小恙，相反，女真人卻志在奪取土地，甚至企圖改朝換代，是致命的心腹大患。因此，明朝早已果斷採取了扶持蒙古抑制後金的「以夷制夷」之策，透過開放互市之地與蒙古的韃靼左翼保持貿易往來，再輔以重金賞賜，以達到結盟的目的，共同抵抗後金。後金的崛起也給蒙古人造成了不小的威脅，特別是努爾哈赤悍然奪取開原等地，等於是搶了蒙古人的飯碗——令韃靼左翼諸部因喪失傳統的互市之地而遭受經濟損失（因為開原等地本來是明朝與蒙古藩屬福余衛的貿易場所，自從韃靼左翼遷入遼東，吞併了福余衛之後，便冒充福余衛的名義與明朝貿易，而明朝邊將為了減少邊患，對此既成事實予以默許）。為此，韃靼左翼內喀爾喀五部之中一位名叫宰賽的翁吉喇特部頭目曾經信誓旦旦地表示一定要奪回被後金佔領的開原等處，他斬釘截鐵地對明邊將說：「賜我重賞，夫倘不征後金，上天鑒之。」明朝果然肯出重金，韃靼左翼便站在明軍一邊與後金發生了大規模的衝突。就在努爾哈赤攻克鐵嶺的當天晚上，突然遭到宰賽所部萬餘人馬的偷襲，一時之間被打了個措手不及，根據在薩爾滸之役中被俘的朝鮮官員所留下記載，很多八旗兵還來不及披甲，就傷於鋒鏑之下。可是，《清太祖實錄》卻稱八旗軍在這場突然襲擊中只有數十名僕廝受傷，似乎有縮小傷亡數字的嫌疑。不過，後金畢竟人多勢眾，很快便組織了反擊，擊潰來犯的蒙古兵，一直追至遼河，殺死敵人甚眾，並生擒了一百六十餘名俘虜，其中包括宰賽及其兩個兒子。後金將宰賽扣為人質，脅迫內喀爾喀諸部與之結盟，反過來對付明朝。然而，內喀爾喀的大小封建主們腳踏兩船，總是在後金與明朝之間搖擺不定。

袁應泰剛上任不久，碰上了漠南蒙古地區發生大災，據說，受災的面積竟達二三千里之廣，如何妥善處理入塞乞食的蒙古人成了棘手問題。他不管戶部郎中傅國等人的反對，下令招降這些人，這樣做的理由是既能增加明軍的兵力，又可避免這些饑腸轆轆之眾轉而投靠後金，為敵所用。在袁應泰的招撫之下，來歸的蒙古人一日比一日多，他們被安置於遼陽、瀋陽二城，享受著官府按月發給的軍餉，解決了溫飽問題。然而，蒙古人軍紀不佳，他們在城內與民雜居，經常發生姦淫搶掠之事，令老百姓吃了不少苦，從而引起非議。有的反對者認定「非我族類，其心必異」，一旦招降的蒙古人過多，恐怕會被敵人利用為內應，會產生不測之禍。可袁應泰自以為得計，根本聽不進反對的聲音。

袁應泰優待蒙古降人自然有他的理由。眾所周知，蒙古牧民自幼生長於馬上，一向以精於「騎射」而名聞於世，是天生的騎兵，而明軍要想在最短的時間之內組建一支精銳的騎兵隊伍與後金抗衡，只能臨時抱佛腳地招募蒙古人當兵了。過去，明軍主要依賴火器兵來對付後金的弓箭手，現在，他們又得到了蒙古騎兵的協助，為打勝仗增添了更多的把握。剛巧在這段時間裡，敵對雙方在三岔兒發生了一場小規模的衝突，蒙古降人在驅逐入境騷擾的八旗軍時戰死二十餘人，表現得還不錯。袁應泰遂以這個戰例來釋除反對者的疑慮。

塞外的災荒不可避免地會對後金產生影響，促使這個飽受明朝經濟封鎖之苦的國家為了擺脫目前的困境而不得不重新選擇開戰。這一年的十月，後金把首都從界藩遷到了距離遼、沈更近的薩爾滸，這是大規模進攻的預兆。果然，努爾哈赤不等袁應泰完成反攻的準備工作，搶先於次年二月份持續向瀋陽東南的奉集堡、西南的虎皮驛以及奉集堡所屬的王大屯等地發起試探性攻擊。最終，八旗軍的總攻於一六二一年（明天啟元年，後金天命六年）三月開始了。努爾哈赤在初十這一天親率諸貝勒、大臣以及數萬大兵直取瀋陽。

《籌遼碩畫》記載，原先的瀋陽的城牆比較低，不過丈餘而已，而城牆上面亦不闊，最窄之處僅五六尺。此外，城牆的磚「皆蝕」，「柵塌處可蹬而上」，城防的漏洞很大。經過熊廷弼在位期間的大力整頓，已將原來離城數尺的舊壕溝填平，同時推倒部分過於狹窄的城牆，使其闊度增至八丈，平均在每丈五寬的地方佈置了戰車一輛。在《武備志》這本明代的軍事百科全書中，收錄了熊廷弼所造戰車的樣式，它有雙輪，長約一丈二尺，寬約六尺，需要六人才能推動，還有一人專掌車舵，再輔以銃炮手，車兵的人數可達十多名。車上裝載了滅虜炮等銃炮，準備與八旗軍的弓箭手對射。一眼看不到邊的戰車把整座瀋陽城圍了起來，作出穩守反擊的勢態。同時，城牆外面新挖了不少深坑，裡面插著尖木樁，上面覆蓋

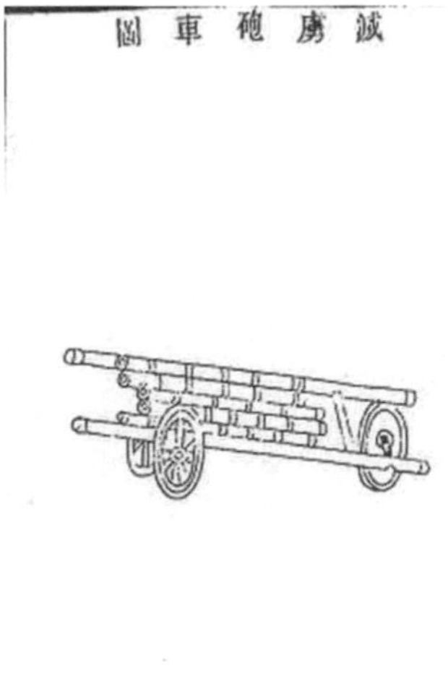

▲裝載滅虜炮的戰車。

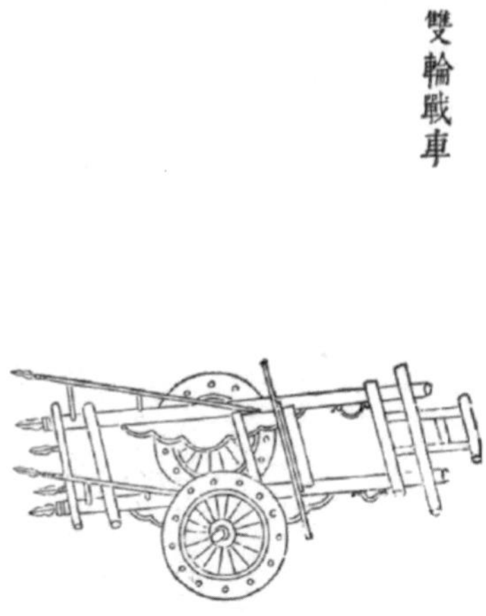

▲《武備志》中的雙輪戰車。

葛秸，並掩以泥土。此外還挖有數道壕溝，壕溝之外橫七豎八地堆放著「合抱大樹」，這些大樹的枝椏「交相糾結」，達到三五層之厚，彷彿鹿角一般。周圍還豎起柵木、尖樁等障礙物，可謂戒備森嚴。騎兵也有用武之地，他們能夠相機逆襲來犯之敵，打亂敵人的作戰部署，而最適合執行這一任務的當然是破陣能力最強的重裝騎兵。

可是，瀋陽城裡有兩位總兵把守，其中，賀世賢負責城區的東北部分、尤世功負責城區的東南部分。這種分割將領權力的做法容易在軍中產生自行其是的副作用。特別是恃勇而輕敵的賀世賢，此人嗜酒如命，在臨戰前仍每天飲個不停，以致開戰之初便中了後金的誘敵之計。明軍在十三日這一天驅逐了後金派來偵察的數十騎，並殺死四人，這個小勝利助長了賀世賢的氣焰，他騎上戰馬，親率上千家丁從東門出城，期望突破敵軍陣線，將敵人趕得遠遠的。佯敗的八旗軍一路後撤，終於將冒進的賀世賢引入精心佈置的陷阱之中，只見無數的精騎剎那間從四面八方湧出來把追擊的明軍圍得如鐵桶一般。這些精騎是八旗軍的預備隊，全部由重裝騎兵與輕裝騎兵之中的能戰之士抽調而成，在戰時互相配合起來，非常厲害。局勢一下子逆轉過來，輪到賀世賢且戰且退了，他使用的兵器是鐵鐧，這是對付八旗重裝騎兵的利器，它的特點是分量重，隔著盔甲也能將人活活砸死。不過，他卻奈何不了

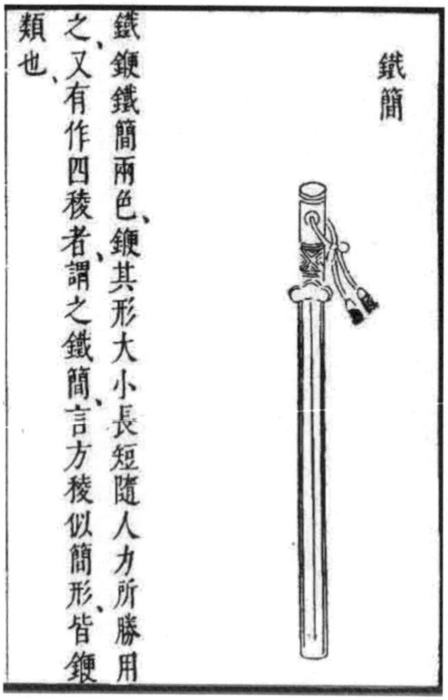
鐵簡
鐵鞭鐵簡兩色、鞭其形大小長短隨人力所勝用之、又有作四稜者謂之鐵簡、言方稜似簡形、皆鞭類也、
▲鐵鐧。

靈活機動的輕裝騎兵，成了人家的箭靶。經過拚命的突圍，他殺了條血路經瀋陽東門返回城內。

城內守軍見狀無不大駭，在混亂中，竟讓部分八旗騎兵乘機尾隨在賀世賢的後面從外面闖了進來，因而城裡立即塵土飛揚，爆發了一場激烈的騎兵追逐戰。且戰且退的賀世賢一路從東門退到西門，然而中了十四箭，身負重傷。

這時八旗軍步兵已經猛攻城池東北一隅，並不停地運土填壕，一波一波地往東門衝。城上的守軍連放大炮抵抗，可炮管射擊的時間過久就會發熱，「裝藥即噴」，難以使用。仗打到這個份上，誰勝誰負，已經昭然若揭。明軍收編的很多蒙古人見勢不妙，四處亂竄，鼓噪大呼：「城陷了！」一些傢伙選擇了投降，悍然揮刀砍斷城外吊橋的繩索，放敵軍入城。形勢危急，有人勸賀世賢撤回遼陽，再作打算。賀世賢憤恨說道：「我為大將，不能保城，有何面目見袁經略！」言罷，立即揮舞著鐵鐧，飛馳入敵陣，擊殺數人，最後中箭墜馬而死。尤世功為了營救賀世賢，也力竭而亡。此戰，後金贏得乾脆利索，並宣稱擊敗七萬明軍，殺得「覆屍如堆」。

瀋陽失陷時，一支由四川與浙江將士組成的萬餘援遼軍隊在總兵童仲揆、陳策的率領下來到距離瀋陽七里的渾河。他們原先的目的是與城中守軍夾擊來犯之敵，如今瀋陽既已失陷，他人企圖班師。但遊擊周敦吉等人不同意，憤慨地說：「我輩不能救瀋陽，那麼在此三年究竟為了什麼？」在周敦吉的堅持之下，明軍諸將統一了意見，決定冒險過河參戰。周敦吉與四川都司僉事秦邦屏先行渡河，結營於北岸，童仲揆、陳策與副將戚金、參將張名世統領三千浙軍結營於渾河以南五里的地方。

北岸的兩營明軍以四川兵為主，他們沒有攜帶弓箭，全部手執三庹長（大約五米）的竹竿長槍、身佩大刀利劍，頭上除了鐵盔之外，還戴有綿盔，身上除了鐵甲之外，還穿有綿甲，可謂「雙重保護」，是真正的重裝步兵。橋南的浙兵擁用大量火器，以輕裝步兵的打法見長。如果這兩個步兵兵種能互相配合，必定能給八旗軍造成很大的威脅。可惜的是，明軍又犯了分兵的錯誤，讓敵人有機可乘。

不等北岸的明軍佈陣完畢，八旗軍已經攻到了面前。努爾哈赤本來想讓步兵推著戰車徐徐而行，發起進攻。但是，軍中的重裝騎兵不等戰車來到便搶著攻擊，向前突陣，沒想到正巧碰在明軍的刀刃上，吃了大虧。原來，重裝步兵是對付重裝騎兵最為有效的兵種，當明軍的重裝步兵排列成行，向前伸出仿如蝟毛一般的長槍時，既可用來戳馬的眼睛、也可刺向騎士的咽喉，確實能讓來犯的重裝騎兵在付出沉重代價的情況下也難以越雷池一步。根據《明史紀事本末‧補遺》的記載，明軍擊敗了四面圍攻的後金「鐵騎」，連敗白旗兵與黃旗兵，「擊斬落馬者二三千人」。八旗的重裝騎兵退而複進，「如是者三」，始終未能攻破四川軍的陣地。

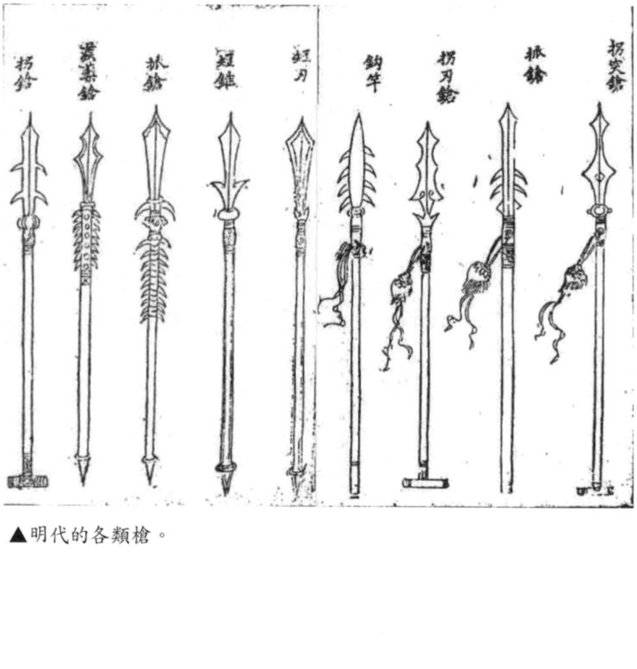

▲明代的各類槍。

在這場已經打了三年的戰爭中，明軍各兵種與對手相比，樣樣都差強人意，就連剛剛組建的蒙古騎兵在實戰中也相形見絀。到目前為止，唯有四川軍讓人刮目相看，將八旗重裝騎兵打得落花流水。必須說明的是，四川兵的重甲長槍並非專門為克制對手的重裝騎兵而裝備，這支部隊以四川土司秦良玉的「白杆兵」為主，而白杆兵的傳統兵器正是以白木為杆的長槍，這種槍的槍端有鉤，槍尾有環，最適應在西南的山區作戰，比如翻山越嶺時，士兵們前後相連，走在後面的人可將槍鉤插入前行者的槍環之內，大家一起齊心協力地攀登，捷如猿猴。很多人都沒有料到，這種兵器在平原上同樣好使，竟成了八旗鐵騎的剋星。可惜的是，白杆兵能克制鐵騎，卻克制不了其他兵種，而多兵種協同作戰一直是八旗軍的強項，這也是後金在戰場上頻繁取勝的秘訣之一。

然而，後金的步兵與戰車未能及時參戰，解救那些陷入困境的重裝騎兵。撫順降將李永芳為解主憂親自到明軍俘虜之中挑選炮手，他下令「人賞千金」，讓這些在瀋陽之戰被俘的變節者開炮轟擊四川軍，中者無不立刻粉碎。而精於火器的浙軍卻遠在南岸，難以及時伸出援手。沒過多久，戰局發生了劇變，重獲優勢的八旗軍乘虛而入，終於大破四川軍，殺死了周敦吉、秦邦屏等人，不過，八旗軍也損失慘重，《滿文老檔》承認有一名參將與兩名遊擊成為明軍的俘虜，而《清太祖實錄》則稱參將布剛、遊擊郎革、石生泰等人戰死於陣中。上述這些人可能是被明軍俘殺的。

四川軍殘部撤過南岸與浙軍會合，可是馬上被尾隨而至的八旗軍包圍了數匝。努爾哈赤剛想下達攻擊令，想不到一股為數三千的明軍在奉集堡總兵李秉誠、武靖營總兵朱萬戶、姜弼的帶領下趕來增援，已經來到了白塔鋪，威脅著八旗軍的側後。二百名擔任警戒的八旗精兵阻擋不住一千裝備了鳥銃的明軍哨探，正在潰退回來。努爾哈赤聞報大怒，打算親自領兵迎敵，但皇太極表示願意替父出征。左翼四旗

瀋陽之戰作戰經過圖（西元 1621 年三月十三日）

比例尺　十萬分之一

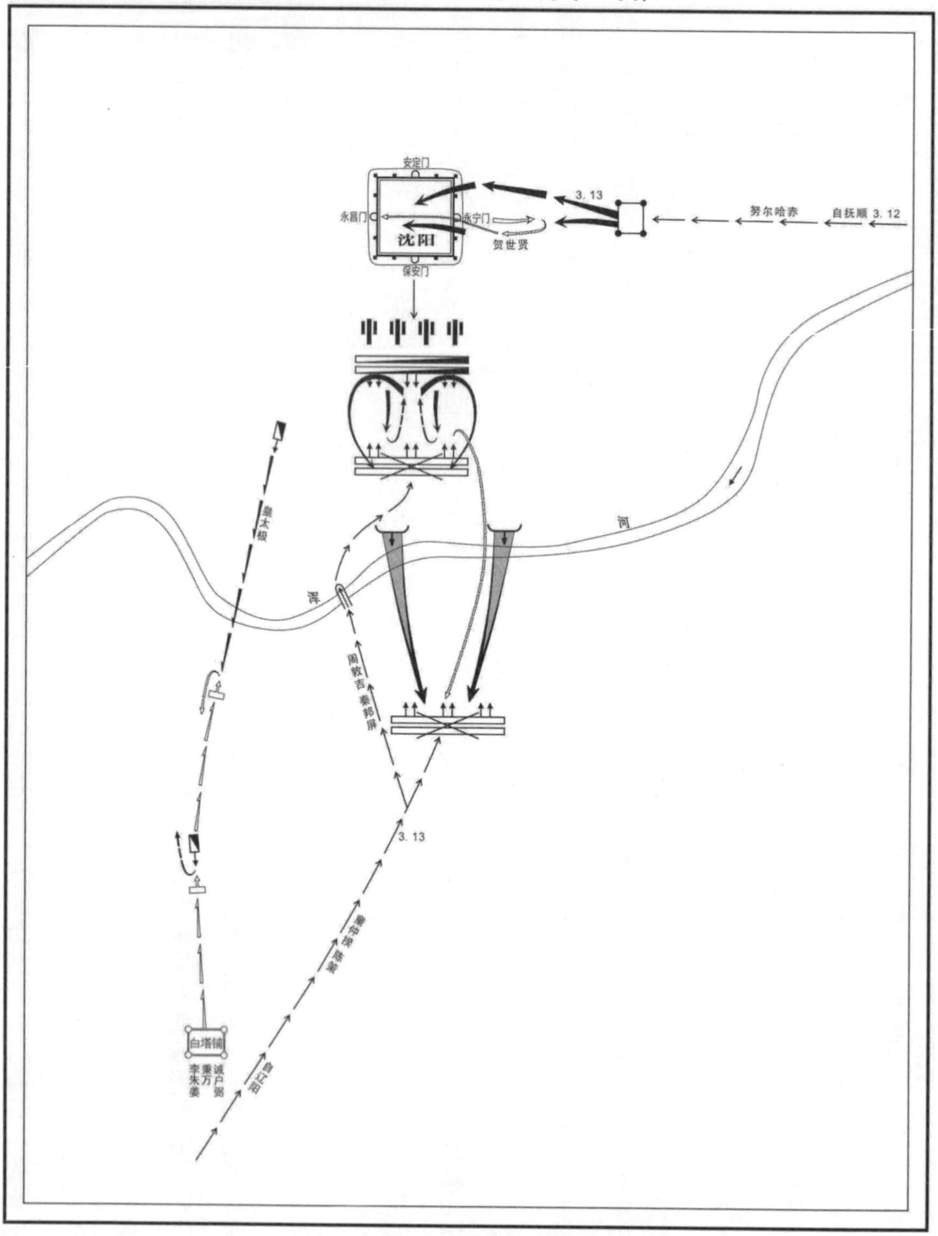

0　5
千米

▲瀋陽之戰作戰經過圖。

兵在皇太極等人的帶領下展開反攻，追得明軍的先頭部隊四散而逃，一路掩殺至白塔鋪，乘勢衝破明軍援軍大營，狂追四十里，才收兵返回。雖然天色近晚，不過努爾哈赤毫無停戰之意，他集中兵力，以楯車為前導，硬闖浙軍之營。早有準備的浙軍掘壕安營，用藁秸為障，上面塗以泥巴，作為掩護，企圖以憑著戰車運載的銃炮堅守下去。這一仗，是雙方自爆發戰爭以來第一次互相使用戰車進行較量，明軍的彈丸與八旗軍的利箭，在天空中你來我往地鬥個不停。然而，事實將要再一次證明，明軍的銃炮在野戰中克制不了八旗軍的強弓，浙軍大營被突破只是時間的問題。可是浙軍沒有妥協，他們用盡火藥，就與洶湧而來的敵人短兵相接，然而敵眾我寡，始終還是避免不了全線崩潰的命運。陳策首先戰死，童仲揆想逃跑，但被戚金阻止，乃繼續留在營中與敵兵苦鬥，他打到力盡矢竭，還揮刀殺死十七人。最後，在八旗軍萬箭齊發的情況下，童仲揆、戚金、張名世等人一起陣亡。

《滿文老檔》記載努爾哈赤在此戰結束之後立即祭祀陣亡將士，這個罕見的舉動顯示八旗軍的確傷亡慘重。可見明軍雖敗猶榮，就像《明實錄》所評價的那樣：「自奴酋（指努爾哈赤）發難，我兵率望風先逃，未聞有嬰其鋒者。獨此戰，以萬餘人當虜數萬，殺數千人，雖力屈而死，至今凜凜有生氣。」明軍戰績主要是四川軍取得的，兵部尚書張鶴鳴在戰後明言：「渾河血戰，首功數千，實石砫、酉陽二土司功。」因為秦良玉所部統率有來自四川的石砫、酉陽諸兵，故此《明史》記錄了這種說法。根據秦良玉在事後給朝廷的報告，共有「族兵數百、部目千餘同時戰殞」，而其弟秦民屏率殘部突圍而出。據說，當時一個僥倖生還的士卒還攜帶著八旗兵的首級回到了遼陽。按照明朝的規定，凡在陣上獲得敵軍的首級，皆可領賞。負責勘查軍功的巡按張銓照例發給賞金，而這個士卒卻痛哭於官衙階前，聲言不願領賞，只願為主將報仇。可見，明軍並非所有的士卒都是不堪一擊的廢材，只要統帥運用得當，就可以化腐朽為神奇。

後金奪取瀋陽，駐軍五日。努爾哈赤在城中論功行賞，將所獲的俘虜、牲畜與財物分給參戰將士，並讓人護送回根據地，還處罰了個別失職的軍人，以嚴明軍法。接著，他決定乘勝進軍遼陽。

明朝建國初期，遼東地區的最高統治機構「遼東都指揮使司」就設在遼陽，這個兵家必爭之地歷來是關外地區政治、經濟與文化的中心，與其他城市相比，此地顯得人口眾多，物資豐富。後金發動戰爭以後，此地又常常成為遼東明軍最高指揮機構的所在地，熊廷弼與袁應泰這兩任經略就駐在這裡。現在，戰火已經漫延過來了，它的得失，都將對未來的戰局產生深遠的影響。明軍對遼陽的城防作了精心的部署，重視防禦的熊廷弼在主政時曾經在城外挖了三四道壕溝，以防萬一。到了袁應泰主持大局的時候，反對把部隊集中在城裡固守，而主張派出部分人馬在城外與敵軍打一場野戰。袁應泰的主戰態度與很多京官不謀而合，例如兵部尚書崔景榮等人也認為應當在遼陽城外「樹柵、挖壕」，然後讓大部隊出城修築營盤、排列戰車，調集火炮，不分晝夜地打擊敵人。這種禦敵之法能否奏效，快要在實踐中得到檢驗了。

三月十八日，努爾哈赤帶著主力迅速突進遼陽東北的虎皮驛。聲勢浩大的八旗軍在行軍時「旌旗蔽日，漫山塞野，首尾不相見」，可是當地的明朝軍民早已棄城，撤回了遼陽。

遼陽城內本來有二三萬守軍，以青州兵及四川兵為主，可是因為抽兵支援瀋陽而在渾河一戰中損失了很多人，令城內兵力空虛。事後，巡按禦史張銓把撤回來的一萬川、浙殘兵合編為一軍，以應付危機四伏的局面。城裡的官員還從周圍的據點調軍回防，同時在城中招募士卒，以致讓不少「市人、無賴」

混入軍營裡面濫竽充數。後金來犯的警報傳來後，氣氛立即緊張起來，守軍一面將城外的太子河水從東引入城壕之內，一面堵塞壕溝西邊的閘門，以升高水位，並沿壕佈列火器，派兵四面防守。袁應泰身穿戎衣，佩帶寶劍，親自帶領軍隊從東門出外，準備渡河設伏迎擊敵軍，僅留部分四川兵守城。本來，四川兵最適合野戰，可惜的是，他們在渾河損失過大，現在只能待在城裡了。然而，城外的明軍一直等到夜晚，也沒有撈到什麼仗打，只好宿於城東北的看花樓一帶。這時，軍中傳言敵人已至鹽台，即將繞過遼陽直取山海關，可能會對北京造成威脅。袁應泰對此信以為真，又將各路部隊撤了回來。

然而，努爾哈赤沒有放過遼陽，他於十九日帶著八旗軍殺到。當時在遼東督餉的戶部郎中傅國正巧在城上觀戰，他事後在《遼廣實錄》中回憶自己親眼目睹的一幕：「敵人『先從西南數十里遠山上，如雪濤湧天滾滾下』。」一面對優勢之敵，城外的明軍大多觀望不前，只有少數將領率領家丁佈陣準備迎敵。

八旗軍在沒有任何阻攔的情況下開始搶渡太子河，先頭部隊在中午時分來到城東南角。全軍尚未全部渡過河，就有哨卒回來報告：「西北武靖門外有敵兵。」努爾哈赤立即率領左翼兵前往，發現明軍總兵李秉誠、侯世祿、梁仲善、姜弼、童仲魁等率兵出城五里佈陣，他一見明軍想打野戰，真是求之不得，便選擇明軍陣營左邊的尾部作為突破口，命令左翼四旗兵首先出擊。這時，皇太極帶著作為預備隊的精銳騎兵來到了前線，按照原定計劃，他們的任務是原地待命，一旦發現哪個地點出現險情，就快馬加鞭前往接應。可是，心急難耐的皇太極主動請纓參戰，努爾哈赤勸阻不了，只好讓隨後來到的兩紅旗兵做全軍的預備隊，並增派麾下的兩黃旗兵跟著皇太極一起行動。得償所願的皇太極很快便追上了先行出發的左翼四旗兵，他們冒著槍林彈雨齊心協力地奮勇衝殺，一舉突破敵營，乘勢追殺六十里，至鞍山始回。

在此期間，武靖門衝出一營明軍，企圖接應城外的敗軍。擔任警戒的兩紅旗兵及時發覺並迅速出擊，逼使這股敵人在退回城時擁擠在城門口，人馬自相蹂踏，積屍累累。戰鬥一直到晚上才結束，收兵回營的八旗軍全部宿於城南七里之處。城外的殘餘明軍由袁應泰召集於一起，屯於門外過夜。

後金在次日天剛亮時就迫不及待地發起了進攻，努爾哈赤知道繞城的溝壕是攻城的一大障礙，他命令右翼四旗採取以袋盛土、搬運石塊等方式就地取材堵塞東面的入水口，同時指揮左翼四旗挖掘西面閘門，千方百計想放盡壕溝裡面的水，以便闖過這一關。就這樣，兩軍圍繞著壕溝展開了激烈的爭奪。城東平夷門之外駐有數以萬計的明軍，他們把銃炮排列為三層，連發不已。袁應泰在後督戰，還把自己的家丁組成「虎旅軍」前往助陣。不遺餘力的後金右翼四旗之兵在楯車的掩護下將搬運來的泥土、石塊等物，堵塞了壕溝的入水口，接著綿甲軍強渡壕溝，吶喊而進，與明軍酣戰不休。二百名紅號護軍（護軍有紅、白兩種，史書有時又稱「紅號巴雅喇」、「紅巴雅喇」或「白號巴雅喇」、「白巴雅喇」，有人認為紅巴雅喇即護軍，白巴雅喇後來演變成了前鋒）及時出手，充分展示了精銳騎兵的實力，一下子就從明軍陣營中打開了一個口子，淋漓盡致地發揮了預備隊的作用。一千名白旗兵隨即從突破口中一擁而入，配合紅號護軍，驅散了明軍騎兵。明軍步兵在失去騎兵支援的情況下很難掙扎下去，當他們再受到八旗軍中

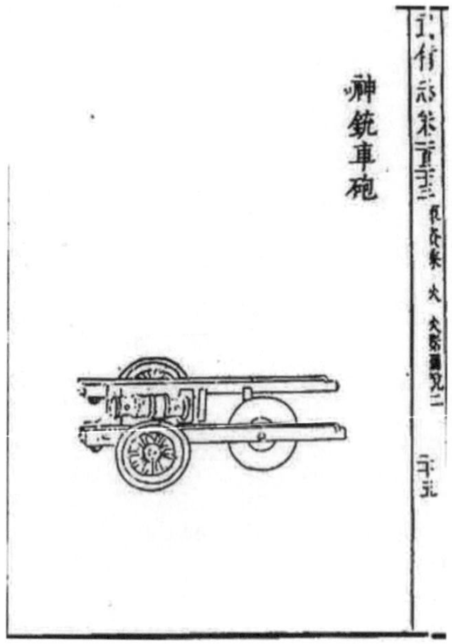

▲神銃車炮。

白號護軍的夾擊時，終於兵敗如山倒，很多人在逃走時溺水而亡，壕水盡赤，就連總兵朱成良也戰死沙場。無可奈何的袁應泰只得退入城中，與巡按禦史張銓商定分區而守，其中，袁應泰守北門，張銓守西門。可是城內人心已散，不少官員開始潛逃。

血腥的廝殺同樣發生在西門，天亮後，當城中的居民煮好早餐，正打開西城城門準備送給城外守壕的士兵時，突然遭到了後金遊騎的襲擊，幸而袁應泰從東門緊急抽調「虎旅軍」趕回增援，硬是把敵人擋在城外，然後關閉城門，逃過了一劫。

負責攻打西門的是左翼四旗，按照原定的計劃，他們的任務是挖掘西面閘口，以泄盡壕溝之水。可是他們認為任務的難度太大，在徵得努爾哈赤同意的情況下，轉而出盡全力爭奪閘口附近之橋，意圖經此橋進攻西門。他們事前作了精心的準備，先將挨牌列於河西岸，而牌前再捆綁上草人，然後讓人拿著挨牌慢慢向城逼近，以此引誘明軍發射炮彈。因為他們知道明軍的火炮頻繁射擊會過熱，以致火藥一裝入過熱的炮膛就馬上噴出，不堪再用。這一招，的確讓一些明軍銃炮手中了計，可是八旗軍的攻勢並非一帆風順，據《滿文老檔》記載，在城壕爭奪戰期間至少有五名牛錄額真因臨陣而逃而被削職。然而，經過連場的激戰之後最終分出了勝負，西門橋一帶的明軍在後金強大的攻勢之下被

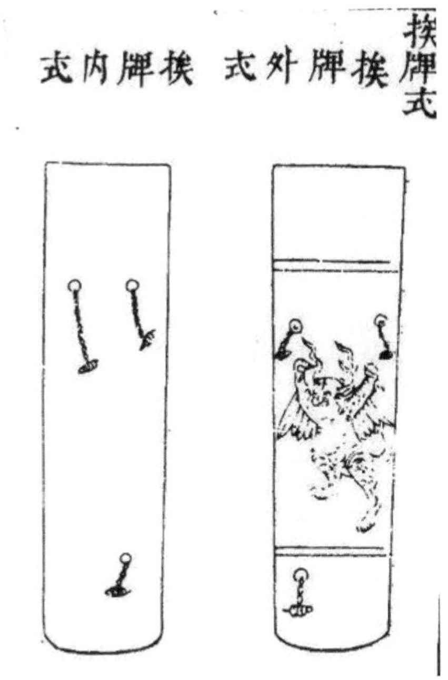

▲挨牌。

迫後撤。一些殘兵敗將還繼續以城牆及附近的房屋為掩體抵抗到底，他們不斷地發射彈丸、火箭，拋擲火罐，直到打光了彈藥，仍是於事無補。西門在暮色蒼茫時分變換了主人，八旗軍終於豎梯登上了城。

率先登城的八旗兵站在火光衝天的西門城樓，居高臨下地俯視城中，只見城內的明朝軍民驚惶失措，在街巷之間四處亂轉，完全是一片末日來臨的景象。在此期間，攻打遼陽城北的右翼四旗士兵還在搬運草木填入壕溝，正處於苦戰的狀態。努爾哈赤得到西門已克的消息，立即把攻打城北之兵調往西門，進行增援。然而，很多明軍仍舊不甘於失敗，在當天夜裡舉著燈火與八旗兵在西門附近通宵而戰，以盡最後的努力挽救這座危城。可歎的是，也有不少貪生怕死之徒做了逃兵。例如監司高出、牛維曜、胡嘉棟及督餉郎中傅國等官員先後縋城而逃。

通宵的惡戰持續到黎明，善於貼身近戰的四川軍堅守在陣地上，企求扭轉乾坤。經歷過渾河之戰的八旗軍知道火炮是對付四川軍最好的武器，便調兵遣將「環攻發炮」立即取得壓倒性優勢。根據《明實錄》的記載，城中炮聲隆隆響個不停，四川兵死傷累累，連明軍的火藥庫也中彈起火爆炸。後金這支鋒芒畢露的參戰部隊很可能是李永芳的炮兵，他們曾經在渾河之戰擊敗了四川軍，如今在遼陽再立新功。其後，八旗軍右翼四旗登城與左翼四旗會師，並沿城追殺殘敵，終於把勝利牢牢地掌握在手中了。

在城東北鎮遠樓督戰的經略袁應泰眼見無力回天，歎息著對張銓說：「你沒有守城責任，請快離開，我準備死於此地。」遂自縊而死，與他一起殉死的還有妻弟姚居秀。他的僕人唐世明撫屍大哭，縱火焚樓自盡。總兵楊宗業、朱萬良、副將梁仲善、參將王豸、房承勳，遊擊李尚義、張繩武，都司徐國全、王宗盛，備禦李廷乾等，皆死於亂軍之中。

遼陽之戰作戰經過圖

比例尺 五萬分之一

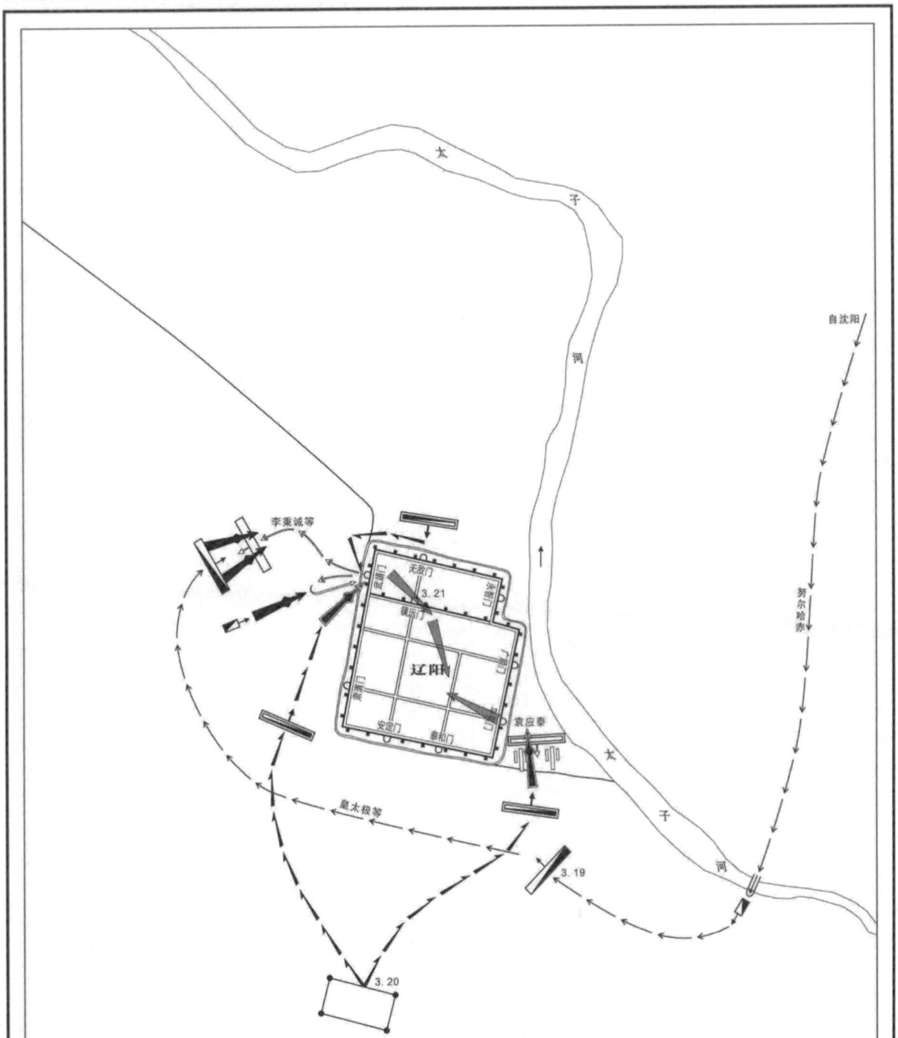

▲遼陽之戰作戰經過圖。

張銓在城上撐到了最後一刻，他甚至親自發射火箭，企圖焚毀敵人的戰車，無奈迫於形勢，已是「有心殺賊，無力回天」。當他下城返回官衙後不久就被敵人活捉，在傍晚時分與李永芳見面。李永芳行以叩頭之禮，假惺惺地訴說「不得已之故」。張銓不為所動，始終拒絕投降。皇太極援引古例勸說道：「昔時宋朝的徽、欽二帝為金國皇帝所擒，尚且屈膝叩見，受封為公侯，我欲保全你的性命，故以此話提醒，為何執迷不悟？」在這裡，皇太極把後金入侵明朝等同於宋金戰爭。然而張銓有不同的看法，他回覆道：「以徽、欽二帝為首的宋朝乃亂世小朝廷，如今吾皇一統江山、天下獨尊，其臣子豈肯屈膝而失大國之體統？」因而請求速死。努爾哈赤知其不服，將之縊殺。

瀋、遼之戰，後金獲得了前所未有的勝利，而在八旗軍中，最受人矚目的不再是以弓箭為武器的輕裝步兵，而是重裝騎兵。因為戰場已經逐漸推移到了地勢低平的遼河平原地區，善於打山地戰的輕裝步兵曾經在撫順、薩爾滸、靉陽、清河等「林箐險阻」、「山多漫坡」的地方大放光彩，可在平原與那些縱橫馳騁的騎兵相比，自然遜色不少。特別是在瀋、遼周圍的大片開闊地之中，慣於衝鋒陷陣的重裝騎兵更是諸兵種中的佼佼者，他們在一系列血戰中立下傲人的戰功。雖然在渾河之戰中一度失利，卻在瀋陽、遼陽城外揚眉吐氣。然而「紅花雖好，也要綠葉扶持」，重裝騎兵時常需要得到其他兵種的協助。例如《明史紀事本末．補遺》記載八旗軍在攻打遼陽東門時，走在戰陣最前面的是起到盾牌作用的楯車，這種車的前面豎起一層大約五六寸厚的木板「以避銃炮」，戰車後面躲藏著弓箭手，他們能夠牽制明軍佈置在第一線的銃炮手。弓箭手的後面是一大批推著小車的步兵，這些人負責運載泥土填平前進路上的溝塹。陣營的最後一層就是號稱「鐵騎」的重裝騎兵，他們「人馬皆重鎧（即『重甲』）」，專等明軍發射火炮完畢，尚未來得及重新裝填彈藥時，就突然從左右兩翼殺出來。在實戰中，當楯車慢慢向前移動，敵對雙方的距離也逐漸縮短，這有利於後金騎兵在最短的時間內進行衝刺。有時，他們的衝刺速度快到讓明軍來不及將銃炮手替換成能夠克制重裝騎兵的長槍軍，就已一敗塗地。

八旗軍騎兵給當時在城上觀戰的明朝戶部郎中傅國留下了深刻的印象，他在多年以後回憶戰況時指出明軍的大炮效果不佳，可能是因為過熱的緣故，打過三四發後「遂無力，不能遠」而敵人騎兵乘機飛馳而至，發起攻擊，截斷城外明軍陣營，再「繞出其後」予以夾擊。整個軍事行動如「黑雲翳空」、「倏忽四合」一下子就取得優勢。俗話說「以其人之道，還治其人之身」，如果明軍能夠建設成一支強大的重裝騎兵，對付八旗重裝騎兵就更有把握了，但這支軍隊常常連兵員都不足額，更遑論其他！

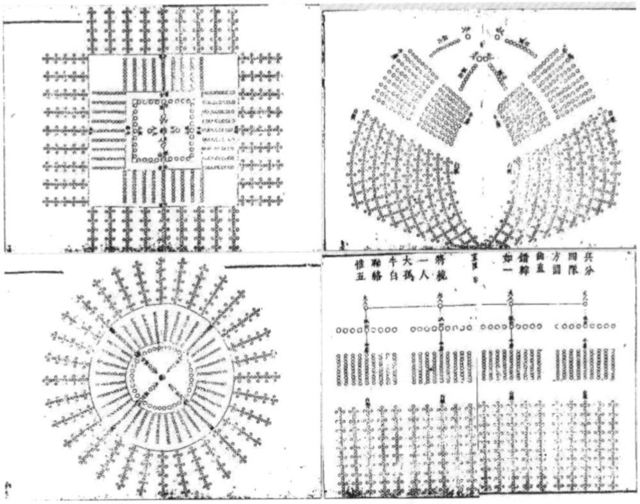

▲《武備要略》中的八旗軍直陣、曲陣、圓陣、方陣想像圖。

八旗重裝騎兵強行突陣需要依賴「重鎧」的保護。「重鎧」主要由抗打擊能力很強的鋼鐵製造。這支軍隊裡面很多人都披掛著沉重的鋼鐵鎧甲（簡稱「鐵甲」），用以保護腦袋、身軀與四肢不受侵害，致使士兵們在外形上好像一座座移動的堡壘，躲藏在裡面能夠最大限度地使自己安然無虞。

鐵甲的歷史源遠流長。當西元前一五〇〇年左右出現了鐵製工具的時候，隨著技術的革新，為了適應日趨激烈的戰爭，鐵甲便應運而生了，它比起那些用藤、竹、紙、皮革等物製成的鎧甲要堅固耐用得多，但缺點是重量比較大。士兵穿上這一身堅硬的金屬外殼，有時磕磕碰碰而變得不太靈活，如果負擔過於沉重，時間一久難免會氣喘如牛。在種類繁多的鐵甲之中，比較著名的有鎖子甲，它由密密麻麻的小鐵環一圈接一圈串連組成。此外，更常見的鐵甲是由數不清的方形、圓形等形狀不同、大小不一的鐵片用繩子、絲帶、鐵釘這些材料編綴而成。各式各樣的鐵甲不但在一定程度上能夠抵抗刀、槍、劍、戟等近戰兵器的砍、割、切、刺，而且也對遠射的弓箭起到不錯的防禦作用。例如美國戰史學者杜普伊指出，在西方一直要到西元十六世紀左右，經過改良的複合弓才能射穿鎖子甲。不過，在實戰中，基於「安全第一」的理由，士兵們為了保險起見可以穿上不同樣式的多層鐵甲，這往往使手持弓弩的敵人傷透腦筋。類似的情況在東方也同樣發生。可是，披掛鐵甲的士兵決不能有效地防禦所有的兵器。他們會在棒、錘、鞭、鐧等砸擊類兵器的攻打之下出現傷亡。而且，自從黑火藥發明以後，火銃、火炮等逐漸發展起來的管形火器往往能射穿多層鐵甲，促使這些堅硬的甲殼在浩浩蕩蕩的歷史潮流之下面臨被淘汰的命運。但是，由於銃、炮技術長期的不完善，鐵甲仍然發揮一定的作用而遲遲不肯退出歷史舞臺。

▲鎖子甲。

在中國，鐵甲被不同的軍隊賦予不同的使命。就拿十六世紀中後期的明軍來說，那時很多朝廷的正規軍已經不再披掛鐵甲甚至不披甲了。以當時鎮守北部邊疆而天下聞名的「戚家軍」為例，根據主帥戚繼光親自編寫的《練兵實紀》中的記載，占了部隊編制三分之二以上的步兵與戰車營裡的車兵，都不配備鎧甲（除了少數頭目之外），披甲的只有一小部分騎兵。明軍逐漸放棄鎧甲雖然和火器的普及有一定的關係，但同時存在著因軍費緊缺而無力購置等等客觀因素。更重要的是，從嘉靖年間起對明朝形成重大威脅的「北虜南倭」，無論是在北部長城沿線騷擾不休的蒙古遊牧騎兵——北虜，還是在南部沿海地區無惡不作的來自日本的海盜——南倭，都很少集中兵力與明軍進行大規模的決戰，而主要以多股進犯的方式分散搶劫。這些境外勢力的共同特點是不注重攻城掠地，而是垂涎於明朝各地的財富，目的是「撈一把就走」。故此，明朝在漫長的邊境線上處處設防，各個據點的部隊特別重視機動能力，以便「一處報警，全線回應」，為了儘快圍追堵截那些分散入侵的敵人，時常要十萬火急地長途行軍。很多士兵為了在爬山涉水時不過於疲憊而不願意穿戴鎧甲，至於那些沉重的鐵甲更是讓人望而生畏。

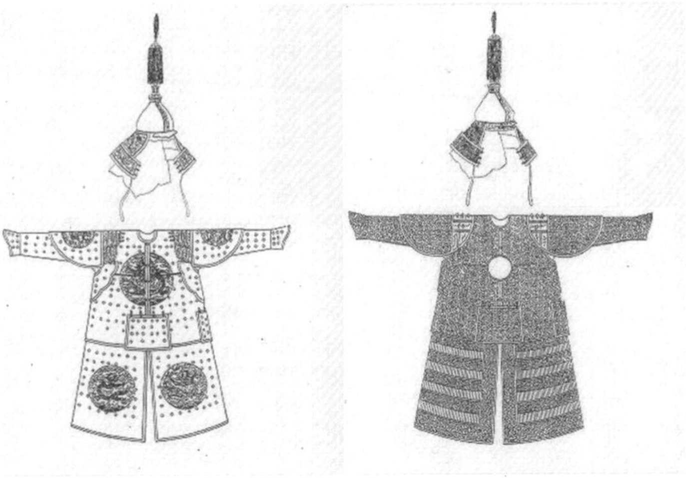
▲暗甲與明甲。

然而，鐵甲非但沒有就此銷聲匿跡，反而隨著女真諸部在關外「白山黑水」地區的崛起而重新受到人們的重視，並在戰爭中大放異彩。努爾哈赤對肥沃的土地有著濃厚的興趣，也非常重視攻城掠地，就此而言，他進犯遼東地區時採取的戰略與「北虜南倭」有根本的區別。這位軍事天才力求殲滅對手的有生力量，然後取得夢寐以求的土地。八旗的重裝騎兵在戰爭中的作用舉足輕重。而堅固耐用的鐵甲成了很多騎士的首選，他們穿戴甲衣的技巧各具特色，比如可以在鐵甲的外面套上一層由棉花等紡織品製造的綿甲，也可以乾脆穿上兩層鐵甲。這樣，他們舞刀弄槍衝鋒在前時就更有信心了。八旗軍擁有各種精良的鎧甲與他們的鐵業生產技術得到突飛猛進的發展有關，努爾哈赤為了打破明朝限制向女真地區輸入鐵器的傳統政策而早有準備，他自力更生，積極開礦，悉心培養本民族的工匠，還大量吸收朝鮮、漢族的匠人，逐漸掌握了各種先進的煉製技術，使以制鐵業為後盾的軍事手工業異常繁榮起來。據說後金的大本營裡聚居著大批打造兵器的鐵匠，其工作與居住的區域「延袤數里」。而製造的鐵甲主要包括鎖子甲、明甲（盔甲外表露出鐵甲片）與暗甲（布面在外，鐵甲片在內）等幾大類。精心打造一套鐵甲，需要用鐵幾十斤。每一張甲片基本上都是先從八兩重的鐵塊開始錘煉，經過數名工匠的反覆鍛打，不斷排除雜質，直至三兩為止。驗收時還要把甲片用力往地下一扔，使之彈起一尺高，如果回聲清亮、叮叮作響，才算合格，因此，無論是硬度還是堅韌性，在同類產品中都是首屈一指。

由頭到腳都被鐵殼籠罩著的重裝騎兵在戰場上的風頭一時無兩，成了名副其實的「鐵騎」。形勢逼人，使得明朝官員不得不重新審視鎧甲的作用。當時，關心邊防事務的明朝大臣徐光啟在給皇帝的奏疏中指出，女真騎兵所戴的頭盔、面具與臂手，全部皆是「精鐵」所造，有時連戰馬也披上了鐵甲，起到極佳的防禦作用。相反，明朝並非缺乏煉鐵原料，冶鐵技術也不是不行，卻因為軍械製造機構管理不善，致使很多鐵甲粗製濫造，甚至由不合格的「荒鐵」製成，不但品質不過關，而且一些甲衣的樣式不完整，將士穿上之後得到保護的部位只有胸與背，身體其他地方裸露在外，真是相形見絀。徐光啟因此提議要給部隊更新裝備，儘量讓前線的軍人穿得體面一些。為了做到這一點，他呼籲朝廷改革軍械製造機構，破格薦舉人才，廣泛徵求海內的能工巧匠，集中人力物力製造「精堅犀利」的各類兵器，果真如此，那麼「勝奴（指女真人）一倍再倍，以至十百倍，不為難耳」。可惜，朝廷的財政收支正處於入不敷出的窘境，要額外拿出一大筆錢來給部隊更換裝備無疑是雪上加霜，這樣的難題在黨爭激烈的文官之中通常是爭論不休，最多是想辦法挪用一些有限的款項給部隊臨時救急。話又說回來，在當時的情況下，讓疏於訓練、士氣不振的軍人們穿上精良的鎧甲也不一定能保證打勝仗，因為軍隊內部綱紀鬆弛、積重難返。需要大刀闊斧地對其進行全面整頓，方能起到立竿見影的效果。

面對新的對手，因循守舊的明軍屢戰屢敗。熊廷弼曾經對這場戰爭做過比較認真細緻的調查，他在一六二〇年（明萬曆四十八年，後金天命五年）的一份奏書中這樣評論過八旗軍常用的一種野戰戰術：「奴兵戰法，『死兵』在前『銳兵』在後。『死兵』披『重甲』，騎雙馬衝前，雖死而後乃複前，莫敢退亡，則『銳兵』從後殺之，待其衝動我陣，而後『銳兵』始乘其勝。一一效阿骨打、兀術等行事。與

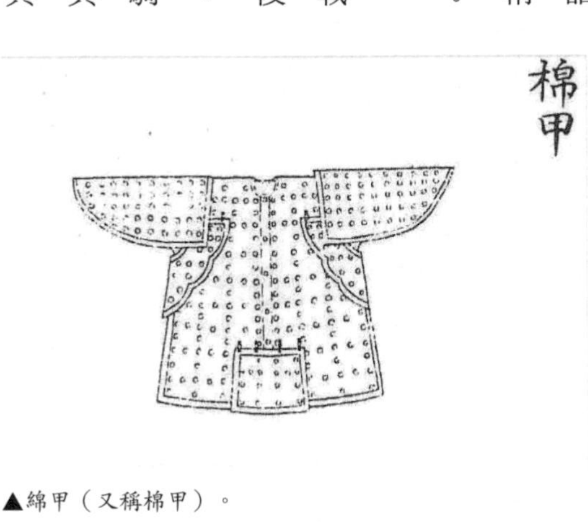

▲綿甲（又稱棉甲）。

西北虜（指韃靼人）精銳居前，老弱居後者不同。」在這裡，「死兵」是指打頭陣的敢死隊，也就是「重裝騎兵」，他們在戰時拼命從對手的陣營之中衝開一個缺口，再讓跟在後面的精銳部隊（即「銳兵」）迅速跟進，擴大突破口，以克敵制勝。據此，熊廷弼認為八旗軍是仿效昔日金國阿骨打、兀術等人的戰術，而金國在宋金戰爭中最膾炙人口的騎兵兵種無疑就是與岳飛作戰的「拐子馬」了。熟悉中國古代戰爭史的人都知道，岳飛是讓步兵使用專砍金軍騎兵馬腳的麻箚刀，才破了「拐子馬」的，這種打法很有道理，因為攜帶刀、槍等近戰兵器的重裝步兵確實是重裝騎兵的剋星。那麼，明軍要想重演岳飛大破「拐子馬」的一幕，將依靠什麼兵種與什麼兵器呢？熊廷弼早有自己的看法，他坦率地指出傳統的弓箭對付不了疾馳如飛的重裝騎兵，但是卻沒有建議部隊配備更多的刀、槍等近戰兵器，反而提倡製造大量的火器與戰車。理由可能是因為火銃與火炮的穿透力很強，不但對單片的厚甲有效，甚至可以射穿前後重疊在一起的多層甲衣；而在理論上，一輛戰車也能夠阻擋一名騎兵的衝擊。熊廷弼一度以為透過改善火器與戰車的品質以及加大產量，定能克制敵人。遺憾的是，那時候即使是最犀利的火器，也與弓箭一樣，只能夠遠距離殺傷敵人，而大量戰例已經反覆表明，輕裝步兵無論是裝備弓箭，還

▲岳飛之像。

是火器，都在平原上打不過重裝騎兵。可是，包括熊廷弼在內的不少官員依舊對火器的作用執迷不悟，可能與這類兵器在過去二百多年的戰爭中的傑出表現有關。回顧歷史，火器無論是對付蒙古遊牧騎兵，還是抵禦倭寇，都贏取了太多的榮譽，並誕生了善於使用火器的神機營、戚家軍等王牌部隊，這一切都已經在軍界留下了難以磨滅的歷史軌跡，並在新的形勢下給後人造成了難以割捨的負擔。事實上，儘管明軍一些正規軍的火器裝備率已達到百分之七十左右，並裝備了大量的戰車，但還是常常被一個個前仆後繼的八旗軍騎兵衝垮。因為銃炮受制於裝彈過程繁瑣、發射速度過慢等客觀因素的束縛。同時，戰車也好不到哪裡去，由於戰車營通常不能以疏散的「行軍隊形」進行野戰，它們需要花費時間轉換成緊密相連的「戰鬥隊形」，以阻擋騎兵的滲透，可它們往往尚未佈陣完畢，即被能夠以「行軍隊形」迅速投入戰鬥的騎兵隊伍乘虛而入。

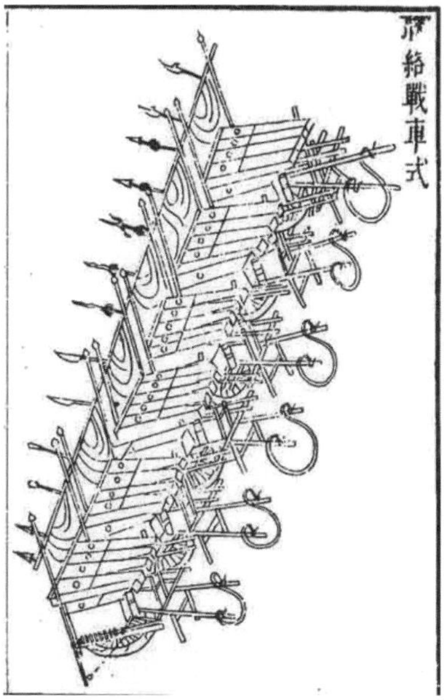

▲連在一起的戰車。

雖然，隨著熊廷弼的離職，他的防禦戰略已被繼任者放棄，可前線明軍仍然沒有改變重視火器與戰車的戰術，怪不得會在戰場上一敗再敗。不少人慨歎明朝遲遲沒有出現岳飛這樣力挽狂瀾的英雄，原因之一或許是廟堂之上的軍政要員們不善於合理地運用各類兵種與武器。不過，暮氣沉沉的明軍之中，也存在著少數能夠與八旗重裝騎兵抗衡的精銳部隊，例如在渾河之戰中令人刮目相看的四川白杆兵，他們的身上除了鐵甲之外，還有綿甲，這一套防護裝備可以與八旗重裝騎兵相媲美，他們手中的長槍長達五米，比起八旗重裝騎兵的騎槍要長，在近戰時正好能夠起到「以長制短」的作用。難怪曾經在四川當過封疆大臣的王象乾事後評論沈、遼之戰時說：「遼陽騎兵先潰，唯獨四川軍以步兵堅守死戰，殺虜甚多，故奴酋不惜出重金懸賞能破川兵者，這是昔人『以步破騎之明驗』。」為此，他向朝廷請求於馬瑚、遵義、永甯、石砫、酉陽諸司與儒溪土城等處招募二萬四五千人，以抵禦勁敵。可惜的是，四川白杆兵曾經被後金將領李永芳等人轄下的銃炮手打敗過，難免會產生一定的負面影響，以致讓一些人懷疑他們的戰鬥力，使他們得不到更多的重視。因為並非所有的人都能理解兵種與兵種之間可以互相克制的道理，這些人不知道重裝步兵雖然可以克制重裝騎兵，可往往打不過輕裝步兵。事實說明，四川白杆兵要想戰勝八旗軍這支兵種眾多的部隊，不但需要擴充兵力，而且還要得到明軍其他兵種的有效配合，否則就是緣木求魚。

沈、遼之戰結束後，遼河以東的大片土地已被後金控制，正如《清實錄》所記載的那樣：「遼陽既下，位於河東的『三河、東勝、長靜、長寧、長定、長安、長勝、長勇、長營、靜遠、上榆林、十方寺、丁家泊、宋家泊、曾遲鎮、西殷家莊、平定、定遠、慶雲、古城、永寧、鎮夷、清陽、鎮北、威遠、靜安、孤山、灑馬吉、靉陽、新安、新奠、寬奠、大奠、永奠、長奠、鎮江、湯站、鳳凰、鎮東、鎮夷、甜水站、草河、威甯營、奉集、穆家、武靖營、平虜、虎皮、蒲河、懿路、汎河、中固、鞍山、海州、東昌、耀州、蓋州、熊嶽五十寨、複州、永甯監、欒古、石河、金州、鹽場、望海堝、紅嘴、歸服、黃骨島、蚰岩、青台峪等大小七十餘城』，官民皆降。」努爾哈赤不想輕易放棄所得之疆土，他獨排眾議，決定把首都遷移到遼陽，並將遼陽城劃分為南北兩片區域，原先的居民要全部遷移到北城，騰出南城的房屋讓後金軍民居住。

遼陽失守的消息傳到遼河以西，搞得各地恐慌不安，儘管八旗軍還沒有打過來，但是無數的老百姓為了避免戰亂而做了未雨綢繆的準備，他們扶老攜幼地離開世世代代居住的家鄉，爭先恐後奔返關內，連一些地方的駐軍也出現了大量的逃兵，致使很多繁華城鎮化為荒村野嶺。史稱：「自塔山至閭陽二百餘里，煙火斷絕。」當時，孤懸於遼河西岸的廣寧城被人們視為是僅次於遼陽的重鎮，這座城市的規模稍遜於遼陽，它建於山限，旁邊有三岔河為天然屏障，所在的地理位置與韃靼左翼諸部的牧地比較接近，因而長期以來又是遼東明軍防禦蒙古的前線指揮所，也成了遼東總兵的常駐地。由於朝廷實行「以文禦武」的政策，文官也插手當地的軍事。值此生死存亡之秋，一位名叫王化貞的文人以「甯前道右參議」的身份正好在此地任職，他堅守崗位，陸續收編從前線敗逃回來的軍人，將軍隊在原有的千餘「孱卒」的基礎上擴大至萬餘人，還積極聯絡韃靼左翼諸部共同抵禦後金，使得城內的人心稍定。

那麼，王化貞所倚重的蒙古諸部處於什麼樣的狀態呢？這就要詳述一番了。最初，韃靼左翼主要有察哈爾與內喀爾喀兩大部，它們的遊牧地就像一字長蛇陣，從遼東寧前、錦州、義州邊外，一直向北擺到了廣甯、瀋陽、鐵嶺、開原邊外。隨著時間的推移以及貴族後裔的不斷傳襲，這兩大部被逐次瓜分，其中，察哈爾分為八大部，內喀爾喀分為五大部（察哈爾八大部與內喀爾喀五大部，各種史籍說法不一，明清文獻記載的察哈爾部落有敖漢、奈曼、克什克騰、烏珠穆沁、浩齊特、蘇尼特、兀魯特、阿拉克綽忒等部，內喀爾喀部落有紮魯特、巴林、翁吉喇特、巴岳特和烏齊埒特等部），分別隸屬不同的封建主。韃靼左翼諸部名義上的大汗是土蠻汗的曾孫子林丹汗，此人於一六〇四年（萬曆三十二年）即位時僅十三歲。由於少年得志，他經常「沉湎酒色」。左翼的一些封建主欺負他年幼輕狂，便不再朝貢，各自為政。林丹汗對這些人暗暗懷恨在心，準備像祖先成吉思汗一樣，用鐵腕手段消除蒙古內部的封建割據——他對外自稱「統四十萬眾蒙古國主巴圖魯成吉思汗（『巴圖魯』在蒙古語中是勇士、英雄之意）」，就說明了這一點。林丹汗雖然沒辦法完全駕馭察哈爾八大部及內喀爾喀五大部，但是他還擁有由八位「福晉」（後妃之意）統率的直屬武裝力量，這些部落久居塞外的荒原，具有堅強的忍耐力，在過去的歲月裡打過不少勝仗，足以傲視左翼諸部。自古以來，英姿颯爽的蒙古婦女就馳騁沙場，據記載，她們常穿褲以便於騎馬，並能像男子一樣射箭。福晉掛帥是蒙古的傳統，並在歷史上產生過不少著名的巾幗英雄，曾經在草原上盡領風騷。正所謂「一山難容二虎」，林丹汗與努爾哈赤這兩個潛在的對手，在遼東不可避免地會產生碰撞，蒙古女英雄也將會與八旗軍一較高下。

然而，在左翼諸部中，最早與後金動手的並非林丹汗，而是內喀爾喀的大小封建主們。鐵嶺一戰，內喀爾喀的翁吉喇特部頭目宰賽成為努爾哈赤的俘虜，迫使內喀爾喀諸部不得不瞞著林丹汗與後金結盟。林丹汗得知情況之後，大動肝火，痛罵內喀爾喀五部首領炒花屈服於後金的淫威之下，自取其辱。努爾哈赤如果繼續在遼東執行擴張政策，必然會吞噬明朝與韃靼左翼更多的互市之地，進一步損害蒙古部落的經濟利益。林丹汗對此不能熟視無睹，他曾經於一六一九年（明萬曆四十七年，後金天命四年）十一月向後金遞交了一封措詞強硬的信函，警告努爾哈赤適可而止，不要南下進攻廣寧，主要理由是廣甯已經成為蒙古左翼與明朝的互市之地——林丹汗在那裡獲利頗豐。努爾哈赤不想放棄嘴邊的肥肉，針鋒相對地駁斥了林丹汗，嘲諷道：「請你想一想，明朝過去給你的賞銀從未有現在這樣多，這都是因為我對其造成威脅，殺其男子，留下婦女，由於畏懼，明朝才以厚利引誘你，難道不是嗎……。」看來，林丹汗與努爾哈赤首次打交道就散發著非常濃郁的火藥味，雙方關係破裂，互相羈留使者，已經瀕臨戰爭的邊緣。

在後金即將進軍沈、遼地區的前夕，明朝負責守禦廣甯的王化貞不惜以二萬六千兩銀子收買內喀爾喀及察哈爾各部封建主參與協防。可是韃靼諸部為了獨得更多的賞金，存在互相競爭的意識，因而損害了內部的團結。一波未平一波又起，林丹汗派遣妹婿貴英恰率領中軍配合明軍設防時，貴英恰卻仗勢欺人，糟蹋了察哈爾八部中的兀魯特部的婦女，並且事後得到林丹汗的偏袒。憤怒的兀魯特部頭目率領本部萬餘人逃離察哈爾，投奔內喀爾喀首領炒花。貴英恰親自帶兵追逃，殺掉了一百多個兀魯特人及兩個內喀爾喀人，大家為此結怨。明朝為了平息事態，出面當和事佬，花錢打點有關各方，做好善後工作。而擅自收留兀魯特部的炒花亦怕林丹汗報復，移營遠避。由此可見，內部矛盾重重的左翼在後金攻明時不可能會有什麼大的作為。

後金非常清楚明朝聯合蒙古的防禦計劃，早有對策。努爾哈赤揚言要等到攻下廣寧之後再釋放手中所扣壓的宰賽，以此來要脅內喀爾喀部，令其投鼠忌器，不敢輕舉妄動。果然，到了後金攻取瀋陽、遼陽等地時，真的沒有什麼蒙古部落前來支援明軍，僅有少數內喀爾喀人乘亂跑到瀋陽搶掠財物而已。後金的軍事目的基本達到後，雖然釋放了宰賽，但乘機索取了萬頭牲畜，並要內喀爾喀交出宰賽的二子一女來做人質，以圖繼續操縱內喀爾喀諸部。

隨著後金對明作戰取得的進展，有越來越多的蒙古人主動前來歸附。後金擊破瀋陽時，就有蒙古兵助戰的記錄，這些人被稱之為「八旗遊牧蒙古」。最初來歸附的蒙古人只是一些零散之人，後來已有成群結隊之勢。以內喀爾喀、巴林兩部為例，直到一六二一年（明天啟元年，後金天命六年）十一月為止，在短短的數月之間，共有六百四十五戶在古爾布希、莽果爾等人的率領下前來歸附。在此前後，已有不少人被編成了隸屬於八旗滿洲的蒙古牛錄。其中的佼佼者已官至參將、遊擊、備禦等職。

顯然，後金與蒙古諸部的關係錯綜複雜。蒙古人在後金與明朝之間左右逢源，讓王化貞企圖依靠蒙古諸部守衛廣寧的設想充滿了變數。不過，王化貞以弱旅守孤城的行為讓他在朝中贏得了不少聲望，使其官運亨通，不久便升為巡撫。朝廷本來以薛國用代替殉國的袁應泰為遼東經略，可是薛國用稱病不上任，故此，遼河以西的防務實際由王化貞說了算。

早在袁應泰殉難時，朝中就有人力薦熊廷弼，企圖讓他重新出山重拾殘局，可惜未能成事。繼承袁應泰之位的薛國用不盡如人意，一時又找不到其他適合的人選。在這種情況下，明熹宗不顧他人的反對，重新起用熊廷弼為遼東經略。

官復原職的熊廷弼躊躇滿志，重提他的戰略防禦之策，可鑒於遼東局勢今非昔比，具體的措施又有所變化，最終形成了所謂的「三方佈置策」，即在廣寧地區屯集騎、步兵，以三岔河為屏障，從正面抵禦敵人；在天津、登州、萊州各自設置水師，可經海路進入遼西沿海地區，騷擾敵人的側翼，使敵人有後顧之憂，為恢復遼陽做準備；此外，讓山海關成為經略的駐地，以節制三方，統一事權。將來還可以聯絡朝鮮，以助聲勢。為了完成這個宏偉的計劃，需要將兵力增至二十萬。熹宗支持熊廷弼的軍事計劃，趕緊從各省動員兵力調往關外，再加上遼河以西原有的兵額，預計總兵力可達三十萬人，其中僅僅廣寧一地就將集結十二萬。朝廷還不顧財政困難，採取加派田賦等辦法籌集足夠的糧餉、軍械、馬匹等軍事物資，確保前線將士的需求。

歷史證明熊廷弼的戰略防禦之策是對的，可他的具體戰術卻有問題，他過去提倡用裝載火器的戰車對付八旗的重裝騎兵，這種打法已在沈遼之戰中吃了大虧，幸運的是，由於戰鬥打響後他不在其位，責任由袁應泰等人來負。這次重新出山的熊廷弼仍舊重視車營，但他已有新的想法，認為裝載火器的戰車應得到「拒馬、槍牌、钁斧、蒺藜」的輔助，這些冷兵器用來抵抗八旗軍的重裝騎兵，可彌補火器的不足之處。

朝中諸臣對沈遼之敗作出反省的不乏其人。比較有代表性的是徐光啟，但他錯誤判斷火器在野戰中必將發揮更大的作用，這個結論是他在研究遼陽城門的一次攻防戰時得出的。他認為在那一戰中，後金前來進攻的僅有七百人，使用的兵器是「車載大銃」，從表面上看人數不多，可是，由於在戰術上運用得當，竟然戰勝了千餘四川兵。當時這股入侵者首先連發兩次「虛銃（指放空炮）」，故意製造射藝不精的假像，令迎戰的四川兵放鬆了警惕。然後，他們耐心地等待著四川兵發起反攻，當四川兵進入有效的射程範圍之內，再用真槍實彈進行飽和攻擊，打得麻痹大意的川兵只剩下七人生還。根據這個戰例，徐光啟認為敵人對火器戰術運用的熟練程度已經超過了明軍，因而預言敵軍將來在野戰時可能會放棄使用「弓矢遠射」與「騎兵衝突」的傳統打法，而是改為依靠各類「小大火器」，在戰時「度不中不發……」正如遼陽之戰那樣。如果真的發生這種事，明軍將很難應付。為了防患於未然，他鼓吹部隊應該裝備更多的「大小火銃」與「炮車」，還要配備其他的戰車與「堅甲利器」以助戰，同時採取增加軍餉與積極練兵等措施，以達到鼓舞士氣與提升野戰能力的目的。

不過，經驗豐富的努爾哈赤只有在碰到四川白杆兵這樣的對手，才熱衷於使用火器部隊，當他碰到明軍的戰車營等其他部隊時，還是會一如既往地出動「弓馬嫻熟」的八旗軍。顯然，徐光啟預言敵軍將來的野戰方式，不太符合實際。

不過，徐光啟成功預言了敵軍將來的攻城方式。他推斷敵人今後攻城，必先架大炮於「數十百步之外」，專門擊毀城牆上的垛口，以便讓守城之人失去掩護，難以佇立，然後再以雲梯、鉤杆諸物發起強攻，力圖一舉登城。故此，必須儘量避免讓明軍裝備的精良火炮落入敵手，因為敵人還沒有足夠的技術能力鑄造可與明軍媲美的火炮。徐光啟的擔憂並非多餘，現在的八旗軍雖然暫時缺乏威力強大的大炮，誰敢保證將來沒有？

謹慎的徐光啟深知明軍即使裝備了更多的火器，在野戰中也無必勝的把握，因而不主張把銃、炮置於城外拒敵，以免讓敵人有機會奪取。他稱：「明軍既不能戰，便應當嬰城自守，整頓火炮，待其來而殲之，猶為中策。不應把炮佈置於城外，一旦陷於敵手，被敵人反過來用作攻城。何城不克？」然而，明軍要想牢牢地守住城池，應當要有最好的城防與掌握最精良的銃炮。對此，徐光啟明言「守城必造敵臺」。所謂「敵臺」，就是凸出城牆之外的墩台，可用來放置大炮。戰時，敵臺與敵臺之間能夠實施側射，形成交叉火力點，有效地掩護城牆。他形象地比喻道：「有銃而無台……猶如手執無柄之劍。」

從上述一番話看來，徐光啟同意遼東明軍全線轉入防禦，但在具體的打法上卻與熊廷弼有所不同，他認為明軍應該將防禦分為三層，第一層為廣寧以東的大城，這些地方的城池先要堅壁清野，把兵力集中於城裡，再憑堅城上面的火器擊退敵人；第二層從廣寧以西至山海關，這些地方要做好後勤工作，向廣寧前線供應火器、火藥，另外還要招募精兵守衛沿線諸城；第三層為北京，此地作為首都，要加緊建築炮臺、再配以先進的西洋大炮，確保安全。

原任兵部尚書王象乾也有自己的看法，提出在四川、浙江等地招募能戰之兵以及聯絡蒙古親明部落，以增強實力。他支持熊廷弼使用戰車對付後金，並主張戰車上面除了三眼銃、嚕密銃、火炮等火器，還應該設盾以及增加長斧，戰時，先利用銃炮射程比弓箭遠的優勢壓制八旗軍的弓箭手，等到八旗軍出動「重鎧輕刀」的重裝騎兵強行突陣，明軍步兵再以長斧衝出車營之外反擊，「上斬人胸、下斬馬足，此韓岳（指南宋名將韓世宗與岳飛）之所以破金虜者也……」他認為車兵與騎兵相比的優點之一是可以節省軍費，假若設立車兵三萬六千人，即「可省馬價五十萬金」。王象乾在不久之後轉任薊遼總督，他在任上積極設立車營，希望以此禦敵。

裝備槍、牌與長斧等冷兵器的步兵與四川的白杆兵一樣，都屬於重裝步兵。事實上，王象乾對四川白杆兵頗為欣賞，認為可以憑之「以步破騎」，他為此向朝廷請求於馬瑚、遵義、永甯、石砫、酉陽諸司與儒溪土城等處招募二萬四五千人禦敵，這些前文已經提到過，不再贅述。

由此可知，熊廷弼與王象乾已經鄭重考慮如何使用重裝步兵抗衡對手的重裝騎兵了。王象乾還專門舉出宋代名將韓世忠與岳飛巧用步兵大破金軍騎兵的例子，來以古喻今。這類打法的思路顯然與徐光啟徹底放棄野戰的想法不同。而王化貞的見解有所不同，他絕不害怕野戰，比較重視騎兵，企圖依靠蒙古的遊牧騎兵來助戰就反映了這一思想。

等到戰火將要從遼河以東漫延過來時，關內外明軍究竟應採取什麼樣的戰術，仍然沒有統一的看法。正如遼東巡按方震孺所質疑的那樣：「明軍到底應該倚重車兵、步兵還是騎兵？這些兵種戰時應該如何聯繫？當八旗軍輕裝步兵施展長技『三十步內萬矢齊發』，明軍『腳站不住』之時，應該如何『遮擋』？當八旗軍重裝步兵『挨牌堅厚，蜂擁而來』，明軍『炮打不退，火燒不燃』之時，應該如何『防禦』？當八旗軍重裝騎兵派出『鐵騎衝突，如風如電』，明軍『火器不點，賊騎已前』之時，應該如何『抗拒』？」這一切「戰守」之事，「俱無可言」沒有結論，而是各有各的看法！

然而，臨危受命的熊廷弼明知山有虎，偏向虎山行！他為了確保軍權掌握在自己的手中，向朝廷保薦了一批文臣武將，以為輔佐。這批人當中包括監軍道臣高出與胡嘉棟、督餉郎中傅國、登萊招練副使劉國縉、登萊監軍僉事佟蔔年、職方主事洪敷教等等。可惜，他卻經常與王化貞意見相左，最終竟被架空，幾乎成了光棍司令。

原來，王化貞是一個不折不扣的主戰派，他有著嚴重的輕敵情緒，說話喜歡誇大其詞，對於熊廷弼的戰略防禦之策存在抵觸思想，幻想憑著縱橫捭闔的奇謀妙計，取得不戰而勝的奇跡，在短期內收復失地。當時，遼東半島金、複等地的軍民孤懸敵後，他們多數結寨自保，另外還有兩萬人逃入朝鮮。王化貞對這些人遙相招撫，希望將來反攻能夠得到他們的配合。他處心積慮地想策反叛將李永芳來做自己的內應，企圖讓努爾哈赤後院起火；又策劃「以夷制夷」之策，大撒金錢以聯繫蒙古諸部對付後金。《明史》記載，他完全相信了蒙古人的承諾，認定林丹汗在未來的戰爭中會「助兵四十萬」，配合明軍殺敵。必須要說明的是，林丹汗真正擁有的軍隊數目雖然史無明載，但肯定遠遠達不到四十萬之多。然而，此人作為韃靼左翼名義上的大汗，經常對外炫耀自己是「統四十萬眾蒙古國主巴圖魯成吉思汗」（所謂的「四十萬眾」，只是蒙古人形容部落人多勢眾的一個傳統說法，並非實數）。例如，他過去在寫給努爾哈赤的信中曾經這樣往自己臉上貼金，由此估計，他在與明朝官員打交道時也說過類似的話，想不到王化貞竟然信以為真。過於倚重蒙古外援的王化貞誤以為兵力已經足夠，他甚至曾經向朝廷天真地建議停止從關內各鎮抽調人馬增援遼東，並認為在登萊、天津等地加強防禦實屬多餘。對此，熊廷弼不以為然。兩人終於在應該如何佈置前線軍隊的問題上爆發了衝突。王化貞原計劃沿著三岔河設置六營，每營以參將一人，守備二人為首，各自劃地分守，而西平、鎮武、柳河、盤山諸要害地點，亦派兵防守。熊廷弼表示強烈反對，理由是三岔河「河窄難恃」，而沿河各堡「堡小難容」，若沿河駐兵，必定會因為兵力分散而讓敵人有機可乘，假使敵人派出輕騎渡河進攻，沿河的明軍諸營將會被各個擊破。同理，西平等處亦不能分兵把守。正確的軍事佈置應該是集中力量固守廣寧，只需派出部分人馬在三岔河一帶來回巡視，進行警戒即可，但警戒部隊不宜屯聚於一處，以免受到敵人的突然襲擊。他指出，從三岔河至廣甯這一段路應該多設烽火臺；西平等地可以派駐少數士兵，以作點燃煙火傳遞消息之用，而主力必須聚結於廣寧，佔據城外有利地形，犄角立營，深壘高柵以待敵至（因為遼陽距離廣寧有三百六十里之遠，故八旗軍騎兵不可能在一日之間從遼陽殺過來，稍有動靜，明軍必能預知，及早準備，提高勝算）。王化貞不滿自己的計劃受到阻撓，再加上在其他一些問題上與熊廷弼的意見不合，遂心生罅隙。而熊廷弼亦不依不饒。至此，經略與巡撫這兩個在前線舉足輕重的文官開始不和。

當時，遼河以東地區失陷後大批難民經海路逃跑，他們散佈在遼東沿海各島、山東登萊與朝鮮。熊廷弼為了拖著後金進軍的後腿，向朝廷提出憫恤難民，並從中招募士卒，以便同朝鮮軍互相呼應，起到鉗制後金的作用。他認為朝廷應派遣使臣進駐朝鮮義州，彼此加強聯絡，最好是發銀六萬兩，分別犒賞朝鮮與遼人，鼓舞士氣。明熹宗一一同意。熊廷弼想在沿海地帶開闢一條新的戰線，但沒有估計到搶先立功的卻是王化貞。原來，明軍當中一位名叫毛文龍的都司奉王化貞之命於一六二一年（明天啟元年，後金天命六年）五月前往淪陷區打遊擊，目的是乘後金立足未穩搶佔一塊根据地圖謀發展。毛文龍曾經是李成梁的手下，有一定的作戰經驗，他率領二百多人從水路出發，沿著遼東半島航行了數千里，沿途專門選擇敵人防備疏鬆的地方下手，不斷驅逐後金駐於沿海各島的少量駐軍，所過之處，廣受難民的歡迎，其中，他策劃的突襲鎮江（今中國遼寧省丹東市）一役，更在朝廷之中引起了不小的震動，獲得了不少讚譽。例如兵部左侍郎王在晉歎道：「自從清河、撫順失陷以來，國家花費千百萬金錢，集中十數萬兵力，都未能遂意。此次捷報，真是空穀之音，聞之可喜！」然而，毛文龍只向王化貞報捷，而不理會熊廷弼，引起了熊廷弼的不滿。

鎮江之捷讓朝中的主戰派信心大增，兵部企圖以此為契機，大舉反攻，便命令山東登萊與天津等地的水師出兵二萬經海路支援毛文龍，還讓廣甯前線的王化貞率兵四萬進佔三岔河河防要地，準備隨時渡河，聯絡蒙古軍伺機進擊。主戰派希望熊廷弼能離開山海關駐地，到廣寧前線主持大局。熊廷弼不得已，只好進至右屯。可是這場反攻雷聲大、雨點小，在熊廷弼召開的軍事會議中，很多前線的文官武將都對反攻信心不足。而明軍各部也互相觀望，延遲不進。可是，京城中的主戰派卻再三催促，在這種情況下，態度積極的王化貞帶部分人馬最先渡過三岔河，因得不到友軍的配合，最後無功而返。

明軍的反攻半途而廢，而後金卻成功收復了鎮江。皇太極與阿敏帶了數千人將毛文龍趕往朝鮮，屠殺了當地反正的老百姓。為了防止類似的事情再次發生，努爾哈赤下令把沿海地區的一大批居民遷回內地，同時破壞部分地區的城防，以免被明軍利用。

儘管鎮江之戰不盡如人意，可王化貞始終視之為罕見的奇功。熊廷弼不以為然，他公開批評毛文龍在敵後的行動破壞了自己籌備已久的戰略部署，致使敵人在遼東半島展開報復性的屠殺，而各路明軍尚未全部到達指定位置，難以有所作為，後果是前線軍民的士氣嚴重受挫。故此，鎮江之戰並非奇功，而是奇禍！為了尋找更多的支持者，他將自己的觀點寫成奏章，上報朝廷，攻擊王化貞。然而，大多數朝臣都認可鎮江之戰，對熊廷弼之言並不信服。

王化貞侈言只需出兵六萬，即可平定全遼，此後功成身退，「歸老山林」爭取了不少人的好感與支持，就連大學士葉向高也站在他那邊。他強硬的主戰態度早已得到兵部尚書張鶴鳴的肯定——凡是王化貞的請示，張鶴鳴無不答允。相反，熊廷弼的保守戰略在朝中不得人心，他的請示，張鶴鳴常常阻撓。由此一來，前線的指揮大權落到了王化貞手裡，熊廷弼實際上已被架空。《明史》甚至誇張地宣稱熊廷弼難以號令一兵一卒，「徒擁經略虛號而已」。當經略與巡撫矛盾公開化了的時候，兵部尚書也難以置身事外——熊廷弼遷怒於張鶴鳴，指責他瞞著自己調兵遣將，使自己的經略一職有名無實，並負氣地說道：「前線之事，乾脆讓張鶴鳴與王化貞兩人負責好了！」張鶴鳴得知，非常惱怒憤恨。

大量時間就這樣浪費在互相扯皮與責罵當中，到後來，雙方勢如水火，凡是王化貞贊成的，熊廷弼就反對；凡是熊廷弼贊成的，王化貞就反對，令不少的前線將士無所適從，局面已是不可收拾。明熹宗眼見事情鬧到這個地步，已是難以調解，便讓張鶴鳴召集八十餘名廷臣進行會議，以確定熊廷弼與王化貞兩人誰去誰留。雖然會議上眾說紛紜，莫衷一是，可表態支持熊廷弼的寥寥無幾。主持會議的張鶴鳴更是力挺王化貞，認為假若王化貞離開前線，那麼毛文龍必不聽命，與蒙古人的聯盟必會解體，經王化貞之手在當地招募的軍隊也必會潰散，他建議賜王化貞以尚方寶劍，付之以重任，而將熊廷弼調往他用。

▲身披鎖子甲的八旗軍騎兵。

明熹宗看過會議記錄後，沒有馬上作出決定，而責令吏、兵兩部再議。然而，還沒等朝廷正式作出決定，已經傳來後金進攻的消息，為了避免臨陣易帥擾亂軍心，朝廷下令熊、王二人堅守崗位，共同承擔責任，有功一齊受賞，有罪一齊受罰。

隨著冬季的來臨，這年十月，關外很多地方的河水結冰，有利於騎兵的突進。廣寧當地的軍民已經預感到八旗鐵騎會乘機渡河，不少人準備逃難。然而，後金拖到次年的正月才做好準備，出動五萬軍隊從柳河、三岔、黃泥窪等地分三路出發，直取廣寧。

雖然熊廷弼極力反對把兵力分散佈置在沿河的各個據點之上，可王化貞聽不入耳，仍在分兵駐防。其中，劉渠以二萬兵駐守鎮武、羅一貴以三千兵駐守西平堡、祁秉忠以萬人駐守閭陽驛。當後金進犯的消息傳來，王化貞把主力分作三路，由道臣高出統北路、胡嘉棟統南路、牛象乾統中路，每路三萬人，前往三岔河迎戰。明軍已各就各位，杜學伸所部欲憑車營堅守，劉征所部欲憑騎兵出戰，全做好了戰鬥準備。韃靼諸部亦有近萬步騎參戰，其中精銳三千。王化貞專門派同知萬有孚到韃靼軍隊裡面履行監軍之責，另以二千五百明軍協助，只等八旗軍渡河，即直搗黃泥窪。信心十足的王化貞還怕敵人不敢渡河，想派哨兵過河將敵人誘過來，然後出動「驍騎」衝殺，幻想著輕而易舉地重創來犯之敵，因隨軍的文臣武將紛紛反對這個不切實際的想法，他只好打消了念頭。

努爾哈赤率部於十八日從遼陽以西的黃泥窪動身，途經東昌堡渡過三岔河，一個照面就輕而易舉地擊潰明軍的河防兵，追殺二十里，逼近西平堡。分散佈置在沿河的各個據點之上的明軍見勢不妙紛紛轉入防禦，陷入了各自為戰的困局。八旗軍大隊人馬在戰車、雲梯的協助之下猛攻西平堡，讓守軍付出了「屍以城齊」的代價之後，於二十一日突入堡中，殲滅了數千人。守將羅一貴中箭受傷後自殺殉國。

平時慣說大話的王化貞終於親身體會到八旗軍的厲害，他不敢出兵援助西平堡，流露出怯戰的情緒。無何奈何的熊廷弼只得以令箭督促王化貞迎戰，並用言語相激：「平日之言，此刻何在？」王化貞只得硬著頭皮令廣甯、閭陽驛之兵驅敵。而熊廷弼亦令駐守鎮武的部隊支援西平堡。三路明軍將領不少，共有總兵劉渠、祁秉忠、李秉誠與副將劉征、鮑承先，參將黑雲鶴、麻承宗、祖大壽，遊擊羅萬言、李茂春等人，以王化貞的心腹孫得功為前鋒，「車、騎並進」前去迎戰。

兩軍於沙嶺附近的平陽橋相遇。八旗軍不等佈陣，分批殺入明軍營中。孫得功在剛交戰時便力不能支，帶頭往後逃命，一邊跑一邊叫：「敗了！敗了！」明軍陣線遂潰，人員幾乎損失殆盡。劉渠墜馬被殺，祁秉忠中箭身亡，其餘副參等官，或死或傷，惟有李秉誠、鮑承先、祖大壽、羅萬言等人脫逃。此時，

遼西之戰（西元 1622 年正月）　　比例尺　十萬分之一

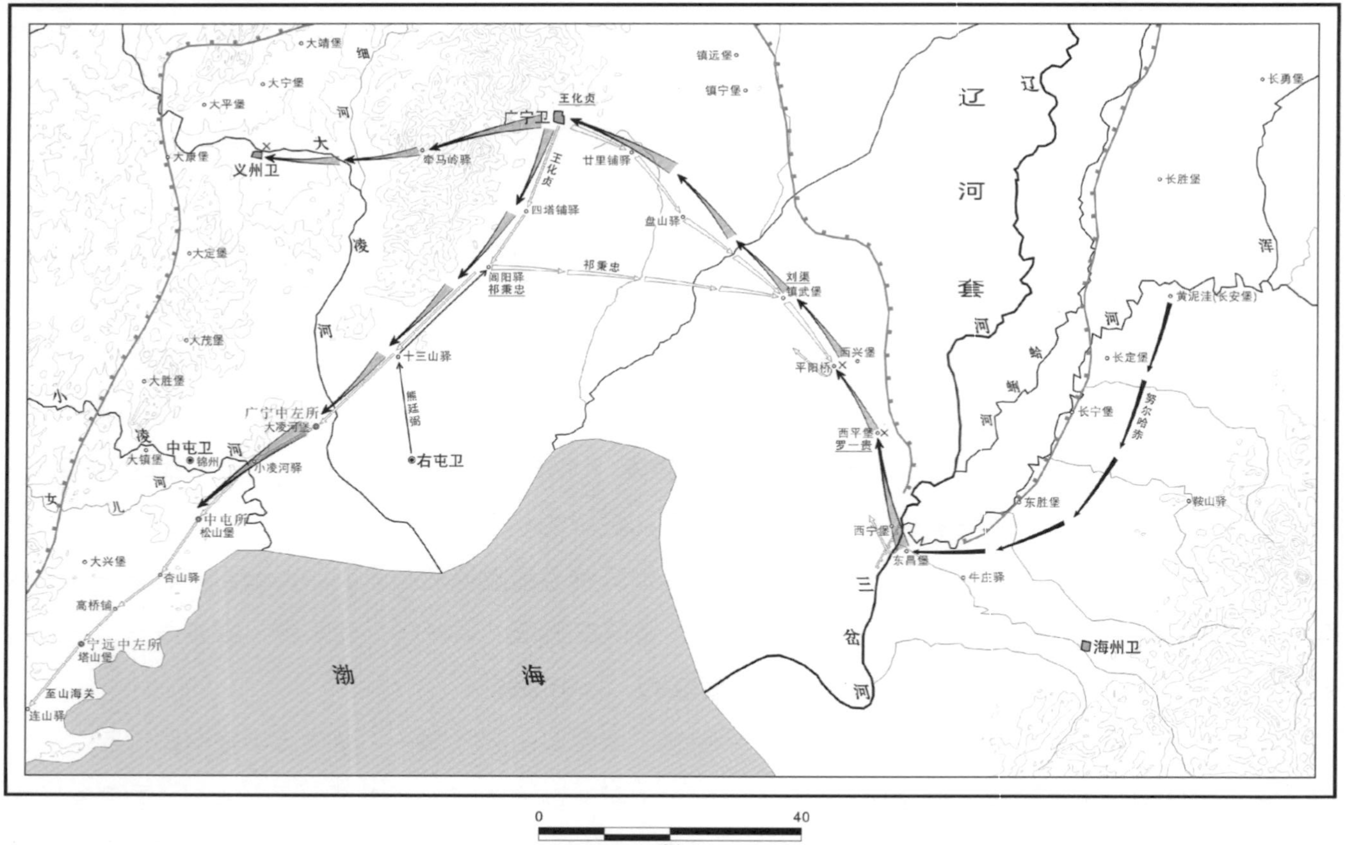

▲遼西之戰作戰經過圖。

天色已晚，努爾哈赤收兵，宿於西平堡。

孫得功逃回廣寧後，到處宣揚前線慘敗之狀，呼籲軍民不要做無謂的抵抗，早早投降。鬧得滿城風雨，老百姓紛紛奪門而逃。正在府中翻閱文書的王化貞得到消息，嚇得兩腳發抖，不知所措。雖然城中尚有一萬六千餘將士，但軍心已亂，處於失控狀態，沒有多少人聽從王化貞的使喚，迫使他慌忙整理行李，帶著兩位僕人於二十二日加入逃難的人群當中。其後，遼東巡按方震孺也逃離了廣寧。

王化貞逃到距離廣寧四十里的閭陽驛時，正巧碰到由右屯而進的熊廷弼。熊廷弼嘲笑掩面痛哭的王化貞，道：「你不是宣稱只需六萬兵便可蕩平遼陽嗎？現在如何？」說得王化貞慚愧不已，無地自容。雖然有人建議熊廷弼趁八旗軍尚未到達廣甯時重返這座城市，以挽回危局，可是他僅率五千人，與城內的叛軍相比，兵力顯得過於單薄。如果說坐鎮廣寧已久的王化貞都整頓不了城內亂軍，那麼，熊廷弼對此同樣感到無能為力。

王化貞一走，留在城中的孫得功召集同黨封存府庫，準備投降。直到兩天之後，八旗軍才到達廣寧，努爾哈赤先派人入城搜索一番，再接受孫得功的投降。協助明軍作戰的蒙古人在混亂中乘機大肆搶掠，劫殺難民，致使血染荒野，路上到處都是死者，接連不斷。

熊廷弼面對千瘡百孔的明軍防線，感到河西剩餘的各個據點抵擋不了來勢洶洶的八旗軍，下令全線後撤。為了避免沿途大量帶不走的物資淪於敵手，不得不將之焚毀。同時，他讓王化貞率兵五千殿後，自己掩護著逃難的百萬生靈，歷盡千辛萬苦，於二十六日返回山海關。

全力支持王化貞的兵部尚書張鶴鳴得知廣寧的敗訊，深知看錯了人，他既慚愧又恐懼，便自請巡視邊防，藉以掩人耳目。得到皇帝的准許後，他沒有馬上出發，一直在京城逗留了十七日，才到山海關。在那裡，他用金錢籠絡附近的蒙古部落，以防萬一，此外再也做不出什麼事來，只是每日下令搜捕間諜而已。

努爾哈赤奪取廣寧之後短暫休整，繼續向西進軍，經過大淩河、小淩河、松山、杏山、塔山等地，一直來到百餘里外的中左所，只見各個城鎮據點的倉庫等設施基本已被明軍燒毀，沿途軍民亦已逃散，搶掠不了什麼有用的東西，又不能因糧於敵，遂撤回。其後，部分八旗兵攻陷廣寧以西的義州，消滅三千明軍。至此，歷時二十多天的戰役宣告結束。

為何努爾哈赤沒有乘機進軍山海關，直搗這個北靠燕山山脈、南向渤海、東扼遼西走廊的兵家必爭之地呢？如果能夠奪得山海關，就等於打通了從東北平原進入華北平原的通道，對北京構成直接的威脅。努爾哈赤沒有這樣做，最大的原因是有後顧之憂，其新奪取的地盤受到韃靼諸部的威脅。王在晉在此期間給明帝的疏報解釋得比較清楚，他報告稱：「一些從廣寧逃回的難民看到後金對韃靼諸部保持極高的警惕，連夜間城頭亦『燈火達旦，以防西虜（指韃靼人）之掩襲』。故此，『賊（指後金軍隊）之不攻關（指山海關）者懼虜也，非懼虜之強，懼虜之眾……』後金除了防備韃靼，還派兵進駐鎮江、與南衛等處，以防朝鮮與登萊地區的明軍。」

由於側後受到重重威脅，後金不想長期佔據新得之地，努爾哈赤下令把所有的戰利品運回，接著放火焚城，全軍返回遼河以東，只留下身後的一片廢墟。

這一切，就像一句名言所說的那樣：「歷史本身經常重演，第一次是悲劇，第二次是鬧劇！」對明朝而言，如果說沈、遼之敗是悲劇，那麼其後發生的廣寧之敗算是鬧劇了。明朝君臣本應吸取教訓，讓廣寧前線及時轉入戰略防禦，或許可支撐相當長一段時間，讓戰爭提前進入相持階段。可歎的是，清醒的仍舊只是熊廷弼等少數人，而那些頭腦發熱、思想頑固的主戰派拒絕改轅易轍，他們完全不顧敵我雙方力量的懸殊，硬是把近十萬的前線將士驅往虎口、推向深淵，致使廣寧之戰敗得更慘。回顧昔日遼陽失陷之時，陪同袁應泰奮戰到最後一刻的還有一大批文武官員，而到了廣寧之戰時，敵人尚未兵臨城下，守軍竟已嘩變，迫使在前線主持工作的王化貞只能帶著兩名僕人狼狽逃竄。可見，主戰派那一套不切實際、倒行逆施的做法由於在軍隊之中暴露無遺而失去了人心。假若明朝不對整個臃腫的指揮機構進行大刀闊斧的改革，精簡那些多餘的人員，杜絕那種終日議論不休、互相扯皮的官僚作風，那麼，類似戰守之爭、文武之爭這樣的事仍將層出不窮，吃敗仗仍將難以避免。可是，朝廷暫時沒有改革的意向，只是忙於追究戰敗的責任，處分了涉事的一批官員。張鶴鳴遭到言官的交章彈劾，最後以辭官收場。而熊廷弼與王化貞就沒有那麼幸運了，他倆被定為死罪，收入牢中。此時適逢朝野之上黨爭激烈，一派是興起於萬曆年間的東林黨（東林黨因其黨魁顧憲成曾經在無錫的東林書院講學而得名），這批人長期控制天下輿論，號稱「清流」，自命為「正人君子」，至明熹宗在位的天啟年間，他們在朝中的同黨已掌握了朝廷大權。另一派是以司禮監秉筆太監魏忠賢為首的閹黨，這夥人乘明熹宗不常過問朝政而染指國家大事，狐假虎威逐漸得勢。東林黨人與閹黨政見不合，雙方勢如水火，鬥得你死我活。熊廷弼極可能是因為被魏忠賢視為東林黨一夥，遂提早墜入萬劫不復之地，於一六二四年（明天啟四年，後金天命九年）六月二十五日受死。而王化貞則活得比較久一點，直到一六三二年（明崇禎五年，後金天聰六年）才被斬於北京西市。

痛定思痛，朝廷的主戰派不敢再輕敵了，就這樣，戰略防禦終於成了朝野上下的共識。可是，到底應該採取哪一種防禦方式，很多人又開始爭論不休了。一六二二年（明天啟二年，後金天命七年）八月出任遼東經略的王在晉原本打算聯絡韃靼人襲擊廣寧，可是當時主戰的做法已經不得人心，他的好友王象乾私下裡進行勸阻，理由是即使得到廣寧，也不能守，假若失去，反而獲罪。為求平安無事，不如在山海關附近再設立一關，確保敵人不能越雷池一步。王在晉馬上改變當初的主意，主張在距離山海關八里之遙的八里鋪再修建一座新關，駐兵四萬，加上山海關的守軍，兩處兵力共達十餘萬，可起到雙保險的作用。王在晉意圖棄守山海關以外的河西走廊，無疑等於放棄了遼東，因而遭到不少反對的聲音。這樣一來，在究竟應該採取哪一種防禦方式的問題上，形成了兩派，一派主守山海關附近，一派主守關外。

反對者的聲音自然會傳到京城。內閣首輔葉向高對於支持誰反對誰猶豫不決，他認為不應憑著臆度來作出判斷。兵部尚書兼東閣大學士孫承宗自告奮勇，向皇帝請示要親身前往山海關調查研究，再作結論。明熹宗求之不得，當即答應。

來到前線的孫承宗就為何要建新關的問題當面對王在晉進行了連珠炮式的質問，指出如果僅僅在山海關東面的八里鋪修建新關，而不在北面設防，那麼敵人也可以繞道北面的一片石來威脅山海關。況且，新關與舊關僅相距短短的八里，如果新關可守，那麼為何要用舊關？如果新關不可守，那麼守關的四萬新兵敗退回舊關之前時，到時是開門放他們進入，還是坐視不顧？舊關前面挖掘的陷阱、佈置的地雷（一種爆炸性火器）到底是為敵人而設，還是為潰退的新兵而設？

王在晉支吾以對，一會兒聲稱可以開放山海關外的三道關讓逃兵進入，一會兒又說將另建三寨於山海關旁邊的山上，以收容逃兵。

孫承宗反駁：「軍隊尚未失敗而先建寨準備收容他們，等於教他們做逃兵。而且，逃兵可以進來，敵人亦可尾隨而入。」他強烈批評這種試圖放棄遼東，劃地而守的行為。王在晉雖然辯不過孫承宗，可是仍固持己見。

孫承宗既認定八里鋪修建新關的計劃不可行，意味著決心要把防線擴展到關外，為此，他召開軍事會議，與眾人商議。其中，寧前兵備僉事袁崇煥極力主張將防線延伸到距離山海關二百里外的寧遠，守著這個處於遼西走廊中間的樞紐之地，既可以捍衛山海關與寧遠之間的鎮堡，又能夠為將來全面收復遼河以西地區做準備。監軍閻鳴泰另有想法，他將目光投向寧遠以南的大海，看中了覺華島，因為明將祖大壽從廣甯敗退時收集了潰散的十多萬軍民，正屯集於這個海島上，他認為當後金進軍山海關時，覺華島的部隊可予以側擊。王在晉心知修建新關的計劃可能會被朝廷否決，又提出新的建議，聲稱最前沿的陣地應設在寧遠以西的中前所，理由是此地目前是明軍前哨的駐地，正好便於利用。監司邢慎言、張應吾等人皆附和王在晉的建議。然而，明軍前哨真實的駐地是在八里鋪，中前所只是名義上的駐地而已，當時，寧遠以西的五城七十二堡（包括中前所在內）已被放棄，韃靼哈喇慎諸部乘虛而入，以協助明軍保衛邊境為名賴在那裡不走。孫承宗深知韃靼諸部不足信，他經過實地勘察，決定支持袁崇煥的意見。回到北京之後，他痛詆棄守關外之策，懇請皇帝罷免王在晉的官。王在晉就這樣被轉調到南京出任兵部尚書，離開了前線。

不久，孫承宗以閣臣的身份主動請纓督戰，朝廷任命他為「督師」，以原官督山海關及薊、遼、天津、登萊諸處軍務，此職位的規格比經略更高，獲得「便宜行事」之權。他推薦沒有什麼才略的閻鳴泰為遼東巡撫，無形中能夠獨操大權，以方便實行自己所主張的那一套。到關之後，他分別讓人負責編訂軍制、整理軍事物資、修建營舍與炮臺、訓練火器兵與騎兵等一系列事宜，採取種種措施接濟難民，從當地土著之中募人為兵，以增強軍力。對於覺華、前屯這些要害地方，他給以了充分的重視，調兵遣將加強防衛。特別是寧遠這個地方，更被視為是重中之重，他增派祖大壽前去鎮守，以助袁崇煥一臂之力。孫承宗對於戰略的見解與熊廷弼的「三方佈置法」有相似之處，他認為欲恢復全遼，必先恢復被視為「全遼膏腴之地」的金州衛、複州衛、海州衛、蓋州衛這四個地方。這些地方位於三岔河以東、遼東半島以南，因而需要採取「三方佈置」之策對付，即令山東登萊地區的駐軍通過海路威脅四衛之南，覺華島駐軍威脅四衛之北，而位於河西走廊山海關等地的駐軍則從正面方向與敵人對峙，這樣一來，「虜（指後金）虞腹心之潰，而自不能窺關門（指山海關）」。明軍如果乘機鞏固寧遠等地的防務，並將防線不斷向前延伸到錦州等地，不但山海關可確保無恙，而且京城亦可高枕無憂了。

可是，孫承宗的上任並不意味著主守關外已經成為朝野的共識，當閻鳴泰以疾病為由在一六二三年（明天啟三年，後金天命八年）五月辭去遼東巡撫一職後，新上任的張鳳翼對主守關外頗有微詞，此人的立場與王在晉差不多，認為最佳的選擇是退保山海關，他公開對人說出這樣的話：「國家即使放棄遼左（指遼東），猶不失全盛，比如大寧（今中國內蒙古自治區寧城附近）、河套（指中國黃河河套）等地，放棄又有何害處？如今舉世不欲複遼，只有孫承宗一個人想複遼吧？」平心而論，這一番話確有強詞奪理之處，大寧、河套等邊塞荒涼貧瘠之地由於不堪耕種，明朝才主動放棄，任由蒙古諸部在那裡遊牧。相反，遼東土地肥沃，物產豐富，稍有血性之人都不甘心把這個祖輩艱苦奮戰得來的「百戰封疆之地」拱手交給後金。所謂「舉世不欲複遼」，只是張鳳翼把自己的意志強加在世人的頭上，硬說自己代表民意而已。然而不容忽視的是，主守關內的戰略的確還有不少支持者。有一次，孫承宗巡視前線時在寧遠城內召開軍事會議，他堅持主守寧遠的主張就遭到了僉事萬有孚、劉詔等人的阻撓，儘管如此，他還是下令袁崇煥、總兵滿桂與祖大壽等人修築城防，欲使此地成為固若金湯的堅城。此外，從山海關至寧遠之間有多個原先廢棄的城堡，現在明軍重新進駐其中，使之成為新防線的一部分，同時召回各地逃難的老百姓，重建家園。就這樣，中前所、前屯、中後所等五城十三堡聚居的軍民逐漸達到了十餘萬，他們開屯荒田、發展生產，呈現一片生機勃勃的景象。孫承宗還把目光投向寧遠以北，他讓袁崇煥與攜同將領馬世龍等人於一六二四年（明天啟四年，後金天命九年）九月率領一萬多名水陸部隊大膽深入廣寧地區巡視，最後經三岔河從海路返回寧遠。接著，明軍於次年夏季果斷將防線推進至寧遠以北二百里，陸續收復了錦州、松山、杏山、右屯與大、小淩河城等處，初步形成了「寧錦防線」，這條漫長的防線有望在未來的戰爭中發揮堅如磐石的作用。

正在寧錦防線的經營稍有起色之時，前線領導班子的成員卻起了重大變動。閹党首領魏忠賢因與孫承宗不和而多次在皇帝面前進讒言，令孫承宗的地位不保。這位為國事鞠躬盡瘁的督師因一六二五年（明天啟五年，後金天命十年）八月發生的柳河之敗而讓政敵找著了藉口，最後在詆毀中黯然離職。事情的起因是山海關總兵馬世龍派遣副將魯之甲、參將李承先等人領兵偷襲後金位於三岔河東岸的前哨據點耀州，不料在搶渡柳河時暴露了蹤跡，反被敵人伏擊，致使魯之甲、李承先等四百多人戰死。這次戰事規模雖然不大，可是卻被閹黨抓住大做文章，紛紛上疏彈劾孫承宗、馬世龍。在這種情況下，孫承宗只好自請罷官，回鄉養病。

另外值得一提的是，馬世龍是孫承宗親手提拔的將領，他與過去那些明軍總兵最大的不同之處是擁有皇帝賜予的尚方寶劍，得到了軍法從事的權力，而這個權力過去一直掌握在經略等文官的手中。原來，孫承宗有鑒於軍中文武官員互相牽制而造成指揮效率不高的弊端，試圖復古而讓武將專制軍事，希望借此使軍隊的戰鬥力獲得一定的提高。他在一六二二年（明天啟二年，後金天命七年）尚未出任督師時，曾經向皇帝奏稱：「以武將帶領士兵，而以文官負責招募和訓練；以武將臨陣作戰，而以文官指揮調動；以武將在邊境防禦，而置文官於幕僚；以邊防大事託付給經略與巡撫，而戰守之事卻每日需要朝廷做決定；這些都是『極弊』之事，如今應當提高武將的權力，選擇一個舉止沉穩、氣略不凡者授予重任，讓他擁有安排偏裨以下將領的人事權，不要讓文官以小事加以欺淩。邊疆的小勝小敗，皆不過問，穩住邊關局勢，再圖謀恢復失地。」在孫承宗的力薦之下，馬世龍於一六二三年（明天啟三年，後金天命八年）出任總兵時獲得軍法處置、財政（總管「錢、糧」之事）等權，並以尤世祿、王世欽為副手，聽其節制。為了隆重其事，孫承宗還親自為之「築壇」，舉行拜將禮。過去，總兵與守禦一方的副將、參將、遊擊、守備、指揮等各級武官雖然有地位高低的分別，卻無權力截然高下之制，彼此之間平時各自獨立地守禦一方，容易出現互相分庭抗禮的事實，現在，隨著新政策的實行，那種一盤散沙般的情況已經有所改善。儘管馬世龍後來的表現有負孫承宗的期望，但提高武將之權已是大勢所趨，後來，總兵官普遍獲得尚方寶劍，甚至有權斬殺副將以下的將領，既有利於提高自身的威望，又能讓軍隊內部的號令更加統一。除了總管軍中的兵馬、錢糧之外，有的總兵還可以節制州縣，治理平民，得以干涉地方事務，有利於在戰時進行全面的動員。朝廷放權的目的是希望軍中形成重武風氣，最好是讓明初開國武將集團叱吒風雲、所向無敵的盛事能夠在今日的遼東重演。然而，這次提高武將權力的改革進行得並不徹底，文官集團為了扭轉遼東戰局，很不情願地交出了一部分權力，但絕對不會甘心交出所有權力，前線的總督、經略、巡撫等文官始終插手軍事就是明證。「朝廷每日決定前線戰守之事」雖被孫承宗深為詬病，也始終沒有改變。

孫承宗走後，魏忠賢派自己的黨羽高第為遼東經略。高第上任後果然是「新官不理舊事」，他摒棄孫承宗主守關外之策，下令收縮防線，要把錦州、松山、杏山、右屯、大淩河、小淩河與寧遠等地的駐軍全部撤回，只想以重兵扼守山海關。這個開倒車的措施遭到寧前道僉事袁崇煥與通判金啟倧的抵制。袁崇煥堅守寧遠與前屯等地，誓死不撤。對於袁崇煥的抗命，高第無可奈何，唯有將錦州、松山、杏山、右屯與大、小淩河這些地方的軍隊撤回，同時也驅趕那些剛剛重返家園的難民入關，搞得怨聲載道、哭聲震野。經過一番折騰，山海關之外很多地方變成了人煙罕至的鬼域，只剩下寧遠等少數孤懸在外的據點。它們好像茫茫大海中的小船，能否抵抗得住後金彷彿驚濤駭浪一般的進攻呢？

後金自廣甯之戰取勝以來，用了三年時間鞏固在遼河以東取得的成果，暫時停止了對明朝的大規模軍事行動。由於漢人在佔領區內進行各種形式的反抗，努爾哈赤不得不想出種種辦法制止與鎮壓。在此期間，他一度在遼陽城邊的太子河畔建起了一座名作東京的新城，用來做首都。不久，又遷都瀋陽。在整頓內部事務的同時，也沒有放鬆對外的經略。為了減輕韃靼諸部的威脅，努爾哈赤繼續使用聯婚等手段同科爾沁、內喀爾喀等部結盟，力圖孤立敵對的察哈爾林丹汗，以分化、瓦解韃靼諸部。同時，不停地調兵征剿在沿海地區打遊擊的毛文龍，以穩定側翼。他還不忘記對黑龍江等地的女真人用兵，招撫這些部落，以便在未來的戰鬥中能夠提供新的兵源。

這時，八旗軍已有所擴大，它的牛錄數目由最初的二百個增加到二百三十多個。一般按照「三丁抽一」的比例為原則抽兵（在特殊情況下可超過這個比例），例如《滿文老檔》記載努爾哈赤在一六二三年（明天啟三年，後金天命八年）四月就按這個原則從每個牛錄中抽調一百人到平虜堡以西、牛莊以東等處放牧，養馬備戰。在抽調的百名甲兵之中，以十人為白號護軍、四十人為紅號護軍、五十人為黑營（又稱「營兵」），分為「披重鎧」與「披短甲」兩種）。其中，在十名白號護軍裡面，裝備了兩門炮、三枝槍（冷兵器）；在四十名紅號護軍裡面，裝備了十門炮、二十枝槍、兩輛楯車與兩個水壺；在五十名營兵裡面，裝備了十門炮、二十枝槍、兩輛楯車、一個梯子、兩把鑿子、兩把椎子、兩個鉤子、兩把鐮刀、兩把斧子、四張席、兩把叉、一根連夾棍（又稱「夾連棒」）、兩個水壺、十五副綿甲以及可用一個月的木炭。此外，每一甲喇（管轄五牛錄）還攜帶兩門大炮。需要指出的是，源自《滿

▲瀋陽（後改稱盛京）小東門外側老照片。

文老檔》的這個裝備清單並不全面，它完全沒有提及弓箭，也許這種武器太過普遍，幾乎每一個士兵都有裝備，故加以忽略。值得注意的是，每一牛錄至少裝備了十二門炮，儘管留存至今的史料對這些炮的種類及用途語焉不詳（估計當中有部分是示警用的信炮），但還是反映了火器已在八旗軍中以得到應用。最重要的是，在這一百名甲兵之中，有三十人（包括十名紅號護軍與二十名營兵）配合四輛楯車作戰，由此可知，在二百三十個牛錄中，理論上可以出動六千九百人配合九百二十輛楯車作戰，充分說明了八旗軍對攻城的重視程度。過去，他們在野戰中把明軍打得已無還手之力，現在，只想加強攻堅能力，以便橫行遼東。

近千輛楯車一旦出現在戰場上，將要輾碎所有敢於抵抗的城池——努爾哈赤似乎對此信心十足。當應該處理的事情逐漸處理完畢之後，他又將攻打明朝提上了議事日程。高第上任後所做一系列倒行逆施的事，無疑對後金的大舉進軍非常有利。努爾哈赤沒有錯過這個時機，他刻不容緩地統率五六萬大軍於一六二六年（明天啟六年，後金天命十一年）正月初六踏上了征程，乘著冬季結冰，迅速越過不少河流，一路上如入無人之境，輕易奪取了明軍放棄的右屯、錦州、松山、大淩河、小淩河、杏山、連山、塔山七城，於二十三日直抵袁崇煥堅守的寧遠城下。他們先是在城西南方向的五里之外駐營，不久又移到城西之外，以此地作為臨陣磨刀之處。

▲袁崇煥之像。

寧遠陷入了重圍，可鎮紮山海關的高弟不太願意發兵救援自行其是的袁崇煥。此時此刻，寧遠已經成為了一座真正的孤城。然而，袁崇煥並沒氣餒，他事前已經將中左所、右屯等處人馬統統撤入寧遠城內，避免與敵人野戰，並將城外的物資全部焚毀，實行堅壁清野。城內守軍不滿二萬，參戰的武官有總兵滿桂、副將左輔、朱海，參將祖大壽、守備何可剛等人。滿桂作為全軍指揮官，負責守衛城的東南面，左輔負責守衛城的西面，祖大壽負責守衛城的南面，朱海負責守衛城的北面。文官也沒閑著，同知程維　負責緝拿混入城內的奸細。通判金啟倧主要承擔後勤工作與維持城內秩序。城內每一個巷口都有人把守，禁止無關人員亂走亂動。如果城上的將士擅自下城，格殺勿論。袁崇煥提前通知前屯守將趙率教與山海關守將楊麒，讓他們捕殺所有臨陣而逃的寧遠軍人。至此，人心始定。

二十四日，攻防戰打響了，後金出擊的重點是城的西南角。八旗軍的戰術與攻打遼陽時非常相似，照舊是步兵推著楯車走在最前面，《山中聞見錄》記載他們當中有人頭戴兩重鐵盔，號稱「鐵頭子」，仿似幾百年前的女真「鐵浮圖」精兵一樣，準備死打硬拼。另外，還裝備了勾、梯，作為攻城的輔助工具。步兵的後面，緊跟著準備伺機突進的鐵騎。由於明軍沒有在城外挖壕佈陣，所以八旗軍自以為會很輕鬆地到達城牆之下。楯車已為攻城作了精心的佈置，車上的木板厚達數寸，上面斜蓋著一張生牛皮或鐵皮，就好像「板屋」一樣。根據過去的作戰經驗，這類堅固的防禦物品對明軍發射的彈丸與利箭有極佳的防護作用，甚至能夠抵抗城上擲下的石塊，因而完全可用來掩護躲藏在車內的精兵健卒，儘量讓他們能夠安然無恙地到達城下，再用斧頭等工具從車身預留的洞中伸到外面去，開始鑿城。那時的城牆多數夯土而成，只在外面包上一層磚石，只要城腳被人鑿開數個洞穴，上面磚石與泥土就有坍塌下來的可能，這些磚石泥土如果恰巧形成了斜坡，那麼，就會成為攻城者的踏腳石，步騎兵可由此一擁而上，登上城頭。《清太祖實錄》記載努爾哈赤曾經說過首先拆城者即立下「首功」，可報固山額真予以記錄，等到周圍其他人俱拆完畢，然後固山額真吹螺，下令所有部下一齊突進。可見，在八旗軍的攻城戰法中，拆城是非常重要的一環。話又說回來，鑿牆挖洞之人難免會在城牆坍塌時被活埋，或者被砸死，為了安全，他們應該躲藏在具有保護措施的楯車裡面工作，一旦出現意外，就等待救援。出人意料之外的是，八旗軍的楯車尚未接近城牆，已損失慘重。因為明軍早在城上架起了十一門新式的西洋大炮，它們射出的炮彈以前所未有的威力對楯車造成毀滅性的打擊。

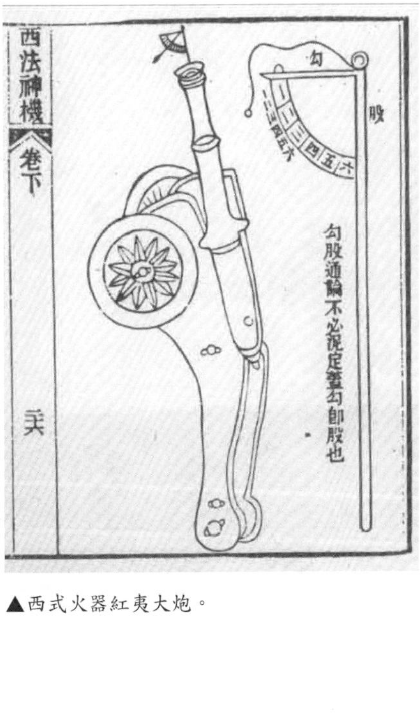

▲西式火器紅夷大炮。

對戰局產生了舉足輕重影響的西洋大炮又叫「紅夷大炮」，是歐洲人製造的犀利火器。由於歐洲在十四世紀出現了資本主義萌芽，從而極大地促進了生產力的進步，各種火器的製造技術在此後的幾個世紀中日新月異地發展著。西歐各國順應潮流，陸續建立起大型工廠手工業，用資本主義的生產方式生產出各種制式火炮。紅夷大炮是其中的佼佼者，它的製造方法比較複雜，需要先往炮模裡面注入沸騰的銅、鐵等金屬溶液，等到製造出火炮的粗坯，再用鏇刀刮淨炮膛裡面殘留的渣滓，經過這一系列的工序，才使得炮身完整無缺，沒有空隙或裂紋，能夠承受非常高的膛壓，既打得遠，又令爆膛的危險減至最低。

甯遠之戰作戰經過圖（西元 1626 年正月）

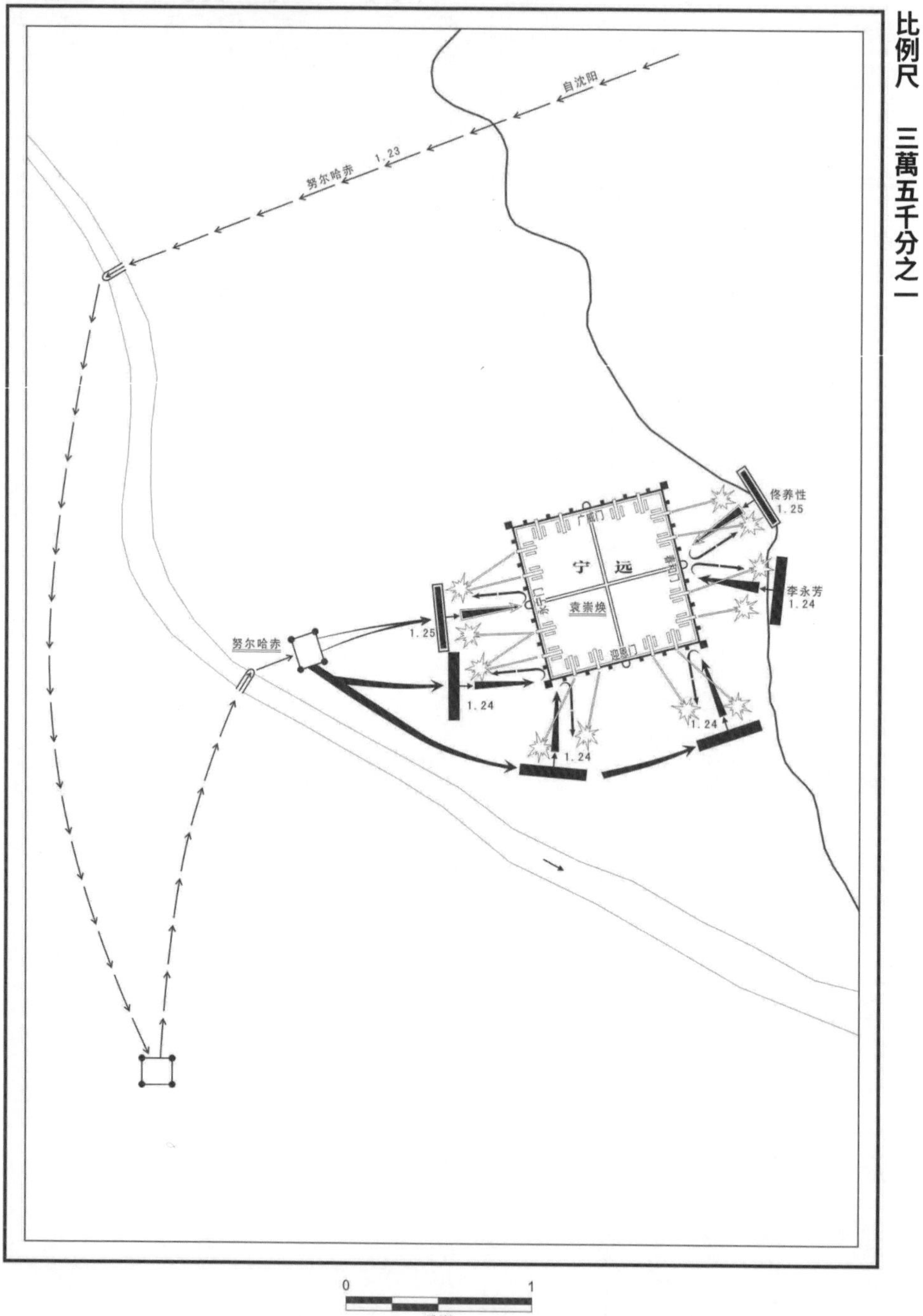

▲甯遠之戰作戰經過圖。

在實戰中，它依靠「量銃規」這種儀器調節炮管的俯仰角度，以便在射程之內對遠近不同的目標進行精確射擊，彌補了銃炮類火器仰射時效果不佳的缺陷。相反，明朝的火器生產方式仍然停留在小手工業階段，水準與西歐相比日益落後，暫時沒有能力製造紅夷大炮這種先進的火器，只能透過在沿海打撈歐洲沉船或者從西方人手中購買等方式獲得。後來，明人又向來華的西方人學習火炮技術，並出現了介紹西方軍事科技的著作，例如著名的有孫元化的《西法神機》與焦勖所著的《火攻挈要》。這兩本書都提到醋會令長時間射擊的火炮迅速散熱，因為它的沸點低，能夠起到冷卻作用。

寧遠大戰發生之前，明軍用各種途徑獲得了三十門紅夷大炮，還在天啟年間從澳門聘請了二十三名葡萄牙籍炮師與一名翻譯協助訓練士兵制炮、用炮，如今正好在戰鬥中派上用場，參戰的十一門大炮一經登臺亮相，馬上把對手打得鬼哭狼嚎。當時一位在城內觀戰的朝鮮翻譯官韓瑗觀察到城外「土石俱揚，火光中見胡人（指八旗兵），俱人馬騰空，亂墜者無數」。

紅夷大炮以摧枯拉朽之勢擊毀了不少楯車，讓八旗軍攻打寧遠城西南角的軍事行動嚴重受挫。努爾哈赤只好指揮部隊轉攻城的南角，不少漏網之魚冒死將楯車推到了城下拼命叮叮作響地鑿牆，鑿了不少大坑。其中高達二丈餘的有三四處。幸而天氣寒冷，凍結的城牆不那麼容易坍塌。對於城腳下那些紅夷大炮不能直射的死角，守軍只能使用威力不大的小炮從側面射擊，可效果不盡如人意。在這個萬分危險的時刻，有人開始往下扔火把以及藏有火藥的棉被，還有人在柴草裡面放入火藥，再灌上油，然後一捆捆地拋到城下，他們使出種種火攻的戰術，終於達到了焚燒敵人楯車的目的，將那些鑿牆挖洞之人燒得焦頭爛額，死於非命。

激烈的戰鬥從白天持續到晚上二更時分，八旗軍付出了大量人員的傷亡仍毫無進展，只得暫且休戰。他們撤回之後，遺留在城外的殘餘楯車又被乘夜縋城而下的五十名守軍全部燒成灰燼。次日，八旗軍重新發起進攻，並堅持到了傍晚，可惜仍拿不下城池，使得士氣異常低落。由於無人敢於近城，需要出動督戰人員在後面拿刀驅趕，即使是這樣，走在最前面的炮灰來到城下也不敢鑿牆，只是象徵性地待一會兒就往回跑，運氣差的就永遠倒在城腳下了。八旗軍這一天的傷亡更重，只見城外密密麻麻的全是屍體。這些屍體在守軍的眼中彷彿白花花的銀子，因為明軍一直以來都是憑著首級領賞的。後金的指揮官們似乎也清楚這一點，或許是為了避免死亡的戰友在夜間被縋城而下的守軍斬去腦袋，他們便下令搶屍，儘量把屍體運到寧遠城西門外的磚窯之中火葬，搞得黃煙蔽野。《清太祖實錄》稱在兩天的攻城戰中「共折遊擊二員，備禦二員，兵五百」。明朝的史料記載擊傷敵軍數千，其中死者不詳，而僅僅斬獲的首級就接近三百（一說六百）。明軍也有不少損失，通判金啟倧殉國。

到了第三天的時候，八旗軍步兵面對寧遠的堅固城牆依舊頓足不前，而「重裝騎兵」始終毫無用武之地，過去屢試不爽的「專打頭目」等戰術也難以施展。努爾哈赤面對明軍的紅夷大炮已經無計可施，他偵察得知明軍有大量糧草屯放於寧遠以南十六里的覺華島上，遂命武納格率八旗蒙古以及新增的八百兵前往奪取。當時連接海島與陸地的海域已經結冰，行人能夠暢通無阻，守島的明軍武官有參將姚撫民、胡一甯、金冠、遊擊李善、張國青、吳遊擊等人，諸將為了防止後金進犯，命令軍隊在冰上立營，並在周圍鑿開堅冰，形成長達十五里的激流，以作屏障。由於天寒地凍，一些鑿開的冰很快又重新凍結，八旗軍乘虛而入，擊破明軍繞營護衛的戰車，將敢於抵抗的人全部殺死。接著，入侵者衝進島中，又擊敗二營明軍，前後總共殺死七千人，連島上的老百姓也未能倖免，他們焚毀二千餘條船以及千餘堆糧草，才返回大營。

努爾哈赤在軍隊席捲覺華島的第二天，也就是二十七日，終於決定撤回瀋陽，他路過右屯衛，放火焚燒裡面殘留的糧草，以泄心中的憤恨。《清太祖實錄》稱「帝自二十五歲征伐以來，戰無不勝，攻無不克，惟寧遠一城不下，遂大懷忿恨而回」。仔細分析這一段話，發現作者往努爾哈赤的臉上貼了不少金，因為努爾哈赤自起兵以來打不下的城、寨等據點不止寧遠一個，例如他發動統一建州女真的戰爭時，在一五八四年（萬曆十二年）九月攻打齊吉達城就受挫而還，而且身受重傷。話又說回來，齊吉達等一系列堅城最終都屈服在這位領袖的腳下，唯一的例外是寧遠，無論是努爾哈赤，還是他的繼任者，始終都拿不下這座城池，這也成了八旗軍戰史上永遠的遺憾。

據說，在甯遠之戰打響的前一天，努爾哈赤有意釋放漢人俘虜入城，讓其帶話給袁崇煥道：「我以二十萬兵來攻，此城必破，你們若肯投降，即封以官爵。」袁崇煥回答：「汗（指努爾哈赤）為何無故動兵？寧遠與錦州兩城乃是汗昔日所棄之地，我既然恢復了，就應當死守，豈有投降之理？汗自稱有兵二十萬，這是虛數而已，我知道你們真實的兵力是十三萬，我豈會認為這個數字過少？」眾所周知，女真在歷史上素來有「滿萬不可敵」之譽，而自命為女真後裔的努爾哈赤出動了號稱十幾、二十萬的大軍，卻拿不下不足二萬人防守的小城，真是面目無光。不過，無論說後金的兵力是二十萬，還是十三萬，都距離事實甚遠，根據《明實錄》記錄的多份報告，時人目睹八旗軍真正參戰的人數為五六萬，但這改變不了他們以眾淩寡，反而失敗的事實。根據袁崇煥等人在戰後獲得的情報，努爾哈赤因戰敗而精神上備受困擾，竟然背後生疽，以致數月之後一命嗚呼。還有史料記載當時傳聞努爾哈赤在寧遠城下受傷，最後傷重而死。後一種說法可能不太可靠，因為努爾哈赤返回瀋陽之後又從四月起指揮了歷時一個月的討伐韃靼部落的戰事，雖然其間沒有打過什麼大仗，但也足以證明他並非身受重傷不能動彈。直到七月下旬，這位清朝的開國者才病倒在床。在此之前的四五年間，為後金的開創立下汗馬功勞的費英東、額赤都、安費揚古、扈爾漢、何和禮等五大臣已相繼去世，現在終於輪到努爾哈赤了，他於八月十一日死亡，終年六十八歲。

就明朝而言，朝野上下對戰略問題的紛爭隨著寧遠捷報的到來而初步形成了共識，主守山海關的觀點被扔進了歷史的垃圾堆之中，再也不受重視；而孫承宗、袁崇煥等人「主守關外」的戰略受到了前所未有的支持。過去，明軍依靠火器在野戰中屢屢受挫，現在改變思路，轉而依靠火器守城，立即絕處逢生。顯示徐光啟、袁崇煥倡議的「憑堅城、用大炮」等戰術經過甯遠一戰的檢驗，已被證明是確有良效，因而逐漸在前線的很多地方得到推廣。就這樣，朝廷君臣在戰爭爆發的八年之後，付出了慘重的代價與巨額的學費，去偽存真，終於找到了一套適合自身特點的、行之有效的戰略與戰術，儘管靠此難以徹底收復所有的失地，但畢竟已能自保。此後，明軍重新收復錦州等地，在關外構建了一條長達四百餘里的「寧錦防線」，在這條防線的每一個城堡的牆頭上，都配備了火炮，其中，讓八旗軍心驚膽戰的紅夷大炮成為了重中之重，準備在未來的戰爭中發揮更大的威力。這條精心打造的防線成了後金軍隊挺進山海關的最大障礙，八旗軍從未能徹底摧毀這條防線，就像由清朝組織編撰的《明史》所承認的那樣，努爾哈赤率領的八旗軍自舉兵以來「所向無不摧破，諸將罔敢議戰守」，「議戰守，自崇煥始」。總而言之，甯遠一戰意味著雙方的戰爭正式進入了相持階段。

第四章
弧形包圍

努爾哈赤生前統一女真諸部、親手完成了締造軍隊與建立國家的大業、並在發動對明戰爭中擄掠了遼東的大片土地、人口與財富，為後金的發展壯大打下了牢固的基礎。但他死時沒有明確指定誰來做繼承人。根據杜家驥先生的研究，當時，八旗的旗主全由努爾哈赤的子侄把持，其中正紅旗的旗主是他的二兒子代善、鑲藍旗的旗主是他的侄兒阿敏、正藍旗的旗主是他的五兒子莽古爾泰、正白旗的旗主是他的八兒子皇太極、正黃旗的旗主是他的十二子阿濟格、鑲黃旗的旗主是他的幼子多鐸、鑲紅旗的旗主是代善的兒子岳托、鑲白旗的旗主是褚英的長子杜度（後改為皇太極的兒子豪格）。努爾哈赤共有十六個兒子，其中最有希望繼位的是三大貝勒，即二子代善、五子莽古爾泰與八子皇太極，而侄兒阿敏雖貴為大貝勒，但並非直系，故希望不大。然而，年紀最長的代善因為與努爾哈赤的大妃曾經關係曖昧，致使聲譽受損，難以服眾，早已無意爭位。莽古爾泰也犯過不可饒恕的錯誤，他的生母因獲罪被貶，他為了討好父親竟把生母殺死，結果弄巧成拙，被父親視為不孝兒，從此失寵。唯有皇太極深孚眾望，此人文武兼備，從不恣意行事、胡作非為，以「獨善其身」著稱。根據朝鮮人撰寫的《建州見聞錄》的記載，他是八旗武將之中「僅識字」者，非常喜歡讀書，怎麼看也不會厭倦。而且在對外戰爭中表現突出「勇力絕倫，頗有戰功」，一直受到努爾哈赤的格外愛護。努爾哈赤死後，代善與他的長子岳托、三子薩哈廉經過商量之後認為國家不可一日無君，皇太極「才德冠世」，「眾皆悅服」，理應繼位。莽古爾泰與阿敏對代善的首倡沒有異議，他們聯繫諸兄弟子侄，在努爾哈赤死後的第二天，共同勸進皇太極。就這樣，三十五歲的皇太極於一六二六年（明天啟六年，後金天命十一年）九月坐了大位，並改年號，以明年為天聰元年。

皇太極是被三位比他年長的貝勒推上寶座的，因而不敢以臣禮對待這些兄長，故在公開場合讓他們列坐於自己的左右，共議國政。有時逢年過節，皇太極還要反過來向兄長行禮，以示尊重。這一切都表明這位新君尚不能像努爾哈赤一樣獨攬大權。此情此景，就像時人所認為的那樣，皇太極雖有一汗之虛名，實無異八旗中的一貝勒。

▲皇太極常服圖。

皇太極為了削弱對立的勢力，逐漸對國家體制作了改革，他在八旗的每一旗之中增設了二名佐管大臣與二名調遣大臣，協助總管大臣（旗主）管理事務（其中，佐管大臣負責刑法，可免於出外駐防；而調遣大臣則需出外駐防，同時負有審理刑律之責），減去了總管大臣的一些權。此外，他又讓所有的八旗總管大臣都獲得參議國政的資格，與諸貝勒共同商議國家大事。這個措施無疑分散了諸貝勒的權力。後來，皇太極又以防止代善、莽古爾泰、阿敏這三大貝勒「操勞過度」為藉口，不再讓他們每月輪流執政，而是下令其他的弟侄輩貝勒代勞，這樣做即使還未能徹底消除三大貝勒在政權中的特殊地位，但已經有效地防止三大貝勒擅權。

雖然上層統治核心增加了新的執政人員，可是沒有一個漢人參與，這表明，女真貴族統治階級獨攬大權的現象仍然要繼續下去。

皇太極即位之初，後金的形勢不容樂觀，國內歷史遺留的問題比較嚴重。努爾哈赤生前對歸順的漢人充滿了戒心，採取了一些激化矛盾的措施，例如他曾下令漢族男人要像建州女真人那樣薙髮留辮，作為臣服的標誌，後來為了鎮壓境內漢人的反抗，又採取殘酷的屠殺之策，派人逐村逐戶檢查漢人的蓄糧，規定凡是不滿三四升而又沒有養家畜者，一律視為伺機作亂的刁民處死。此舉不但未能穩定國內的秩序，反而使局勢更加動盪不安，很多漢人紛紛選擇逃亡，據稱「遼人百僅存一」，殘存的也成為奴隸，對經濟生產非常不利。因為明朝對後金採取經濟封鎖的緣故，使得後金商業萎縮，各類日用品奇缺，再加上自然災害頻繁，終於在境內出現了饑荒，致使每「金斗」（後金的容量單位，相當於一斗八升）的糧價從一兩銀升至八兩，從而餓死了不少百姓。為了活命，越來越多的人加入了逃亡的行列，甚至連女真人也不例外。《亂中雜錄》記載皇太極剛即位一年左右，就有一位叫做王子登的人率眾叛逃，此人原本在後金出任「副總」之職，他乘亂於一六二七年（明天啟七年，後金天聰元年）十月帶著「真奴（指女真人）三千餘名」來投在遼東半島打遊擊的毛文龍，同月，又有一位叫做柴萬樹的人帶著「真奴數千」，取道廣甯投靠鎮守寧錦防線的袁崇煥。

為了制止逃亡潮，皇太極上臺後頒佈的第一道命令就宣佈凡是過去企圖潛逃之人，即使已被他人舉報，從現在開始既往不咎，就算是那些已被抓獲的逃亡者，亦不論罪。為了緩和矛盾，他又表示願意減少國中的各項勞役，以便讓老百姓有更多的時間務農，還公開稱漢人與女真人：「均屬一體，凡審擬罪犯，差謠公務，毋使異同。」禁止女真貴族任意對漢人進行貪得無厭的征斂。上述種種措施對安撫人心起了一定的作用。過去，努爾哈赤將漢民編入莊園（號稱「拖克索」，平均每十三丁為一莊，耕田百垧。

每坰為十畝）為農奴，並把這些莊園賜給八旗軍中的武官，每個備禦各賜一莊，備禦以上按品級遞增。現在，皇太極下令削弱了每個莊園的人數，以便讓更多漢人恢復自由民的身份，並把他們編為民戶，交由漢官治理，這對提高生產者的積極性起了很大的作用。

努爾哈赤時期的漢人雖然不能充當八旗兵，但也有服兵役的義務，早在一六一八年（天命三年）後金首次攻明得勝，就把投降的部分明軍編為一千民戶，由李永芳統領，以便能在戰時協助八旗軍。當後金席捲瀋陽、遼陽、廣寧等地之後，陸續收降了一批遼東地區很有勢力的家族，包括佟氏、劉氏、石氏等，其中出任後金將領的有佟養性、佟養真、佟豐年、佟鶴年、佟國祚、劉興祚、石廷柱、石國柱、石天柱等人，這些人在戰時帶領漢軍為女真貴族買命，充當炮灰的角色。例如甯遠之戰中，李永芳、佟養性率兵攻打東門，他們的部下估計是漢兵。但在努爾哈赤主政期間，除了李永芳等少數漢官受到優待之外，大部分歸附的漢官都備受女真貴族的歧視與欺淩。這些人被分給諸貝勒與大臣管轄時境況不佳，常常遭到嘲諷、辱罵與毆打，他們連身邊的財產也保不了，隨時會被女真貴族以各種藉口搶走，為此，很多人吃不飽飯，長年累月地掙扎在貧困線上。他們一旦死後，連妻子兒女要給女真貴族為奴為婢。這種非人的待遇使得漢官們如坐針氈，人人自危。就連皇太極也不得不承認，來歸的漢官「如在水火之中，苦無容身之地」。這位新上臺的君主為了鞏固後金的政權，改變了過去對待漢官的刻薄政策，轉而加以禮遇與優待，儘量予以信任，以充分發揮這些人的作用。他規定凡是來歸的明朝官吏，可按功授予官職，而且享受子孫世襲的待遇。種種收買人心的做法既能讓漢官們盡心盡力地效忠於國家，又可吸引更多的明朝官吏歸附，以便在未來「圖取大事」。

皇太極對歸附者採取「恩養之策」，讓八旗分擔「養人」的義務，一名名叫胡貢明的文人為此發表了一番頗有代表性的議論：「我國地窄人稀，貢賦極少，全賴兵馬出去搶些財物。若有得來，必八家（一般可泛指八旗）平分之；得些人來，必平均分於八家養之。譬如皇上出件皮襖，各家少不得也出件皮襖；皇上出張桌席，各家少不得也出張桌席。」這時，後金境內由於自然災害肆虐，嚴重缺乏食物，某些地方還發生了人吃人的事。為了渡過這場危機，皇太極決定故伎重施，動員兵馬「出去搶些財物」。搶掠的物件只能是敵人，而後金的敵人可不少，除了明朝之外，還有察哈爾等蒙古部落以及朝鮮。這些敵對勢力以海陸並進的方式在戰略上形成了一個弧形包圍圈，這個包圍圈以朝鮮半島為起點，經皮島、旅順等遼東半島沿海地區與扼守遼西走廊的甯錦防線連成一片，同時與活動在遼河河套的察哈爾諸部互相呼應，使後金處於腹背受敵的狀態。皇太極到底應該選擇哪一個地點作為突破口呢？他暫時不想把矛頭對準明朝，因為當時後金與明朝的關係有所緩和。袁崇煥自甯遠大捷之後，已升為遼東巡撫。不發一兵救援的高弟沮喪下臺，取而代之的是王之臣（其後出任權力與經略差不多的督師）。袁崇煥在努爾哈赤去世的兩個月之後派出都司傅有爵及李喇嘛等三十四人前往瀋陽弔喪，同時順便恭祝皇太極即位。皇太極把握著這個來之不易的良機，多次提出和談的要求，列出了兩國和好的條件，這就是要明朝君臣自認是首先挑起這場戰爭的罪魁禍首，並賠償後金的損失。索賠的具體數目是十萬兩黃金、百萬兩白銀、百萬匹緞與千萬匹布。另外，明朝每年尚需贈予後金萬兩黃金、十萬兩白銀、十萬匹緞與三十萬匹布。而後金則相應贈予明朝十顆東珠、千張貂皮、千斤人參。後金不但拒絕把從遼東奪走的土地與人民還給明朝，而且提出了獅子大開口式的勒索，袁崇煥當然不會輕易答允，致使雙方信使多次往來難有結果。熱衷於和議的皇太極有鑑於此前的後金軍隊在寧遠城下鎩羽而歸，暫時無意對明軍的防線動粗。至於以遊牧為主的察哈爾等蒙古部落，由於經濟落後，油水不多，而且因為「逐水草而居」的緣故，不太方便捕捉，也不是八旗軍搶掠的最佳目標。最後，皇太極把目光投向了毗鄰而居的朝鮮。自從遼東爆發戰爭以來，朝鮮始終堅定地站在明朝的一邊，不但出兵參加薩爾滸之戰，而且容許毛文龍收集遼東難民在皮島、鐵山等邊境地帶建立抗金根據地，早已成為後金的眼中釘、肉中刺，現在最終成為了皇太極首選的打擊對象。

一六二七年（明天啟七年，後金天聰元年）正月初八，上臺不到半年的皇太極命令阿敏、濟爾哈朗（阿敏之弟）、阿濟格、杜度、嶽托、碩托等人率兵三萬討伐朝鮮。《舊滿洲檔譯注》記載尾隨在這支大軍後面的還有上萬名「覓食」之民。正如後金君臣事先所預料的那樣，朝鮮軍隊果然不堪一擊。八旗軍掃除了設置在朝鮮邊境之上的一些明軍軍事哨所之後，於十四日攻打朝鮮軍隊駐守的義州，並分兵直搗鐵山，將毛文龍驅逐至皮島，他們很快奪取了朝鮮境內的定州、郭山等地。皇太極及時增派一批蒙古兵進駐義州，讓阿敏得以抽調部分駐軍支援前線，從而一舉攻克了有兩萬敵軍守衛的安州，於二十六日抵達平壤城下。平壤城裡本有萬餘守軍，可主將不戰而逃，這使得八旗軍得以兵不血刃地佔領此地，接著，他們渡過大同江，於十七日駐軍於中和。史稱八旗軍「鐵騎長驅，一日可行八九息之程」，在不到半個月的時間裡實際已經控制了大半個朝鮮。朝鮮君臣好不容易徵召的三萬軍隊竟然在作戰中連戰連敗，而明朝的援軍也遲遲不見蹤影，在這種瀕臨絕境的情況下，逃到江華島的朝鮮國王李琮不得不屈服於後金的淫威之下，被迫和談。

本來按照皇太極事前的指示，只要朝鮮答應與後金議和定盟，八旗軍即可退兵。可是在退兵問題上後金的統帥們發生了爭議。嶽托認為必須按照皇太極的吩咐辦事，只要朝鮮國王願意進行「盟誓」，就「班師」，理由是留守國中的「御前禁軍甚少」，為了防範明朝與蒙古諸部乘虛而入，應當及早預備，況且軍中「俘獲甚多」，已經達到飽掠而歸的目的。可是阿敏卻另有想法，他說誰要回就自己回去，我一定要殺進朝鮮的首都王京（今韓國首爾），還揚言：「我常羨慕明朝皇帝與朝鮮國王所居的城郭宮殿，過去沒有機會見到，如今既然來到，為何不見一見就回去？」他執意要向王京進軍，然後再與朝鮮講和，如果到時朝鮮國王不從，就再安排部屬在當地屯田耕種，長住下去，並建議軍中諸將可將妻兒子女從國中接過來團聚。如果真按照阿敏的意見來辦，那麼後金就會分裂為兩部分，其所作所為實際上等於對皇太極的統治進行公開挑戰。可這種做法在當時不得人心，嶽托、濟爾哈朗、杜度紛紛表示反對。後來，八旗大臣參與了商議，結果七旗所議皆同，唯有阿敏所在的一旗固執己見。岳托、濟爾哈朗、阿濟格等人眼見議而不決，便乾脆自行派人與朝鮮國王定盟，然後再轉告阿敏。最後，岳托警告阿敏，揚言要獨自率領兩紅旗退兵，並預言一旦兩紅旗退走，兩黃旗、兩白旗也必將相繼而退。到那時，戰場上只剩下阿敏所轄的一旗，將會處於勢單力薄的處境，難有作為。事情鬧到這個地步，阿敏只得服從眾議，同意撤軍了。這次激烈的爭議生動地反映了努爾哈赤死後軍中權力渙散，諸貝勒經常各自為政的事實。這種情況如不改變，貽誤戰機是必然的事。從過去的經驗來看，只有大汗親征才能最有效地將軍權集中起來，努爾哈赤生前經常這樣做，而皇太極在上任後策劃的首次大規模對外征伐中，竟然沒有隨軍行動，已是失算。話又說回來，即使皇太極親臨前線，暫時也起不到乾坤獨斷、一言九鼎的作用。因為這位新君尚不具備努爾哈赤那樣的威望。

朝鮮戰局已經明朗化了。然而，儘管朝鮮國王表示願意每年納貢，承諾與後金建立「兄弟之盟」。可是後金沒有全部撤走朝鮮境內的部隊，仍讓義州駐軍留在原地，繼續監視朝鮮的動靜。阿敏臨走前還大掠三天，以填欲壑。

在後金入侵朝鮮的前後期間，明朝又發生了文武不和的事件，新的衝突在袁崇煥與滿桂之間發生。袁崇煥認為滿桂脾氣不好，意氣驕矜，經常謾罵僚屬，更加難以容忍的是，這位武夫對自己作出的決策有時既不能理解，又不能執行，令部屬無所適從，因而乞請朝廷將其調走，轉由趙率教盡統關內外之兵。大部分朝廷官員在這次文武相爭中都站在了文官袁崇煥一邊，只有督師王之臣不以為然，聲稱「千金易得，一將難求」，反對將滿桂調離前線。他提出了一個折衷方案，即讓滿桂到山海關任職，以避開寧遠這個是非之地。可袁崇煥仍不滿意，竟然為此請辭，揚言要回家養病。王之臣隨之也以不能和袁崇煥共事為由申請引退。朝廷不希望熊廷弼與王化貞的悲劇重演，慌忙進行調解，想盡辦法挽留兩人，最後作出規定，王之臣只負責關內之事，而關外的戰守事宜全部由袁崇煥負責。同時，將滿桂調到山海關，並讓趙率教移鎮寧遠，此事就算了結。不久，朝廷又對前線的指揮機構進行了調整，這時適逢兵部尚書馮嘉會去世，王之臣奉命赴京接任，而其在前線遺留的職位暫不設立。就這樣，朝廷將關內外所有的事全部交給袁崇煥與鎮守太監劉應坤、紀用等人負責，許其便宜從事。劉應坤與紀用都是魏忠賢的黨羽，他們能夠插手軍事與明熹宗對前線的文武官員不太信任有關，由於屢次發生文武不和以及欺瞞朝廷之類的事，熹宗早在一六二七年（明天啟七年，後金天聰元年）三月開始決定讓身邊的太監到前線「參與軍務」，起到監軍的作用，有事隨時向自己密報。

捲入政治紛爭的袁崇煥從來沒有停止對「戰守」的思考，他在實戰中深刻體會到「兵不利野戰，只有憑堅城、用大炮一策」，鑒於「南兵（指江南士兵）脆弱、西兵（指從秦、晉等地調來的士兵）善逃」，他認為應該用「遼人守遼土」的辦法，招募本地人採取「且守且戰，且築且屯」的方式徐徐恢復失地。他曾經與劉應坤、趙率教等人一起巡視錦州，大、小淩河等地，盤算著如何在遼東大規模屯田，意圖逐漸恢復高第放棄的地方。他知道，寧遠等關外四城雖然延袤二百里，但「北負山，南阻海」，寬度僅為四十里而已。如今已屯兵六萬，再加上數十萬商民，可謂「地隘人稠」，糧食難以充分供應。如果能得到錦州、中左所、大淩河三城，督促移民進行屯田、耕種，可使戰線延伸到山海關之外四百里，造成更加有利的態勢。當後金派軍渡過鴨綠江南征之後，袁崇煥乘機派出軍人爭分奪秒地修築錦州、中左所與大淩河三座城池，企求進一步鞏固寧錦防線。同時讓趙率教等將領率部分水陸軍隊逼近三岔河，以圖對後金造成牽制。不久傳來朝鮮戰事暫告一段落的消息，明軍乃還。

皇太極從朝鮮撤軍後，仍企圖繼續與明朝和談，他在寫給袁崇煥的信中作了一些讓步，表示在政治上願意屈居於明帝之下，大幅度削減向明朝索取的錢財數目。可是，當他獲得明軍在錦州、大淩河等地搶修城池的消息之後，非常震怒，心知和談不易實行，遂決定動武，想搶在修城的明軍完工之前，出兵一舉將其蕩平。後金一反往年秋冬出兵的習慣，於五月六日出動五六萬人征明。這次，皇太極要親自出馬了。

明軍對此有所準備，王之臣在此前已同意劉應坤的建議，以杜文煥守寧遠（遠在寧夏的杜文煥未能及時趕到寧遠，錯過了這一戰）、尤世祿守錦州、侯世祿守前屯、副將左輔加總兵之銜守大淩河，由鎮駐山海關的滿桂節制上述四鎮及燕河、建昌四路。滿桂雖然獲得朝廷所賜的尚方寶劍，成為武將之中權力最大的人，但他仍須聽命於巡撫與鎮守太監。到了臨戰之前，明軍又重新調整了部署，滿桂移駐前屯、孫祖壽移駐山海關、黑雲龍移駐一片石、而移鎮錦州主持築城工作的趙率教要與左輔、朱梅等將領一起堅守駐地。文官仍舊統籌全域，遼東巡撫袁崇煥進駐寧遠，負起「居中調度、戰守兼籌」的責任。因結交魏忠賢而得以東山再起的閻鳴泰現在已升任薊遼總督，移駐山海關，作為後備。鎮守太監的作用不容忽視，紀用與劉應坤分別在錦州、寧遠兩地，監督著關內外的十二萬明軍。

關內明軍有四萬人，而關外有八萬人。在關外的八萬人當中，又以六萬人分守山海關與寧遠之間的中右、中後、前屯四城（含寧遠，其中甯遠守軍為三萬五千人）。儘管關外明軍的總數不少，但由於採取處處設防之策，因而無論哪一處的兵力都比不上來犯的八旗軍。為了穩妥起見，明朝又從昌平、天津、保定、宣府、大同調來援軍三萬餘人，集結於山海關，以確保這個咽喉要地。

八旗軍取道廣寧而進，派出精銳部隊為前哨，偵察明軍虛實。主力分為三隊，以德格類、濟爾哈朗、阿濟格、嶽托、薩哈廉、豪格率領的護軍精銳為前隊；皇太極、代善、阿敏、莽古爾泰、碩托等統大軍居中；而負責攻城的諸將則率領綿甲軍與廝卒等隨軍人士，攜帶著雲梯、挨牌之類的軍械為後隊。在行軍途中，皇太極審訊了俘獲的明軍哨卒，得知右屯衛僅有守軍百餘人，而小淩河與大淩河兩城雖有兵駐防，但城牆尚未修好，只有錦州城已經修築完畢，裡面屯駐著明軍大隊兵力。為此，他決定先驅逐大淩河一帶的明軍，因而親率兩黃旗、兩白旗直取大淩河與小淩河城，迫使對方棄地而逃，不久，代善、阿敏、

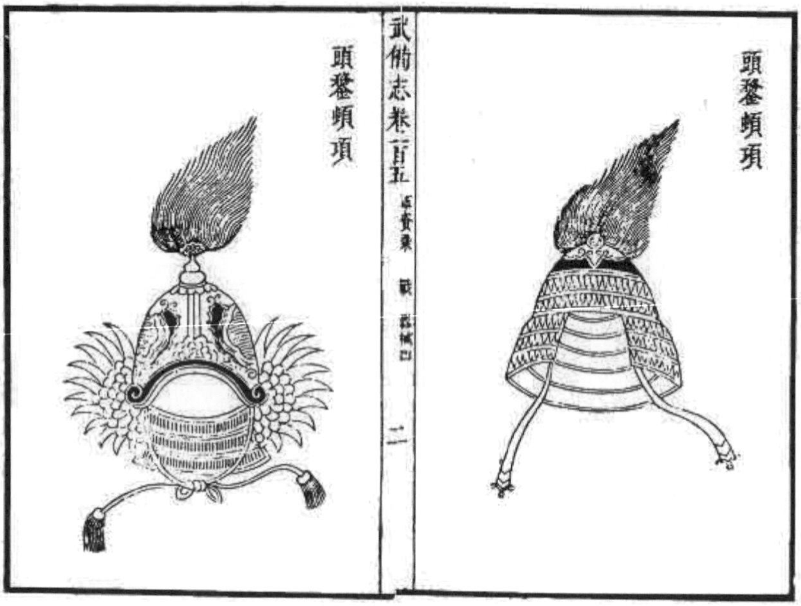

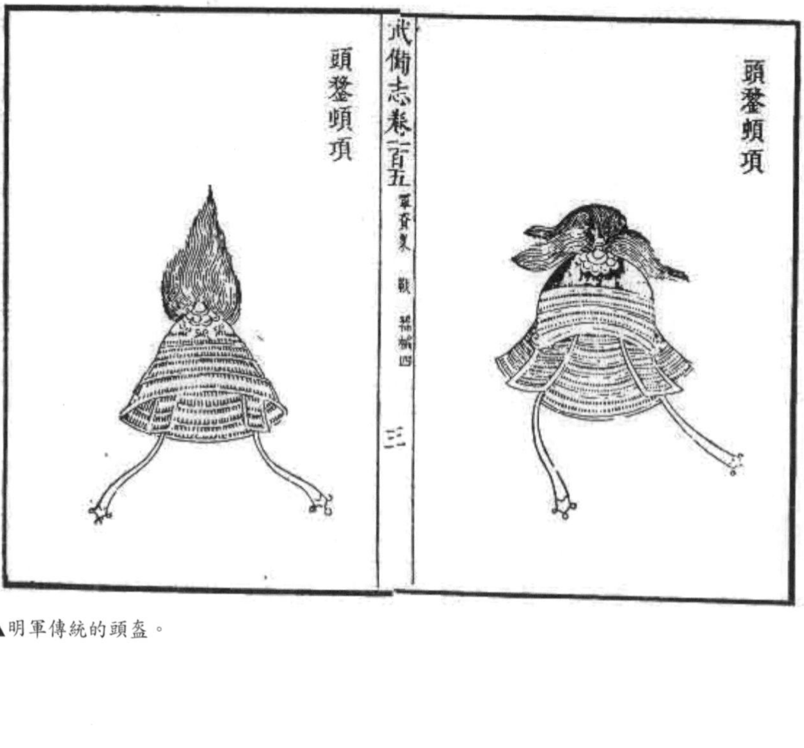

▲明軍傳統的頭盔。

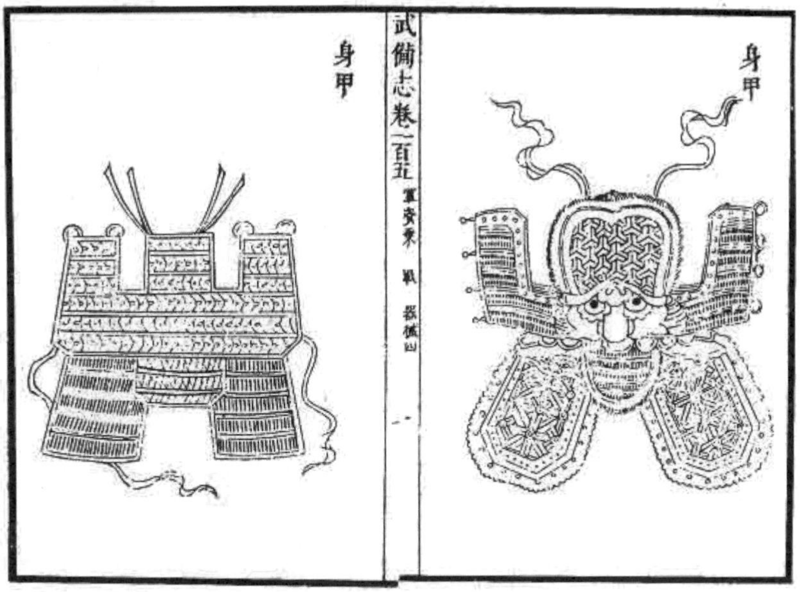

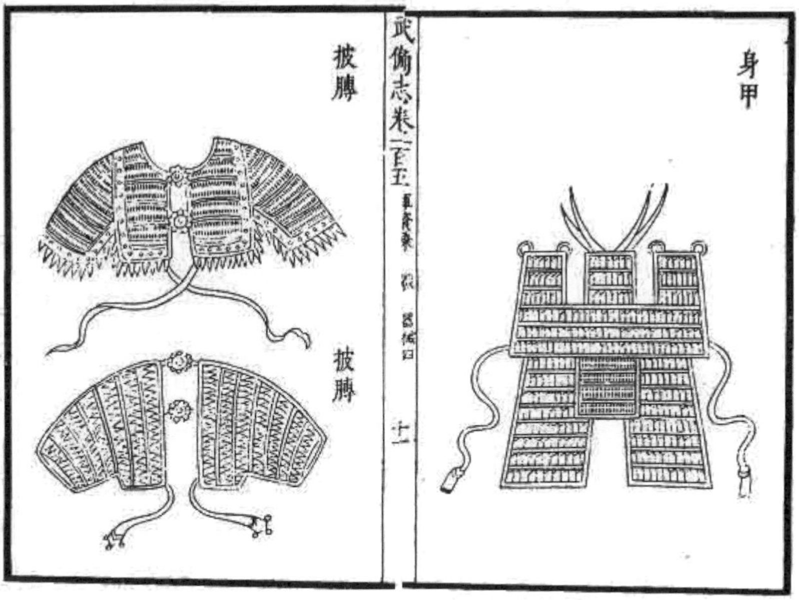

▲明軍傳統的身甲。

碩托率正紅旗、鑲紅旗、鑲藍旗到達了錦州，開始圍城。其後，帶著正藍旗兵掃蕩了右屯衛的莽古爾泰亦來到了錦州，距城一里駐紮。

守衛錦州的紀用與趙率教採取緩兵之計，讓人縋城而下與皇太極談判，企圖拖延時間。皇太極要求趙率教等人投降，在沒有得到答覆的情況下於次日（五月十二日）下令攻城。清方史料對攻打錦州的記載非常簡略，只是稱八旗軍開始進攻後差點兒打下了城的「西隅」，但明軍從城的東、南、北三面抽調援軍，齊發「火炮矢石」，致使八旗軍攻而不克，不得不退兵五里之外駐營。有趣的是，《滿文老檔》與《清太宗實錄》等書在記敘八旗軍的攻城兵器時，只是提到梯、盾，完全沒有提到楯車（雖然明朝方面的史料提到後金在攻打錦州時使用過「車」，例如《山中見聞錄》稱後金「分二軍升車梯」，配合「步騎輪番進攻」，但是，書中的「車梯」有可能是指「雲梯」這種帶有車輪的攻城器械，不一定是指楯車）。總之，過去在攻城略池中出盡風頭的楯車自從甯遠一戰受挫後，在八旗軍中的地位似乎大不如前。

這一戰，從早晨打到晚上，趙率教與左輔、朱梅等人「擐甲登陴」，親自指揮戰鬥，使得來犯之敵「積屍橫地」，保住了城池。後金退兵之後，照例將戰死者的屍體帶走。史載，他們「曳屍窯中，伐木焚之」，環境悲涼、氣氛肅穆。但皇太極仍不願停手，他派兵扼住錦州西南大道，以阻攔明軍援兵，同時遣官回瀋陽搬兵，並下命每牛錄再出三把鐵椎、三把斧頭、三個钁子、一個鐵　，為下一輪攻城做準備。此外，他又讓遊騎繞城而行，進行伺視，偵察敵情，以防萬一。

明軍的戰略是「堅壁清野，以逸待勞」，事先早已將河西的糧食搬運入錦州，目的是要讓對手「千里而來，野無所掠」，以起到「以飽待饑」的效果。由此可知，只有速戰速決才對遠道而來的八旗軍最為有利，可要辦到談何容易！不能迅速攻城的皇太極只想誘敵出城野戰，他乘雙方重新進行和談之機，寫信向紀用等人約戰，說：「今與爾約，爾出千人，我出十人敵之，我等立而觀戰。」聲言要透過比武的方式來定勝負。可惜的是，儘管他絞盡腦汁想騙明軍出城，但對方始終沒有中計。此後，八旗軍幾次攻城，均未能得手，致使戰事繼續拖延下去。

錦州已陷入重重包圍之中，援軍遲遲沒有來到。袁崇煥認為寧遠、中右、中後、前屯四城為山海關的藩籬，「若寧遠不固，則山海必震，以天下安危所系，故不敢撤四城守卒而遠救，只發奇兵逼之」。也就是說，明軍不會出動主力解錦州之圍，以免被後金「圍點打援」，但會派出部分軍隊作為「奇兵」騷擾敵人。果然，從山海關駐防部隊中挑選出來的一萬精兵，意圖會合寧遠等關外的部分駐軍，由滿桂、尤世祿、祖大壽等將領率領，向錦州方向開進。這股湊合而成的明軍援兵於五月十六日在笊籬山與對手不期而遇。此前，八旗軍的一路偏師已在莽古爾泰、濟爾哈朗、阿濟格、嶽托、薩哈連、豪格等人的帶領下到塔山附近搜括糧食，正巧擋住了從寧遠通往錦州的去路。而皇太極早已對明軍派遣的援兵有所防範，他為了萬無一失，又讓蒙古額附蘇納挑選八旗蒙古精兵，飛速前去攔截塔山西路，終於在笊籬山與明軍狹路相逢。然而，大規模的戰鬥並沒有發生，因為滿桂不想硬闖過去，他登山遠望，看見敵騎大至，立即帶兵徐徐引退。八旗軍中的蒙古兵在蘇納的帶領下分作兩路追擊，試圖圍攻明軍。「滿桂、尤世祿奮勇而前，內外夾攻」硬是殺出了一條血路。明軍將士在突圍時射傷多名敵人，可倉促之間不能割其首級帶回去領賞，只是「且戰且走」，取道柘浦返回了寧遠。追之不及的八旗軍亦退回了塔山。此戰，《明實錄》記載「損傷官兵一百二十餘名，馬一百八十餘匹」。

甯錦之戰（西元 1627 年 5~6 月） 比例尺 五十萬分之一

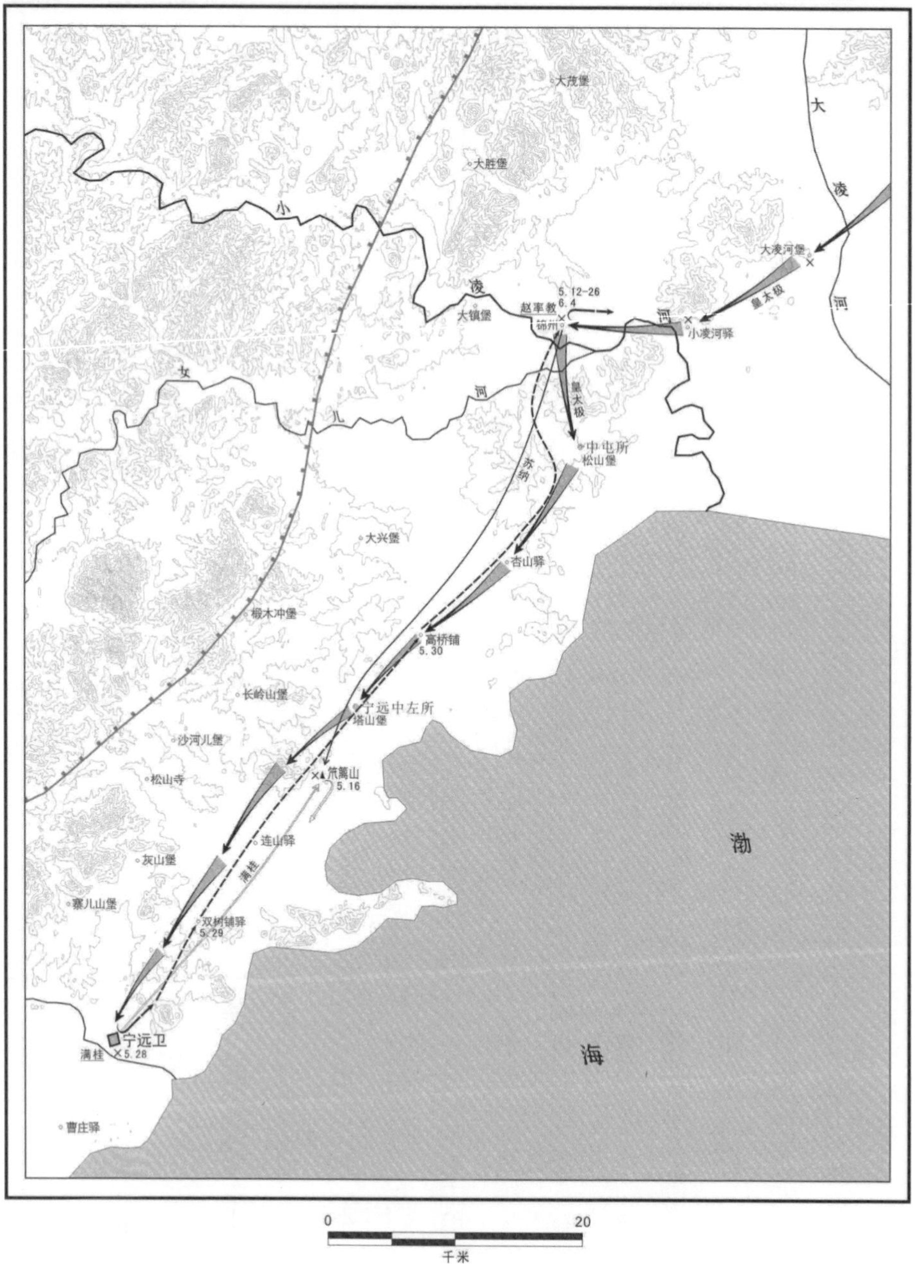

▲甯錦之戰作戰經過圖。

明軍時不時派出小股部隊乘夜偷襲後金軍營，又企圖從海路支援錦州，並聯絡遊牧在遼河河套的蒙古人，威脅後金的側後方。皇太極不勝其煩，決定東進直搗敵人的心腹地區，他停止了對錦州的十四天圍攻，僅留下部分人馬監視此地，自己親率主力會同從瀋陽到來的援兵，在二十七日這天早上向寧遠與山海關方向撲了過來。次日，這支軍隊兵分九路，從灰山、窟窿山、首山、連山等地數道並進，直逼寧遠，聚結於城外的山岡上。當時，還有為數不少的明軍散處於城外，幸好滿桂及時將所有的士卒集中起來，有條不紊地退回城下，以壕溝為障礙，排列戰車，整理火器，列營備戰。城內守軍也在袁崇煥、劉應坤與副使畢自肅的督促下紛紛登城，嚴陣以待。

值得注意的是，明軍放棄了甯遠大捷時行之有效的戰法，不再將所有的軍隊集中於城內固守，而是派出部分人馬在城外佈陣，準備野戰，這種打法與瀋陽、遼陽保衛戰非常相似。難道是明軍統帥部的將領「好了傷疤忘了疼」？那麼沈、遼慘敗的一幕會不會重演呢？

令人意外的是，八旗軍卻不敢像攻打遼陽、瀋陽那樣一往無前地殺過來，領兵諸將瞻前顧後，顯得顧慮重重。皇太極在開戰之前經過細心的觀察，發現大批明軍列陣於寧遠城東之外，其陣地靠近城垣「難以盡力縱擊」，遂沒有馬上進軍，而是命令全軍稍退，企圖引誘明軍追擊，希望在敵人失去城垣掩護的時候，再予以反擊。可是，明軍沒有中計，仍舊按兵不動。在這種情況下，究竟應該採取什麼樣的打法？後金指揮層內爆發了爭論，代善、阿敏、莽古爾泰等三大貝勒極力反對進攻，但皇太極卻強烈主戰，公開支持皇太極的有他的兒子阿濟格等人。一時爭論紛紛，議而不決。皇太極非常惱怒，說道：「昔皇考太祖（指努爾哈赤）攻寧遠不克，今我攻錦州又未克。」如果現在連出城的明軍「野戰之兵」亦不能取勝，

「何以張我國威？」他不管眾人的反對，下令自己的親信將領與侍衛親軍披堅執銳，立即衝鋒與對手在野外決一雌雄，阿濟格所部隨之也「疾馳進擊」。這部分八旗軍以「精騎在前、駑騎在後」，一路向寧遠殺去，將城外的明軍騎兵視為首先攻打的目標。反對進攻的代善等人迫於無奈，不得不各自帶著部屬跟進。

滿桂、尤世祿、孫祖壽、楊國臣、許定國、尤世威、祖大壽諸將在城外迎戰，發射紅夷大炮、滅虜炮等火器與弓箭，殺敵甚眾。不久，雙方在城下展開了短兵相接，呼聲震地。城上的守軍不停地施放紅夷大炮與發貢炮，響如雷鳴，斃敵無數，甚至轟擊了後金位於「東山坡大營的毳帳」，焚毀了皇太極的「白龍旗」。戰鬥從早上持續到中午，八旗軍始終未能擊潰明軍，最後退了回去。他們用戰馬將戰死者的屍體運到雙樹堡，用火焚燒。明軍擔心有埋伏，沒有追擊。

事後，雙方都宣告獲勝。《三朝遼事實錄》記載了劉應坤的一份報告，聲稱斃傷敵軍數千。不少民間野史也記錄了後金的傷亡，但很多來自道聽塗說，不能盡信。例如《山中聞見錄》聲稱此役打死皇太極兩個兒子，四個固山額真與三十個牛錄額真等等，顯得過於誇大。不容諱言的是，明軍自身也有一定的損失，主將滿桂在廝殺中數次遇險，身中數箭，幸虧他頭上的兜鍪與身上的鎧甲比較精良，起到了很好的掩護作用，才得以安然無恙。他跨下的戰馬就沒這麼幸運了，這匹畜牲因受箭傷而倒於地下，致使滿桂不得不換馬再戰。無獨有偶，尤世祿的戰馬也未能倖免。這兩位明軍主將的遭遇說明了八旗軍仍然沿用著努爾哈赤定下來的「先打主將」的老戰術。後金方面的史料對自己的具體傷亡數字避而不談，只是一味地吹牛皮，稱「明軍大敗，委棄甲仗，士卒死傷者無算」，盡殲敵人後「我軍乃還」。上述言論完全不顧明軍的野戰部隊在戰後仍列營於城外，屹立不倒的事實。但《滿文老檔》與《清太宗實錄》承認八旗軍也付出了代價，濟爾哈朗、薩哈廉、瓦克達等將領俱受傷。

自從遼東爆發戰爭以來，八旗軍主力首次在野戰中不能擊敗明軍，主要的原因有如下兩點，第一，皇太極缺乏努爾哈赤那樣的威望，不能如臂指掌地指揮所有的人，在戰前於寧遠城外發生的爭論說明了這一點，由於意見分歧，誰也說服不了誰，致使皇太極只能帶著部分忠於自己的部屬發起進攻，而反對進攻的代善等人迫於無奈才隨後跟進，這樣一來，全軍的部署就欠缺周詳的計劃，處於各自為戰的混亂狀態，受挫是合乎情理的事。第二，八旗軍沒有像過去那樣特別倚重楯車，導致步騎協同的威力大打折扣（不要忘記，他們過去常靠此招取勝）。例如在遼陽東門城外與明軍野戰時，八旗軍排在陣地最前面的就是「可避銃炮」的楯車，這些慢慢向前推進的楯車既能掩護後面的弓箭手與負責運載泥土填平溝塹的步兵，又能掩護重裝騎兵。當列陣雙方的距離越來越近，一旦明軍發射火器完畢，尚未來得及重新裝填彈藥時，八旗軍的重裝騎兵就突然從楯車後面殺出來，儘量在最短的時間內進行衝刺，奪取勝利。可惜的是，自從明軍裝備威力強大的紅夷大炮之後，就能夠摧枯拉朽地擊毀楯車了，迫使八旗軍在沒有得到楯車的有效掩護下進行衝鋒，既加大了傷亡，又減弱了衝擊力。反觀明軍，雖然具體戰術沒有獲得多大的改進，依舊採取背靠城池的打法，可是卻能夠破紀錄地堅持到最後一刻，這在很大程度上是得益於遠勝於前的裝備。他們除了擁有紅夷大炮這種戰鬥力空前的火器之外，又增強了自身的防禦能力，比如滿桂能夠在身中數箭的情況下得以生存，與他身上披掛的精良盔甲有關，而在過去的戰事中，粗製濫造的盔甲已讓太多的明軍將士死於對手的利箭之下。總之，明軍步騎兵因有賴於袁崇煥等人對軍隊的整頓而使戰鬥力得到一定的提高，故有信心敢於與對手在野外硬拼。怪不得袁崇煥事後得意洋洋地評論道：「十年來，盡天下之兵未嘗敢與奴戰，合馬交鋒，今始一刀一槍拼命，不知有夷之兇狠、剽悍。」

八旗軍在寧遠城外碰了個大釘子，打得比第一次甯遠之戰還要難看，甚至連直接攻城的機會也沒有，處於進退維谷的狀態。而在寧遠激戰的同一天，錦州明軍在二百里外進行了一次漂亮的配合，趙率教、左輔與朱梅親自帶人突然殺出城外，攻擊了留守的八旗軍軍營，打死了遊擊覺羅拜三（屬貝勒宗族）、備禦巴希等人，然後撤回城裡。這次戰鬥足以讓皇太極感到後方不穩，他只能從寧遠返回，於三十日重新圍困錦州。新一輪的攻防戰於六月初四早上打響，此前，守將拒絕了皇太極的招降。因為戰前一晚後金軍營裡「燈火不絕」，所以讓明軍有所警覺，提前做好準備。當八旗軍主力出動梯、盾等物，並在火炮的協助下攻打城南時，遭到城上紅夷大炮與弓箭的激烈反擊。城牆周圍又成了絞肉機，佈滿了輪番出戰的八旗軍的屍體，身著黃衣在後督戰的皇太極有感於「戰壕深闊，難以驟拔」，再加上「時值溽暑，天氣炎蒸」，便在傍晚停止了進攻，據說在撤退中拋棄了數千「挨牌車梯」。趙率教派遣壯士縋城而下，將這些攻城器械一把火燒了個精光。

第二次錦州保衛戰勝利結束，趙率教在給朝廷的疏報中認為後金的傷亡「不下二三千」。《滿文老檔》也承認八旗軍再攻錦州時「士卒陣亡甚眾」，有人聽見當晚後金營中哭聲不絕。萬般無奈的皇太極於次日五更取道小淩河與大淩河東歸，他所過之處，凡是看見明軍修築的城牆，都讓人一一拆毀，以此來掩飾自己的挫敗。

這場持續近一個月的戰事終於畫上了句號。明朝把錦州、甯遠保衛戰的三次勝利，統稱為「甯錦大捷」，並對此論功行賞，進行慶賀。

後金自努爾哈赤死後的第一次對明作戰，竟打成了這個熊樣，當然與上層統治者的不當指揮脫離不了關係，就連明人也已經看出，後金一反常態，冒著溽暑行軍，已犯兵家之忌。皇太極不可能不清楚這一點，可他不想對明軍的築城行為放任不管，在準備不充分的情況下抱著僥倖的心理出兵了。不料，當他指揮八旗軍圍攻錦州時，部隊的側面就遭到寧遠與山海關守軍的騷擾，他繞過錦州圍攻甯遠時，後方就遭到錦州守軍的騷擾，結果在明軍的「寧錦防線」之前四處碰壁，搞得焦頭爛額。再加上明軍實施「堅壁清野」之策，令「千里而來」的八旗軍「野無所掠」，最後只能狼狽而歸。透過這一戰可以看出，八旗軍不但在明軍的堅城巨炮之前仍然策手無策，而且其戰略戰術的總體水準與努爾哈赤在位時相比有所下降。此情此景，足以讓那些「女真滿萬不可敵」之類的神話暫時在人間絕跡。因此，如何想辦法提高八旗軍的總體作戰水準，走出困局，就成了皇太極的當務之急，而一系列激烈變化的周邊形勢給他提供了契機。

「甯錦大捷」之後，遼東明軍的指揮層又發生了變動，居功至偉的袁崇煥竟然被朝廷的閹黨指責為「暮氣太重」，有負國家所托，原因是他在甯錦之戰中只顧保衛寧遠，沒有出盡全力援助錦州。此外，還有禦史彈劾他與皇太極議和的行為沒有用處，只會讓後金的氣焰更加囂張，結果是戰火蔓延到了朝鮮，而寧錦地區亦不能倖免。受到排擠的袁崇煥被迫於七月一日以回籍養病為名辭了官。袁崇煥走後，立即有人質疑「寧錦防線」的合理性，薊遼總督閻鳴泰、尤世祿、侯世祿等人認為錦州、塔山等地地處偏僻，難以防守，不必要為這些「區區彈丸」之地而「撓動乾坤半壁」，應當將軍隊撤回來，佈置在其他更需要的地方。反對者則認為要想恢復全遼，錦州等地必不可輕棄，當初錦州城池沒有全部修好，尚且能挫敗來犯之敵，如今更應樹立堅守的決心。最後，明熹宗一錘定音地指出山海關在守衛上要倚靠甯遠、寧遠要倚靠塔山與錦州，「皆層層外護，多設藩籬以壯金湯」，總算是平息了這場爭論。

一六二七年（明天啟七年，後金天聰元年）八月，年僅二十四歲的明熹宗突然去世，由於沒有子嗣，帝位由他的叔伯兄弟朱由儉繼承，史稱明思宗。次年，年號改為「崇禎」。明思宗上臺後勵精圖治，對把持朝政的閹黨進行清算。魏忠賢的下場是畏罪自殺，其黨羽如有不法的行為，亦紛紛被治以應得之罪。朝政為之氣象一新。遭到閹党排斥的袁崇煥得到了重新起用的機會，於一六二八年（明崇禎元年，後金天聰二年）四月被任命為兵部尚書兼右副都禦史，督師薊遼兼督登萊、天津。袁崇煥進京之後就對著明思宗自誇能「五年複遼」，但需要戶部按時發軍餉、工部照額給器械，吏部提供優秀的人才，兵部積極調兵遣將予以配合，才能見效。至於戰守策略，仍舊採用「以遼人守遼土，以遼土養遼人，守為正著，戰為奇著，和為旁著」的老辦法，與敵人周旋。經過懇談，他取得了明思宗的信任與支持。

▲明熹宗之像。

此前，在遼東前線主持大局的是王之臣，他暫代督師之職兼任遼東巡撫，成為關內外職力最大的文官，他一如既往地對滿桂推崇備至，讓這員武將重鎮寧遠。此時，蒙古一些部落因內訌以及饑荒等原因而流離失所，很多牧民被王之臣與滿桂收置於麾下。這種做法遭到明思宗的批評，警告他倆不要重蹈袁應泰與王化貞的故轍，因過分信任外夷導致誤事。袁崇煥出山后，王之臣便拱手交出薊遼督師的職位，再次讓賢。與袁崇煥有心結的滿桂亦隨之被朝廷召回關內，不久調往大同，任總兵之職。明思宗還煞費苦心地在軍中樹立袁崇煥的威望，他應大學士劉鴻訓等人所請，收回王之臣、滿桂的尚方寶劍，而轉賜袁崇煥，讓其便宜行事。

誰知，袁崇煥尚未到出關履任，甯遠守軍竟因缺餉而一度發生兵變，事情雖然得到解決，可剛任巡撫不久的畢自肅因心中有愧，自殺身亡。袁崇煥於八月到達前線，著手處理好兵變的善後工作，他乘機對明軍重複累贅的指揮機構進行改革，利用畢自肅已死的機會，請求朝廷停派巡撫，以圖集中事權。不久，登萊巡撫孫國楨離職，他出於同樣的原因請求朝廷暫且罷設此職。明思宗一一答應。此前，關外的總兵常常有四五人之多，由於政出多頭、事多掣肘。後來設定為兩人，以朱梅鎮守甯遠，祖大壽仍駐錦州（注：朱梅與祖大壽都是遼東人，這符合袁崇煥的「以遼人守遼土」之策）。不久，朱梅解任，袁崇煥徵得朝廷的同意，把寧遠、錦州合為一鎮，只設置一員總兵，這員總兵當然繼續由駐於錦州的祖大壽來做，至於寧遠，則由中軍副將何可綱（剛剛加銜為都督僉事）代替朱梅駐守，而他的老朋友趙率教則在山海關坐鎮。這樣一來，關內關外的總兵只有兩員了，指揮機構簡化之後，決策的效率相應得到提高。然而，袁崇煥在處理皮島總兵毛文龍的問題上捅了大婁子，以致在未來的日子裡身陷囹圄時成了罪狀之一。

位於中國與朝鮮半島之間的皮島是毛文龍的大本營。這時他因在敵後牽制後金有功，升為了總兵，並累加官銜至左都督，掛將軍印，獲賜尚方寶劍。他前後招納了「數十萬口」的難民、從中擇取壯丁，訓練水陸部隊，陸續在遼東沿海地區控制了不少戰略據點與島嶼，建起了一條新的防線，統稱為「東江鎮」，並與山東半島的登萊等地互通聲息，互為犄角。平心而論，毛文龍還是出過一分力氣進行抗金的，他不但騷擾遼東半島沿海地區，而且還時不時地深入內陸搞破壞，甚至派人跨越長白山，到後金國的發跡地去打游擊，儘管這些戰鬥的規模有限，可是由於神出鬼沒，讓後金統治者傷透了腦筋，不得不從有限的兵力中抽出一部分人員，派到沿海地區駐防。遺憾的是，毛文龍長期居於海外，脫離中央政府的監管，逐漸變得恣意妄為，屢範法規，竟為自己招來了殺身之禍。

朝中有不少人看不過眼，想取毛文龍的命了。特別是東林黨人，更視這個曾經投靠魏忠賢的武夫為「閹黨」一份子，必欲除之而後快。大學士錢錫龍是東林黨的骨幹，他在袁崇煥剛出山不久便暗中與之聯絡，商議怎麼才能除掉桀驁不馴的毛文龍。而袁崇煥也是本著「可用，則用之；不可用，則去之」的思想與毛文龍打交道，他上任後採取過一些措施限制毛文龍的權力，因遭到對方的抵制，遂起了殺心。

袁崇煥認為毛文龍的不法之事甚多，其中影響惡劣者有拒絕接受文官的監督；濫殺投降之人與難民冒功；私吞軍費；擅自與外番進行經濟往來，販賣違禁品，破壞朝廷的經濟封鎖之策；暗中指使部屬剽掠商船，與盜賊無異；強取民間子女，騷擾百姓；驅使難民冒著生命危險在遼東挖掘人參；還有妄言欺君、掩敗為勝等等，共有十二條罪名。在這些罪名之中，有的屬實，有的值得商榷。但袁崇煥管不了那麼多，他在一六二九年（明崇禎二年，後金天聰三年）六月五日以閱兵為名邀請毛文龍到雙島會面，當面數落其罪行之後，馬上處決。按照明朝的制度，擁有尚方寶劍的袁崇煥只能斬殺副將以下的武官，而無權處理總兵級別的封疆大臣。他未經朝廷允許就匆忙處死了毛文龍這位皮島總兵，顯然屬於越權。當明思宗驟然得知這一變動時，極為震駭，因為那時還要倚靠袁崇煥，所以不得不予以支持，但內心已對這位遼東的最高統帥產生了懷疑。袁崇煥殺了毛文龍之後，取消了皮島總兵之職，並核實東江鎮的兵員數目為二萬八千人，將之分為四協，分別由副將陳繼盛、毛承祚、中軍徐敷奏、遊擊劉興治這四人統領，以陳繼盛為首（不久又將四協合併為東西兩協，由陳繼盛與劉興治統領）。可見，袁崇煥對東江鎮的整頓與他在整個遼東防線推行的精簡指揮機構的行動是一致的。前線地區經過一系列大刀闊斧的改革，使袁崇煥在遼東的歷任統帥之中，掌握的實權幾乎是最大的，比起楊鎬、熊廷弼、袁應泰、孫承宗、高弟等人要大得多，只有一度兼任督師與巡撫之職的王之臣差可比肩。這樣一來，他制定的政策受到阻撓的可能性大大減少了。

《明史》在敘述了袁崇煥誅殺毛文龍的史實後，接著有如下記載：「文龍既死，甫逾三月，我大清兵（指後金軍）數十萬分道入龍井關、大安口。」從而容易給讀者留下這樣的印象，即是因為毛文龍的死去，才使皇太極在側後方的威脅得到減輕的情況下，膽敢放手一搏，揮師繞道入關。實際上，早在毛文龍未死之前，皇太極已經醞釀著繞開寧錦防線，由間道入關了。原因是那時韃靼左翼發生了對後金極為有利的劇變，這就是林丹汗為了避開後金的威脅，竟然醞釀著要遷離遼河河套，遠赴他方，正所謂「牽一髮而動全身」，此舉必將使整個關外的形勢為之一變。

林丹汗之所以想要遷離遼河河套，是受到遼東戰局的影響所致，這一切的來龍去脈，需要從頭細說。自從廣寧失陷之後，韃靼左翼與明朝被迫終止了在該地的互市，使林丹汗在經濟上損失慘重。正如明臣王在晉在《三朝遼事實錄》所言：「我方失去廣寧，不過是少了一些沿邊之地而已，而北虜（指韃靼左翼）失去廣寧這個貿易地點，則少了穿衣、吃食等活命的來源。」儘管明朝仍然需要林丹汗抗衡後金，並每年贈送十萬兩銀子作為經費。可局勢的混亂令林丹汗產生了離開遼東這個是非之地的念頭。

後金統治者自始至終力圖分化蒙古諸部，不斷用和親等各種手段拉攏科爾沁部落的封建主（在關外遊牧的科爾沁部由成吉思汗親弟哈撒兒的後裔統治，不屬於韃靼左翼，長期以來受到察哈爾與內喀爾喀的排擠，失去與明朝直接貿易的機會，只能與女真通好，因此順水推舟地歸附了後金），並與之一起建立反對林丹汗的聯盟。後金出於鞏固地盤以及擴張的需要，對內喀爾喀諸部又打又拉，時常會出兵騷擾，林丹汗作為左翼名義上的大汗，對後金的侵犯行動沒有作出反應，而是袖手旁觀，這種做法無疑削弱了其在左翼的影響力。值得一提的是，後金於一六二六年（明天啟六年，後金天命十一年）首次進攻寧遠失利之後，內喀爾喀一些封建主利慾薰心，竟想乘人之危，出兵搶掠後金汛地。不過，這時後金的國勢未有衰退的跡象，當然不能容忍蒙古人狗盜鼠竊的行為。努爾哈赤以此為藉口，向左翼大舉進攻，先後在遼河河套、西拉木倫河一帶打擊了處於林丹汗與後金之間的內喀爾喀及察哈爾的某些部落，擄去人畜五萬多。在這生死存亡之際，林丹汗不但沒有支援在後金進攻之下損失慘重的內喀爾喀等部落，反而幸災樂禍，認為這是清除那些自行其是的封建主的好機會，他一貫主張的「先處裡，後處外（也就是『攘外必先安內』的意思）」，打算吞併所有內部的割據勢力，再與外患後金攤牌。為此，他迅速興兵，以破竹之勢兼併了逃到西拉木倫河的內喀爾喀殘部。內喀爾喀首領炒花死亡，宰賽在戰亂中下落不明。戰後，林丹汗採取了大刀闊斧的手段對左翼諸部的領導層進行調整。儘管他與左翼的大小封建主同屬成吉思汗的後裔，血脈相連，但是卻處心積慮地想趕這些宗族下臺，再讓忠於自己的異姓寵臣取而代之，以此來消除韃靼左翼內部的封建割據，加強中央集權。這在普遍由成吉思汗後裔擔任領主的左翼諸部中引起了極大的恐慌。例如《清太宗實錄》記載林丹汗統治內喀爾喀五部時，「以異姓之臣為『達魯花』（監視地方官衙及軍隊的官員），居『貝勒』（貝勒在滿語中是貴族的稱號，這裡指身為成吉思汗後裔的左翼封建主）之上」，使得昔日的蒙古貴族淪為命如螻蟻的小民，喪魂落魄者甚至連奴婢也不如。林丹汗為統一蒙古本部實施了「削藩」的過火政策，可惜，欲速則不達，反而激化了矛盾，促使左翼加快瓦解。很多內喀爾喀封建主為了自保，轉而投降了後金，在後金的庇護之下苟延殘喘。就這樣，在內外交困中全面崩潰的內喀爾喀諸部基本上被林丹汗與後金瓜分。同時，察哈爾內部很多封建主也兔死狐悲，責怪林丹汗「蔑棄兄弟，敗壞倫理」，這些人害怕失去權位，紛紛背叛離去。漸漸地，林丹汗與後金之間的緩衝區盡失，他已經直接暴露在虎視眈眈的後金之前。

努爾哈赤死後，繼位的皇太極繼續與明朝開戰，戰火波及錦州，寧遠。後金的行為嚴重威脅了林丹汗與明朝在寧遠等地新設立的市口，明蒙在遼東的貿易處於朝不保夕的狀態。面對嚴峻的政治及經濟形勢，未能完全統一左翼的林丹汗不想與咄咄逼人的後金硬拼，而是盤算著避實擊虛——離開哀鴻遍野的遼河河套，重返宣府、大同以北的故地，用武力統一那裡的韃靼右翼。然後，再將市口從寧遠轉移到遠離後金的宣府、大同地區，以便能夠在不受到協力廠商威脅的情況下與明朝進行和平的貿易往來。

林丹汗西遷的目的地是遠在千里之外的韃靼右翼的老窩，這顯然是「鳩占鵲巢」，必定會帶來血雨腥風。韃靼左、右兩翼早有積怨。例如：林丹汗過往派往喜峰口、宣府、張家口「賣馬買貨」與「領賞、貿易」的部屬，曾經在半途中遭到哈喇慎等右翼部落的刻意刁難與劫掠，儘管他嘗試找人調解恩怨，然而右翼諸部卻「傲然不理」。現在，這位年輕的蒙古大汗決定秋後算帳，公開宣稱：「南朝只有一個大明皇帝，北邊只有我一人，怎能讓叛逆者處處稱王？」強調自己肩負著反對分裂、統一蒙古的使命，以示師出有名。這時，韃靼右翼的盟主是蔔失兔（被明朝封為「順義王」），此人有名無實，而各部落的大小封建主互相傾軋，難以一致對外。這給林丹汗於一六二七年（明天啟七年，後金天聰元年）發動西征增加了莫大的信心，他悍然起兵，先後與右翼哈喇慎及朵顏部落在趙城（今中國內蒙古呼和浩特附近）等地交戰，取得一系列的勝利。接著，又風風火火地向土默特進軍。那時土默特最有實權的封建主素囊已死，他的兒子習令色與蔔失兔互不統攝，從而被林丹汗輕而易舉地各個擊破。不久，習令色投降，卜失兔向西逃往黃河河套的鄂爾多斯遊牧之地。至此，明朝宣府、大同地區以北的哈喇慎及土默特兩部的牧地在僅僅一年左右的時間裡就被林丹汗控制了。

韃靼右翼的迅速潰敗，使明朝感到震驚和意外，為了穩定邊境的局勢，明朝君臣允許右翼的一些殘部進入境內暫避，並且沒有立即答應林丹汗提出的希望代替右翼繼續與明朝在宣府、大同地區進行互市的要求。雙方為此發生磨擦與火拼。不久，林丹汗的部屬砸開邊牆，長驅直入塞內，將大同圍了個水泄不通，並兵分四路，抄掠渾源、懷仁、桑乾河、玉龍洞等地，範圍波及二百餘里，殺死明朝軍民數萬。明蒙關係跌到了最低點，當時甚至有人認為林丹汗對明朝造成的禍患已經超過了後金。為了對付來勢洶洶的林丹汗，明朝聯絡逃入黃河河套的蔔失兔等人，慫恿他們統率哈喇慎、土默特殘部，與鄂爾多斯部一起反攻失地。經過一段時間的準備，蔔失兔在明朝的支持下糾集右翼的殘兵敗將於同年八九月間與林丹汗在挨不哈之地（即艾不蓋河，在達爾罕茂明安聯合旗境內）展開決戰。可是，右翼在作戰時仍舊不堪一擊，全線崩潰。卜失兔死於敗退途中。林丹汗乘勝進入黃河河套，席捲了鄂爾多斯，完全霸佔了右翼在漠南的牧地，其勢力範圍東起遼西，西盡洮河，勢力達到河套以西。

林丹汗的兼併戰爭，致使薊遼、宣大地區的一些蒙古部落損失慘重。這些顛沛流離的殘兵敗將真是禍不單行，竟又受到饑荒的困擾，無可奈何之下，便一齊向明朝「請粟」以賑災。然而，意欲改善財政赤字，節省開支的明思宗不但拒絕伸出援手，反而利用這些蒙古部落慘敗之機，革去了依照慣例在互市時應該給予他們的賞賜。蒙古諸部皆盡起哄，為了生存不得不倒向後金一邊。儘管明朝後來改轅易轍，重新向蒙古部落髮撫賞銀，但為時已晚。

明思宗始終沒有放棄爭取林丹汗對抗後金的想法，儘量避免與之徹底決裂，希望能和平解決爭端。而皇太極則相反，他毫不躊躇地答應了喀喇沁（哈喇慎遺散後，轄下的朵顏部歸附後金，被稱為喀喇沁）、喀爾喀、土默特諸部的請求，堅決帶頭討伐林丹汗。就此而言，那些與林丹汗仇深似海的蒙古封建主，現在紛紛投入後金的懷抱，是極為現實的選擇。皇太極在一六二七年（明天啟七年，後金天聰元年）七月與喀喇沁等部的使者談判成功，雙方「刑白馬烏牛，誓告天地」，建立了共同對付林丹汗的聯盟。這個軍事聯盟自然以皇太極本人為盟主。接著，他在次年二月派精騎在敖木倫地區（大淩河上游）打擊了察哈爾所屬的多羅特部，俘獲過萬。到了九月，他又以盟主的身份徵調科爾沁、喀喇沁、敖漢、奈曼、喀爾喀等蒙古部落，一起討伐忠於林丹汗的察哈爾部落，經席哈爾等地一直掃蕩到興安嶺，然後才返回瀋陽。經過努力，乘虛而入的後金逐漸控制了林丹汗放棄的遼東牧地，並在此基礎上，將勢力範圍進一步大幅度擴張到薊遼地區，到達明朝山海關以西至宣府、大同一線，從東面威脅著明朝的京畿地區，而西面則與林丹汗剛打下的新地盤接壤。形勢發展至此，盡享漁翁之利的後金竟然成了林丹汗西遷的最大贏家。看來，林丹汗打錯了如意算盤，他怎麼也擺脫不了皇太極這個老對手，他退一步，對方馬上進一步，因而總是被皇太極如影隨形地緊跟著。

由此可知，儘管毛文龍的被處決與東江鎮的削弱減輕了後金的後顧之憂，但真正讓皇太極有可能集中全力西進的卻是漠南蒙古諸部的內亂。事實證明，林丹汗西遷之後使明朝的遼東防線變得非常被動。後金開始具備了避開「寧錦防線」，突進關內的條件，從而逐漸從戰略相持走向戰略反攻。

一六二九年（明崇禎二年，後金天聰三年）二月，漢官高鴻中向皇太極提出一個把作戰目標對準明朝首都的建議，此人認為應該兵臨北京城下，到時候根據具體情況「或攻或困，再作方略」。如果明朝被迫求和，則兩國可以「以黃河為界」。皇太極對高鴻中的看法比較讚賞，因為到明朝境內搶掠始終是後金的國策，只是近年來苦於「寧錦防線」的阻撓，搶不了多少東西，倘若能夠殺到明朝的首都，何愁不能飽掠一番。但皇太極沒有立即動手，只想稍待時日，等到做好充分準備再行動。

直到同年十月，他才實施醞釀已久的作戰行動，放棄從正面強攻寧錦防線的企圖，轉而採用避實擊虛的大迂回戰略，繞道遼河河套到達薊鎮邊外，同時威脅林丹汗的新地盤與明朝的京畿地區。十月初一，他決定利用秋收完畢的時機西征，隨即率領軍隊從瀋陽出發，並派遣使者向歸順的紮魯特、奈曼、敖漢、喀喇沁、巴林等蒙古部落的封建主傳諭，要求他們立即出兵助戰。為了響應後金的號召，同月十五日起，大批蒙古兵趕來與八旗軍會師，當中重要的封建主有：喀喇沁部落的台吉布林噶；紮魯特部落的色本、桑土、喀巴海；奈曼部落的袞出斯巴圖魯、都喇爾巴圖魯、內齊、郭畀爾圖之子戴青；巴林部落的貝勒塞特爾、塞冷；科爾沁部落的土謝圖額駙奧巴、圖美、孔果爾、達爾漢台吉、石訥明安戴青、伊爾都齊、吳克善卓禮克圖台吉、哈談巴圖魯、多爾濟、大桑噶爾寨、小桑噶爾寨、瑣諾木、喇巴什希、木夛、巴達禮、綽諾和、布達席理、達爾漢巴圖魯、塞冷、拜思噶爾、額參、達爾漢卓禮克圖與達爾漢台吉之子。

從蒙古諸部參戰的陣容來看，既有早已歸附後金的科爾沁部落，又有林丹汗西遷之後才歸附的喀喇沁等部。其中以科爾沁部落最為賣力，但也有一些部落出兵的態度不積極，帶有敷衍的性質，這讓皇太極很不爽。他為此點了巴林部落封建主塞特爾與塞冷的名，批評他們帶來部隊少，而戰馬也很「羸瘦」，本來準備予以處罰，可又作出寬大為懷的姿態，指出因用兵在即，故留待日後再議。皇太極這次出征，以喀喇沁部台吉布林噶都曾經「受賞於明、熟悉路徑」，因而任命其為嚮導。

當大軍來到遼河的時候，後金將帥在十一日這一天召集隨軍的蒙古諸部封建主開會。皇太極說道：「明朝屢背盟約、蒙古察哈爾的林丹汗殘虐不道，皆當征討，然而究竟應當首先攻打哪一個目標？請大家在會上暢所欲言。」眾人在會議上議論紛紛，有的認為林丹汗遠在宣大邊外，現在不是討伐的時機，有人認為大軍千里而來，與明朝近在咫尺，不如乘勢殺入長城以內。皇太極表態贊同征明的意見，眾人遂決定向明境出發，其中最主要的目標就是北京。

可是，後金貴族統治階級內部對於殺入長城以內的軍事行動仍有不同的意見，當這支軍隊於二十日來到喀喇沁的青城時，代善與莽古爾泰在一天晚上來到皇太極的禦幄，勸其班師，理由是軍隊「勞師遠征」、「糧匱馬乏」，將難以突破明朝的邊防，即使突入明境，亦會遭到各路明軍的圍攻，搞不好會陷入寡不敵眾的劣境，假若被明軍「前後堵截，恐無歸路」。皇太極聽後大失所望，悶悶不樂，準備讓隨身的幕僚將那些預先制定好的軍令擱置起來，暫時停止發佈。然而不久事情又有了轉機，原來代善與莽古爾泰在皇太極禦幄之內商量時，嶽托、濟爾哈朗、薩哈廉、阿巴泰、杜度、阿濟格、豪格等人由於資歷不夠，只是站在幄外，沒有參與討論，他們等到代善與莽古爾泰告辭之後，紛紛進入皇太極的幄內問個究竟。在言談間，嶽托、濟爾哈朗極力敦促皇太極「決計進攻」，繼續執行殺入長城以內的原定計劃。皇太極一聽，正中下懷，於是讓八固山額真到代善與莽古爾泰的住所再次商議。代善與莽古爾泰無可奈何之下，只得表示願意服從皇太極的決定。

皇太極終於可以按照自己的意願行事了，即將帶領數萬兵力成功避開「寧錦防線」，冷不防地從山海關以西的地段突入關內。由於將要開始的戰爭發生於己巳年，所以歷史上稱之為「己巳之變」。

明朝在遼東地區修建了壁壘森嚴的「寧錦防線」，卻疏忽了山海關以西的薊鎮地區，那裡駐防的兵力比較薄弱，各個軍事據點長久失修，並不鞏固。明軍一向倚仗喀喇沁、察哈爾等蒙古部落作為防衛後金的屏障，自以為可以高枕無憂。儘管此前已有個別人提到要防備後金可能會「舍遼而攻宣、薊」，但沒有獲得重視。袁崇煥做了一些預防工作，他在九月份曾經從寧遠抽兵回防山海關，並派遣參將謝尚政回援關內，欲與順天巡撫王元雅會合。可是，王元雅認為後金不太可能會繞道薊鎮突入京畿地區，又叫謝尚政重返關外前線。由此可知，在塞外形勢發生了重大變化的情況下，明朝未能及時採取措施彌補防線上的漏洞，終於自食苦果。

皇太極的判斷非常準確，一刀插在了明軍的軟脅上，他於十月二十四日把到達老哈河的征明大軍分為三路：一路為右翼，在濟爾哈朗、嶽托的帶領下，進攻大安口；一路為左翼，在阿巴泰、阿濟格的帶領下，進攻龍井關；而自己與代善、莽古爾泰以及諸貝勒向洪山口城方向前進。蒙古諸部的封建主也相應地分為三路，配合作戰。

各部軍隊成功地從長城沿線的喜峰口方向突入塞內。阿巴泰、阿濟格率領左翼部隊於二十六日早晨攻破龍井關，打死前來增援的明軍副將易愛、參將王尊臣，盡殲其眾，不久，他們又擊斃三屯營總兵哨卒，來到漢兒莊城外，與莽古爾泰、多爾袞、多鐸等宗室貴族會師，迫使漢兒莊城、潘家口守軍投降。皇太極率部分人馬攻克了洪山口城，任命投降的城中人士方遇清為備禦，守衛該城。其後帶著主力於三十日來到遵化城外，與從漢兒莊趕來的莽古爾泰等人會合。

這時，以濟爾哈朗、嶽托為首的右翼軍隊於二十六日夜間攻克大安口，擊敗從馬蘭營、遵化方向趕來增援的多股明軍，先後佔領了馬蘭營、馬蘭口、大安營三城。為什麼有這麼多不同編制的明軍部隊前來送死呢？原因可能是一些明軍對敵情不太瞭解，他們不知道這次從大安口殺入境內的是以蒙古人帶路的後金大部隊，還誤以為是境外的蒙古小股遊牧騎兵入塞騷擾，故像往常一樣接二連三地趕來增援，以驅逐敵人出境，誰知竟似飛蛾撲火一樣自投羅網，一一覆滅。兩天之後，又有一股明軍跑來增援被後金右翼部隊威脅的石門，結果無一例外地失敗。直到這時，關內駐軍才逐漸搞清楚這次進犯的主力是後金精兵，於是各個城池與據點裡的將士採取了遼東明軍憑堅城固守的戰術，一律閉門不出，以防禦為主。可是，明軍沒有時間完成「堅壁清野」的工作了，只能任由入侵者在城外擄掠。後金右翼軍隊取道石門，一路無阻地到達遵化，與皇太極的主力會師。至此，分路出擊的征明部隊又聚集在一起，彷彿全力握緊的拳頭，隨時準備揮向北京。

後金繞過「寧錦防線」入侵關內，這對明朝君臣而言無異於晴天霹靂，必將引來政壇的震盪。正在寧錦前線主持軍務的袁崇煥聽到後方的警報傳來，不禁大驚失色，他一時之間回援不及，便十萬火急地指示鎮守山海關的勇將趙率教帶領四千兵馬回援。隨後，袁崇煥親自領兵入關趕往薊鎮，以亡羊補牢。

首先出發的四千山海關援兵匆匆忙忙地趕回，將士們在三天三夜裡跑了三百五十里路，當就快接近遵化之時，一不留神竟被以逸待勞的後金軍隊襲擊。十一月二日，這股明軍誤入對手預設的埋伏圈中全軍覆沒，趙率教被阻擊的阿濟格所斬。

後金打死趙率教，解了皇太極的後顧之憂，使他可以調動一切力量攻打遵化城。各部紛紛整軍列陣，準備雲梯、盾牌等攻城器械，於十一月初三發起強攻。蒙古諸部也參與了攻城，兀魯特部落明安貝勒有一個叫做阿海的部屬曾經一度登上城牆，但因後面的人沒有及時跟上，結果陣亡。最後立下首功的是後金正白旗小卒薩木哈圖，他奮勇攀登雲梯，搶先登上城頭，眾人隨後蜂擁而上，擊潰城牆上的守軍，佔領全城。被打了個措手不及的巡撫王元雅眼見大勢已去，在城內的府署中自縊身亡。

遵化是後金軍隊自從寧遠失敗以來攻克的第一座城池。八旗將士多年來「怯於攻城」，現在終於打破這個心理障礙了。皇太極對此非常滿意。他在事後的慶功宴會上，親自給在攻城中有出色表現的薩木哈圖敬酒，並贈給他以「巴圖魯」的尊稱。努爾哈赤起兵後對那些勇冠三軍、立有戰功的宗室貴族與部屬贈與此稱號，先後得到的人有褚英、代善、舒以哈齊、莫爾哈齊、安費揚古等。現在皇太極把這個崇高的稱號授予一個小卒，此舉有助於鼓舞士氣。此外，薩木哈圖還獲得駝、緞、布匹等一大批財物，同時由「白身（無職位者）」升為「備禦」。《滿文老檔》記載皇太極專門以薩木哈圖的英勇事蹟為例，對諸貝勒、大臣作出規定，指出凡是「攻城先登而授職之人，嗣後我等勿得再令攻城。彼此既捐軀建功，複令攻戰，欲何為？此等有功者，當令留在諸貝勒、固山額真左右，唯遇眾人齊戰時，隨眾進戰。若彼欲戰，亦當止之。即或廝卒（指隨軍做雜役的奴僕之類）中若有一二次率先登城立功者，亦不可再令其攻城」。此外，注重「賞不逾時」的皇太極除了打賞小卒之外，也對軍中的有功將領進行賞賜，例如正白旗的固山額真喀克篤禮由於製造攻城器械有功，從三等總兵官升為一等總兵官。

攻克遵化主要靠的是後金軍，相比之下，蒙古諸部遜色不少。自從元朝滅亡，蒙古人從中原退回草原之後，其攻城能力在二三百年來一直沒有多大的提高。難怪皇太極有點看不起蒙古軍人，他在遵化城休整期間還專門就蒙古軍隊的紀律發表過談話，激烈批評從征的一些蒙古人擾害百姓，下令用蒙古文與漢文等多種文字傳諭全軍，指出「歸降之土地，即我土地，歸降之民人，即我民人。凡貝勒大臣，有掠奪歸降地方財物者，殺無赦。敢於擅殺降民者，抵罪。強取民財者，取了多少就要賠償多少」，如果有橫行霸道的貝勒大臣「擾害人民」，則與「鬼蜮無異」，觸犯法律者必受懲罰。皇太極這一番話透露了後金與蒙古的政策分歧，他注重的是佔領土地與收買人心，而蒙古封建者更熱衷於搶掠財富。後來，後金統治者多次重申「禁止蒙古人擾害漢人」，並處死違法亂紀者，以達到殺一儆百的目的。科爾沁部落的一個蒙古兵殺死了一個漢人「劫其衣」。皇太極得知後，馬上讓手下把這名蒙古兵捆綁起來，送至營中「射以鳴鏑」。

以北京為目標的皇太極在遵化停留了沒多久就帶著主力向前進，僅留下參將英俄爾岱率兵八百人防守。

這時，袁崇煥已經繞道撫甯、永平、遷安、豐潤、玉田等地搶先一步到達了從遵化通往北京的必經之地薊州，所過之處皆留兵防守。在此前後，薊遼總督劉策、昌平總兵尤世威等人也先後趕到了薊州附近。明思宗降旨授權袁崇煥「盡統諸道援軍」，以阻擊後金軍隊。袁崇煥決定分兵把守，讓劉策、尤世威分別守衛密雲與三河，而宣府總兵侯世祿回防昌平保護明朝先帝之陵，他本人與祖大壽一起扼守薊州，準備與皇太極決一死戰。十三日早晨，哨卒報告後金全軍已過石門驛，即將殺到來。袁崇煥命令馬步兵盡數開出城外列營備戰。不久，二百餘後金騎兵分作四隊出現在薊州城外，駐紮於明軍東南方向，雙方遙相對峙。袁崇煥下令開炮，後金騎兵聽聞炮響立即將四隊排為「一字」隊形，迅速退走。此後，整日再無一騎出現，而後金主力亦不見蹤影，使明軍欲戰不能。次日，袁崇煥得到了一個意想不到的消息，那就是後金主力已經偷偷越過薊州直搗北京了，他心知事態嚴重，慌忙督促軍隊在後面急追……。

薊州到北京之間無險可守，途經三河縣、順義等地的後金軍隊只打了幾場規模不大的戰鬥，朝北京方向全速前進。袁崇煥與錦州總兵祖大壽亦步亦趨地跟在敵人的後面。可是，京城裡面已有謠言說袁崇煥暗中與後金軍勾結，故意縱敵入關。因而多疑的明思宗早已下令袁崇煥不得越過薊州一步。誰知護國心切的袁崇煥不知避忌，竟然從薊州一路風風火火地趕到了京城的門戶通州，不知道自己已經走上了一條凶吉未卜之路。皇太極沒有掉頭攻擊袁崇煥，而是指揮部隊在通州渡河，繼續馬不停蹄地西進，並在離北京二十里外的牧馬廠生擒兩名管馬太監與三百名雜役，獲得馬騾二百五十六匹，駱駝六隻，接著於十一月下旬逼近北京。緊跟其後的袁崇煥帶著九千騎兵兩天兩夜跑了三百里，來到京城之外，趕上了突然爆發的北京保衛戰。

當時北京戒嚴，各路援軍雲集。大同總兵滿桂、宣府總兵侯世祿所部駐營於德勝門外。袁崇煥、祖大壽駐於京城廣渠門外。後金的大本營駐於城北土城關之東，左右兩翼駐營於東北。

戰前，明思宗在城裡接見了袁崇煥等將領，賜予食物及貂裘等物。袁崇煥以「士馬疲敝」為由，請求讓部屬入城中休息，然而被多疑的明思宗拒絕，只能在城外露宿。

▲豪格之像。

十一月二十日，戰鬥即將開始。皇太極率領右翼的代善、濟爾哈朗、岳托、杜度、薩哈廉等人策劃著攻擊城外的滿桂、侯世祿所部。後金先以火器營發射炮火，其後，由蒙古兵及八旗軍中的紅旗護軍從西面發起進攻，正黃旗護軍從側翼夾擊，而皇太極的御前兵則準備對明軍的潰兵進行追擊。尤世祿部隊抵擋不住敵軍的攻勢而步步後退，唯有滿桂所部死守陣地。在德勝門外硝煙彌漫的同時，廣渠門外也殺聲震天。左翼的莽古爾泰、阿巴泰、多爾袞、多鐸、豪格奉命帶領白甲護兵與蒙古兵攻擊袁崇煥所部。

袁崇煥令副將周文郁駐於西面，總兵祖大壽鎮守南面，副將王承胤等列陣於西北面。他放開東面，有意缺開一個口子等待敵人進來。

莽古爾泰兵分三路，由纛額真率護軍先行，而阿巴泰、阿濟格、多爾袞、豪格率部繼進。事前，後

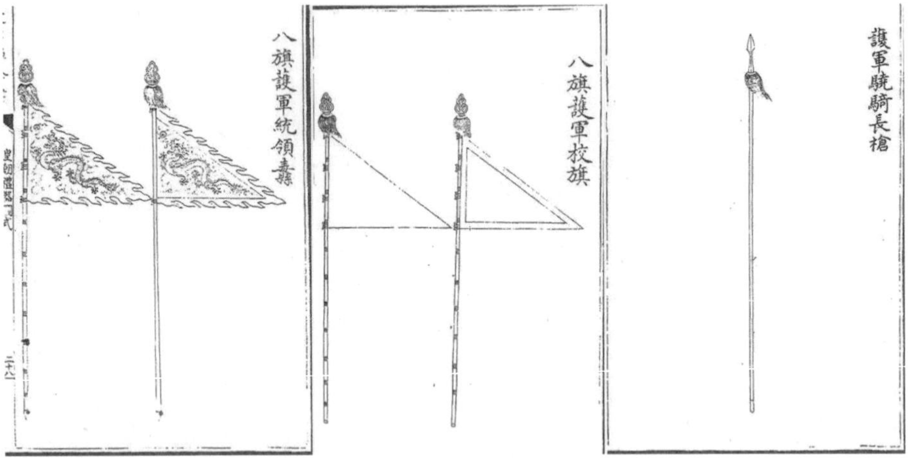

▲《大清會典》中的護軍軍械。

金統帥部判斷明軍陣營的西北面有伏兵，因而約定各路軍隊進攻時應該先打敵人的伏兵，如果誰敢不遵守約定進攻西北面，「罪與避敵同」。然而，戰鬥打響後，只有豪格不改初衷地啃起了硬骨頭，勇闖明軍陣線的西北面。其他的將領都失約了，他們紛紛避難就易，從防衛疏鬆的東南角突入，轉攻西面。即使與豪格同屬一旗的阿巴泰，也陰差陽錯地離開了豪格，跑到阿格濟的身旁，參與了西面的進攻，後轉向西南方向。據說阿格濟當場用鞭子抽打阿巴泰的馬頸，讓其返回豪格之處，但阿巴泰沒有聽從。

儘管人單勢孤，可一馬當先的豪格還是毫不猶豫地殺入王承胤陣中，一直闖到北京的城壕之下，迫使王承胤移營南避。

轉攻西面的後金軍隊也盡力向城壕突進。可是，他們遇到了最激烈的抵抗，包括正白旗護軍纛額真康古禮在內的不少人在中途受阻。經過努力，大部分人終於殺到了城壕之下，與袁崇煥的手下展開了生死較量。在混戰中，袁崇煥差點兒被一名後金軍人揮刀砍中，好在旁邊的材官袁升高眼明手快，伸過刀來替其擋開利刃。剎那之間，天空中的利箭來回穿梭、驟如雨下。袁崇煥與周文鬱身上的鎧甲密密麻麻地插滿了箭，幸而他倆身上穿上重型鎧甲，故無生命危險。在這個成敗攸關的時刻，祖大壽率領南面軍隊及時猛撲過來，一下子使後金軍隊處於腹背受敵的劣勢，就連阿濟格所乘的戰馬也在激戰中受重傷而亡，因而不得不全線退卻。遊擊劉應國、羅景榮、千總竇浚等人率部乘機追擊，一直追到城外的運河，致使敵軍很多戰馬在慌亂中踏破了河表面的冰層，陷入水中，活活淹死了不少騎兵。

在此期間，多鐸以年幼的緣故和莽古爾泰一起留在後面，想不到竟然遭到一股明軍潰兵的襲擊，雙方你追我逐，打了起來。這時，在距城稍遠的樹林之內又出現了一隊明軍騎兵，對後金造成了威脅。紮魯特、喀爾喀部落的額附恩格德爾、貝勒巴克等人臨危受命，率領左翼的蒙古士卒前往阻擊，可是這些人缺乏訓練，他們不是先整理好隊形再徐徐而進，而是快馬加鞭亂哄哄地一擁而上，結果與明軍接戰不久就慘敗而回。巴克什吳訥格與紮魯特部落的色本、馬尼等人緊急赴援，始擊退追兵。

戰事從中午起，延續了大半天，在德勝門與廣渠門外作戰的後金的軍隊直到傍晚才先後撤回。親自參戰的遼軍將領周文郁後來寫了一本《遼西入衛紀事》，其中記載入侵者的傷亡數以千計，而明兵亦傷

▲廣渠門老照片。

後金首次入關之戰（西元1629年~1630年）

比例尺　一八七十萬分之一

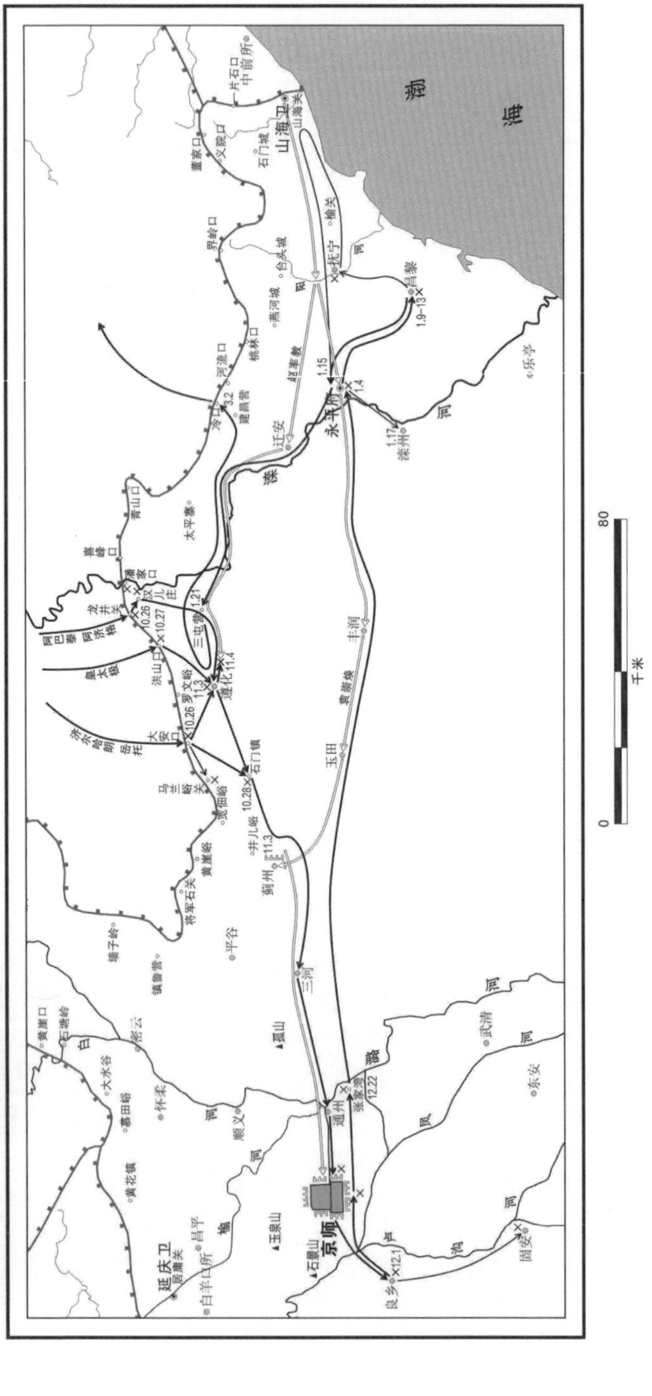

▲後金首次入關之戰作戰圖。

亡數百人。他還在書中從自己的角度分析了遼軍得勝的原因，認為明軍邊防部隊過去在論功行賞時，以割取敵人腦袋的多寡為標準，由此造成的不良後果是，士兵們在戰時經常互相爭奪敵人屍體，搶著割取腦袋，以致誤事，袁崇煥有鑑於此，改變了這個「陋規」，他於未戰之前，先與手下約定在戰時不許割取死屍首級，目的是讓將士們心無旁騖地與敵人廝殺，故終獲此勝。此役，以騎兵為主的明軍（袁崇煥所部有九千騎兵，而滿桂也從宣府帶五千騎兵回援）在野戰中與後金騎兵進行了一場生死較量，最終擊退了來犯之敵，這種情況自開戰以來極為罕見。但不能因此而認為明軍騎兵的戰鬥力可以比肩後金騎兵，原因之一是明軍騎兵可以得到北京城上紅夷大炮的支援，占了不少便宜。就像不久之前在寧遠效外進行的戰鬥那樣，紅夷大炮總是在關鍵時刻起到關鍵作用，成為擊退後金的一個關鍵因素。不過，在城門之外苦戰的明軍也曾經被城上守軍發射的炮彈誤擊，讓滿桂與一批將士掛了彩，以致滿桂在戰鬥結束後躺臥於城外的關帝廟裡療傷。

自甯錦之戰結束後，後金的野戰沒有得到顯著的提高，這一次在北京城下又沒有取勝。皇太極在事後要追究那些作戰不力的軍官的責任。阿格濟正式指控阿巴泰在戰時擅自離開同旗的豪格，跑到自己身邊，存在著畏敵的嫌疑。他自稱當場用鞭子抽打阿巴泰的馬頸，讓其返回豪格之處，但阿巴泰置若罔聞。而阿巴泰立即為自己辯護，並發誓宣稱本人與豪格失散全因混亂所致，同時反過來責備阿格濟說謊，直言自己坐騎的頸子從來沒有被阿格濟鞭打過。可是，無論他怎麼樣爭辯，也改變不了擅自離開本旗的事實。

本來，皇太極在戰前曾經頒佈過軍紀，指示八旗諸貝勒在臨陣時要起表率作用，否則加以處罰。他說出了這樣的狠話：「如七旗貝勒俱已敗走，只有一旗的諸貝勒尚在戰鬥，則敗走的七旗在事後需要交出七個牛錄，補償給留在戰場的諸貝勒。假若七旗的諸貝勒迎戰，而一旗的諸貝勒敗走，則將敗走的諸貝勒全部削爵，而其所屬人員悉分給七旗作為補償。如一旗內的諸貝勒，有一半人在作戰，另一半人敗走，則要將敗走那些貝勒的所屬人員全分給作戰的貝勒，同時，作戰諸貝勒還要加以額外的賞賜。假若七旗貝勒未能及時參加戰鬥，而僅有一旗貝勒首先迎戰，則按其功勞的大小以及所獲人口、財物的多寡，再予以行賞。至於在作戰時，那些不詳細審核敵情就橫衝直撞、亂走亂動者，沒收其所乘馬匹及所獲的人口。」這個軍紀的意義非同小可，因為皇太極在剛上臺時曾經表示不會為了微小的過錯而剝奪父親努爾哈赤贈給兄弟子侄的私屬戶口，現在的新規定竟然宣佈可以剝奪諸貝勒的戶口，顯示大汗的權威已在戰爭中得到增強。

按照上述規定，阿巴泰應該削爵，需要交出所屬人員，補償給豪格。而諸貝勒、大臣在奉皇太極之命進行會議時，正是這樣決定的。最後，皇太極當了和事佬，認為阿巴泰不是怯戰，只是為了顧及隨身的兩個兒子，才有所「延遲」，因而從寬處理。

皇太極寬宥了兄長阿巴泰。至於其餘那些並非後金宗室的人員，就沒有這麼好運了。纛額真康古裡，甲喇章京郎球、韓岱均因中途逗留之罪而受到撤職等處罰。遊擊鄂碩本來應被撤職，因其父功，免於處罰。那些表現不佳的蒙古軍隊成了反面例子，《滿文老檔》記載皇太極後來不止一次對此反省，公開承認「蒙古兵同袁都堂（指袁崇煥）交戰於都城（指北京）南關東門時，為袁擊敗」。為此，蒙古的一些封建主受到了懲罰。額附恩格德爾、喀爾喀部的莽果爾岱等敗將過去曾立過大功，故免於撤職，但仍被皇太極處於罰金，「奪其俘獲」。紮魯特部的巴克、多爾濟諸貝勒因在戰場上舉止失措，亦受撤職等懲罰。

其後，尚不甘心的皇太極得知袁崇煥在城東南駐紮，便親自與諸貝勒率輕騎前往視察。當他看見袁崇煥的軍營之前豎有木柵，比較堅固，不得不放棄了強攻的想法，說道：「路隘且險，若傷我將士，雖勝不足多也。」

激戰雖然一時沒有打起，可雙方斷斷續續又發生幾次小規模的衝突。到了二十九日，袁崇煥秘密派遣五百火器手，在當地人的帶領下偷偷襲擊駐於南海子的後金軍隊，他們在距離敵營大約一里的地方分散，突然從四面八方開火。後金軍隊大亂，隨即移營，京城之圍遂解。到目前為止，袁崇煥作為總領勤王之師的統帥，其在北京城下的表現，還算過得去。萬萬沒想到，他不但沒有受到朝廷的嘉獎，反而被問罪。因為明思宗中了皇太極精心策劃的反間計。

事情的起因是在戰場上打不贏袁崇煥的皇太極使出了借刀殺人之計，故意令人向一位在京城之外被俘的太監洩露假情報，稱：「袁督師與後金大汗事先有密謀，將共圖大事。」然後，再將這名太監（及其同伴）放跑。該太監回到京城，如實向明思宗稟報。明思宗果然中計，急召袁崇煥入見，立即予以革職，並指責這位封疆大臣擅殺毛文龍；與外夷進行互市貿易；在薊州遣散援兵分守各地以致讓後金如入無人之境；又居心叵測地堅請進入北京城。種種罪惡，不一而足。

總而言之，明思宗早對袁崇煥就起了疑心，而京城保衛戰期間發生的一些事情，加重了他的疑慮。根據明人張岱所著的《石匱書後集》等史籍的記載，後金軍與袁崇煥所部於北京城外對峙時，在城上瞭望的守軍發現城下的「敵兵與我兵嬉笑偶語，往來遊戲」，這或許成了有關袁崇煥引導「敵兵犯闕」的流言蜚語的來源之一。真相到底如何，這要從明軍中的蒙古士卒說起。明朝從開國開始，即收編大量蒙古人隨軍東征西討，這種情況一直到明末都沒有什麼改變。在遼東軍隊之中，更是收編了大量蒙古人。然而，很多蒙古人本來的目的就是為了發戰爭財，自然不會出力死戰。一位明軍將領曾經生動地評價這些人的所作所為：「我收養蒙古人，是因為其善於作戰，可以禦敵。誰知其臨陣不肯砍殺，反而與後金軍中講夷語的人說：『我本夷人，你莫傷我，我不害你，而南兵（指明軍）在另外之處』，指使後金軍只向南兵攻擊。蒙古兵則乘機避戰。」[1]由此可知，明軍中某些蒙古兵的消極態度，已經對明軍的戰鬥力造成了不利的影響。袁崇煥坐鎮遼東時也與蒙古諸部打過交道，他曾經不顧明思宗的反對撫賞過朵顏（即後來的喀喇沁）部落。那是在一六二九年（明崇禎二年，後金天聰三年）三月，塞外遭遇饑荒，與後金勾搭的朵顏部落要求以貂皮、人參等物與明軍邊防部隊在前屯衛的南台堡進行互市貿易。當時，邊吏對此皆有顧忌，只有袁崇煥打算允許。可是，明思宗接到上報後一開始不想同意，認為根據情報「西夷（指蒙古人）市買貨物，明是接應東夷（指後金）」，豈容聽其為所欲為？可是，袁崇煥擔心與朵顏結仇，堅持主張網開一面，出售糧食助其渡過難關。明思宗無奈只得同意，但申明要仔細檢查遭遇饑荒的蒙古部落有多少，然後按照人口的數量與之交換糧食，絕對不得售賣其他違

▲袁崇煥之墓（老照片）。

禁品，否則以「通夷罪」論處。到了雙方在互市的時候，有人發覺前來做買賣的兩千名蒙古人裡面混入了四百多個後金國人，因而建議乘夜對其發動襲擊，以免留有後患，但袁崇煥不想挑起事端，拒絕採納。由於明朝對後金採取經濟封鎖政策，致使後金的大量貂、參賣不出去，只好偷偷摸摸地利用蒙古諸部與明朝互市的機會銷售。而明朝對此早有所察覺，三令五申地要邊防部隊提高警惕，不要中了對方的圈套。袁崇煥當初誅殺毛文龍的罪名之一就是指責毛文龍擅自與外番進行經濟往來，販賣違禁品，破壞朝廷的經濟封鎖之策，現在，他自己反而未能嚴格把關，終於被他人抓住把柄。一些風言風語紛紛出現，比如說朵顏部落「為建虜窖米，謀犯薊西」，「雖有諜報，袁崇煥不信」等等，這使多疑的明思宗對袁崇煥很不滿意。不過，袁崇煥的努力也取得了一定的效果，並招攬了一批蒙古人為己所用。史籍記載後金首次入關時，袁崇煥一下子竟然率領了「蒙古壯丁萬餘騎」回援。這個資料也許有點誇張，但可以肯定，在廣渠門與後金野戰的遼軍之中有大量的蒙古人。眾所周知，後金進攻北京，也有大量蒙古兵參戰。也就是說，在北京城外混戰的敵我雙方，他們的軍隊之中均有大量蒙古人。而處於不同陣線的蒙古人在臨陣對敵時，很可能會像以往那樣用夷語交流，互通聲氣以求自保。這種「嬉笑偶語，往來遊戲」的場面被北京城上的守軍看見，肯定會義憤填膺，個別人甚至作出了過激的行動。《明史紀事本末．補遺》聲稱京師守軍曾用火炮攻擊城外的袁崇煥部隊，連在德勝門戰鬥的蒙古族將領滿桂也未能倖免，史載「城上發大炮，誤傷桂兵幾盡」。此外，明軍之中那些臨陣動搖的蒙古人還可能與對手沆瀣一氣，互相勾結，

1 《明清史料》癸編第三本。

因而發生了一些光怪陸離的事。例如《明季北略》記載袁崇煥軍中有人用箭射擊滿桂所部，等等。遠離前線的明思宗哪裡能分辨得出事情的真相，他不分青紅皂白，正式下令逮捕袁崇煥下獄。

在袁崇煥下臺的同時，代替王元雅之職的梁廷棟開始「總督薊、遼、保定軍務及四方援軍」。至於原屬袁崇煥的「關、寧將卒」，則由升任「總理」（這個晚明設立的武將職銜位於總兵之上，任職者可統領多位總兵）的滿桂指揮。

袁崇煥突然被捕讓遼東將領祖大壽極為不安，他害怕受到波及，遂與副將何可綱等人召集關外援兵一萬五千人從北京城外不辭而別，匆忙撤向山海關，返回遼東。明思宗得報，一邊讓獄中的袁崇煥寫下親筆書信，企求召回祖大壽；一邊指使重新出任督師的孫承宗（此前，朝廷已命孫承宗為兵部尚書兼中極殿大學士督理兵馬，駐於通州）出面勸說。孫承宗有自己的想法。他在給皇帝的奏書中認為祖大壽率眾東歸的原因之一是不肯受滿桂的指揮，但這並非意味這支關寧軍隊企圖背叛朝廷，故此，應當從寬處理，以收攏人心。接著，他話鋒一轉，特別提到了自己心儀的老搭檔馬世龍，指出很多遼將是馬世龍的舊部，只要馬世龍親自前往曉以大義，遼軍將士必定歸附，而「祖大壽不足慮也」。孫承宗抬舉馬世龍的動機不難瞭解，因為在遼東主持大局的文臣必須有親信武將的支持才能得心應手，昔日，袁崇煥看重趙率教與祖大壽，現在，孫承宗選中了馬世龍，都是同一道理。

其後，孫承宗寄語祖大壽，要他向朝廷上書剖白，表明立功贖罪之意，自己當為之疏通。祖大壽在多方壓力之下不得不表示聽命於朝廷，他按照孫承宗的辦法行事，果然得到了明思宗的諒解。這場兵變就此逐漸平息。當孫承宗攜同馬世龍移鎮山海關時，祖大壽等遼軍將領不敢怠慢，斂兵待命，迎接新的統帥。

至於袁崇煥後來的結局，則很悲慘。他被當作賣國賊而被朝廷判以磔刑，在一六三〇年（明崇禎三年，後金天聰四年）八月於眾多圍觀者的唾罵聲中死去。據說他臨刑前口占詩一首：

一生事業總成空，半世功名在夢中。
死後不愁無勇將，忠魂依舊守遼東。

《明史》認為袁崇煥死後，精於邊事的人才更少，所以這個冤案從某種意義上加速了明朝的滅亡。關甯援軍離開之後。朝廷又拜滿桂為「武經略」，賜予尚方寶劍，讓其總領各路勤王之師。可是屯兵於西直、安定門外的滿桂所部，軍紀非常差，特別是軍中那些蒙古人，曾經在北京的郊區擄掠，有時還會攻擊友軍。例如當時朝廷臨時招募了一支軍隊，讓一位叫做申甫的副將率領，駐於廣寧門外，由於裡面有許多新兵（《崇禎實錄》稱其中不少人本是京城之內的乞丐，招這些人入伍純粹是臨危救急的便宜之計），未經過嚴格的訓練，對「旌旗金鼓」等軍中事宜不太熟悉，結果被滿桂軍中的蒙古人欺負。一些恃強淩弱的蒙古軍人時常會突然射來冷箭，致使申甫的新兵在夜間由於驚恐不安而自相踐踏，出現傷亡。類似的騷擾性襲擊在一天之內可達數次，每次都有數十至數百名蒙古人參與，造成了惡劣的影響。禦史金聲據此如實上奏朝廷，明思宗只好傳諭滿桂、申甫兩軍「毋得自相猜疑，致誤軍機」。

各路勤王之師的來源比較複雜，既有正規軍，也有雜牌軍，比如因事被彈劾罷官的原遼軍將領孫祖壽（昌平人氏），聽到後金入寇的消息，馬上「散家財」，「招回部曲」，赴京參戰，他的部隊，便具有「私人武裝」的性質。總之，這些各式各樣的部隊，其戰鬥力與來自「寧錦前線」的遼軍相比，肯定要遜色不少。禦史金聲曾經在京城周圍行走了二十餘里巡視各路援軍，根據他的記載，不少明軍人馬「當朔風苦寒之際，皆露立枕戈，臥不得有飽騰之象」，可說是「不戰先疲」。

可是，明思宗不管實際困難，只是一味催促滿桂出師驅逐敵人。滿桂如實回答：「敵勁援寡，未可輕戰。」無奈朝廷使者催得很急，他迫不得已，只好與黑雲龍、麻登雲、孫祖壽諸將於十五日移營永定門外二里許，列柵為營。

後金軍隊在稍前主動撤離了北京，向西行進，於十二月一日到達良鄉，攻克其城以駐軍。在此期間，皇太極讓人拜祭了金國的開國皇帝金太祖與金世宗設在良鄉的陵寢，藉以自我標榜為金國之後，抬高身價。為了防止明軍追擊，他派遣蒙古兩旗兵掩護側翼，乘勢攻下了固安縣。當他得知勁敵袁崇煥下獄，立即決定於十六日從良鄉回師，第二次攻打北京。

後金軍沿途擊破一些明軍的阻擋，取道渾河的盧溝橋，重返北京，宿營於城外西南隅。副將阿山、遊擊圖魯什在執行偵察任務時，從捕獲的明軍士卒口中得知滿桂所督的「四萬人馬」駐於永定門南面二里之外，並發覺這支明軍部隊以木柵為營，四面佈置了十重銃炮，企圖以此作為京城的屏障。從明軍的作戰部署可以看出，滿桂打算倚靠步兵發揚火器的威力進行防禦，這不同於袁崇煥依靠騎兵與對手抗衡的戰法，或許是由於祖大壽帶走了遼軍的精銳騎兵，才迫使滿桂不得不出此下策。

作戰經驗異常豐富的皇太極肯定知道重裝騎兵是火器手的剋星，過去在遼東戰場，這樣的事屢次發生。他決心打一場殲滅戰，不失時機地下令全軍乘夜迫近敵人，等到天亮時再進攻。第二天黎明，八旗軍大聲鼓噪，發起總攻。悍將和碩圖首先毀柵突入營中，其他人隨後繼進，但在明軍連射的銃炮之下，也多次出現險情，令「憐惜將士」的皇太極當場心傷落淚。在付出一定代價的情況下，八旗軍終於把明軍打得全線崩潰。滿桂與孫祖壽等三十多位將領陣亡，黑雲龍、麻登雲成為俘虜。後金軍繳獲了六千匹馬。

此戰獲勝，皇太極可以在北京城外為所欲為了，他一度有意強攻北京，下令準備雲梯與盾牌，並先後移營於京城西北隅與德勝門等地，觀察地形。不久，他覺得把握不大，便對踴躍請戰的諸將說：「明朝國土遼闊，不會亡於一朝一夕。得到一個北京城，也難以防守，不如回去練兵『以待天命』！」在返回之前，他多次派人攜帶議和書，放於德勝門與安定門之外，可是沒有得到明朝方面的任何回應。皇太極終於要離開了，他先派三千八旗軍往略通州，於十二月二十二日攻下張家灣，焚燒了千餘條船。然後帶著主力在撤返時渡過通州河，駐於東岸，並繼續讓部分兵力經略京城周圍地方，保持對明朝的軍事壓力。

然而，皇太極暫時還不想撤回老家，他把目光投向了北京周圍地區，縱兵四掠。在此前後，後金各部先後在薊州、遵化等地與小股明軍作戰，其間值得一提的戰事是皇太極與代善、莽古爾泰、阿巴泰、阿濟格、多爾袞、多鐸、杜度於二十七日率領五百「護軍及火器營」的官兵，前往薊州偵察，在距城二里的地方碰上了從山海關方向趕到的五千明軍步兵。後金軍隊乘對手來不及入城而在城外立營的機會，發起進攻，代善指揮左翼的四旗護軍，攻其東面，皇太極指揮右翼的正黃、正紅、鑲紅等三旗護軍，攻其西面，終於突破了明軍繞營佈置的「車盾銃炮」，大獲全勝。此戰，八旗軍的表現幾乎與北京城下殲滅滿桂所部差不多，鐵騎又一次蹂躪了火器手，不過，軍中也有傷亡，其中，杜度「傷足」，阿濟格的戰馬被對方擊斃，遊擊額爾濟格與吳爾坤戰死。

北京周圍的一些中小城市，成了後金的攻擊目標，而位於山海關西南的永平被皇太極看中了，他帶著主力於一六三〇年（明崇禎三年，後金天聰四年）正月初一經榛子城鎮、沙河驛、灤河等地到達目的地，環城立營，並親自與諸貝勒繞城兜了一圈，以偵察城防的薄弱處所作為進攻的突破口。

攻城之戰在四日早晨打響。戰前，皇太極讓副將阿山、葉臣選擇二十四名壯士做敢死隊，準備為全軍開路。他還就具體的戰術問題作了指示，認為「攻城時，先派四人登上雲梯，而梯旁要有兩人扶持。第二批登梯的人也是四個，動作要迅速。第三批登梯的是剩餘的十六人。最後，阿山、葉臣一定要跟在二十四名壯士的後面登梯，親臨前線指揮作戰。同時，每一旗都要出一名軍官與一千名士卒助戰。」攻城開始後，後金軍魚貫而行，陸續攀登雲梯。城上守軍向下發射火器，煙火遮滿天空。兩軍正在打得如火如荼之時，竟然發生了一件意外的事，就是北面城牆上的火藥突然爆炸，燃燒起來的熊熊烈火燒傷了大批守軍。後金軍抓住刻不容緩之機乘勢登上城牆，佔據了整座城市。城內明軍文武官員有的自殺、有的潛逃、有的投降。後金按慣例招降全城百姓，不降者殺之。

皇太極入城後巡視東街，逛了一圈後從東門而出，率領主力向山海關行進，留下濟爾哈朗、薩哈廉統兵一萬守城。留守的後金軍把所有居民遷移於城區的一隅集中居住，下令每個老百姓都要將自己的姓名寫在門外，以便管理。為了增加兵力，後金還收編部分永平軍民入伍，號稱「漢兵」。這些士卒的背上各掛白布，上面寫上「新兵」兩字，以示區別。

從永平突圍出來的殘餘明軍紛紛逃往附近的昌黎縣。這使得昌黎成為後金的眼中釘、肉中刺，必欲除之而後快。皇太極讓紮魯特、奈曼、敖漢、巴林等蒙古諸部士兵，共約七千人馬於初九日前去進攻，並表示：「如果能攻克該城，城中財物，任你們瓜分！」當時，昌黎的縣令是剛上任的左應選，他膽略過人，早就預先把城中的潰兵，百姓全部編入軍隊裡，並加緊修築工事，決心痛擊來犯之敵。這令攻堅能力本來就不強的蒙古諸部彷彿遇上了一個燙手山芋，無處下牙。儘管蒙古兵模擬後金八旗軍的樣子，豎起雲梯攻城。但梯子很快就被守軍推倒，功虧一簣。黔驢技窮的蒙古封建主向皇太極請求增援。皇太極得報後沉吟道：「聽說昌黎的守軍很少，怎麼會打不下。看來需要我軍出馬了。」他信心十足地派出部將達爾克領兵千人前往。誰知，達爾克到達昌黎後晝夜進攻，仍舊是打不下。這時，皇太極才對這個小地方重視起來。他本來打算攻打撫寧，並已經趕制了一大批梯子與盾牌，現在正好將這些攻城器械用來對付昌黎。後金主力於十二日來到昌黎城下，重新制訂了進攻計劃，決定由右翼四旗進攻城南，左翼四旗進攻城東，紮魯特、奈曼、敖漢、巴林等蒙古諸部進攻城北，還有意採取

▲天下第一關——山海關老照片。

「圍三闕一」的戰術，故意在城西留下一條路，企圖讓守軍棄城而逃。可是，昌黎守軍沒有上當，他們從城下滾下圓木，推下石塊，一齊發射火炮、鳥銃等火器，還架火燃燒依靠在城牆的雲梯，把進犯之敵打得焦頭爛額，迫其停止進攻。皇太極想改變打法，盤算著派出壯士在挨牌的掩護下接近城腳，進行鑿城，但缺乏鍬、钁等工具，難以實施，最後計窮力竭，放了一把火將縣城周圍的廬舍燒盡，於十三日撤走。看來，只要明朝各級地方官員意志堅強，指揮得當，關內的中小城市還是能夠堅守得住的。可歎的是，在明朝龐大的官員群體中，貪生怕死的人還有不少。在後金攻打昌黎期間，遷安、灤州兩城相繼投降。

遵化、永平、遷安、灤州的相繼失陷，使山海關的側後面臨著嚴重的威脅。如果後金攻克山海關，那麼就會切斷「寧錦防線」與關內的聯繫，使這條明軍苦心經營的防線陷於腹背受敵的困境——既要從正面提防留守瀋陽的八旗軍，又要防備皇太極從背後捅刀子。就在不久之前，山海關還處於風雨飄搖，朝不保夕的狀態，當袁崇煥剛剛被捕，祖大壽率遼軍倉促出關時，潰兵乘亂劫掠了關城。城裡閉門罷市，眾心不安。直到孫承宗來到，人心始定。然而，山海關的城防工事有重大缺陷，這座要塞式的城市在面向關外的方向可謂「壁壘森嚴」，可是在面向關內的方向卻疏於防範、幾乎無險可守，因為在此之前誰也想不到後金會從京城殺過來。孫承宗採取緊急措施，在面向關內的方向加築城牆，安置火炮，準備迎戰從後方衝來的敵人。要想固守下去，必須解決城中水源不足的問題，他讓人爭分奪秒地打井，竟然在一晝夜的時間裡鑿了一百口井左右，以驚人的速度圓滿地完成了任務。他還注意整頓城裡的秩序，安排人手「巡行街衢、守台護倉」，嚴查間諜與外來人員，以免「禍起蕭牆」。經過一系列得力的措施，山海關的防備已經是接近固若金湯了，這使孫承宗得以放心抽調人馬支援關內，他先派遣馬世龍率一萬五千步、騎兵入援，再令遊擊祖可法等人帶四營騎兵保衛山海關以西的撫寧。到了一六三〇年（明崇禎三年，後金天聰四年）正月，與朝廷重歸於好的祖大壽統率步、騎三萬入關與孫承宗會師，進一步增強了守關的兵力。至此，山海關對於轉戰關內的後金軍隊而言，基本上已成了不可逾越的天塹。

這時，連拔遵化、永平、遷安、灤州的後金軍隊曾經企圖向山海關方向進軍，並分兵攻打撫寧，但遭到祖可法等人的抵抗，終無尺寸之功。有部分後金士卒繞過撫寧直闖山海關，一直來到離城三十里的地方安營紮寨，蠢蠢欲動。可在明軍副將官惟賢等人力拒之下，最後無功而返。皇太極徹底打消了取道山海關返回瀋陽的意圖，他只能翻山越嶺，從間道出關。踏上歸程的後金主力軍隊經永平來到三屯營，收復了漢兒莊等幾處背叛無常的地方，在出關之前，還在遵化打了最後一仗。原因是鎮守遵化的杜度向皇太極報告，聲稱蒙古喀喇沁布林噶部被一萬明軍所圍，急需增援。皇太極接報後，馬上命令將士整頓弓矢，準備再戰一場，一洗在昌黎等地失利的晦氣，他率領後金主力於二十二日急趕到遵化城外的娘娘廟山，以優勢兵力包圍了敵人。開戰之前，他計劃先讓隨軍的漢人士卒施放火器，等到彈藥打盡的時候，再讓蒙古兵發起進攻，而八旗軍則作為預備隊，待機而動。總攻開始後，他親自登上南岡觀戰，鼓舞士氣。只見軍隊舉炮擊敵，奮勇直入，不一會便摧毀明朝一個軍營，將其士兵幾乎斬殺殆盡。代善率三萬人攻上山，圍剿殘敵，只有少數漏網之魚乘夜逃出虎口。

袁崇煥死後，明軍與皇太極的野戰是敗了一場又一場，以致到後來，幾乎所有的軍隊都畏葸不前。敢於主動出擊者，也逃不了死亡的命運。仗打到這個份上，已經接近尾聲。在北京附近作戰長達四個月之久的後金軍隊主力於三月二日從冷口關出塞，返回了瀋陽。至於遵化、永平、灤州、遷安四城，皇太極認為此乃天之所賜，不可輕棄，留下部分兵力駐守。他真實的用意可能是想憑此威脅山海關的背後，以起到夾擊之效。正如鄭天挺先生所指出的那樣，後金派兵駐守遵化、永平等地，是關內駐防之始，具備歷史性的意義。

皇太極親自領導的首次入關作戰，取得了重大的成功。此前，他在遼東明軍的堅城巨炮之前策手無策，讓後金軍隊戰略戰術的總體水準與努爾哈赤在位時相比有所下降，現在，竟然憑著繞道入關這個戰略上的神來之筆，一下子將被動的局面扭轉過來，也使軍隊的作戰水準停止了下跌的趨勢，並開始反彈，獲得了新的突破與發展。正是「山窮水複疑無路，柳暗花明又一村」。皇太極之所以敢於脫離根據地，千里躍進敵境，連續轉戰數月，是因為能夠繳獲到充足的物資來補充自己的軍隊。如果搶掠不到什麼東西，反而要依賴從後方千里運糧來支援前方作戰，那麼，這樣的軍事行動無異於蝕本生意，皇太極是不會去做的。為什麼明朝可以在遼河以西的地盤做到「堅壁清野」，讓入侵者繳獲不了什麼東西，而在關內卻做不到這一點？原因在於，從山海關、寧遠到錦州附近，各個城池、據點已經全部進行軍事化管理了，就連散佈在各地的屯田，也都在全線將領的監督之下，只要他們一聲令下，就能駕輕就熟地指揮著轄下的軍民，儘量在最短的時間內把大量物資運入城裡，然後緊閉城門堅守下去。相反，明朝根本不可能對地大物博的關內地區進行軍事化管理，理由之一是這樣做需要支出巨額的軍費，朝廷在財政上負擔不了，很多城市甚至連正規軍也沒有，只是一些地方武裝在濫竽充數，因而讓後金有機可乘，頻頻得手。

儘管皇太極已返回瀋陽，可這次戰事沒有結束，遵化、永平、灤州、遷安四城成為了雙方爭奪的焦點。皇太極臨走前留下了宗室貴族阿巴泰、濟爾哈朗、薩哈廉與文臣索尼、寧完我、喀木圖等人一起率領正白、鑲紅、正藍三旗將士鎮守永平，文臣鮑承先與白格率領鑲黃、鑲藍二旗鎮守遷安，固山額真圖爾格、納穆泰與文臣庫爾纏、高鴻中率領正黃、正紅、鑲白三旗鎮守灤州，察哈喇與文臣範文程率領蒙古八旗將士鎮守遵化。皇太極返回瀋陽後，命令阿敏、碩托等人率兵五千前往代替阿巴泰、濟爾哈朗、薩哈廉所部，與圖爾格、納穆泰等人一起留守四城。

阿敏對保衛關內四城信心不足，向皇太極提出「請允許我與弟弟濟爾哈朗共同駐防」的請求。皇太極拒絕道：「濟爾哈朗擔任駐防任務已經有一段日子了，比較辛苦，宜令其回家休息。」為此，阿敏非常不滿，在動身時對身邊的人大發牢騷：「父汗（指努爾哈赤）還在世時，曾令我弟與我一起執行任務；今該汗（指皇太極）即位，不令我弟做我的陪同。我若前往，必留我弟與我一起在城裡駐守，若我弟不從，我將以箭射穿其身子！」兩位叔父輩的人物聽見後連忙加以勸阻。阿敏不聽，繼續憤憤不平地揮舞著手臂，揚言：「我殺我弟，又能奈我何？」儘管他說的不過是氣話，後來也沒有強行要求濟爾哈朗滯留關內做自己陪同，但是，他帶著情緒執行任務，使這次軍事行動變得福禍難料。

北京的明朝君臣不會容忍八旗兵長期在自己的眼皮底下耀武揚威，出兵進行驅逐是勢在必行的事。這時的明軍已被留守遵化四城的八旗軍阻隔為東西兩部分，其中，孫承宗與祖大壽處於東面的山海關，與西面的馬世龍「聲息斷絕」。不久之後，孫承宗招募「死士」取道海路，繞個大彎到達北京，彼此才能互通聲息。在京師戒嚴期間，聚集在周圍地區的勤王之師先後達到二十萬，當中包括來自昌平的尤世威、薊鎮的楊肇基、保定的曹鳴雷、山海關的宋偉、山西的王國梁、固原的楊麒、延綏的吳自勉、臨洮的王承恩、寧夏的尤世祿、甘肅的楊嘉謨等將領，而內地的山東、河南、南都、湖廣、浙江、江西、福建、四川等處軍隊，亦接踵而至。值得提及的是，巾幗英雄秦良玉在四川得知後金犯闕的消息後，以總兵的身份帶著名的白杆兵慨慷誓師，「晝夜兼行」，抵達了京城，她「棄裙衩、易冠帶」，女扮男裝，駐兵於宣武門之外，被城內百姓視為傳奇人物。明思宗對她褒美有加，親自召見於平臺，賜予蟒袍、玉帶等貴重之物，極為罕見地一連賦詩四首：

一
學就西川八陣圖，鴛鴦袖裡握兵符；由來巾幗甘心受，何必將軍是丈夫。

二
蜀錦征袍自剪成，桃花馬上請長纓；世間多少奇男子，誰肯沙場萬里行。

三
露宿風餐誓不辭，忍將鮮血代胭脂；凱歌馬上清平曲，不是昭君出塞時。

四
憑將箕帚掃匈奴，一片歡聲動地呼；試看他年麟閣上，丹青先畫美人圖。

那時的明思宗尚有賦詩的雅興，也許在他的心目中，如此多的精兵良將，齊聚於京城，虜患何愁不平。

自從滿桂戰死之後，馬世龍便代為「總理」，獲賜尚方劍，以武官之首的身份盡統諸路援軍，不過仍要接受兵部職方主事丘禾嘉這個文官的監督，同時遇事仍要請示孫承宗這位督師。在關於到底應該首先收復哪一座城市的問題上，產生了不同的意見。馬世龍本來想先收復遵化，孫承宗予以反對，理由是遵化處於北面，距離長城沿線的關峪較近，雖然容易攻取，卻難以防守，因為後金隨時可能會派出援兵入關襲擊該地。不如暫且不予圍攻，而讓對手分兵防守，等待將來再各個擊破。他進一步說明最佳的攻擊目標是位於最南面的灤州，但要採取「聲東擊西」之策，假裝進攻遵化，以牽制敵人，而讓諸路勤王之師趕赴豐潤、開平等地，聯合山海關駐軍攻打灤州。得手後再以開平之兵守衛，另派騎兵與永平之敵決戰，徹底打通灤州與山海關的通道。完成這些任務後，奪取遵化就容易了。最後，明軍按孫承宗的意見行事，分為東西兩路並進，而孫承宗本人親自到撫寧督戰。

▲秦良玉之像。

五月十日，祖大壽與華州監軍道的張春以及邱禾嘉等人最先抵達灤城下，馬世龍、尤世祿、吳自勉、楊麒、王承恩隨後而至，開始正式攻城。以圖爾格、納穆泰、湯古代等人為首的後金軍隊憑城拼命抵抗，「矢石齊發」，又派遣精銳軍隊出城，企圖將明軍驅逐出環城而掘的壕溝之外，但遭到弩箭的射擊，退了回來。明軍繼續發起一波又一波的進攻，放火焚燒城樓，一度攻上了納穆泰所守的汛地，其中一名壯士手持軍旗，豎起雲梯首先攀登上城，可惜寡不敵眾，被圖爾格派來增援的兵丁所殺，致使攻城的軍事行動一度受挫。

駐守遵化的阿敏、碩托得知明軍大舉反攻的消息，無不感到膽寒，但又不得不派出圖賴、阿山、吳拜、邦素、伊勒木等人率護軍前往增援。可是，這股人馬力量太小，士氣低落，他們號稱「襲擊了」明軍的步兵營之後，又連忙撤返。無可奈何的阿敏再派大臣巴都禮帶著數百人前往灤州，這夥人雖然經過努力在深夜三鼓時分進入城內，與守軍會合，然而，對扭轉被動挨打的局面起不了任何作用。次日，明軍動用了紅夷大炮轟城，接二連三地擊毀了多個城牆垛口，令守城的後金官兵失去了垛口的掩護，暴露在攻城部隊的槍林彈雨之下，傷亡益增。不久，連城樓也在戰火中被烈焰吞噬。

儘管情況不利，守軍仍然負隅頑抗。指揮攻城的祖大壽認為如果繼續督促士卒猛攻，必然會使傷亡數字加大，不如在包圍圈的北面放開一個缺口，故意讓守軍突圍，然後再在途中佈置伏兵，可將這些惶惶如喪家之犬的逃亡者殲滅，而灤城亦唾手可得。這就是戰爭史上屢見不鮮的「圍三闕一」之策。明軍統帥部依計行事，守軍果然在當天晚上棄城而逃。圖爾格、納

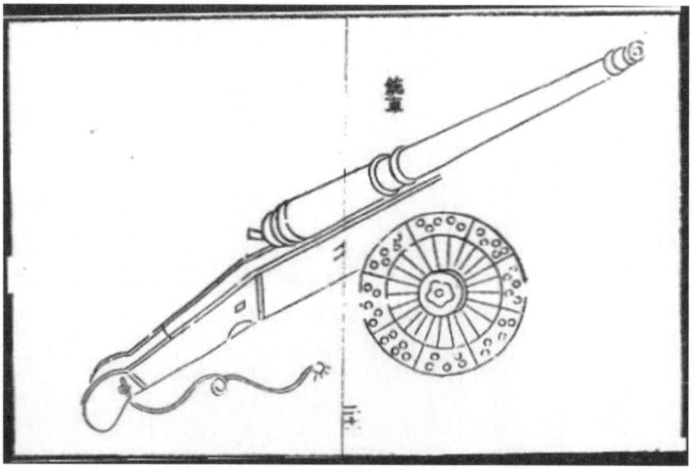

▲紅夷大炮。

穆泰、湯古代等人跑得過於倉促，根本來不及召集所有的將士一起離開，令整支部隊一下子就瓦解了，潰散的八旗兵丁以二三十人或者四五十人為一隊，各自為戰，在天下大雨的情況下相繼突圍，沿途遭到明軍的四處堵截，損失不少，剩下的人喪魂落魄一般，全跑進了永平城裡。

此前，阿敏留下察哈喇守衛遵化，自己與碩托帶兵匆匆出發，企圖與灤州守軍取得聯繫，他們途經遷安府時將所有的守軍與居民遷出來，挾持著一起向永平前進。到達永平後不久，就碰上了從灤州逃出的潰兵，讓阿敏大為震驚，他再也沒有信心待下去，只想快快撤出關外，保命要緊。臨走之前，他對城裡之人進行了野蠻的屠殺，甚至連投降的漢官也未能倖免，這些傢伙死後，妻兒子女被分給八旗兵為奴。其中，被皇太極任命為巡撫的白養粹等十餘人慘遭橫禍，身首異處。必須說明的是，這些刀下之鬼以文官為主，而投降的漢人武將則大多數安然無恙地被帶到了關外。這是後金長期奉行「重文輕武」的結果，以致後來一位文官為此哀歎道「武臣生而縉紳死，文士寒心」。經過一番瘋狂的擄掠之後，八旗將士放棄永平，經冷口出關。

孫承宗針對激烈變化的形勢，召集諸將開會，分析道：「敵人從西北方向出關，西面的遵化必然兵力空虛，應當乘此良機收復失地。」他還認為敵人攜帶著擄掠而來的百姓與輜重，不會跑得很快，明軍只要跟蹤追擊，就容易追上。馬世龍、祖大壽奉命率輕騎分道追擊，果真有所斬獲。

不久，明軍攻打遵化。總兵宋偉、副將謝尚政等人首先登上城頭，留守此地的察哈喇從北門緊急逃命，絕塵而去。在此期間，副將王維城與遊擊靳國臣等人收復遷安。副將何可綱收復永平。各路明軍轉戰三百里，先後收復四座大城以及周圍附屬的十二座城堡，俘獲了一大批屈膝投降後金的變節者，包括都禦史馬思恭、兵備賈維鑰、知府張養初、知州楊耀、都督李際春、內應朱應泰、柴通、卜文礦等，等待這些傢伙的將是國法無情的裁決。

明朝僅用十幾天就打了一場具有雪恥性質的勝仗。特別值得一提的是紅夷大炮首次參與攻城，這是明代火炮發展史上的又一次標誌性的事件，其重要意義在某種程度上可與紅夷大炮首次守城的甯遠之戰相比。明軍戰後論功，以祖大壽為最，尤世祿為次，凡有功人員，均得到應有的賞賜。而孫承宗升為太傅，馬世龍升為太子少保，這兩人在戰後都以病「乞休」，但孫承宗得不到朝廷的批准，而馬世龍則於本年八月獲准回鄉休養。

關內四城的淪陷對皇太極而言是一場災難，他出動了不少人力物力駐守仍以失敗而告終。雖然史無明載留守於關內的八旗軍共有多少人，不過人數肯定不會少，因為皇太極曾經說過「每牛錄遣護軍三人、甲兵二十人」，在阿敏、碩托等人率領下鎮守四城。那時八旗共有牛錄二百三十個左右（不包括包衣牛錄），據此可知，阿敏等人轄下共有五千二百九十多人，然而這個數字不包括圖爾格、納穆泰等原駐關內的部隊。稍後，皇太極又派遣貝勒杜度率領官員四十名與精兵（即護兵）千人前往增援，可是，這批人尚未到達目的地，已經傳來敗訊。關於八旗軍在此戰的損失人數，史書只留下零星的記載，根據《清太宗實錄》的說法，軍隊在灤州突圍中「陣歿四百餘人」。然而，後金在給朝鮮的國書中提到關內四城之敗時，卻避而不談灤州的死亡人數，僅僅承認阿敏等人「棄永平、遵化、遷安三城」撤退的行動導致一些隨行的軍士因「失道（走錯了路）」而被殺，共「二百餘人」。由這兩個不完整的資料可知，至少有六百將士死亡，而且，還不包括受傷之人在內。總之，在整個關內四城的攻防戰中，以慘敗告終的八旗軍肯定損失不少，可是後金統治者在對外宣傳時一如既往地減少自身的傷亡，總是不肯將真實資料公之於眾。不過，後金在給朝鮮的國書中指責明朝故意誇大自己軍隊的戰績，認為明軍對外宣稱「斬獲三千一百五十八級」是「冒功」之舉，理由是有不少投降後金的漢人被當作八旗兵殺掉了。

這個突如其來的軍事失敗，讓皇太極極為悲痛與憤怒，決定嚴懲罪魁禍首，他下令暫時禁止任何敗軍之將進入瀋陽，然後召來諸貝勒、大臣共同商議，最後派人出城向阿敏等人詢問兩個問題：

其一是，守衛灤州的諸臣在棄地時，有沒有帶領所有的部隊撤離？

其二是，阿敏、碩托等人是否在永平城內進行過抵抗以及在城外進行過野戰？如果未曾作戰而回，那麼原因何在？

阿敏等人在前來質問的大臣之前無言以對，只好表示甘願服罪。皇太極得報後，遂於次日下令把「總兵官以上、備禦以下」的所有敗軍之將都用繩子縛住，押入城內，讓他們跪於諸貝勒、大臣之前，加以羞辱。然後，念及傷亡的將士，不禁聲俱淚下地說道：「明軍士兵在兩三個月之內，為何會突然變得這樣強？他們難道有神術麼？如果真有神術變化，你們戰而不勝，回來才算沒做錯。你們這些臣子到底是懦弱？還是兵少？我難道不知道明軍的真正實力麼？」他特別點了圖爾格、納穆泰等人之名，罵他們「厚顏」而歸，真是「可恥」！並認為，如果因為明軍過於強大而撤回，原本「無可非議」，但是，這些敗軍之將既然能夠將「財帛、瘸足女人（指關內的小腳女人）攜之而歸」，那麼，為何不能將所有潰敗的兵丁帶回來？為此，皇太極責問：「我軍士亦瘸乎？彼有何辜，呼天叫地而死也！我念及此，焉能忘懷，豈不傷感。」言畢，又惻然淚下，旁觀者無不涕淚交加。經過一番痛斥之後，皇太極方才正式處理這批人，其中無罪者釋放，有罪者押送有司繼續審問。至於阿敏，經眾議後認為應該處死，但皇太極網開一面，將他關入牢中囚禁，而他所有的「部屬、家奴、財物、牲畜」等，通通轉給其弟濟爾哈朗。碩托也被革去爵位，同時遭到剝奪部屬的懲罰。

阿敏被貶之後，昔日負有擁戴之功的三大貝勒只剩下了代善與莽古爾泰兩人。這兩人既有礙於皇太極集中君權，那麼遭受政治打擊也是早晚的事。

在八旗的發展史上，各旗的主人曾經多次出現變動，比如皇太極即位之初是正白旗的旗主，他的兒子豪格是鑲白旗的旗主，這兩白旗的旗色在皇太極坐穩大位之後改為兩黃旗（因為黃色作為最尊貴的色彩，符合君主的身份）。而正黃旗旗主阿濟格所屬的旗被改為鑲白旗，鑲黃旗旗主多鐸所屬的旗被改為正白旗。一些旗的旗主曾經多次變換主人，比如鑲白旗的旗主阿濟格於一六二八年（明崇禎元年，後金天聰二年）被多爾袞取代。此外，旗主與部屬的關係有時也會發生變化，因為各旗的人員在互相兼併之類的事件中存在著改變旗籍的可能。類似的變動總是經常伴隨著後金國內的政治矛盾或衝突而發生。

皇太極廢黜了阿敏，把鑲藍旗交給了親近自己的濟爾哈朗管理，又籠絡兩白旗的多爾袞與多鐸，有利於君權的進一步擴大。在這種背景下，他於一六三一年（明崇禎四年，後金天聰五年）七月設立了六部。此舉是想借鑒明朝的行政組織，以使國家機構更加完善。這位君主對漢人的先進文化很感興趣，早在一六二九年（明崇禎二年，後金天聰三年）四月，他就設立了「文館」，讓一些有文化的臣子翻譯漢文典籍，主要的用意在於吸收漢族的政治經驗，同時，又令他們負起記錄本國政事的責任，以總結得失。故此，他在兩年之後以明朝的行政組織為藍本來對國家機構進行改革，絕非心血來潮的舉動。六部是指吏、工、戶、禮、兵、刑等部，每一部的負責人都設置了三名「承政」做副手，分別從女真、蒙古與漢人中選擇賢良者出任，另外還設置「參政」、「啟心郎」、「筆帖式」等職位協助辦公。這些部門的設立使政府的分工更加明確，效率也獲得了提高。例如，兵部的職責主要有調發兵役（包括協助工部覆核各旗的戶口數目，以便更好地抽調人員服各種徭役）、頒佈軍律（包括制定圍獵條例）、勘查各旗的戰備情況，頒發出境證明以及佈置哨探等等。

六部從承政以下的各級官員主要由武將擔任，帶有濃厚的軍事性質。每部的負責人均由八旗中的貝勒出任，其中，鑲黃旗的阿巴泰、正紅旗的薩哈廉、鑲紅旗的嶽托、正藍旗的德格類、鑲藍旗的濟爾哈朗、鑲白旗的多爾袞各踞要津，使這些部門又帶有貴族政治色彩，貝勒們管理政事時難免會照顧本旗利益而忽視了國家的利益。但六部的設立，還是使後金逐步地從分權的貴族政治向集權的官僚政治演變。

關內四城之失，暴露了後金軍制的一個弱點，這就是分權。由於八旗出兵不設統帥，凡事由諸貝勒大臣共同商議而行，容易造成各自為政的後果。只有在皇太極以君主的身份進行親征的情況下，才能有效避免各自為政的局面，否則，各旗之間難免發生只顧自己利益，不管他人生死的事。在不久之前的征伐朝鮮之役中，嶽托當面頂撞企圖向王京進軍的阿敏，揚言要帶本旗後撤，已充分說明了這一點，而關內四城的失陷也與此有關。據說阿敏拒絕救援灤州的原因之一是那裡的守城兵沒有本旗之人，正如皇太極所批評的那樣，如果阿敏所屬的鑲藍旗有人參與守衛灤州，那麼阿敏「一定會去救援」，即使「戰得血肉之軀，堆得像城一般」也不在話下。如何改變這一軍事體制的痼疾，已經引起了一些人的注意。貝勒薩哈廉直言不諱地建議皇太極不親自出征時，「宜選一賢能者為主帥，給以符節，畀以事權」，軍中一切機務，皆聽其「總理」。對於那些觸犯軍令者，他認為應該允許主帥以軍法從事，但要限於「某品官以下（就像明朝擁有尚方寶劍的文官統帥，可斬副將之下不聽命者）」。連薩哈廉自己也承認這個設想受明朝軍制的啟發，他認為明軍雖怯於野戰，但防禦能力卻很強，這是因為明朝官吏在所管轄的地方，得到了「便宜行事」之權。儘管薩哈廉對明朝官吏的集權程度有所誇大，皇太極經過考慮還是認為這個建議可行，他在一六三一年（明崇禎四年，後金天聰五年）籌建「六部」時，曾經與諸貝勒大臣一起商量設立八旗統兵將帥，作為定制。

總之，皇太極是一個善於從戰爭中吸取經驗教訓的君主，他在登基的五年多時間裡，不斷四面出擊，既打過敗仗，也打過勝仗。在此期間，八旗軍雖然在錦州、寧遠以及關內的灤州等四城受挫，但這些失敗造成的負面影響是有限的。而後金也沒有因此而放棄對明朝的進攻。相反，皇太極透過使用武力迫使朝鮮與本國結盟，得以染指朝鮮半島，並乘察哈爾東遷之機控制遼東河套地區，繼而進一步揮師殺入關內，基本瓦解了明朝長期經營的弧形包圍圈，使得明軍只能憑藉遼西走廊的寧錦防線與遼東半島沿海的東江鎮苦苦支撐。這些具有轉折意義的勝利為後金日後的全面勝利鋪平了道路。

第五章
四處出擊

自從西歐於十五世紀開闢東西方之間的新航路以來，大量產自日本與美洲的白銀經馬尼拉、澳門等地流入中國內地，助長了國內方興未艾的消費浪潮，也使得來自關外的人參、貂皮、鹿茸等奢侈品在關內成了搶手貨，間接促進了女真人的崛起。可是，到了一六二〇年（明萬曆四十八年，後金天命五年）至一六六〇年（南明永曆十四年，清順治十七年）之間，歐洲爆發了經濟危機，沉重打擊了依賴新航路的整個世界貿易體系，再加上戰亂等原因，既令美洲出口的白銀大量減少，也讓中國經濟隨之陷入了一場嚴重的衰退之中。因為中國本土的銀礦不多，市場上流通的白銀主要來自海外，一旦輸入大幅度下降，必然會令白銀的價格上升。這樣一來，不少富人會採取囤積居奇的辦法，將手中的白銀貯藏起來，企圖等到其價格飆升之後，再脫手賣出，以牟取暴利。這種投機倒把的做法勢必造成白銀供應量進一步減少，不利於政府的稅收，因為自從明朝中後期以來，全國逐漸推廣以「一條鞭法」命名的新賦稅制度，規定老百姓要以白銀交納各類賦稅。可是現在由於「物賤銀貴」，老百姓為了籌集足夠的白銀，被迫賤價賣出更多的糧食等實物，無形中大大加重了負擔，以致怨聲載道。一些交不起稅的人只有選擇逃亡。屋漏偏逢連夜雨，從十七世紀前半葉起，明朝屢次發生罕見的自然災害，進入了歷史學家所說的「小冰河時代」，據科學家研究，那時地球表面的氣溫呈現下降的趨勢，竟然降到了一〇〇〇年以來的最低點，影響了農作物的生產，各地接連不斷地出現了饑荒，社會越來越動盪不安。

連年的戰爭使明朝逐漸內外交困。早在萬曆、天啟年間，陝西、山西、四川等地已經出現了為患地方的流賊，這主要是遼東喪師失地帶來的惡果，不少援遼兵丁在與後金作戰慘敗後四處流竄，陸續逃回關內，他們不敢重歸部隊，只好聚眾搶掠。再加上西北地方連年旱災，而各地的官府未能有效賑災，致使大批饑民相繼暴動，組成農民起義軍，各種不穩定的因素四處蔓延，這些星星之火即將釀成燎原之勢。一六二七年（明天啟七年，後金天聰元年）三月十五日，陝西澄城縣數百名農民由於不能忍受官府的沉重壓榨而手持利器衝入縣衙，殺死知縣，然後到山中落草，正式揭開了明末大起義的序幕。之後，陝西各地的暴動此起彼伏，大量貧民與饑民在高迎祥等人的率領下揭竿而起，他們會同固原、延綏等地因缺餉而兵變的邊防士兵，吸收了一批被官府以節約經費為藉口而裁減的驛卒，展開了如火如荼的鬥爭。到了一六二九年（明崇禎二年，後金天聰三年）十月後金入關騷擾京畿地區之時，山西、陝西等地的一些勤王之師在赴京途中因被克扣行糧等原因發生嘩變，許多人潛返原地，成群結隊地加入到起義隊伍當中，壯大了各路義軍的聲勢。朝廷為了應付後金的入侵而在全國範圍內多次加派賦稅，到了一六三〇年（明崇禎三年，後金天聰四年），平均每畝已增銀一分二厘，這就是「遼餉」。額外的賦稅使那些貧苦的農民雪上加霜，他們不堪重負紛紛鋌而走險，不斷地加入到起義的隊伍之中，讓局勢火上加油，不可收拾。陝西的亂局不但難以在短期內恢復正常，而且還向鄰省蔓延，就在一六三〇年（明崇禎三年，後金天聰四年）這一年，接二連三的起義隊伍在馬守應、王嘉允、羅汝才、張獻忠、李自成等人的帶領下進入山西，招納了大量饑民，擴充了實力。出現在各地的義軍已達三十六營，號稱「二十萬」。他們不再像過去那樣各自為戰，而是開始注意互相聯絡，互相聲援，在此後的數年間，相繼攻佔了鄉甯、石樓、稷山、聞喜、河津、大寧、澤州、壽陽等地，震動了整個陝西。

明朝對起義軍採取軟硬兼施的方法，既試圖予以招撫又實施鎮壓，在招撫手段多次失效的情況下，逐漸加大了軍事打擊的力度。洪承疇接替主撫的楊鶴出任陝西三邊總督，調集重兵進行圍剿，重創了陝西境內的義軍，隨後，他兼管山西、河南軍隊，與「節制秦晉諸將」的臨洮總兵曹文詔一起，在山西等地四處追擊，打死了不少義軍首領。但是，起義軍沒有就此垮掉，殘餘人員在向京師南部與河南北部轉移的過程中突破數萬官軍形成的包圍，進入河南中部與陝西、四川等大明帝國的心腹要地，繼續發展。

無情的事實證明，明朝迅速平定起義軍的願望成了泡影，因而不得不同時應付關內外的敵人，長期陷入了兩線作戰的泥潭。

關外的情況不容樂觀，後金於一六三〇年（明崇禎三年，後金天聰四年）結束了首次入關之戰後，一直為下一次大規模的軍事行動做準備。皇太極深深地知道遼東地區的寧錦防線與沿海的東江鎮是八旗軍入關作戰的最大牽制，如何解決這些後顧之憂，是他焦思苦慮的問題。特別是東江鎮的核心要地皮島，成了他急欲奪取的目標。由於八旗軍對航海作戰不熟悉，他只好採取誘降手段，企圖策反東江鎮的西協主將劉興治。劉興治的家族兄弟眾多，在遼東的地位比較顯赫，他的哥哥劉興祚很早已經投靠後金，被努爾哈赤招為女婿，一度負責管理富庶的遼南，據說他的聲望與李永芳（死於皇太極在位初期）差不多。可是，劉興祚不忘故國，毅然轉而歸順了毛文龍，被授予副將，但他離開時未能帶走所有的親屬，包括他母親在內等一大班親朋戚友尚留在後金成為

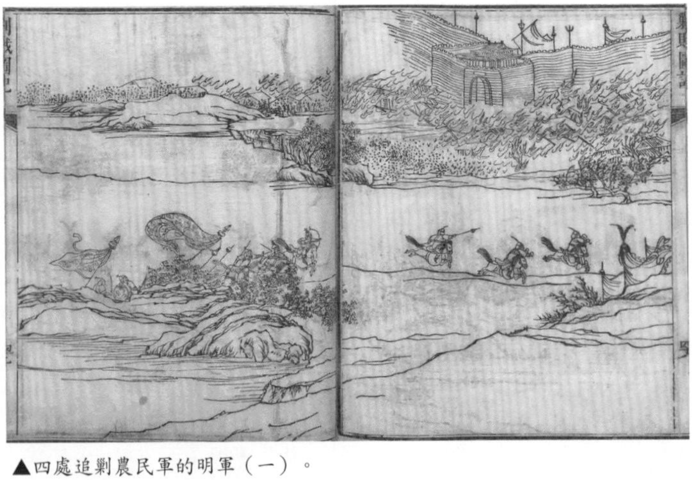

▲四處追剿農民軍的明軍（一）。

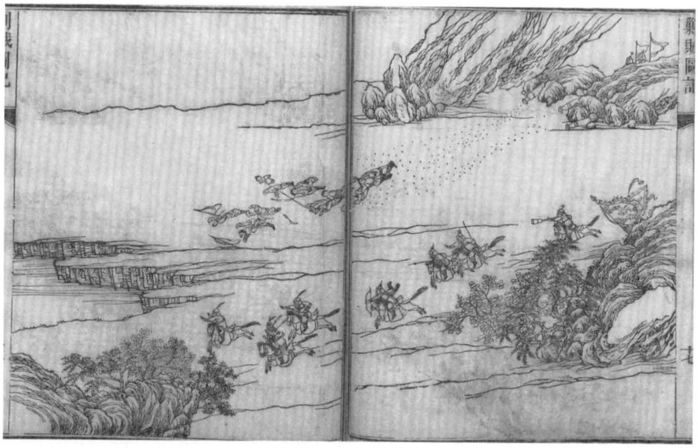
▲四處追剿農民軍的明軍（二）。

人質。劉興詐後來在與八旗軍交戰時戰死，他的另一個弟弟劉興賢成為了俘虜。現在，皇太極利用手中的人質招降劉興治，而劉興治因與代管東江事務的東協主將劉繼盛不睦，也想重投後金的懷抱。不久，劉興治暗殺了劉繼盛，舉兵四處搶掠，明朝急忙派副將周文郁前往安撫劉興治，暫時穩定了皮島的局勢。可劉興治仍懷二心，私下裡與皇太極互通書信，企圖等待時機叛逃。劉興治的部屬裡面有不少背叛後金的女真人，這些女真人與漢人的關係並不和睦，彼此多次爆發衝突，致使劉興治於一六三一年（明崇禎四年，後金天聰五年）三月死於一場激烈的內訌之中（劉興治死後，招降不成的皇太極隨即把扣留在後金的劉氏家屬全部殺死）。當時有三百多名殘存的女真男女逃離了皮島，取道朝鮮返回了後金，皇太極從中得知「島中形勢未定」，便想派兵進行突然襲擊，以收漁翁之利。他於五月二十七日令總兵官楞額禮為右翼元帥、喀克篤禮為左翼元帥，率一千五百名騎兵與四千五百名步兵南征，事先叮囑他們不要冒犯「交好之國」朝鮮，而招降皮島漢人之事可由漢將石國柱、高鴻中等人負責，如漢人不降，則渡海攻打。由於這一次出征以海戰為主，所以八旗軍中步兵的比例超過騎兵。此前，八旗軍沒有將騎兵與步兵嚴格區分開來，因為在必要時，騎兵下馬就成為了步兵。而在這次征伐中，八旗軍首次大規模使用步兵，顯示騎兵與步兵分開已是大勢所趨。

出征的八旗軍分四路進入朝鮮境內，陸續來到與皮島隔海相對的宣川浦、蛇浦等沿海一線，在招降無效的情況下準備進攻。想不到，他們借船的要求遭到了朝鮮的斷然拒絕，只好使出權宜之計，在宣川浦伐木造船，同時依靠在沿海搜索得到的十一條船，運載部隊前往皮島附近的身彌、宣沙等島。這時，皮島由武將黃龍鎮守，他針鋒相對地派遣副將張燾率部趕往身彌島，阻擊來犯之敵。明軍水師裝備了西洋大炮、鳥銃、三眼銃等大量火器，再加上一位名叫「公沙的西勞」的西洋火器專家做隨軍顧問，利用自身水戰嫻熟的特點將身彌島的八旗軍打得抱頭鼠竄。其後，百餘艘大大小小的明軍戰艦進擊八旗軍造船的宣川浦，連日施放銃炮，摧毀船隻，將對手打得「扶傷盈路」，致使那一帶「草木渾腥」。而蛇浦地區亦遭到明軍戰艦的轟擊。八旗軍經過十多日的抵抗後，被迫後退八十里，不敢靠近海岸，不久從朝鮮撤退，於七月二日灰頭土臉地返回瀋陽。

這一戰充分暴露了八旗軍水戰能力薄弱的事實。這支以陸軍為主的部隊沒有拿得出手的水師，上自最高統帥，下至普通將士也沒有任何大規模的水戰經驗，所以「無知者無畏」，竟然幻想憑著向朝鮮借船以及臨陣造船等方式讓陸軍去挑戰擁有二百多年歷史的明軍水師，結果在事實面前碰了個頭破血流。

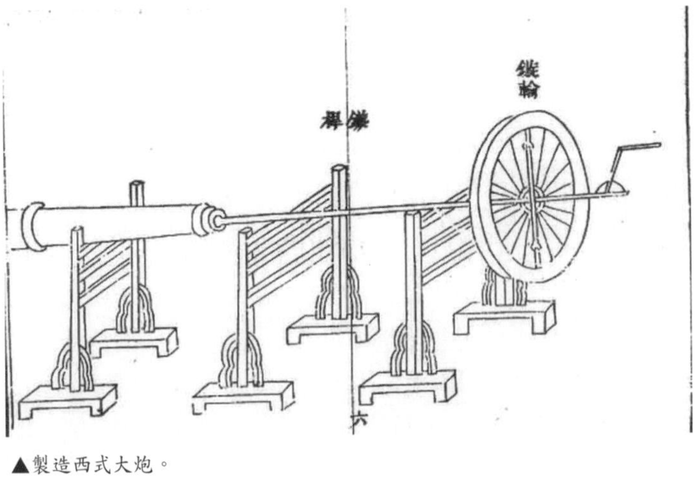

▲製造西式大炮。

無計可施的皇太極暫停對沿海地區的經略，又把注意力轉移到了寧錦防線。

明朝為防患於未然，力圖在衝突爆發之前整頓寧錦前線的防務，以應付即將到來的血雨腥風。孫承宗於一六三一年（明崇禎四年，後金天聰五年）正月巡視關外，以預加防備。這時，新近升任遼東巡撫的丘禾嘉提議收復廣寧、義州、右屯三城。孫承宗認為廣寧距離海岸有一百八十里，距離遼河一百六十里，勢必不能從水路輸送物資，而陸路運輸需要動用大量的人力物力，難度很大，理由是從錦州前往廣寧，需要取道位置偏僻的義州，故路途比較遠。為此，遼軍必須採取步步為營的辦法，先佔據距離海岸較近的右屯，在此屯兵積糧，將其建設成為補給基地，然後才可漸漸逼近廣寧。他鑒於右屯城已在戰亂中毀壞，提出要及時予以修築，只有這樣，守軍才可以長期堅守下去。但部隊一旦重新築城，敵人必來破壞。因而必定修復右屯前方的大、小淩河城，以連接松山、杏山、錦州等地，作為屏障。他最後指出，右屯的後面即大海，方便從水路運糧屯兵，正好作為步步為營的發軔地。

孫承宗的意見得到了兵部尚書梁廷棟的贊同。在這種情況下，大淩河城與右屯從七月中旬首先開始修築起來，具體工作由總兵祖大壽、何可綱等將領負責。參與築城的人數有一萬四千，守城的士卒也有四千。此外，朝廷又從四川石砫女總兵秦良玉的部屬中抽調了一萬多人，在她的侄子秦翼明的帶領下在大淩河城周圍護衛。這支部隊皆是步兵，全部配備長槍，正是向來以「健銳」著稱的白杆兵，但這支勁旅要想在野戰中戰勝八旗兵，需要其他兵種的配合。然而，前線的駐軍「火炮未練」、騎兵不多，而且「盔甲、弓、刀」等軍械尚未齊備，很難與白杆兵協同作戰。就像在前線參與統籌軍務的尚寶司官員李繼貞在給皇帝的奏文中所說的，如果白杆兵得不到「前鋒大將馬兵」的有力配合，「則石砫（指白杆兵）

亦為虛糜，亦不能以短兵孤注」。

在築城期間，丘禾嘉與祖大壽發生了矛盾。祖大壽欲告發丘禾嘉貪贓枉法、以權謀私。孫承宗得知後，不想讓「武將逼走文臣」這類難堪的事發生，便制止祖大壽的行為，同時密奏朝廷，請求讓丘禾嘉改任別職。丘禾嘉於一六三一年（明崇禎四年，後金天聰五年）五月接到調令，出任南京太僕卿之職，而遼東巡撫改由孫谷來做。在孫谷未至之前，丘禾嘉仍要堅守崗位。就在築城行動即將大功告成之際，兵部尚書梁廷棟卻被罷了官。朝廷隨即改變了政策，認為大淩河地處荒蕪，不應築城，下令撤軍。丘禾嘉得令後採取折衷的辦法，只是撤走了白杆兵等軍隊，留下祖大壽、何可綱守城。此後，白杆兵這支精銳部隊再也未能涉足遼東戰場，而是長期輾轉在河南、湖廣、四川等省，與各地的起義軍作戰。

明軍剛開始築城不久，皇太極就已經打探到了消息，他想乘明軍尚未完工之時，出兵予以驅逐，以免貽禍將來，因而不惜大撒錢財（包括動用了與朝鮮互市所得的財物）來購買蒙古馬匹，準備興師，並傳檄歸附的蒙古諸部封建主，命令他們派兵前來與八旗軍會合，一起西進。七月二十七日，皇太極親自帶領部隊從瀋陽出發，踏上了征程，而留下杜度、薩哈廉、豪格守衛都城。

八旗軍在舊遼陽河與蒙古諸部會師之後，據說總兵力達到八萬左右。他們兵分兩路，一路由德格類、岳托、阿濟格等人率領，以兩萬兵力向義州方向前進；而主力由皇太極帶領，取道白土場向廣寧開進。兩軍按照約定的時間於八月初六在大淩河碰頭。在大淩河城外，一名被捉獲的漢人供稱城裡駐有步、騎兵各七千，由總兵祖大壽以及二十多員副將、遊擊統領，此外還有各種役夫、商人等共約萬人。

皇太極看見城牆經過明軍歷時半個月的搶修，已經基本完好，不想立即強攻，以免「士卒受傷」，只下令在城外「掘壕築牆」進行圍困，「彼兵若出，我則與戰，外援若至，我則迎擊」，總之，打算在城外長期待下去。這種打法與後金過去的攻堅戰術有重大區別，因為皇太極已經吸取了在甯遠、甯錦兩戰中碰壁的教訓，他為了避免重蹈覆轍而改變了過去那種強攻的作戰方式，轉而用持久圍困的新辦法對付善於守城的關寧遼軍。這種曠日持久的打法不能「取糧於敵」，勢必對後勤造成沉重的壓力。皇太極敢於這樣做，反映了後金的經濟狀況已經有所改善，儲存了一定數量的糧食與物資，能夠保證對軍隊的供應。

《清太宗實錄》記載了後金軍隊具體的作戰部署：正黃旗固山額真楞額禮率本旗兵列陣於包圍圈的西北面。鑲黃旗固山額真達爾哈率本旗兵列陣於包圍圈的東北面，貝勒阿巴泰率護軍在後策應。正藍旗固山額真覺羅色勒率本旗兵列陣於包圍圈的正南面，莽古爾泰、德格類兩貝勒率護軍在後策應。鑲藍旗固山額真篇古率本旗兵列陣於包圍圈的西南面，貝勒濟爾哈朗率護軍在後策應。蒙古固山額真吳訥格率本旗兵列陣於包圍圈的東南面。正白旗固山額真喀克篤禮率本旗兵列陣於包圍圈的東北面，貝勒多鐸率護軍在後策應。鑲白旗固山額真伊爾登率本旗兵列陣於包圍圈的東南面，貝勒多爾袞率護軍在後策應。正紅旗固山額真和碩圖率本旗兵列陣於包圍圈的西北面，大貝勒代善率護軍在後策應。蒙古固山額真鄂本兌率本旗兵列陣於包圍圈的正西面。鑲紅旗固山額真葉臣率本旗兵列陣於包圍圈的西南面，貝勒嶽托率護軍在後策應。另外，蒙古諸部也參與了圍城。這個嚴密的包圍圈幾乎到了「水泄不通」的地步，難怪皇太極擲地有聲地揚言：「勿縱一人出城。」為了做到這一點，八旗兵圍繞著大淩河城挖掘壕溝，壕溝的寬度與深度各為一丈，並在壕溝的外面砌了一道高約一丈的牆，牆上留有可用於掩蔽參戰人員的垛口。這樣的圍城工事可以說是固若金湯了，但他們還不滿足，又在距離圍牆五丈的地方掘了一道寬約五尺、深約七尺五寸的壕，上面覆蓋著黍秸，再掩上泥土，如果有人不知內情踏在上面，必定掉入這個精心佈置的陷阱之中。同時，圍城的各部隊也在營外掘一道寬、深約五尺的壕。在重重圍困之下，守軍插翅難逃。

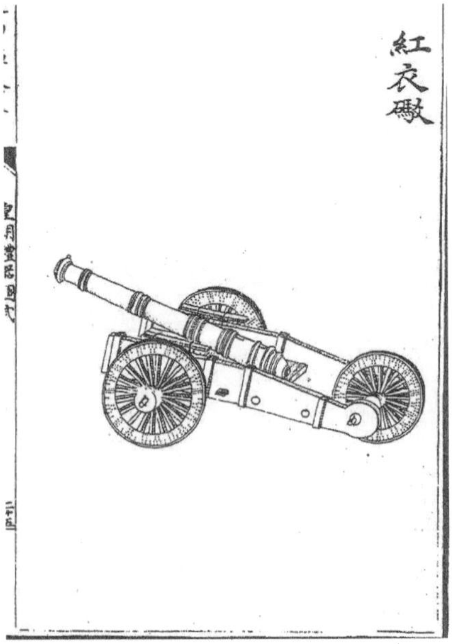

▲紅衣大炮。

最值得注意的是，有大批漢人士卒運載紅夷大炮、大將軍炮等四十多門火炮，準備轟城，他們在總兵官佟養性的帶領下，列營於錦州城外的大道上，格外引人注目。所謂的紅衣大炮，就是大名鼎鼎的紅夷大炮。因為後金統治者諱言「夷」字，所以將之改為一個不倫不類的「衣」字。後金能夠擁有這種當時最先進的大炮，與投降的明軍脫離不了關係。這些明軍是在八旗軍首次入關時於遵化、永平等地投降的，他們與隨軍的炮匠一起被帶到了瀋陽，獲得皇太極的重用。為此，他們享受較為優厚的待遇，每個人都分有田地以及協助耕種的「幫丁」，許多人便死心塌地為後金賣力。不久，歸附的炮匠於一六三一年（明崇禎四年，後金天聰五年）正月鑄成了第一門紅夷大炮（這門大炮被封為「天佑助威大將軍」）。由於女真與蒙古人不擅於使用火器，故所有的大炮由漢軍負責發射。後金統治者歷來注意利用來自明朝的火器技術，反過來攻打明朝，可謂以牙還牙。最明顯的例子是努爾哈赤主政時期，降將李永芳的炮兵曾經在渾河大破明朝精銳的四川白杆兵，如今輪到皇太極主政，對火炮的重視程度有增無減，這預示著炮兵在八旗軍中的地位極有可能會提升到一個新的高度。

皇太極意圖憑此戰與關寧遼軍決一雌雄，因為這位女真領袖一直對關內四城的失守耿耿於懷。此刻，他得意揚揚地宣佈：「昔日攻取灤州、永平等地的明軍，如今已被我軍圍困在大凌河城之內了，明朝善戰勁旅盡在此城，其他地方不足為慮。」皇太極作為一個政治家，說的話難免有些誇張，但也符合一部分事實。此時此刻，曾經統率關寧遼軍的袁崇煥、滿桂、趙率教等人相繼死亡，而參加過甯遠、甯錦之戰的遼東總兵祖大壽已經成為了關寧遼軍的頂樑柱，在收復關內四城中扮演著主力軍的角色。此後，祖大壽就水到渠成地成了前線諸將中首屈一指的人物，他歷年來提拔了不少姓「祖」的將領，其中既有親屬，也有義子。根據歷史學者後來的統計，著名的有曾任總兵的祖大弼、祖大樂，曾任副將的祖澤潤、祖澤洪，此外，先後當過副將、參將、遊擊的還有祖可法、祖寬、祖澤盛、祖澤沛、祖邦武、祖克勇、祖雲龍等人。由於人才濟濟，祖大壽所部被譽為「祖家軍」，成了支撐寧錦防線的柱石。現在，儘管祖家軍沒有傾巢而出守衛大凌河城，但還是有相當多的人馬被困於城內，成了皇太極的重點打擊目標。

圍城開始不久，八旗軍驅逐多股出城迎戰的明軍小部隊，並對城西與城南一些墩台的守軍進行招降。後金的紅夷大炮亦參戰了，漢軍炮手首先攻擊城西南隅的墩台，炮彈穿過其雉堞，打死一人，迫使殘存者投降。其後，攻堅部隊在台下排列戰車與盾牌，掩護紅夷大炮與將軍炮轟擊城南，摧毀其四處雉堞與兩座敵樓。在後金火炮的威脅之下，大凌河城附近的一些墩台陸續投降。另外一些墩台因損毀嚴重，逼得駐防明軍只能棄台而逃，但大多數人在途中被八旗兵截殺。

八旗軍遭到明軍不斷出城的騷擾，產生了一定的損失。有一次，兩藍旗一些士卒中了對手的誘敵之計，竟然一齊擁上前去阻擊出城的小股明軍，他們滿以為可以殺敵立功，誰知由於過於深入，竟被事先隱蔽在城牆上的明軍用各種火器與弓箭猛烈射擊，使得不少在城壕附近下馬步行廝殺的八旗兵成了活靶子，而「副將孟坦、原任副將屯布祿、備禦多貝、侍衛戈裡以及十名士卒」當場戰死。當時，貝勒多爾袞亦參與衝鋒，幸而撤得快，得以全身而退。事後，皇太極為此大發雷霆，批評部屬「冒昧輕進」的行為，揚言要給多爾袞身邊的侍衛定罪，因為按照以前制定的「定例」，凡是遇敵時，諸貝勒只可坐鎮軍中，不可輕舉妄動地出陣，以免出現意外。可是，在這次戰鬥中，多爾袞身邊的侍衛不但沒有勸阻自己主子，反而與之一起衝鋒陷陣，犯了「疏失」之罪，按例將要定為死罪，但皇太極只想提出警告，而無意殺人，他以此時正是用兵之際為由，表示暫不予以追究。

必須要指出的是，統帥帶頭衝鋒陷陣已成了八旗軍根深蒂固的傳統，很難僅憑一個條例就可以杜絕，就連皇太極也不能免俗，有時忍不住會一顯身手。當圍城到了九月中旬的時候，他終於在攔截明朝援軍的戰事中親自參與打鬥了。此前，出於「唇亡齒寒」的緣故，鎮守杏山、錦州等處的明軍多次派兵企圖解開大淩河城之圍，並與後金的阻擊部隊不斷交手，可惜，由於增援的兵力規模不大，均未能得手。到了九月中旬，在朝廷的壓力之下，遼東巡撫丘禾嘉、總兵吳襄、宋偉等率軍七千再度前往救援大淩河城。明軍的行動當然瞞不過皇太極，他認為擔任阻擊任務的阿濟格、碩托等人兵力不足（這支部隊是從八旗中的每一旗抽調一員護軍將領與五百精兵、五百蒙古兵組成，共八千人），又令總兵官楊古利率領一半的八旗護兵火速前去協助，即使如此，他還不放心，竟帶領自己的親隨護軍與多鐸轄下的二百親隨護軍、攜同一千五百營兵隨後出發。為了更加有效地攻擊明軍陣營，他讓佟養性所部的五百漢兵推帶著「車盾」等武器隨行。由此一來，雙方部隊將不可避免地在錦州與大淩河之間的地域迎頭相碰。皇太極在進軍的途中遙遙望見錦州城南塵埃飛揚，好似明軍正在疾馳而來，便讓部隊停止前進，令前哨圖魯什率二百人去偵察敵情。過了一會兒，他又感到不放心，就與多鐸一起，帶著二百護軍沿著山悄悄前行，在距離松山三十餘里的小淩河正巧與七千明軍狹路相逢。根據《清太宗實錄》的記載，這時，圖魯什等二百人已被對方趕了回來，皇太極見情況緊急，馬上披甲上陣，帶著隨從渡河直殺過去，奇跡般打敗了七千明軍，並追到了錦州。在混戰中，多鐸墜馬，但性命無礙。不久，阿濟格率後繼部隊趕到了。皇太極將所有人馬分為五隊直抵城下，準備再與列陣於城外的明軍步、騎兵作戰。

明軍的陣勢是步兵在前面以戰車及盾牌做掩護，計劃憑著大炮與鳥銃打擊任何來犯之敵，而騎兵在後面伺機而動。戰鬥開始後，作戰經驗豐富的八旗軍首先攻擊的物件並非是明軍步兵，而是不惜兜一個大彎攻擊明軍騎兵，目的是先擊潰明軍騎兵，再從後面攻擊明軍步兵，這樣的破陣方法等於從背後狠狠地給敵人插了一刀，如能得逞自然起到事半功倍的作用。明軍不甘示弱，宋偉與吳襄將部隊分為「左右兩翼迎擊，接刃於教場」，與兇狠的對手連戰了數十陣。最有意思的是，《烈皇小識》記載了祖大壽之弟祖大弼與皇太極在錦州城外單打獨鬥的事蹟，戰鬥中「四王子（指皇太極）免冑掠陣，大弼突出搏之，刃幾中馬腹，虜號曰：『祖二瘋子』。」這一戰，勝負的關鍵在於騎兵的表現，誰的騎兵更強，誰取勝的機會就更大。事實又一次證明，明軍騎兵的戰鬥力稍遜一籌，他們紛紛退卻了，致使步兵陣地的背後徹底暴露在八旗軍的騎兵之前。《滿文老檔》記下了一位名叫「蘇納」的八旗將領的戰鬥經歷，他率領四甲喇蒙古兵攻擊了明軍騎兵，再向明軍步兵駐地的背後撲過去。在激烈的戰鬥中，他甚至下馬徒步追擊明軍步兵，並成功救回一名被俘的後金兵、奪回二纛，同時，拖回了一位名叫喀爾喀瑪的哨卒的屍體。在隨後的戰鬥中，他又救出兩人，奪回一纛，致使自身受傷四處。可見，戰鬥的激烈程度。明軍步兵由於失去了騎兵的掩護，落於下風，只得入城固守。而親自策馬衝鋒的皇太極，獲得「斬副將一員、生擒把總一員」等戰果後，凱旋而歸。明軍這次救援大凌河城的行動雖然無功而返，可實力猶存，未來必將策劃更大規模的行動。

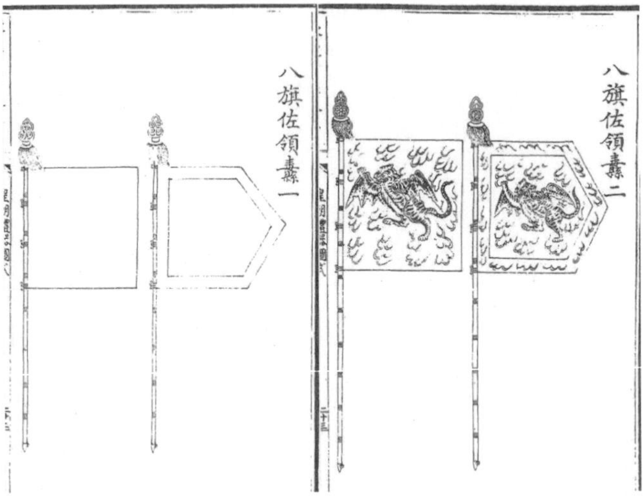

▲八旗佐領之纛。

在此期間，皇太極抓緊時機寫信給大凌河城裡的祖大壽，要求議和，他在信中批評明朝君臣「唯以前宋帝為鑒」，對後金屢次議和的請求「竟無一言回報」；然而，「大明帝非宋帝之裔，我又非先金汗之後。此一時，彼一時也。天時人心各不相同」。在這裡，皇太極極力避免將明朝與後金的戰爭等同於歷史上的宋金戰爭，以免讓前朝的仇恨延續到現在，增加和議的阻力。然而，他的信一如既往地石沉大海，毫無回音。其後，他轉而寫信勸降祖大壽，說了不少好言好語，例如「幸遇將軍於此，似有宿約」，「天欲使我兩人相見，以為後圖」等等，並作出承諾，「倘得傾心從我，戰爭之事，我自任之。運籌決勝，惟將軍指示」。言下之意是，假若祖大壽肯降，封官晉爵不在話下。事實上，皇太極早在首次入關作戰時，就專門派人到永平附近的村裡搜查祖大壽的族人，成功捉到了包括祖大壽親侄在內的六七人做人質，以此作為籌碼，準備他日與祖大壽討價還價。無奈祖大壽對明朝仍然抱有期望，到目前為止都沒有改變守城的決心。

大淩河城已經被圍了一個多月，攻守雙方的對峙狀態沒有絲毫改變。絞盡腦汁皇太極又想出一計，令軍營之內的廝卒手執旗幟在錦州通往大淩河的路上來回奔馳，故意揚起漫天灰塵，偽裝明朝援軍已經來到，同時在距城十里之外，不停地放炮，假扮成解圍之戰已經打響的樣子。祖大壽果然中計，率部從城的西南隅衝出，攻打八旗兵駐於該處的堠台，意圖配合援軍作戰。後金統治者眼見圖謀得逞，立刻展開反擊，宗室篇古等人乘明軍豎起梯子將要強攻堠台之際率部從營中及時殺出，而皇太極亦帶著護軍從山中撲來，兩股力量會合在一起，擊潰了出城的明軍，打死打傷百餘人。此後，守軍緊閉城門，不敢再輕易出來。

遼東前線的最高統帥孫承宗得知大淩河城告急，火速馳往錦州，敦促吳襄、宋偉全力前往救援。然而軍隊內部意見不一，丘禾嘉屢次更改出師日期，推遲至九月二十四日，才召集了四萬人馬，在監軍道張春與吳襄、宋偉等人的帶領下出師。平心而論，這點兵力加上萬餘錦州守軍，不過六萬人左右，對圍城之敵難以形成兵力上的優勢，要想解圍，機會非常渺茫。由於關內平定起義的戰況打得熱火朝天，明朝難以抽調重兵支持遼東前線，因而錦州部隊只好趕鴨子上架，帶著這點兵力硬著頭皮出戰，以求一逞。

張春、吳襄、宋偉與副將張弘謨、祖大樂、佟守道、靳國臣、孟道，遊擊楊振、海參代、楊華征等人率部經過小淩河，在河東五里的地方與扼守長山的敵軍相遇，便暫停前進，掘壕築起營壘、排列戰車、盾牌、銃炮等武器，將一切佈置得井井有條。皇太極得報後前往攔截，他率一半人馬先行上路，讓攜帶著戰車等笨重軍械的另一半部隊隨後出發。當他來到目的地後，發現敵營的防禦較為嚴密，認為此時強攻可能會付出不少代價，不如等對方行軍時，再攻其不備，則勝算更大。故此，八旗軍沒有發起攻擊，而是在兩天之後全部撤回，有意讓敵人長驅直入。

明軍果然上鉤，於二十七日四更起營，向大淩河城出發，一直來到了離城十五里的長山口。皇太極與代善、莽古爾泰、德格類、阿濟格、多鐸、碩托帶著女真、蒙古與漢軍共約二萬人迎戰。

明軍又擺出了一副防禦的狀態，將步、騎兵合併為一營，四面排列著大大小小的火炮以及鳥銃。這一陣容與不久之前在錦州城外所布的陣不同，錦州城外布的陣是步兵在前、騎兵在後，而這一次卻是步兵在外、騎兵在內。或許明軍的統帥部對騎兵的信心不足，乾脆讓步兵將其層層保護起來。可是，這種過於依賴車營與步兵火器手的戰術過於陳舊，它在實戰中不知被後金的騎兵大破了多少次。遺憾的是，明軍的選擇很有限，他們不但騎兵羸弱，並且缺乏「白杆兵」那樣善戰的重裝步兵，僅靠車營與火器手，無論怎麼樣佈陣，在八旗軍的重裝騎兵、重裝步兵、輕裝騎兵、輕裝步兵外加紅夷大炮等大殺傷性武器的配合之前，都沒有取勝的把握。

但明軍諸將如今只想賭一把，希望對手突然發揮失常，好讓他們靠著運氣取勝。可惜的是，勝利的天平只向「有備而戰」的一邊傾斜。

親臨前線偵察的皇太極胸有成竹，不等漢軍的戰車來到指定位置，搶先命令兩翼騎兵猛衝敵營。大戰一觸即發！只見明軍齊射的火器「聲震天地」，「鉛子如雹，矢下如雨」，然而，八旗騎兵還是毫無懸念地吶喊著突入陣中，特別是右翼將士，首先衝垮了張春所部的陣營，迫使躲藏在陣營之內的明軍騎兵四散而走。令人齒冷的是，吳襄與歸附明朝的蒙古將領桑阿爾寨竟然首先逃跑，一溜煙不見了影蹤。八旗左翼亦不甘示弱，一邊躲避明軍的銃炮，一邊從右翼將士剛剛衝開的缺口中洶湧而入，風馳電掣一般橫貫明軍陣營，一直追擊了三四十里，殺死大半殘敵。

由於很多八旗軍只顧著追擊潰兵，忽略了滯留在戰場的殘餘明軍，使得這些人有機會重新聚合在一起，布起陣來。皇太極鑒於追擊的八旗軍未回，手頭的兵力有限，便令佟養性所屬的漢軍，屯於敵營之東，不斷地發射大炮與火箭，對敵人進行牽制和打擊。就這樣，兩軍互相使用火器對射，由於風向時西時東，致使有的明軍在順風放火時竟被突然反吹過來的烈火燒死，後來天下起了一陣雨，火攻戰術也就失了效。不久，追擊的八旗軍重返戰場，讓皇太極擁有充足的兵力，又可以主動進攻了。他使出了努爾哈赤時代的舊戰術，讓步兵推著戰車與攜著盾牌前行，掩護後面的廝卒、蒙古軍與護軍，慢慢接近敵人。廝卒的任務主要是及時填平路上的溝溝坎坎，保證戰車順利前行。蒙古軍的任務主要是用射箭來壓制明軍的火器手。等到兩軍的距離越來越近時，隱蔽在戰車後面的護軍就騎著馬驟然衝出來，射出雨點般的箭，驅散明軍的火器手。接著，所有的後金軍人一擁而上，轉瞬之間搗毀了明軍的陣營。

皇太極敢於使用努爾哈赤時代的舊戰術來奪取勝利，可能與明軍殘餘部隊缺乏能擊毀楯車的紅夷大炮有關。當然，也有可能是他察覺到明軍的火炮經過長時間鏖戰後彈藥基本耗盡，才放膽一搏。值得注意的是，在努爾哈赤時代使用這種打法時，跟在楯車後面伺機出擊的通常都是「人馬皆重鎧」的重裝騎兵（最典型的是遼陽之戰），而現在，跟在楯車後面伺機出擊的護軍是否仍然「人馬皆重鎧」，史無明載。

大淩河城之戰作戰經過圖（西元 1631 年）

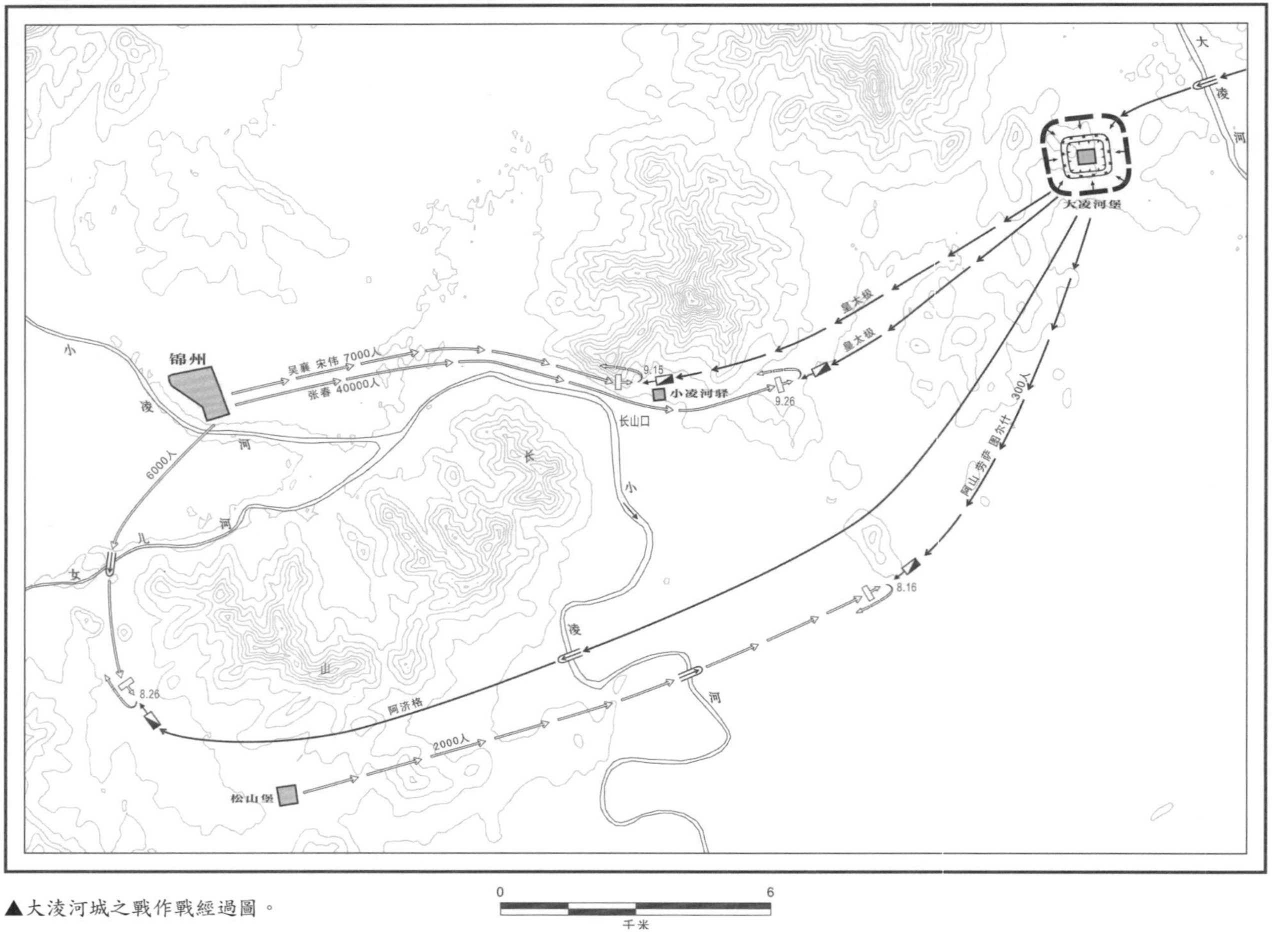

▲大淩河城之戰作戰經過圖。

必須指出的是，在流傳至今的各類史書中，明確記載八旗軍出動「人馬皆重鎧」的騎兵進行作戰的戰例大多出自努爾哈赤時代，到了皇太極在位之後已經罕見。原因之一是隨著大號鳥銃與紅夷大炮等破甲能力強大的火器越來越多地出現在戰場上，鎧甲的重要性有所降低。另外，在皇太極主政時期，後金的戰略已經有所發展，並格外重視長途奔襲的運動戰，出擊的範圍可達數千里，八旗軍的馬匹如果披掛著沉重的鎧甲，將會對靈活機動造成限制。故此，「人馬皆重鎧」這類的騎兵，就逐漸退居其次了。儘管八旗軍的戰馬已是注重輕裝上陣，可是騎在它們背上的騎手仍然離不開鎧甲，特別是那些經常衝鋒陷陣的人，為了在刀刀見血的短兵相接中能夠有效地保護自己，不得不將身體包裹在各類綿甲、鐵甲之中。

雖然努爾哈赤時代的戰術已經有點過時，但八旗軍還是靠這一招贏得了最後的勝利，殺死了不少敗逃的明軍步兵。明軍騎兵的際遇也好不到哪裡去，他們在向錦州逃跑的途中中了埋伏，被皇太極預先佈置的護軍殲滅。

後金軍在此戰生擒張春、副將張洪謨以及參將、遊擊、都司、守備、備禦、千總等三十三員文武官員，陣斬張吉甫、滿庫、王之敬等將領。繳獲了不少駱駝、牛、馬等牲口以及戰車、甲冑與其他各類軍械。但讓宋偉、吳襄、鐘緯、祖大樂、祖大弼、張邦才、靳國臣、于永綬、劉應國、趙國志、穆祿、桑阿爾寨、海參代、祖寬、竇勳、楊振、朱國儀、尤祿、李成、祁繼光等人逃回了。

此後，明朝再也沒有辦法組織新的援軍。大淩河城守軍完全處於孤立無援的狀態。皇太極繼續執行勸降政策，讓張洪謨等降將寫招降書給祖大壽，但顧慮重重的祖大壽還是沒有答應，他擔心投降後會被殺掉。城中的糧食儲備已經逐漸被吃個乾淨，有不少人在饑餓中死去。倖存者開始食人肉，而馬匹也倒斃殆盡。大淩河城陷入了饑荒之中，但城周圍的一些堠台仍有餘糧，例如「峙立」於附近的「于子章台」，「垣牆」修建得比較堅固，八旗軍連攻三日，不能得手，最後發射紅夷大炮，擊毀其台垛，打死五十七人，迫使惶恐不安的守軍走出來投降。

于子章台雖小，但它的得失對戰局產生了重大影響，竟然產生了連鎖反應，致使其餘堠台的守軍聞風喪膽，他們或者選擇投降，或者棄地而逃，讓八旗軍一下子佔據了百餘座堠台，繳獲的糧草足以供應部隊一個月。本來，八旗軍圍城到現在，糧食已經出現供應不足的問題，如果要從瀋陽運來，因路程遙遠一時難以即刻送到，恰巧在這個關鍵時候，從百餘座堠台中得到了大量的糧食，徹底擺脫了饑餓的威脅，得以延長圍城時間，為奠定勝局打下了牢固的基礎。

此時此刻，大淩河城守軍已經窮途末路了，由於圍城的後金部隊防守嚴密，突圍難於登天。力竭計窮的祖大壽不得不想辦法派人與後金聯繫談判事宜，在反覆商談的過程中，皇太極作出了不殺降人的承諾，而嶽托等人在與秘密到訪的祖可法磋商時更解釋說：「以前屠殺遼東之民，乃先汗（指努爾哈赤）所為，皆因當時不識義理，現在舊事重提，『我等』追悔不已，若有兩個身體，自己必定誅殺一個身體，若有兩個腦袋，自己必定劈掉一個腦袋，以彌補過失。」他又把屠殺永平降人的責任推給了阿敏，並透露已將阿敏治罪幽禁，最後，他不忘吹捧皇太極，聲稱自新君即位以來，「糾正惡習，更新禮義，撫養人民，愛惜士卒」，已是人盡皆知，守軍可放心投降，性命可保無虞。

後金代表石廷柱、龍什、庫爾纏與守軍代表祖澤潤、張存仁、祖可法等人經過一段時間的談判，達成了協議。在投降即將成為事實的情況下，副將何可綱卻在城內召開的軍事會議上公然反對，結果被祖大壽逮捕。這位寧死不屈的漢子是被架出城外，送到後金諸將面前行刑的，《清太宗實錄》稱其「顏色不變，不出一言，含笑而死」。

何可綱既死，城裡人再也無人敢於阻止祖大壽，他先派六名將領到後金軍營與皇太極及諸貝勒立誓，然後，自己再親自出城謁見皇太極，確定了投降的事實。兩人在幄內相談甚久，並秘密商議奪取錦州之策。結束談話之後，祖大壽帶著黑狐帽、貂裘、金玲瓏鞓帶、緞韉、雕鞍、白馬等禮物返回城中。皇太極親自送行。

按照祖大壽與皇太極制訂的奪取錦州計劃，彼此在十月二十九日夜間上演了一場戲。祖大壽與從子祖澤遠等三百多人悄悄跑出大淩河城外，假裝突圍，然後與偽裝成漢人的阿巴泰、德格類、多爾袞、嶽托等四千多人混合在一起，冒充從城中拼死殺出來的潰兵，企圖混入錦州，以計取城。為了將這場戲演得更真實一點，他們在二更時分便不斷在城內放起炮來。不料途中大霧彌漫，隊伍失散，致使計劃落空。錦州駐軍聽見炮聲，曾經派兵分路應援，但遭到後金警戒部隊的阻攔，無功而返。

皇太極於次日親自到五里外迎接祖大壽。稍後，他們又定下一計，即是讓祖大壽徒步前往錦州，慌稱昨晚從城中突圍而出後在山裡躲藏了一日，再伺機回來。這種說法定能瞞過錦州守軍，讓他進入城裡。由於城裡守軍很多是祖大壽的舊部，只要能伺機除掉巡撫丘禾嘉，獻城給後金就易如反掌。

祖大壽臨行前信誓旦旦地說不忘皇太極的厚禮相待，相約事成之後以炮聲為號，雙方在錦州會師。他在十一月一日與從子祖澤遠等二十多人一起騎馬離開，渡過小淩河後再徒步回到錦州城外，在丘禾嘉與吳襄的迎接之下返回城裡。然而，此時的祖大壽實際仍然對明朝抱有希望，他不顧自己的子侄在後金營中已經淪為人質，竟不惜違反諾言，慢慢斷絕了與皇太極的聯繫。

儘管祖大壽跑了，但改變不了明朝在這場歷時三月有餘的戰事中失敗的事實。皇太極決意拆除大淩河城再撤軍，還在撤退之前對杏山、中左所發起了試探性進攻，之後於十一月十日開始撤離，整個撤軍行動持續數天才結束。史載，原本有三萬多人的大淩河守軍現在僅存一萬一千六百八十二人與三十匹馬，他們投降後奉命薙發，從此效忠於後金。皇太極對大淩河降將採取了優待的政策，公開保證要「恩養」這些人，即使後金財富不充足也要盡力而為。他把副將與遊擊級別的人分配於八旗的各旗之中，實際交由女真貴族收養，而都司、守備各官，則交由漢官收養，此外，還為這些人討老婆，並常常予以賞賜和宴筵，以籠絡人心。例如有一次，他賞給一百五十多名大淩河降官的僕役竟達一千五百二十四人，還有三百一十三頭牛。另外還賞給莊屯、房屋、各種日常生活用品與大量土地，使他們能過上好的生活。與此相比，大淩河投降的士兵的情況則差得多，除了少數人仍舊分轄各級降將之外，大部分人分散給社會各階層撫養。其中，官員與富人按財富的多寡，分別「領養」數個至一個士兵。而普通民人則平均每四個「領養」一個士兵。這些士兵實際淪為了社會的最低層。皇太極要求「領養」的女真人與漢人暫且為國分憂，日後如能「克成大業」，國家將會在物質上對他們進行補償。否則，這些士兵「既為爾等恩養，則歸爾等所有」。

皇太極對大淩河降將的優待政策引起了一些漢官的不滿，在努爾哈赤時代投降的舊漢官劉學成曾經在奏書中認為，讓「舊官」出「雞、鵝、米、肉，四季供養『新官（指大淩河降官）』，窮官固多愁苦，即富官亦難常繼……。」另外，正紅旗備禦臧國祚也說：「皇上優養新人至意，殊不知反遺害於舊民……

由於『我國地窄人稠，衣食甚艱』，而隨著大批大淩河降人的到來，出現了『人日漸增，田土有限』的現象，若豐年僅足本家所吃，若遇荒年，本家不足，安能周濟他人，必市中無糴，而貧民不免饑號之苦，非死則逃……。」

必須指出，由於後金國內長期經濟蕭條，故皇太極不是什麼人都收養。例如從錦州出發增援大淩河的明軍將領，有不少人因戰敗當了俘虜。皇太極除了收養監軍道張春（後因拒降被殺）、副將張弘謨、楊華征、薛大湖、參將張新、遊擊黃澤與另兩名千總之外，其他人一律處死。皇太極之所以恩養大淩河降官，實際是出於一種深謀遠慮的「攻心之策」。因為大淩河集團的首領祖大壽出自遼東的武將世家，具有很大的影響力，皇太極善待祖大壽的部下，是盼望這位逃跑的統帥日後能「迷途知返」。況且，祖大壽雖然在大淩河損兵折將，可返回錦州之後東山再起，又召集了一支部隊，其身邊還有祖大樂、祖大弼、祖寬等人，擁有一定的戰鬥力。此外，祖大壽與遼東的另一位總兵吳襄是親戚。皇太極善待大淩河降人，也是為了爭取祖大壽身邊的這批將領。

不過，皇太極對大淩河降將還是有所防範，在此後長達十年的時間裡沒有讓他們帶兵出征，其間只是讓他們參與一些內部的政事而已。

需要提及的是，皇太極在指揮大淩河作戰期間，及時把握機會抑制權貴，進一步把軍政大權集中於自己的手上。這一次，繼阿敏之後被貶的是曾經位列四大貝勒之一的莽古爾泰。那是在圍城期間的一天，皇太極與莽古爾泰在城西山岡上爆發了衝突。莽古爾泰認為自己旗下人員受差遣的次數總是比別人多，要求把這些人調回本旗，但皇太極反過來指責他的旗下人員「每出差派，往往違誤」，不盡心辦事，兩人為此鬧了個面紅耳赤。當怒氣衝衝的皇太極準備下山時，按捺不住的莽古爾泰竟然手執佩刀之柄，作出拔刃的姿勢。他的同母之弟德格類見狀慌忙勸阻，而在場的大貝勒代善亦加以責罵。皇太極強忍怒氣，辦事完畢回營之後，卻對此事嚴加追究，他不但在諸貝勒之前責備了莽古爾泰所做的狂妄之事，並痛罵當時在身邊的眾多侍衛，說道：「我養你們有何用？他（指莽古爾泰）手抽佩刀欲斬我，那時你們為何不拔刀站立在我之前？」雖然莽古爾泰在事後以喝醉了酒為托詞認錯，可皇太極並沒打算就此甘休，他在大淩河之戰結束後以「御前拔刃罪」的名義革去莽古爾泰的大貝勒之爵，降為貝勒，削去五個牛錄，勒命其交出萬兩白銀等物品，作為處罰。到了這年的年底，在制定朝見儀式時，有官員提出莽古爾泰不應像往常那樣與皇太極並坐。見風使舵的代善連忙主動表示自己沒有資格與皇太極並坐，他說從今以後要讓皇太極一人居中而坐，自己與莽古爾泰侍坐於側，才算妥當。眾人紛紛附和。皇太極順水推舟，予以批准。到了第二年正月，後金正式廢止了大貝勒與君主一起「俱南面坐」的舊制，只讓皇太極南面獨坐，至此，這位君主才算確立了唯我獨尊的地位，指揮起軍隊來更加得心應手。

大淩河之戰的經驗教訓值得總結。在參戰的各種冷、熱兵器裡面，最令人難忘的是紅夷大炮；在參戰的各個兵種之中，最令人印象深刻的是炮兵。鑒於紅夷大炮在掃清大淩河周邊墩台的行動中立下大功，使八旗軍得以因糧於敵，「士馬飽騰」，《清太宗實錄》給了正面的評價：「久圍大淩河，克以厥功者，皆因上（指皇太極）創造紅夷大炮故也。」這是一個歷史性的轉折，使得後金的軍事實力有了突破性的飛躍，攻堅能力大增，能夠對明朝的甯錦防線形成重大威脅。

如果說皇太極的首次入關作戰是戰略上的神來之筆，那麼，他指揮的長期圍困大淩河城就是在戰略上的又一次突破——既然明軍採取「憑堅城，用大炮」之策來鞏固防線，那麼他就乾脆不攻城，只是圍困，使守軍欲戰不能、欲逃不得，一直等到城裡因糧食耗盡而餓殍遍野為止。需要強調的是，「長期圍困」不是皇太極唯一的目的，「打援」也是另一齣重頭戲。他希望透過圍城行動逼明朝出兵救援，然後再設法打一場明軍盡力避免的野戰，以大量殲敵。整個戰役基本按照「圍城打援」的預設來進行。大凌河城守軍被對手長期圍困後因城裡的儲糧不多很快陷入了絕境。遼東前線的最高統帥孫承宗對皇太極「長期圍困」的戰法沒有什麼心理準備與應急方案，只得匆忙拼湊四萬人前往搶援。凡是對遼東戰局有所瞭解者，都知道這支部隊此去凶多吉少。此情此景，與十三年前戰爭剛開始時的撫順之戰何其相似，當時的遼東巡撫李維翰得知努爾哈赤進犯的消息，慌忙糾集一萬明軍增援撫順，結果被兵力處於絕對優勢的八旗軍殲滅。類似李維翰與孫承宗等人的所作所為，在戰爭中三番四次地發生，前線的文武官員對這種「送羊入虎口」的行為實有難言之隱，因為他們不敢不出師救援，否則被朝廷之上的言官以畏戰之罪彈劾，輕則掉官，重則掉腦袋，弄不好還落了一個「奸臣」的千古罵名。

對於皇太極的新戰法，關寧遼軍後來的對策是進一步加固寧錦防線各個重要據點的城牆，並設法讓每一個據點裡面都盡可能多地儲蓄糧食，以便能支撐一兩年。因為敵人要從遙遠的瀋陽運送糧食到前線，圍城的時間一旦長達數月以上，難免會出現供應不足的情況，若不能克服這個困難便會因此而撤軍。如果敵人拒不撤返，明朝到了萬不得已的時候極有可能會召集優勢兵力解救被圍困的城池，假若真的發生了這樣的事，勢必導致一場新的大決戰，其規模將遠遠超過大凌河之戰，而造成的影響也巨大得多，甚至可能使遼東戰局塵埃落定。總之，遼東的每一場戰事，都不是孤立發生的，而是承前啟後，擺脫不了其內在的發展規律與邏輯。

既然八旗軍的圍困戰法如此成功，理論上應該繼續這樣做，揮師前進圍困錦州、寧遠等地，不斷逼明朝派援軍來野戰，並與之決戰，直到摧毀整條寧錦防線為止。當然，這樣做肯定會花費大量的時間，但最起碼的是，可以有效阻止甯錦防線向廣寧方向延伸的勢頭。然而，後金統治階層對長期圍困的戰法頗有爭議，八旗將領和碩圖直言不諱地認為得到大淩河雖然讓皇上等不少人高興，可是「士卒皆不樂」。為什麼會這樣？多鐸給出了一個答案：「我國之兵，非怯於鬥者。但使所得各飽其欲，則雖死不恤，稍不如意，遂無鬥志。」也就是說，不靠領餉度日的八旗兵只盼能在戰時搶掠財物，以養家糊口。但大淩河城之戰這樣的圍困戰術卻讓他們大失所望。為此，阿濟格也在奏書中實話實說，指出參戰的很多八旗士卒與蒙古人，因「一無所獲」，而「皆以為徒勞」，以致影響士氣。有鑑於此，皇太極在這樣多的反對聲中不可能一而再、再而三地採取這種打法。

由此可知，最能鼓舞八旗軍士氣的是入關搶掠，他們最有可能在這樣的行動中滿載而歸。正如阿濟格所希望的那樣：「邊內人民財物禾稼，應殺者殺之，應取者取之，應蹂躪者蹂躪之！」豪格也附和：「我兵得饜所欲……人人奮勇，靡有退志！」

不過，派兵入關搶掠會妨礙國內的耕種，因而有人建議興師的時機要選擇在耕耘完畢之後，至於「收穫之事」，則可委於「婦人稚子」。然而，八旗軍入關後要面臨「痘疹」的威脅。所謂「痘疹」，就是「天花」，這種病可在人與人之間互相傳染，一旦感染存在死亡的可能，如果有誰僥倖不死，則終身免疫。由於這種傳染病在中原具有悠久的歷史，故關內的漢人已經有一定的免疫力。相反，關外的女真人對這種病的免疫力比不上漢人，受感染之後的死亡率比漢人更高，因而畏之如虎。那時，上自皇太極與貝勒大臣，下至普通士卒，很多人都沒有出過「痘」，有些人視入關作戰為畏途，存在心理陰影，例如薩哈廉曾經建議入關作戰時最好由已出過痘的貝勒或將領帶兵前往，就是這種畏懼情緒的表現。

既然入關搶掠存在風險，那麼皇太極就物色另外的目標了。他知道剛剛遭受重創的遼東明軍一時難以恢復元氣，開始策劃著新一輪的長途奔襲，這次軍事行動仍舊需要避開寧錦防線，只不過目標不是明朝關內的京畿地區，而是林丹汗所在的歸化（今中國內蒙古呼和浩特）。

此前，桀驁不馴的林丹汗強行霸佔了韃靼右翼的地盤，號稱擁有十萬部眾。對於這個既成的事實，明朝君臣一時難以接受，他們一方面在宣大地區禁止與林丹汗互市，另一方面在薊遼地區加強對後金的經濟封鎖，這種四面樹敵的做法使明朝邊境存在受到林丹汗與後金夾擊的隱憂。所幸的是，林丹汗與後金在爭奪漠南蒙古的霸權中存在不可調和的矛盾，不可能組成統一戰線來對付明朝。

始終對皇太極充滿警惕的林丹汗為了應付後金即將發動的進攻而廣交盟友，分別與西藏的統治者藏巴汗、朵甘（今中國川、甘、青三省一帶的藏族聚居點）的伯利汗、漠北外喀爾喀的朝克圖台吉結成四人聯盟，以穩住陣腳。他還向明朝頻頻示好。當他如願以償地消滅右翼名義上的領袖卜失兔，奪得順義王之印後，多次派遣使者來到明朝，聲稱自己願意代替蔔失兔為明朝「守邊」，真實的意圖當然是要全部控制右翼與明朝在宣府、大同地區的互市貿易。

宣大總督王象乾為化解明朝邊境的危局，建議順水推舟，恢復林丹汗舊賞，與之重歸於好，利用其牽制後金，以保宣、大地區不受侵擾。可明思宗遲疑不決。直到後金於一六二九年（明崇禎二年，後金天聰三年）聯合歸附自己的韃靼部落繞道入關擄掠而回之後，心力交瘁的思宗經過反覆思考，才決定兩害相權取其輕，繼續奉行「以夷制夷」之策，承認林丹汗吞併右翼的事實。明蒙雙方達到和議，在宣、大地區恢復互市。同時，明朝為了扶持林丹汗抗衡後金，承諾給予林丹汗重賞，一次性補償賞金及馬價一百萬兩銀子，另外每年還給予八萬一千兩作為新賞。

明朝並非毫無保留地支持林丹汗。例如順義王之印是明朝所頒賜，是統治右翼的象徵，根據過去的慣例，在一般的情況下，韃靼右翼的朝貢使團要攜帶著這個印信入塞，才能與明朝開展互市貿易。林丹汗也清楚這一點，《明史紀事本末．補遺》記錄他在開始西征時曾經說過：「吾欲得金印如順義王，大市漢物，為『西可汗』，不亦快乎？」然而現在明朝卻不准林丹汗再用「順義王舊印」，又沒有頒發新印，只允許其用無印的「白頭表文」通關，進行貿易往來。可見，明朝對林丹汗是否有能力長期統治右翼仍然有所懷疑。

皇太極不會眼睜睜地看著林丹汗鞏固新得的地盤。他經過準備，於一六三二年（明崇禎五年，後金天聰六年）四月一日出發，聯合附屬的蒙古諸部，以總計十萬的兵力，經興安嶺向歸化發動了千里奔襲。在途中，由於軍糧接濟不上，將士們不得不靠打獵充饑。有一天，八旗軍來到朱爾格土這個地方時，以左右兩翼分道圍獵，驅趕漫山遍野的黃羊四散而逃，竟然殺死了數萬隻。皇太極也參與了狩獵，據說射死了五十八隻羊，他有一次連放兩箭，結果每一箭都穿過兩隻羊，手氣不錯。到了五月二十三日，全軍來到木魯哈喇克沁，在此地分兵而進：左翼由阿濟格為帥，與吳訥格一起，會同科爾沁、巴林、紮魯特、喀喇沁、土默特、阿祿等部落的一萬兵力，向大同、宣府邊外進軍，目標是遊牧在地裡的察哈爾部落；

右翼由濟爾哈朗、嶽托、德格類、薩哈廉、多爾衮、多鐸、豪格等率兵兩萬，向歸化至黃河一帶進軍；皇太極與代善、莽古爾泰率主力隨後跟進。不過，因為有兩個隨軍的蒙古人在此前逃跑，向林丹汗通風報信，所以，八旗軍在沿途難以碰到察哈爾部眾的人。

林丹汗在新地盤的統治根基未穩，無力抵抗後金即將到來的排山倒海般的攻勢，而名義上的宗主國明朝也內外交困，統治搖搖欲墜，根本幫不上什麼忙，至於西藏、朵甘、外喀爾喀等盟友，更是遠水難救近火。他為了保存實力，避免玉石俱焚，無奈只好採取「壯士斷腕」的方式，放棄能夠與明朝進行貿易交流的宣、大邊外地區，向西撤退，企圖會合從漠北移牧到青海的外喀爾喀朝克圖台吉，控制前往西藏的交通要道嘉峪關，再與明朝在延綏、寧夏、甘肅地區進行通貢互市。他臨走時讓部屬幾乎將歸化搜刮一空。《東華錄》宣稱當時情況極為混亂，察哈爾的遊牧騎兵「驅富人及牲畜渡黃河」，而「國人倉促逃遁，盡委輜重而去」。林丹汗往西逃奔時，很多「臣民苦其暴虐，抗違不往」。

林丹汗前腳離開，後金各路軍隊後腳趕到。皇太極雖然打不下北京，但是不費吹灰之力拿下了歸化。然而，當後金軍隊浩浩蕩蕩於二十七日進入這座不設防的空城時，卻沒有獲得什麼有價值的東西，不得不分散兵力，在城郊的村落四處搜索人口與牲畜。他們行動迅速，一日之內搜遍了歸化周圍七百里的範圍，據《清太宗實錄》的記載，「西至黃河木納漢山，東至宣府。自歸化城南及明朝邊境，所在居民逃匿者悉盡俘之，殺其男子，俘其婦女，歸附者編為戶口」。這支虎狼之師在完成竭澤而漁的搜刮任務之後，對於帶不走的東西，如「廬舍、糧糗」等等，全部焚毀。

一些蒙古人逃入明朝境內躲避。後金軍隊尾隨而來，向那些在邊境守衛城堡的明軍索要蒙古逃人及財物，同時提出議和的要求。皇太極給明朝邊境官員寫了好幾封信，裡面說道：「我之興兵，非欲取中原，得天下。」主要是為了「和議」，如今「和事無成」，令「戰爭不息」，是因為後金屢次致書明主而無回音，雙方難以溝通，造成「下情不上達」。而和議的目的是為了「兩國和好，戢兵息戰」，使「財貨豐足」的後金能與明朝進行貿易往來。從信中的這些言論可以看出後金迫切想把庫存的人參等土特產輸往明朝。值得注意的是，皇太極過去在遼東與袁崇煥等人議和時，曾經企圖索取戰爭賠款，並要求每年獲得額外的賞賜等等，這些獅子大開口式的勒索明朝當然不會答應，這一次，他雖然表面上沒有再提舊議，不過卻以另外一種方式巧妙地向山西地方官吏索要錢財，理由是山西北邊與蒙古諸部貿易的那一帶地區，每年都按例給予「格根汗」（韃靼右翼已故首領俺答汗的一個稱號）轄下部落額定的撫賞費。當這些部落被西遷的察哈爾吞併之後，明朝又把「撫賞費」轉交給了察哈爾，如今察哈爾既被後金所逐，那麼明朝自然應該把「撫賞費」轉交給後金。有意思的是，皇太極不止一次在給明朝的信中把後金與察哈爾進行攀比，認為和議如果成功，「自當遜爾大國（指明朝），爾等（指明朝官員）視我居察哈爾之上，可也」。

明朝宣大地區的官員為了避禍，瞞著朝廷私自答應後金條件，與其在六月二十八日議和，同意和皇太極在宣府附近的張家口進行互市貿易，答應贈與「黃金五十、白金五百、蟒緞五百，布疋千」，以作撫賞。這個數目與明朝原先每年給予察哈爾林丹汗的八萬一千兩銀子相比差了一大截，只能算是敷衍性質的。話又說回來，皇太極能迫使明朝地方官員同意議和，並公開在邊境進行互市貿易，這是後金在打破明朝經濟封鎖的行動中取得的一次空前的成功。

戰果豐碩的後金在征伐林丹汗的過程中共俘獲人畜「十萬有餘」，致使分崩離析的察哈爾從此一蹶不振。八旗軍在離開時，乾脆連歸化也放火燒掉了，只剩下一片廢墟。七月二十四日，皇太極返回了瀋陽，這次歷時接近四個月的軍事行動畫上了句號。

從此，宣府、大同邊外地區被後金掌控。後金主力離開歸化之後，不能直接與明朝地方官員開展貿易了。皇太極心生一計，將搜索來的順義王之印，付與歸降的原順義王蔔失兔的兒子鄂木布，令其打著順義王後裔的旗號，重返歸化一帶，在宣府、大同地區與明朝互市。而明朝邊境的地方官員深知後金的厲害，哪敢停止互市，只好對後金間接通過韃靼右翼進行貿易一事佯作不知，繼續與右翼部眾保持往來。至此，明朝對後金長期實行的經濟封鎖政策實際上已經出現漏洞，處於難以為繼的狀態。或許，後金因為可以透過和平的手段獲得一些經濟利益，故在此後的一段時間內暫時停止了繞道入關的騷擾行動。

後金雖然暫時停止了繞道入關的騷擾行動，但與明朝的戰爭沒有結束。一六三三年（明崇禎六年，後金天聰七年），兩軍在遼東半島最南端的旅順又發生了激戰。

旅順雖然是一座不大的小城鎮，但它的地理位置在戰略中顯得日益重要。它的東面可由海路到達朝鮮半島，西面可與渤海之濱的寧遠聯絡，南面可與山東半島的登州隔海相對，北面可從陸路直抵遼河以東地區，屬於兵家必爭之地。然而，後金奪取遼河以東地區之後，由於兵力不足，對遼東半島的控制力度比較薄弱，使得旅順成為了那些在沿海地區打遊擊的明軍的據點。雙方曾經圍繞著旅順展開過反覆的爭奪，八旗軍亦不止一次攻克過這個地方，但未能派遣得力部隊長期駐守，故得而復失也是理所當然的事了。皇太極上臺六七年，未能順利解決旅順問題，直到孫有德、耿仲明等人投降，事情才有了轉機。

孫有德、耿仲明本來是毛文龍轄下東江鎮的舊將。自從毛文龍死後，東江鎮人心離散，一部分人馬在孔有德與耿仲明的率領下投奔山東登州，被巡撫孫元化任命為參將。然而當後金於一六三一年（明崇禎四年，後金天聰五年）圍困大淩河城時，朝廷要求登州派部隊出關參戰。孔有德奉命率軍三千，渡海趕赴戰區，不料半途遇上颶風，不得不沮喪地返回原地。不久，他們在孫元化的嚴令督促之下，又從陸路向關外出發。當這支時運不濟、命途多舛的軍隊行至吳橋（今中國河北吳橋縣附近），終於因乏糧而引起嘩變。孔有德在部屬的裹挾之下反戈一擊，發動叛亂，取道臨邑等地，回師山東，在駐守登州的耿仲明的回應之下，攻佔了這個濱海城市，俘虜了孫元化（孫元化雖然被尚念舊情的孔有德釋放，可他隨後在赴京途中被朝廷追究「畏縮失機」的責任，竟被處以死罪）。叛軍奪取登州之後，獲得大量武器裝備，其中包括二十門紅夷大炮以及三百門西洋炮，實力大增。孔有德被手下擁立為最高指揮——都元帥，而李九成為副元帥，耿仲明為總兵官。同時，孔有德派人到遼東沿海招撫自己的舊同僚，成功策反旅順副將陳有時與廣鹿島副將毛承祿等人。這些人帶著三千部屬從海路趕來登州與叛軍會師。

吳橋兵變表明，文官對武將越來越難以監督。那時軍中武將為了增加部隊的凝聚力，不少人相互之間結為義父義子與義兄義弟，很容易就形成共同的利益集團。朝廷為了有效禦敵，對此也是睜一隻眼閉一隻眼。當這類的利益集團發展壯大之時，難免會發生不聽朝廷號令之事。例如「己巳之變」的祖家軍首領祖大壽一聽到主帥袁崇煥被朝廷逮捕，馬上帶著自己的部屬擅自從北京城下撤走，返回遼東，朝廷派人反覆勸說，才得以平息這場兵變。又比如在大淩河城失守後，返回錦州的祖大壽對外自稱突圍而出，但遼東巡撫邱禾嘉懷疑其曾經降清，為此密奏朝廷，明思宗正想爭取祖大壽所部為自己出力，有意對此不予追究，事後，思宗三次派遣使者到遼東前線召祖大壽入朝，可祖大壽硬是堅辭不往，令思宗無可奈何，最終只能不了了之。總之，這類桀驁不馴的利益集團很多時候把自身的利益放在國家利益之上，如果國家有足夠的財力供養他們，他們自然能安心作戰，否則，隨時可能會翻臉。原屬毛文龍管轄的孔有德等人正是這樣，他們因乏糧在河北、山東嘩變時，順便派人到遼東招來與自己有老交情的將領一起鬧事，反正大家都是同一條繩子上的螞蚱，榮辱與共。

叛軍最初目的是要朝廷承認他們佔領登州等地的事實，讓他們割據一方，只需「年年納貢」即可，這樣做實際等於在明朝的統治區域之內成立具有自治性質的「藩鎮」。如果真的這樣辦，那麼孔有德等人的權力將比明初守邊藩王的權力還要大（藩王有權領兵，無權管理地方事務），朝廷君臣怎麼會接受這種有違「祖宗之法」的事呢？雙方陷入僵局，只能用武力解決問題了。

先下手為強的叛軍連克黃縣、平度諸城，圍攻萊州、高密等地，打死了山東巡撫徐從治、誘殺萊州巡撫謝璉與知府朱萬年等人，大肆蹂躪山東地區。

朝廷以朱大典為新的山東巡撫，督師平亂。被明思宗任命為監軍的太監高起潛攜同總兵金國奇、副將靳國臣、劉邦域、參將祖大弼、祖寬、張滔、遊擊柏永馥以及「原任總兵」吳襄等人圍剿叛軍。從遼東前線調來的軍隊與關內各路平叛之師一起，憑著數萬的優勢兵力逼得孔有德所部步步後退，終於將他

▲明軍水師船隻。

們包圍在登州這座孤城之內，並在隨後的攻防戰中打死了李九成。由於登州的北面瀕臨大海，致使叛軍存在突圍的可能。一六三二年（明崇禎五年，後金天聰六年）十一月，孔有德等人率殘存的萬餘部屬乘坐一百多艘船隻漂洋過海，企圖登陸遼東半島，投降後金。鎮守皮島的總兵黃龍聞訊緊急趕到旅順攔截，他不斷使用佈置在海岸與戰艦上的各類火炮進行轟擊，在對峙的半個多月的時間裡，令叛軍損失了數千人。最後，孔有德被迫離開，轉而北上另覓登陸地點，到了一六三三年（明崇禎六年，後金天聰七年），他們於鴨綠江邊的鎮江（今中國遼寧丹東一帶）上岸，與接應的後金會師。

皇太極慷慨地賞賜了二千匹馬給孔有德等人，大張旗鼓進行接待，還親自到瀋陽城十里之外迎接，與對方舉行女真人最看重的「抱見禮」，以示推崇備至。前來歸附的孔、耿部屬共有一萬二千二百五十八人（真正的官兵有三千六百四十三名，另外還有四百四十八名水手，剩餘均為家屬）。皇太極讓孔有德以及部分手下居住在瀋陽，又在遼陽安排田土與房屋，撥給耿仲明的手下使用。但孔、耿兩人只領本部兵，而不領民，他們屬下的民眾被後金安置在蓋州、鞍山等處聚眾而居。

在應該如何處置這批歸附者的問題上，後金統治階層曾經有不同的意見，文臣寧完我認為應當將其部隊的建制打亂，分散編入「漢軍營中」，並參照漢軍的營制重新安排各級軍官。可是，皇太極沒有這樣做，而是史無前例地採取優待政策，封孫有德為都元帥、耿仲明為總兵官，允許他們保存軍隊原來的編制，讓他們在各處聚居。為了與八旗軍有所區別，這支隊伍另用「皂色」作為旗纛的標誌，隊伍裡的軍人分別需要在自己身體的某部位系上一條寫有女真文字的白布號帶或一些寫有女真文字的牌子，以方便辨認。孫有德等高官對部隊擁有極大的權力，甚至掌握了人事權，他們只是把司法權與調兵權交給了後金。後金雖然掌握司法權，不過孔、耿兩人的部屬犯了死罪，要交由他們自行誅殺。

由此看來孫有德與耿仲明對部隊的管理權幾乎等同於八旗的旗主。不久，皇太極乾脆宣佈孔、耿兩人在「朝班」時與八旗旗主貝勒同列，一齊「於第一班行禮」，他倆的地位直線上升，已經在所有的漢官之上。相反，在重視文官的明朝，武將難以擁有這樣高的地位。皇太極如此厚待孔、耿等人，在官爵的封授與權力的給予等方面毫不吝嗇，目的之一也是對明軍將領展開心理戰，以便引誘更多的人投降。

不過孔、耿所部沒有什麼固定的薪水，他們要想發橫財，最快捷的辦法是到明朝境內搶掠，而在初來乍到之際，只能靠後金「恩養」了。當時的後金「地窄人多」，經濟不算景氣，皇太極儘量讓各級官員與富庶之家獻出「羊、雞、鵝、米、肉」，以保證對孔、耿所部的供應，並為此專門派使者向朝鮮求糧。

皇太極對孔、耿所部的優待是「物有所值」。這支部隊在給後金帶來了二十餘門紅夷大炮、三百門西洋炮以及大量火器的同時，還帶來了當時最先進的火器鑄造與使用技術，這正是後金統治者多年來一直夢寐以求的。

孔有德所部能擁有最先進的火器技術與孫元化在昔日的栽培有關。當紅夷大炮在甯遠一戰成名之後，便獲得明朝君臣的另眼相看。朝廷在徐光啟的極力倡議下於一六二九年（明崇禎二年，後金天聰三年）派人到澳門購買先進的西式火器（獲得了三門大銅銃、七門大鐵銃、三十支鷹嘴銃，後者屬於火繩槍），並出資聘請了以統領「公沙的西勞」及傳教士「陸若漢」為首的一批軍事顧問（其中包括外籍炮手、工匠與翻譯等，在這二三十人中僅有七個是葡萄牙人，其下的都是待在澳門的黑人、印度人及一些混血兒），到北京協助明軍訓練火器部隊。後來，這批外籍軍事顧問離開北京，轉赴山東登萊，協助徐光啟的學生孫元化練兵，他們採用西式方法訓練出了一支既能夠鑄造火炮，又善於使用火炮的部隊，這支部隊的首領就是孔有德與耿仲明。誰知竹籃打水一場空，孔有德等人竟然叛國投降後金，致使明朝從此在火炮技術上不再擁有優勢。皇太極先前在永平炮手的幫助下，已經組建了一支擁有西式火炮的部隊，現在隨著孔有德等人的來歸，在火器的鑄造與使用技術上更上一層樓，攻堅能力空前強大，而明朝的寧錦防線即將受到前所未有的嚴峻考驗。

另外，孔有德還給後金帶來了一百多艘戰船以及一大批經驗豐富的水兵，這些都是與東江鎮爭奪制海權的資本。包括甯完我、丁文盛在內的一些有戰略眼光的人已提出應該乘勢發展水師的建議，可是女真貴族統治者卻受到以往思維的束縛，以為「我國幹事全靠騎兵，此舟師不過借為聲勢，以寒漢人之膽」，沒有予以重視，只是讓人將這些船隻拖到鎮江附近的馬耳山西面停泊，只派少數兵力看守。短視的後金上層人士把戰船視為雞肋，而一些有見識的明軍將領卻不這麼看，統領關甯、天津水師的總兵周文郁認為停泊在後金基地的戰船對東江鎮構成了極大的隱患，因而想方設法地企圖燒毀它們，他在六月下旬與鎮駐皮島的副將沈世魁一起選擇了二十多名善於游泳的精兵，秘密潛入馬耳山，乘守軍不備，放火焚毀了所有的船隻，使後金的海軍建設又回到了原點。

孔有德等人的來歸促使後金統治者加快制定了攻打旅順的決策。因為孔有德等人本來是東江鎮舊將，熟悉情況，可做「嚮導」，而且他們的火炮也能在攻堅戰中派上用場。一六三三年（明崇禎六年，後金天聰七年）六月，皇太極決定讓嶽托、德格類與漢軍固山額真石廷柱等人率步騎兵一萬多人會合孔有德、耿仲明所部，兵分兩路南下，攻打旅順。其中嶽托統領右翼。德格類、多鐸、石廷柱、孔有德、耿仲明等人統領左翼，於七月初兵臨城下。

恰巧在此時，旅順守軍由於派出一部分人到附近的島嶼執行任務，顯得兵力不足。守將黃龍在拼命抵抗的同時緊急下令遠在鹿島的副將尚可喜回援，可惜鞭長莫及。後金軍隊先用火炮轟擊，然後在戰車、雲梯的掩護下猛攻，但遭到守軍用大炮與弓箭的反擊，遲遲打不開局面，最後派出一支奇兵用木筏與槽樹等輕便船隻從海路殺向旅順的側後，與正面部隊一起夾攻，頓時取得了出其不意的效果，一舉突入了城裡。《清太宗實錄》記載這支立下了首功的奇兵由「步兵主帥」霸奇蘭帶領，這是後金在一六三一年（明崇禎四年，後金天聰五年）經略皮島之戰中大規模使用步兵之後，又一次出動步兵擔任主攻，可見，步兵已經成為了獨立的兵種。

明軍從初一打到初六，不但傷亡慘重，而且彈藥基本已經用盡，難以抵抗入城的敵軍，最終有五千軍民被俘。黃龍寧死不降，他在城破之後猶身披重鎧與敵巷戰，直至殉國。從此，後金軍隊徹底控制了旅順，再往南，就是茫茫大海了，由於缺乏海軍，他們暫時望洋興嘆。

孔有德、耿仲明在此役中並非主力，只是協攻，但這夥人在破城後卻餓狼覓食一般搜掠不少「官吏」與「富民」的家宅，俘獲頗多。這種中飽私囊的行為對於八旗軍來說是違反軍紀的，自然會有人向皇太極反映。可皇太極對孔、耿說過「凡出征，爾之所獲，歸爾所有，爾之所屬、歸爾役使」，故寬宏大量地決定不予追究。

皇太極善待孔、耿所部起了良好的示範作用，陸續有明軍前來投誠，在這些人當中，最有影響的是尚可喜。自從黃龍死後，東江鎮人心惶惶，副將尚可喜率部流連在登州與鹿島之間，無所適從。在此期間，他識破了新任總兵沈世魁為泄私憤而設計陷害自己的陰謀，在走投無路的情況下決定歸附「延攬英雄，視漢人為一體」的皇太極，經過一番精心的策劃之後，他於一六三四年（明崇禎七年，後金天聰八年）初反明，連陷廣鹿、大長山、小長山、石城與海洋等五島，俘獲一批守島的明軍將士，然後帶著一萬多部屬渡海歸金。

皇太極聞訊大喜，認為尚可喜不但「傾心歸命」，而且「首建大功，為國家肅清海島」，馬上賞賜「萬馬」，讓其享受孔、耿等人的同等待遇。為了讓歸附者衣食無憂，皇太極下令由國家出錢從國中的富貴之家收購糧食，同時又要求八旗各貝勒「出粟四千石」，予以援助。故此，被後金安排駐於海州的尚可喜所部，凡是「居室、飲食、臥具、器物」，無不具備。至於尚可喜本人則被任命為總兵官，並獲得大量財物，而他的部下亦分得相當多的土地，成立了莊屯。

孔有德、耿仲明、尚可喜這三位毛文龍的舊將，從此就以獨立兵團的形式追隨著八旗軍作戰。到了一六三四年（明崇禎七年，後金天聰八年）五月，皇太極將他們整編為「天佑兵」與「天助兵」。「天佑兵」以孔有德為首（這支部隊包括耿仲明的手下在內）。「天助兵」以尚可喜為首。兩支部隊均使用「以白鑲皂」的旗色（旗幟上還有「繪飾」以示區別，例如尚可喜所部的旗幟為「皂色白圓心」），與八旗軍明顯不同，有點「獨樹一幟」的意思。

這次軍事整編不限於孔、耿、尚所部，還涉及後金所有的軍隊。過去，八旗之中不論騎兵還是步兵，都根據所管將領的名字，一律稱為「某將領之兵」，現在皇太極下令禁止這種說法，因為它包含有士兵私屬將領的意思，有違中央集權的宗旨。因此，他正式規定凡是跟隨固山額真的行營馬兵，以後要稱為

「騎兵」（女真語叫做「阿禮哈超哈」），而步兵可仍舊稱為「步兵」（女真語叫做「白奇超哈」），護軍哨兵則稱為「前鋒」（女真語叫做「葛布什賢超哈」）。而護軍哨兵與護軍均是精銳部隊，只由女真人與蒙古人出任，而未用騎術稍遜的漢人），駐守瀋陽的炮兵稱為「守兵」，閑住兵為「援兵」，駐於外城之兵為「邊兵」。這類的規定使部隊更有規範了。

同時，「舊蒙古右營」改為「右翼」，「左營」為「左翼」。所謂的「舊蒙古右營」與「左營」，乃是隸屬於女真旗下的蒙古人。早在努爾哈赤主政期間，已把一些零星來歸的蒙古人收攏起來，編為牛錄，後來，這些蒙古牛錄被進一步改編為兩旗（有時又稱為營），分別由吳訥格與鄂本兌統領。另外，努爾哈赤生前又把歸附的烏魯特、喀爾喀的一些部眾單獨設立兩旗，分別由明安、恩格德爾等蒙古貴族統領。後兩旗本來具有一定的獨立性，不隸屬於女真旗下，可是蒙古軍人一向散漫慣了，不能嚴格遵守後金的法制，正如一位漢人在首次出征朝鮮之後向皇太極所奏稱的那樣：「客兵（指烏魯特、喀爾喀之類的蒙古部眾），未必受我節制，既屬外附，未必與我同心協力。況且皇上欲傳播『仁聲』於他鄉，可是當攻下一城，我兵秋毫無犯，客兵卻任意擄掠，因而皇上的『仁聲』被客兵破壞……所會之客兵，素無紀律，勝則像烏合之眾那樣堆積於一起，敗則四散跑得不見蹤影，『得則共其利，失不共其憂，使之殿後犄角已無益，使之摧鋒陷陣又恐失。何如我國素練之眾，身臂相從，一足十之可用也』。」此奏文竟然認為一個女真兵的綜合能力可抵十個蒙古客兵，對蒙古諸部非常蔑視。由於暴露的問題很嚴重，因而如何對其加以整頓，就成了勢所必然的事。到了一六三二年（明崇禎五年，後金天聰六年），皇太極找藉口撤銷了烏魯特、喀爾喀這兩旗的編制，讓這兩旗的蒙古首領「隨各旗貝勒行走」，他們的部屬全部併入吳訥格與鄂本兌統領的兩旗。而在一六三四年（明崇禎七年，後金天聰八年）的軍事整編之中，兩個蒙古旗就改為蒙古「右翼」與「左翼」了。但此時，統領右翼的不再是鄂本兌，而成了阿代。

這次整編中，「舊漢兵」一律改為「漢軍」。八旗漢軍的建立過程比較曲折。在後金向明朝開戰初期，俘虜並招納了一大批明軍將領與遼東地區的漢族要員，這些人當中不少成為了八旗之中處理漢人事務的漢官。雖然在努爾哈赤主政期間，普通的漢人不能充當八旗兵，但有編民戶與服兵役的義務，必要時可跟隨八旗軍出征做炮灰。到了皇太極在位時，才於一六三一年（明崇禎四年，後金天聰五年）成立了漢軍旗。它最初人數僅僅三千，擁有騎兵、步兵與炮兵。旗中將領幾乎全部都在努爾哈赤生前來降，因而又有「天命舊漢臣」之稱。而兵源除了在天命年間歸附的「舊漢兵」之外，還有皇太極首次入關時收編的「永平炮手」。這些以「舊漢兵」為主的部隊到了現在全部統稱為「漢軍」，旗幟使用皂色。值得一提的是，「漢軍」在女真語之中叫做「烏真超哈」，即是「重兵」的意思，而「重兵」是指使用紅夷大炮的炮兵，可見炮兵在漢軍中的重要性（其後，皇太極進一步擴建漢軍，命令那些擁有十名漢人男丁的女真戶口，要每十人授予綿甲一副。就這樣，共從一千五百八十戶中抽兵來

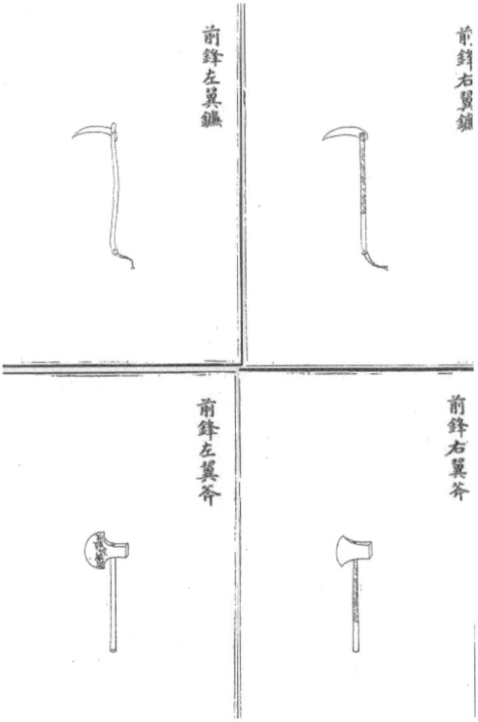

▲八旗前鋒營武器。

補充漢軍。連同原有的三千人，總數接近了五千人。而這時原任主帥佟養性病故，全軍改由馬光遠、石廷柱率領）。

在稍早的時候，皇太極以「未有棄國語反習他國之語」為理由，把原來襲用明朝官名的爵號改為女真語言，以增加民族凝聚力。具體措施是把總兵分別改為「公」與「昂邦章京」；副將改為「梅勒章京」；參將與遊擊改為「甲喇章京」；備禦改為「牛錄章京」；並細分為一等上公、一等公、二等公、三等公；一等昂邦章京、二等昂邦章京、三等昂邦章京；一等梅勒章京、二等梅勒章京、三等梅勒章京；一等甲喇章京、二等甲喇章京、三等甲喇章京與牛錄章京。上述品級秩序以牛錄章京為基礎，又叫做「一個世職」或「一個前程」，牛錄章京以下的稱「半個前程」。每當八旗軍人立下一次大功或積累數次小功時，便可被授予或加升「一個前程」或「半個前程」了。由牛錄章京升到一等上公要經過十三個品級，能做得到的人便算是人中龍鳳。按照軍人們所立功勳的大小，將世職分為兩種，一種是准其子孫永遠世襲，另一種是只准許其子孫世襲一兩代到十幾代不等。還有的世職是不准世襲的，只限於那些雖沒立下戰功，卻因才華過人或管理牛錄之事而授職的人。這樣的改革使得軍功爵位的獎勵制度更加規範，更好地發揮了激勵士氣的作用。

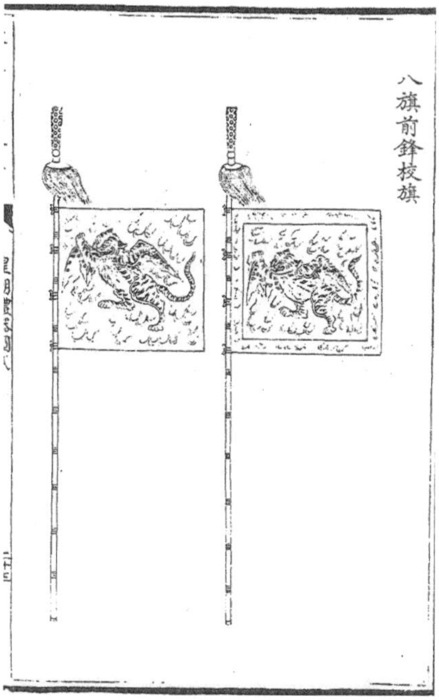

▲八旗前鋒校旗。

皇太極除了把軍中的官爵名號改為本族語言

之外，還在一六三四年（明崇禎七年，後金天聰八年）將瀋陽改為「天眷盛京」（簡稱「盛京」），赫圖阿喇城改為「天眷興京」（簡稱「興京」），強調後金是受上天眷顧的國家。經過一輪的招降納叛，使得軍事實力得到了擴充，可養兵所需的糧餉給國內的經濟造成沉重的壓力。後金統治者又把征明提上了議事日程，即使冒著感染天花的危險亦要想辦法搶些物資。那麼，究竟應當選擇哪一條進軍路線呢？有的貝勒大臣想走捷徑，從山海關一路殺入。皇太極當然明白，只要明軍的寧錦防線還在，這樣做成功的機會幾乎是零，因而加以否決，他認為應該避開寧錦防線，選擇北邊的宣府、大同地區作為突破口，既可以威脅距離宣府僅有三百里的北京，又可以乘機招撫林丹汗殘部。

前文提到，皇太極在兩年前進軍林丹汗的老巢歸化時，曾經與明朝宣大地區的官員進行和議，並獲得成功。不過，明朝地方官員擅自以國家的名義與外敵談判，僅是為了避禍而想出的權宜之計，事後當然不會被朝廷正式承認。而返回盛京的皇太極本來期望與遼東地方官員握手言和，這個意願自然成了泡影，他一下子摧毀不了遼東的寧錦防線，只好又想拿宣府、大同地區的官員發洩怒氣了。

這次軍事行動，皇太極命令孔有德、耿仲明、尚可喜率部參與，同時八旗每牛錄各派二十名騎兵、八名護軍出發，此外，歸附的一些蒙古部落亦隨同出征。連同隨軍而行的各種雜役人等，總數為七萬以上。

《清實錄》記載，為了做好臨戰準備，皇太極讓每甲喇抽出二名弓匠與獻出二架雲梯；而每牛錄除抽出一名鐵匠之外，還需獻出五只钁、五把钃、五把鍬、五把斧、五把鋛、兩把鑿子、一杆纛。每名士兵還要攜帶鐮刀以及自備冬衣、帳篷與一月糗糧。每兩人共用一杆槍與五十支箭。軍中的馬絆、匙、碗等物件，都要寫上字型大小，以防遺失。由此可知，八旗軍直到此時仍然缺乏統一的後勤保障，而普通士兵出征時竟然要自備衣物與糧食等生活的必需品，他們如果不能從戰區搶掠到足夠的戰利品，就會得不償失，連老本都蝕了。許多參戰人員知道明朝的邊防部隊不可能有什麼作為，非常有信心搶到足夠的戰利品。根據明朝檔案的記錄，一些投降後金的遼人參與了這次行動，他們甚至連老婆、孩子都帶上了，顯然是意圖儘量在戰區搬運更多的東西。

臨行前，皇太極指示每牛錄要派二名護軍會同步兵、援兵、守兵履行留守的職責。而那些駐防隊伍與執行其他任務的將士，在人數不足的情況下，可由援兵抽人補充。在妥善安排好這些事務之後，皇太極讓濟爾哈朗留守瀋陽，杜度留守海州。吏部承政圖爾格等奉命渡過遼河，沿著張古台河駐防，以阻止敵兵可能的騷擾。

按照原定計劃從每甲喇與牛錄中抽調的人員要在五月十九日來到集合地點，到了第二天，由騎兵先行出發，護軍則推遲兩日啟行。左翼五旗由上榆林出口、右翼五旗由沙嶺出口。在這兩天的時間裡，哨探前鋒將領梅勒章京圖魯什、牛錄章京吳拜、漢軍固山額真昂邦章京石廷柱、馬光遠、王世選與正黃旗固山額真納穆泰、鑲黃旗固山額真梅勒章京達爾哈、正紅旗固山額真梅勒章京葉克書、鑲紅旗固山額真昂邦章京葉臣、鑲藍旗固山額真宗室篇古、正藍旗固山額真覺羅色勒、正白旗固山額真昂邦章京阿山、鑲白旗固山額真梅勒章京伊爾登、左翼固山額真公吳訥格、右翼固山額真甲喇章京阿代等人，會同孔有德、耿仲明、尚可喜所部分批出發。到了二十二日，皇太極親率代善、阿巴泰、德格類，從盛京西行，經榆林口渡過遼河、陽石木河，在都爾鼻與先行出發的部隊會師。其後，歸附的蒙古諸部也陸續趕來會合。

皇太極知道蒙古諸部首領參戰的主要目的是什麼，也瞭解孔有德、耿仲明、尚可喜等人企圖劫掠更多的財物，可是「盜亦有道」，因而專門頒佈了軍紀：「行軍時勿離纛，勿喧嘩。若牲畜馱載的物資有一二件欹斜，全旗暫時停止行軍，以俟整頓，然後前行。大軍入境，如果有一兩人私出劫掠，為敵人所殺，他的妻兒子女將被罰入宮中，而他的上級將領也將受到處罰。所過之處，勿毀廟宇，勿殺行人。敵兵抗拒者誅之，歸順者養之。所俘之人，勿奪其衣服，勿加侵害，勿淫婦女。不要讓俘虜看守馬匹，以免被他們奪馬逃跑。不要隨便吃熟食與飲酒，過去我軍出征時有的士兵隨意沽買食物，結果被敵人乘機下毒，故不可不防。」

大軍一路西行進入漠南蒙古地區，沿途不斷遇上察哈爾的殘餘部眾，他們有的投降，有的因抗拒而被殺。經過一個月左右的行軍，終於接近了宣府、大同邊外之地。六月二十日，皇太極於喀喇拖落木這個地方駐營時決定分路進入明境，他先令自己的弟弟德格類率正藍旗固山額真覺羅色勒、鑲藍旗固山額真篇古、左翼固山額真公吳訥格及兩藍旗護軍將領、蒙古巴林、紮魯特、土默特部落諸貝勒取道獨石口進入明境，監視並偵察居庸關方向的明軍，準備與主力在朔州（今中國山西朔縣）會合。六月三十日，他又令兄長代善與薩哈廉、碩托兩位侄子率正紅旗固山額真梅勒章京葉克舒、鑲紅旗固山額真昂邦章京葉臣、右翼固山額真甲喇章京阿代與敖漢部落杜棱濟農、奈曼部落袞出斯巴圖魯、阿祿部落塔賴達爾漢、俄木布達爾漢卓禮克圖、三吳喇忒部落車根、喀喇沁部落古露絲轄布、耿格爾等人從喀喇俄保這個地方出發進入明境，經得勝堡向大同一帶進軍，奪其城堡，西略黃河，準備與主力會師於朔州。到了七月五日，阿濟格、多爾袞與多鐸這三位宗室貴族奉命率護軍統領以及正白旗固山額真昂邦章京阿山、鑲白旗固山額真梅勒章京伊爾登、阿祿翁牛特部落孫杜棱、察哈爾新附的土巴濟農、額林臣戴青、多爾濟塔蘇爾海、俄伯類、布顏代、顧實等從巴顏朱爾格這個地方出發進入明境，取道龍門口，準備與主力在朔州會合。至於皇太極本人，則親自率領阿巴泰、豪格這兩個貝勒與超品公揚古利，攜同護軍統領諸將士與正黃旗固山額真納穆泰、鑲黃旗固山額真梅勒章京達爾哈，漢軍固山額真昂邦章京石廷柱、馬光遠、王世選，「天佑兵」都元帥孔有德、總兵官耿仲明，「天助兵」總兵官尚可喜，嫩科爾沁國土謝圖濟農巴達禮、紮薩克圖杜棱、額駙孔果爾、卓禮克圖台吉吳克善等侵入尚方堡，向宣府方向進軍，並攻略朔州一帶。

後金兵分四路，力爭在七月初八這一天一齊殺入關內，出擊的範圍廣達數百里，但因為吸取了一六三〇年（明崇禎三年，後金天聰四年）關內四城失守的教訓，所以攻城掠地成了次要的事，最主要的任務是搶掠。本來，八旗軍對戰利品的分配原則是「八家均分，一體均沾」。它的軍律早就規定：軍中任何將士在戰爭中獲得的財與物都應該主動交出來，如果隱藏不交，一旦被他人告發，將要治罪。可在這次行動即將開始時，皇太極一反常態地對參戰軍隊宣佈：「大軍遠征，念你們行軍勞苦，因而你們所擄獲的牲畜及布匹等物，可以不交出來，留在每牛錄中平均分配。至於金珠緞匹等珍貴之物，則宜獻之各貝勒，不得擅取。」他特別強調這次是「逾格加恩」，而「從來出師，無此例也」。

這時，關內的明軍正全力鎮壓各地風起雲湧的起義軍。朝廷於一六三四年（明崇禎七年，後金天聰八年）春以延綏巡撫陳奇瑜為山西、陝西、河南、湖廣、四川總督，調集五省重兵四處圍追堵截，多次重創張獻忠、李自成等義軍隊伍，形勢一時似乎頗為有利。但處於兩線作戰狀態的明朝對皇太極入侵宣、大地區的防範工作並不到位，以致被後金各路軍隊打得措手不及。

皇太極指揮部隊搗毀邊牆，經尚方堡分道而進，從宣府右衛來到宣府城外駐營。後金早在本年的二月份就派了一百多名奸細，假扮和尚、道士，潛入城內打探虛實，企圖等到八旗軍打來時做內應。不料很多人被明軍查獲，未能起到裡應外合的作用。皇太極出動正黃旗與鑲黃旗的騎兵，讓他們在漢軍的配合下攻城，因遭到守軍的反擊而徒勞無功，只得轉而向應州出發，劫掠了沿途的屯堡。

阿濟格、多爾袞、多鐸所部從龍門口入邊，打敗一股阻擊的明朝騎兵，但未能攻下龍門。皇太極命令他們抽兵攻略保安州以及附近的屯堡與村落。其後，這支部隊奪取了不少「人口、牲畜、金銀與緞布衣服」，來到應州與皇太極會師。

代善、薩哈廉、碩托進入明境後攻克得勝堡，盡殲堡內明兵，迫使附近的鎮揚堡民眾棄城而跑，隨後又越過大同攻擊了懷仁縣、朔州、井坪城等地，但皆不能克，遂駐於朔州，不久又經馬邑向應州出發。

德格類自獨石口進入明境，沿途攻擊了長安嶺等地、可拿不下赤城，因而不能按照皇太極原先指示路線行軍，也未能監視並偵察居庸關方向的明軍，而是轉而攻取保安州（事先混入城中的奸細專等後金攻城時出現在城頭，並吆喝道：「上來了！上來！」令守軍喪膽，致使城池失陷），下一步自然是到應州與皇太極會面。

兵分四路的後金軍隊重新在應州聚合，往略代州一帶。皇太極讓諸貝勒大臣分散擄掠。多爾袞、多鐸、豪格向朔州方向進軍，至五臺山而還。薩哈廉、碩托經代州以西攻取崞州，兵鋒所及，王敦堡、板鎮堡、元平驛等處的民眾紛紛棄城而逃。尚可喜、孔有德、阿巴泰、阿濟格、石廷柱等人亦分別出擊代州、靈丘縣、應州各處，而禮部承政巴都禮在靈丘縣王家莊戰死。經過一番折騰，各路人馬陸續返回與主力會師。後金主力也沒有閑著，於八月十三日離開應州企圖攻打大同，皇太極在進軍途中得知明朝宣大總督張宗衡、總兵曹文詔正駐軍於懷仁縣，當晚必定增援大同，便向前鋒將領圖魯什、吳拜等人傳授機宜，讓他們火速率兵到懷仁縣後面的山路設伏攔截。可圖魯什與吳拜等人卻違命推遲出發，至二鼓後才到達伏擊地點，由於張宗衡與曹文詔早已遠去無蹤，故撲了個空。皇太極得報後極為惱怒，切責了圖魯什等人，並採取亡羊補牢的措施，帶兵尾隨在張宗衡與曹文詔的後面，但一直沒有追上。兩支部隊一前一後，相繼來到了大同。然而，大同作為明朝在北部邊境防禦蒙古的重鎮，歷來屯駐重兵，壁壘森嚴，要想攻下談何容易。駐於城外疙瘩坨北崗的八旗軍始終避免全力攻城，只是出兵騷擾，在數日內與結營於城東南門外的曹文詔所部發生了幾場小規模的戰鬥。

皇太極在行軍作戰期間還屢次致書明朝，要求議和，可是明朝的地方官員吸取了上一次的教訓，在沒有朝廷允許的情況下，一律不回應。

後金入寇使明思宗極為震驚，他讓保定巡撫丁魁楚移駐紫荊關，山西巡撫戴君恩移駐雁門關，總兵陳洪范移駐居庸關，捍衛京畿地區，還下令北京戒嚴。此前，朝中有人說遼東巡撫方一藻與總兵祖大壽私通後金，故皇太極不進攻寧錦防線，反而長途跋涉數千里騷擾宣大。這類搬弄是非的言語由於缺乏確切的證據，明思宗只能置之不理，但大敵當前，他不能不讓總督薊、遼、保定軍務的傅宗龍緊急從寧錦前線調兵回防。甯遠總兵吳襄、山海關總兵尤世威等人奉命帶兩萬人分道馳援大同。其後，在遼東監軍的高起潛帶兵來到宣府，祖大壽也率四千人入關，駐於密雲。

遼東援軍來到大同，齊集於城西。他們根據傅宗龍的命令「依城立營」，不敢遠離城牆輕率出擊。

皇太極派正白旗護軍統領星納、前鋒統領席特庫率部分人馬到城北向尤世威所部發起挑釁時被遼將祖寬、祖克勇、楊倫、楊國柱等人帶領的六七百名精兵擊退。而鑲白旗護軍統領哈甯阿進攻西門的吳襄所部時卻一度占了上風，拿下了小西門，可不久竟遭到祖寬所部騎兵的阻擊，只得撤返。兩軍經過幾次接觸，互有殺傷。皇太極自知難以攻下大同，終於決定離開這個地方，他帶兵分路北進，轉掠懷遠等地。在陽和這個地方，鑲紅旗巡邏的士卒從明軍俘虜中繳獲了曹文詔的戰報，其中多有不實之語，皇太極為此專門寫了一封信給張宗衡，發出了「明國之衰已極矣」的慨歎，聲稱自入明境以來，幾乎接近兩個月，到處蹂躪莊稼，攻城掠地，而明軍「曾無一人出而對壘，敢發一矢」，可是明將的戰報卻掩敗為勝，「滿紙皆是虛誑」，因而建議雙方在野外進行會戰，「公等（指張宗衡等人）高坐城樓以觀，若爾出兵一萬，予止以千人應之，出兵一千，予止以百人應之。」實事求是地說，注重防禦的明軍雖然表現不佳，可沒有差到「無一人出而對壘，敢發一矢」的地步，對於張宗衡來說，皇太極的激將法沒有起到什麼效果。

八月二十七日，後金主力離開陽和，經天城、懷遠來到萬全左衛，發現此地防備疏鬆，立即強攻。八旗軍在盾牌的掩護下很快就靠近了城邊，紛紛在城腳下鑿洞，致使城牆倒塌了一部分。正紅旗護軍及時豎起梯子，搶先登城，擊潰守軍，殲敵千人。打了這個壓軸仗之後，歷時三個多月的軍事行動接近了尾聲。後金軍隊收穫甚多，他們帶著擄掠而來的百姓與牲畜等一大批戰利品，從尚方堡離開明境，於九月十九日返回盛京。

明軍的表現令人詬病，他們不但戰鬥力比不上敵人，甚至有的部隊連軍紀也比對方遜色。根據內閣大臣王應熊、錢士升等人的說法，後金軍隊在很多地方只注意搶掠財物，而「田禾未損」，相反，一些明朝援軍卻在戰區「刈禾牧馬，民甚苦之」。當然，這種情況的發生可能與明朝的後勤供應不足有關。可明軍日益腐敗卻是不爭的事實，這支軍隊中的一些人不管生靈塗炭與疆土喪失，經常對朝廷的差事只是敷衍了事。王應熊還當著皇帝的面特別指出了一個典型的例子，那是在山西崞州地區，前來騷擾的敵軍僅有二千騎，卻俘虜了千餘老百姓，當入侵者經過代州時，俘虜們與城上的親屬「相向悲啼」，而城上守軍卻不發一矢，任由敵人絕塵而去。明思宗聽後頓足歎息，令兵部追究相關邊吏的責任。總之，明朝免不了在事後對軍中文武諸臣論功定罪，總督薊、遼、保定軍務的傅宗龍因怯戰而被罷了官，取代他的是丁啟睿。宣大總督張宗衡、總兵吳襄、尤世威等人因作戰不利或擁兵不進等罪名被革職（他們有的人後來被重新起用）。只有副將祖寬的戰績較為令人滿意，被朝廷升為援剿總兵。

皇太極出兵漠南蒙古與明朝宣大地區獲得了不少東西，而統一漠南蒙古的行動更是始終沒有停止，他時刻留意林丹汗殘部的舉動，準備伺機招降納叛。

再說林丹汗在一六三二年（明崇禎五年，後金天聰六年）五月逃離歸化之後，於西渡黃河的途中，連續遭遇到了兩個月的大雨，致使馬匹死了三分之二，隨軍人員亦損失慘重。殘部試圖與明朝聯繫，計劃在延綏、寧夏、甘肅地區恢復經濟貿易往來，想不到遭到明朝邊將的斷然拒絕。缺衣少食的蒙古人迫不得已，經常入塞掠奪。延綏巡撫陳奇瑜、督師洪承疇等率部反擊。雙方為此衝突不斷。特別是寧夏的戰況，最為激烈，明總兵賀虎臣戰死，繼任總兵的是回鄉養病的馬世龍，他在寧夏長大，對當地的地理形勢比較瞭解，故能在巡撫王振奇的支持下圍堵敵人，斬俘數千，半年之中屢奏大捷，威名震動邊塞，最終鞠躬盡瘁，死於任上，年僅四十餘歲。

四處碰壁、窮途末路的蒙古部落食物耗盡之後，便「殺人相食，屠劫不已，潰散四出」。一六三四年（明崇禎七年，後金天聰八年），鬱鬱不得志的林丹汗在打草灘（今中國甘肅省天祝藏族自治縣一帶）抱憾病死。

林丹汗死後，那個從遼河河套一路遷移到宣府、大同邊外、再到延綏、寧夏、甘肅邊外的察哈爾大汗的小朝廷，從此不再存在於世上。察哈爾部屬潰散，四處分佈在宣府、大同、延綏、寧夏、甘肅等邊外遼闊地區。蒙古外喀爾喀部落、明朝、後金都爭相招撫這些散兵游勇。

後金高度關注林丹汗遺部的動向，皇太極親自致書招撫這些人，稱：「我聽說察哈爾西遷的部眾，俱在明朝的邊境之外，你們與其在那裡，不如歸我。」並在信中鄭重許諾，凡歸附者都可以官復原職。他溫馨地提示道：「我們兩國語言雖異，衣冠則相同，與其歸附於異類之明人，不如來歸於我，這樣一來，不但你們心安，連同你們的祖父傳下來的衣冠，亦不會改變。」他又以右翼作為反面例子，指出「以前歸附明朝的右翼土門蒙古等部，長年累月不得在家居住，也不能與妻子相見，又屢次為我所殺。明朝驅使他們到戰場做亡命之徒，你們應該有所耳聞目睹」。最後，他圖窮匕見，進行了赤裸裸的威脅，稱：「若不從我，亦聽你們自便。日後那裡被我控制，到時你們再想求我撫養，又有何益！」

與此同時，皇太極積極派遣軍隊在林丹汗遺部出沒之地招降納叛。當得知林丹汗死亡的確切消息之後，馬上派遣弟弟多爾袞等人率精騎一萬，渡過黃河以西，進行反覆的搜索。大軍於一六三五年（明崇禎八年，後金天聰九年）三月份到達一個名叫西喇珠爾格的地方，首先碰上林丹汗其中的一個遺孀囊囊福晉率一千五百戶部屬來降，多爾袞讓人護送他們先回盛京，自己繼續向前行。

林丹汗的兒子額哲與母親蘇泰福晉一起，帶著千餘戶在黃河河套的托里圖（今中國內蒙古伊克昭盟烏審旗陶力蘇木附近）徘徊。外喀爾喀的車臣汗已經遣使來勸額哲北上投靠，以圖東山再起。在這個關鍵時刻，多爾袞搶先一步到達，控制了那一帶。那時大霧縈繞，多爾袞為了避免蒙古人乘天地昏暗之機一哄而散，暫時按兵不動，轉而採取了攻心之術，派遣早已經歸附了後金的南楮（南楮是蘇泰福晉的弟弟）等人潛入蒙古大營進行招降。蘇泰福晉見到南楮這個不速之客時不禁號啕大哭，姐弟倆擁抱在一起，慶倖劫後重逢。其後，南楮向蘇泰福晉轉述後金招降之意，並保證八旗軍將「秋毫無犯」。蘇泰福晉與額哲為了自保，不得不選擇了投降。多爾袞為了消除蒙古人的疑慮，親自與額哲誓告天地，以示誠意。一六三五年（明崇禎八年，後金天聰九年）四月，額哲與蘇泰福晉跟隨多爾袞東返盛京之後，向皇太極獻上了具有象徵意義的傳國玉璽，表示臣服。

需要說明的是，林丹汗的直屬武裝力量由八位福晉所掌管，而投降後金的有六位——除了囊囊、蘇泰兩位福晉之外，還有高爾土門固山、竇土門、伯奇、俄爾抬圖等四位福晉。其中有的福晉很可能是在權臣的脅迫之下而降的。皇太極於一六三六年（明崇禎九年，後金崇德元年）四月十五日寫給朝鮮國王的一封信中披露了真相：「插漢（『插漢』即『察哈爾』，這裡指林丹汗）不修德政，聽讒臣之言，與我媾兵，予往征之，窮迫而遁。其讒臣反脅妻子，並牲畜等物來投。」至於剩餘的兩位福晉，則從「榆林西甘州之東口」等地逃入了明朝境內，不知所蹤。

儘管林丹汗的一些福晉可能是被迫投降後金的，不過，她們在投降之後，竟然將亡夫置之腦後，很快便適應了新環境，與後金貴族一起共用榮華富貴，正應了那句老話：「夫妻本是同林鳥，大難來臨各自飛。」

林丹汗生前喜歡令對手妻離子散，而皇太極報復仇人的辦法也是霸佔其妻妾，這兩位領袖的處事方式有異曲同工之妙。所以，當林丹汗的福晉們落入皇太極手裡的時候，無可避免地被後金統治者於一六三四（明崇禎七年，後金天聰八年）至一六三五（明崇禎八年，後金天聰九年）年間瓜分。

首先被皇太極強行安排婚姻的是高爾土門固山福晉。高爾土門固山福晉本來在投降後金前後的那段日子裡，已經改嫁給原林丹汗的屬下寨桑（蒙古語「寨桑」源於漢語「宰相」）袞出克僧格。由於這樁婚姻事先沒有得到皇太極的同意，因而受到他的譴責：「袞出克僧格既叛其主，又私娶其妻，大失臣子之義，勒令離異之。」不久，皇太極突發奇想，表示願意見一見高爾土門固山福晉，立即召她入宮相聚。在歡宴時，高爾土門固山福晉跪地獻酒，皇太極大喜，「為盡一卮」，盡顯帝王唯我獨尊的風範。這位後金君主接見過高爾土門固山福晉之後，再將其轉賜給祁他特台吉為妻。

皇太極也是後金貴族當中第一個迎娶林丹汗遺孀的，那是在竇土門福晉歸附時，他親自出城迎接，並舉行盛大的宴會。以皇太極的兄長代善為首的一些貝勒，不約而同地認為這位福晉的條件不錯，上奏請求皇太極將其「選入宮闈」，以「撫慰眾心」。皇太極推辭不受，試圖讓與別人，稱：「貝勒中有妻不和睦者當與之。」然而，代善等人樂此不疲地開解皇太極，認為迎娶蒙古福晉之舉「非好色」，此乃天之所賜，「上若不納」恐怕會「拂天意」。一言驚醒夢中人，皇太極情不自禁地聯想到早些日子駐軍於納裡特河的時候，曾有一隻美麗的野雉飛入禦營的幃幄之內，如今竇土門福晉來歸，正巧應了預兆，顯然是天意！儘管如此，他還是思考了三日，才半推半就地接納了竇土門福晉。

皇太極要迎娶竇土門福晉的喜訊傳到了蒙古人那裡，很多人歡呼雀躍。在封建社會，一人得道，雞犬升天。竇土門福晉的部下多尼庫魯克寨桑高興地說：「新附諸國與我等皆不勝踴躍歡慶之至矣。」他望天而拜謝，屁顛屁顛地將竇土門福晉護送到皇太極宮中。

代善不是省油的燈，他早就對新歸附的蒙古佳麗們垂涎三尺，看中了蘇泰福晉，心裡暗暗盤算，耐心等待皇太極納了竇土門福晉——首開瓜分林丹汗遺孀的先例——再步其後塵。可惜，人算不如天算，他還是晚了一步，蘇泰福晉已經被皇太極的堂兄弟濟爾哈朗搶先下手佔有了。

獨樂不如與眾同樂，皇太極派人傳話給代善，要他選擇「察哈爾有名」的囊囊福晉，可是，代善卻嫌囊囊福晉「無財帛牲畜」而拒婚。皇太極不滿代善的抗旨行為，說：「凡人娶妻，當先給女方聘禮，豈有貪圖女方『財物而娶之理』。」最後，皇太極自己將囊囊福晉納入宮中。

挑剔的代善終於找到了意中人，財色兼收。他迎娶了跟隨著蘇泰福晉一起歸附的泰松公主。因為泰松公主不但具有林丹汗妹子的高貴身份，同時也是一位「富饒於財」的富婆。

伯奇福晉則被皇太極的兒子豪格所娶。皇太極的姐姐哈達公主的女兒是豪格的正室，哈達公主為此私下在皇太極之前埋怨道：「吾女尚在，何得又娶一妻也，何故為我女增一嫉妒之人？」哈達公主的擔憂是有原因的，《譯語》等史書記載蒙古女人有「善妒」的習俗，她不想自己的女兒被豪格冷落，受到委屈。就這樣，掀起了一場家庭小風波。後金貴族接二連三地辦喜事。皇太極的兄弟阿巴泰也不甘落後，迎娶了俄爾抬圖福晉。

後金歷來重視與蒙古諸部進行聯姻。從努爾哈赤時代開始，有很多公主及宗室女子嫁給了蒙古貴族，而後金貴族亦樂意娶蒙古女人為妻。隨著後金征服漠南蒙古，雙方的聯姻掀起了新一輪的高潮。在這場有預謀的瓜分林丹汗的福晉的行動中，皇太極是當中的最大受益者，他共娶了竇土門、囊囊兩位福晉，這兩位福晉分別被封為麟趾宮貴妃及衍慶宮淑妃。至此，察哈爾的福晉們在林丹汗死後委身於新興的統治者，保住了原有的位置，仍然「母儀天下」。

隨著後金經略蒙古地區取得的重大進展，皇太極在漠南蒙古諸部之中透過劃定地界、分配民戶的方式建立了新的行政管理體系，並仿照八旗制度在蒙古地區設立軍政合一的旗，先後把翁牛特、巴林等部編為了二十二旗。各旗長官最初叫「管事貝勒」或「執政貝勒」，其後叫做「紮薩克（意思為執政者）貝勒」，而這些旗最終統稱為「外藩蒙古紮薩克旗」。後金為此成立了專門管理外藩蒙古事務的蒙古衙門（理藩院的前身），它在政府中的地位與吏、禮、兵等六部平等。不過並非所有的蒙古部落都改編為外藩蒙古紮薩克旗，後金貴族因懷疑土默特首領鄂木布（原順義王蔔失兔的兒子）意圖反叛，剝奪了他對部眾的管轄權，將土默特部分設為兩旗，直屬後金中央政府，後來稱之為「內屬蒙古旗」。另外，後金還把那些分散來歸的察哈爾部眾編為八旗（各由八個蒙古都統管轄），分為左、右兩翼，安置於宣府、大同邊外之地，也成為了「內屬蒙古旗」。

後金從蒙古部落中抽調人手補充八旗軍，於一六三五年（明崇禎八年，後金天聰九年）二月編設了蒙古八旗。當時，後金「編審內外喀爾喀蒙古壯丁一萬六千九百五十三名，分為十一旗」。這十一旗之中，有三旗屬於外藩蒙古旗（即以古露絲轄布、俄木布楚虎爾兩人為固山額真的兩旗以及以耿格爾、單布合兩人為首的另一旗），它們共有九千一百二十三名壯丁，占了總人數的一半以上。其餘的喀爾喀壯丁併入原隸屬於八旗軍的蒙古左右翼兩旗之中，新組成了八個蒙古旗。這八個蒙古旗一一與女真八旗對應，也分為正黃旗（固山額真為阿代）、鑲黃旗（固山額真為達賴）、正紅旗（固山額真為恩格圖）、鑲紅旗（固山額真為布彥代）、正白旗（固山額真為伊拜）、鑲白旗（固山額真為蘇納）、正藍旗（固山額真為吳賴）、鑲藍旗（固山額真為扈什布）。此時老將吳訥格已死，未能列名於八旗的固山額真之中。根據學者的研究，新組建的八個蒙古旗的人數接近一萬八千名，他們以騎兵見長，可透過「三丁抽一」或「兩丁抽一」的形式協助女真騎兵作戰。順便指出，女真八旗轄下的某些蒙古牛錄，也發生了變化，它們當中的蒙古人、現在的旗籍已改隨女真，從而逐漸融入女真族之中。

▲皇太極帝服圖。

後金經過前後兩代君主的努力，吞併了韃靼左右翼的大部分人馬，幾乎控制了漢南所有的牧地，完成了征服漢南蒙古的壯舉。更加重要的是，末代大汗林丹汗已死，蒙古大汗的宗本部落察哈爾也投降了後金，在那些向後金臣服的蒙古封建主的眼中，皇太極似乎成了昔日蒙古帝國的繼承者。後金的統治階級內部不少人也是這樣認為的。諸貝勒大臣在一六三五年（明崇禎八年，後金天聰九年）十二月經過商議後認為既然察哈爾太子額哲已經投降，同時亦已獲得歷代皇帝傳國的玉璽，那麼意味著「天命」已歸金，皇太極應該適時「定尊號」，以慰眾望。這個提議得到了很多蒙古貴族的回應。就這樣，皇太極正式稱帝已是水到渠成。一六三六年（明崇禎九年，後金天聰十年）三月，盛京召開大會，女真貴族、蒙古十六部四十九台吉與孔有德、耿仲明、尚可喜等漢人官僚一起參加了這個盛典。到了四月，林丹汗的兒子額哲為首的蒙古貴族給皇太極奉上「柏格達徹臣汗」的尊號（意思是「聖睿汗」）。同時，而後金貴族與漢官也給皇太極奉上尊號，他號稱「尊溫仁聖皇帝」，改元「崇德」，並把「後金」的國號改為「大清」。

皇太極改國名的動機可能是為了與前代金國劃清界線，因為他在與明人議和時深切地感到明朝君臣對歷史上的金國非常反感，而南宋奸臣秦檜為了與金國議和不惜捏造罪名殺死主戰的岳飛，更是成為受到千古唾罵的反面人物。過去，皇太極被此問題所困擾，他知道明朝君臣屢次拒絕議和的原因之一是「唯以前宋帝為鑒」；故曾經公開聲明：「大明帝非宋帝之裔，我又非先金汗之後。此一時，彼一時也。天時人心各不相同。」現在，他乾脆把「後金」的國號改為「大清」，以示撇清。對於皇太極為何選「清」字為國號，至今眾說紛紜。例如有人認為「清」者，「青」也。由於關外地區的女真諸族大多信奉薩滿教，而薩滿教推崇青色，故現在與國號沾上了關係。還有人認為「金」與「清」雖然在漢字裡面讀音不同，但在女真語中的發音卻無差別。從這一點來看，「金」與「清」仍然有藕斷絲連的嫌疑。不過，皇太極在此之前下令禁止使用「諸申」這個女真舊名為族名，而將之改為「滿洲」，他宣佈：「諸申（即女真）之號，乃席北（即錫伯）超墨爾根（錫伯族人名）之裔，實與我國無涉。」公開否認自己是女真人。事實上，這時的建州女真，經過不斷地擴充，不但大量吸納海西與野人女真，而且對不少的蒙古人、漢人與朝鮮等族人也來者不拒，終於發展成為了一個新興的民族。現在，這個民族號稱滿族，正式與昔日的女真劃清界線了。

皇太極稱帝，就對滿、蒙、漢等貴族官僚封官賜爵。他已參考明朝制度，把宗室的爵號定為九等，即和碩親王、多羅郡王、多羅貝勒、固山貝子、鎮國公、輔國公、鎮國將軍、輔國將軍、奉國將軍。爵位的授予既要「考功論德」，也要辨別嫡庶親疏。其中代善受封為和碩兄禮親王，濟爾哈朗受封為和碩鄭親王，多爾袞受封為和碩睿親王，多鐸受封為和碩豫親王，豪格受封為和碩肅親王，岳托受封為和碩成親王，阿濟格受封為多羅武英郡王，杜度受封為多羅安平貝勒，阿巴泰受封為多羅饒余貝勒。此後，還陸續有人受封。至於宗室爵位的承襲制度，尚未完善。後來規定一般只有六大親王可以「世襲罔替」，其他的王皆世代遞降。

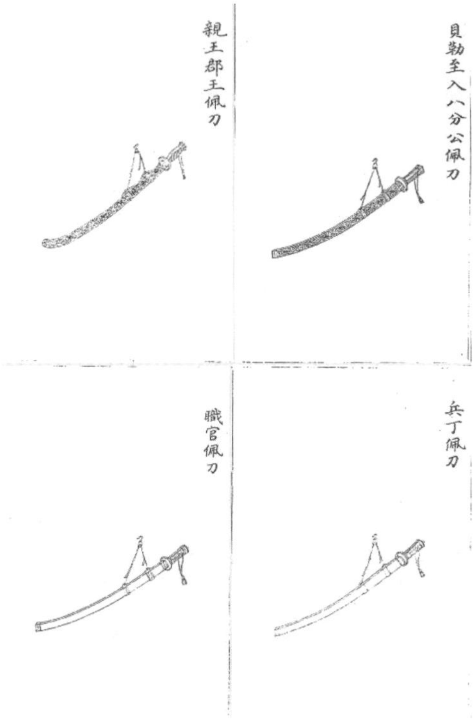

▲八旗的軍刀。

蒙古貴族的爵號定為六等，即和碩親王、多羅郡王、多羅貝勒、固山貝子、鎮國公、輔國公。授予者可以「世襲罔替」。而蒙古諸部被封為親王的有巴達禮等四人，被封為郡王的有布塔齊等五人。

漢人之中，孔有德被封為恭順王、耿仲明為懷順王、尚可喜為智順王。這些漢人的異姓藩王可以「世世承襲」，待遇等同於和碩親王，而在隨從的儀仗規格方面（清朝對於諸王隨從所用的坐纛、小旗、骨朵等儀仗器械根據級別的不同有嚴格的規定）等同於郡王。漢人的異姓藩王不像滿族皇家宗藩之王那樣既領兵，又領民，他們只領兵，不領民，而且，平時不居住於京師，只駐於地方，而手下也沒有在中央政府各部門任職，只在元旦慶典等節日儀式中，他們才與外藩蒙古貴族一起派遣部下「來朝進表」，從這一點來看，他們與蒙古藩王頗有相似之處。

按照明朝的制度，漢人的異姓功臣不管生前立下多大的功勞，都不能封王，只有死後，才由朝廷追賜王號。從這一點來看，清朝君主慷慨得多，這種做法對招降明軍確實有一定的效果。總之，漢王的地位絕對高於八旗中的漢軍固山額真。因為漢軍中固山額真這個職位不能世襲，而任職者需聽命於滿洲旗主，對本旗漢軍沒有私統權。

第六章
鞏固霸業

回顧歷史，可以發現在皇太極上臺之初，後金在戰略上受制於明朝精心準備的弧形包圍圈，這個包圍圈以朝鮮為起點，經皮島、旅順等遼東沿海地區與遼西走廊的甯錦防線連成一片，同時與活動在遼河河套的察哈爾諸部互相呼應，致使後金處於腹背受敵的不利狀態。然而，經過皇太極在任上的十年征戰之後，已令國家的戰略形勢大為改觀，不僅與朝鮮訂立了「兄弟之盟」，而且抓住漠南蒙古諸部內訌的機遇滅亡了察哈爾，同時在西征明朝的戰爭中屢戰屢捷，在大淩河之戰中重創了遼東明軍，一舉佔領了戰略要地旅順，使明朝的遼東防線顯得更加動盪不安。

但明朝長期經營的弧形包圍圈尚未徹底瓦解。朝鮮雖然暫時屈服於八旗軍的武力之下，可是始終拒絕與明朝這個昔日的宗主國斷絕關係，尤其讓皇太極難以容忍的是，朝鮮不但長期默許明軍駐於皮島，還暗中採取各種手段給予經濟上的接濟，甚至有時竟出兵配合明軍行動（例如孔有德、耿仲明叛明歸金之役，朝鮮曾經出兵協助明軍攔截）。此外，儘管孤懸海外的皮島駐軍，其實力早已今非昔比，可仍舊從側翼威脅著遼東半島。臥榻之側，豈容他人鼾睡？對皇太極而言，朝鮮與皮島的問題不徹底解決，就不能專心致志地對付寧錦防線，而遼東霸業的根基也就不穩固。

皇太極早就具備摧毀朝鮮的實力，也擁有足夠的實力滅掉皮島。自從他在一六二七年（明天啟七年，後金天聰元年）和朝鮮訂立「兄弟之盟」後，雙方的關係一直矛盾不斷，他經常派人向朝鮮勒索錢財，時不時指責對方減少納貢的禮物。兩國圍繞著邊境貿易以及越境採參、打獵等問題更是磨擦不斷，後金內部一直有人鼓吹要再次使用武力解決彼此的分歧。而攻打皮島的呼聲也此起彼伏，例如尚可喜於一六三四年（明崇禎七年，後金天聰八年）初來降後，曾經上書皇太極建議拿下皮島，由於擁有孔有德、耿仲明、尚可喜這些熟悉皮島情況的帶路者，後金勝算極高。然而，皇太極還是猶豫不決，沒有向這兩個近在咫尺的地方動手，原因之一或許是與經濟貿易問題有關。

眾所周知，關外的特產人參與貂皮等物，最大的傾銷地區是關內各省。然而遼東戰火連綿，明朝斷絕了與後金一切貿易往來，使這個國家在很長一段時間內只能夠通過朝鮮、皮島與某些韃靼部落為仲介，秘密將人參、貂皮等特產銷往明朝。由於有利可圖，朝鮮人願意從後金收購貨物轉售明人（比如《明史紀事本末·補遺之毛帥東江》記載朝鮮貢使攜帶人參等貨物到明朝貿易）。而部分貪贓枉法的皮島將士也「私通外番」，暗中與後金國內之人勾搭，同時也轉售從朝鮮得來的人參。有鑑於此，皇太極在與林丹汗爭奪遼河河套與宣大邊外的控制權時維持朝鮮與皮島的現狀，在一定時期內確實有利於打破明朝的經濟封鎖。但是，有利益，自然會產生糾紛。就拿朝鮮來說，這個國家常常在邊境貿易中壓低後金人參的價格。例如皇太極在稱帝前夕給朝鮮的國書中不滿地說：「我國的人參價格原定每斤十六兩，可被朝鮮方面以明人需求不高為理由將收購價壓低至九兩。然而根據我從漢人俘虜中得到的情報，朝鮮賣人參給皮島的漢人時，每斤售價竟高達二十兩。」這種讓後金在經濟上蒙受損失的買賣使皇太極對朝鮮人惱怒不已。

然而，隨著後金把林丹汗從韃靼右翼地盤驅逐出去，情況逐漸又起了新的變化。皇太極暗中操縱原韃靼右翼領袖順義王卜失兔的兒子鄂木布，讓他重返歸化一帶，在宣府、大同地區與明朝互市，由此獲得了直接向關內各省傾銷參、貂等物的新通道。故此，朝鮮與皮島這兩個地方的重要性也隨之下降。而皇太極使用武力摧毀這兩個地方也是指日可待的事了。

必須指出的是，朝鮮不惜冒著與後金決裂的危險仍舊站在明朝一邊，也有經濟上的原因。朝鮮國內的不少日用品需要依賴明朝的供給，而後金根本沒有能力生產這些東西。就像皇太極在給朝鮮的國書中所承認的：「青布彩緞，本出中國（指明朝），我國只能透過貿易的手段獲得，近來中國嚴禁物貨，不許出境，致使國內漢貨，今已乏絕，不能在邊境市場上賣給朝鮮。」由此可知，朝鮮人僅僅是出於經濟上的需求就不希望與明朝斷絕關係。

其實，後金國內的生產能力很低，這也是被朝鮮看不起的原因之一。這個落後的國家只能生產「絲麻」，稍好一點的布匹與衣服要從明朝方面奪取，例如努爾哈赤於一六二一年（明天啟元年，後金天命六年）打下遼陽城時，曾經下令軍隊從民間老百姓之中搶掠衣服，規定城內的「富戶得留九件，中人五件，下人三件」，根據朝鮮人撰寫的《柵中日錄》記載，當時城內百姓「大半裸體，婦女辱不堪言，多縊死」。直到皇太極上臺，八旗軍還習慣從明軍戰死者的身上扒下血染的衣服，再穿到自己身上[1]。皇太極與朝鮮結為「兄弟之盟」後，不但不能向朝鮮提供布、緞等紡織品，反而想從朝鮮國王那裡索取一些明朝生產的上等「緞匹」，可是朝鮮國王經常以明朝禁售為理由而拒絕。皇太極不相信，他令人打撈朝鮮從明朝返回時沉沒的船隻，發現裡面藏有上等「緞匹」，又寫信指責朝鮮國王口是心非、言行不一，這使兩國的裂縫進一步加大。

隨著清朝的成立，這個新興的國家在法理上已經和明朝形成分庭抗禮之勢。雄心勃勃的皇太極決心解決困擾已久的朝鮮問題，他如今已不滿足僅和朝鮮國王李倧訂立「兄弟之盟」，而想用「君臣之盟」取而代之。也就是說，朝鮮必須洗心革面來做清朝的附庸國，否則，兵燹之災在所難免。到了一六三六年（明崇禎九年，清崇德元年），皇太極正式稱帝一事終於激化了雙方積蓄已久的矛盾，使之成了戰爭重新爆發的導火線。朝鮮舉國上下反對皇太極稱帝，不但無禮對待皇太極派來通告的使者，而且朝鮮兩個使臣在皇太極的稱帝大典上態度傲慢，他們拒絕參拜，不行大禮，在回國時又把皇太極給朝鮮國王的信故意留在國界上揚長而去。

皇太極為此惱怒不已，針鋒相對地拒絕看朝鮮國王的來信，他鑒於朝鮮國王拒絕交出一個兒子作為人質，知道兩國關係已經無可挽回，遂決定使用武力解決一切分歧。朝鮮君臣敢於頂撞皇太極與低估八旗軍的實力有關。從表面上看，八旗軍自從皇太極繼位後雖然在經略漠南蒙古時取得了較大的進展，但與明軍作戰時獲得的土地卻遠不及努爾哈赤主政時期。這支軍隊長期被阻於寧錦防線，在通往山海關之路上步步維艱，即使取得大淩河之戰的勝利，疆土的面積也未能因此得到大幅度的擴張，而在圍繞著關內的灤州等四城的爭奪戰中，這支軍隊也是以失敗而告終，導致此後入關作戰不敢再久占城池，只是以搶掠財物為主。就以後金在一六三四年（明崇禎七年，後金天聰八年）入侵宣府、大同地區一役為例，朝鮮人願意相信八旗軍慘敗而歸。

《李朝實錄》記載朝鮮方面得到的情報是後金軍隊傷亡慘重，「所道理以下諸將戰亡者或云七、八，或云數十人；軍兵死者不可勝紀。還軍之日，乘昏（指黃昏）而入，使城（指盛京）內外蒙古、漢人不得知其虛實」。戰後，根據朝鮮使臣的觀察，後金國內「自鳳凰城通遠堡至山坳二百餘里，村落荒殘，城堞頹圮，抵十里堡，始有往來胡人（指女真人）。到瀋陽（指盛京）見國汗（指皇太極）之坐堂，左

1 朝鮮《李朝實錄》，仁祖十五年四月癸巳條。

右護衛，不過百數。及登門樓，遍觀城內外人家計可萬戶，而人物見存，似不准戶數。始信『宣（指宣府）、大（指大同）之敗，死者殆半』之說為不虛矣」。從這段話可以看出，朝鮮使臣竟然相信後金軍隊在入侵宣府、大同期間死掉了接近一半人，難怪這些使臣們後來在與皇太極打交道時敢於採取強硬的態度了。

毋庸諱言的是，皇太極稱帝之前由於連年對外作戰，在一定程度上減少了國家的人口數量，也阻礙了國內的經濟建設，但若有人因這些表面現象得出八旗軍實力下降的結論，卻與事實相去甚遠。皇太極稱帝之後很快就用實際行動來維護八旗軍的聲譽。他準備征伐朝鮮，但為了避免明軍從背後騷擾，而採取先發制人的措施，對明朝進行一次新的打擊，從而讓朝鮮的戰事又推遲了幾個月。話又說回來，清朝這次征明也不完全與朝鮮局勢有關，因為皇太極在此前以清帝的名義給明思宗寫信，要求議和，可一如既往地毫無回應，他便在稱帝一個月後發兵攻明。這次軍事行動仍以搶掠為主，目標是明朝的京畿地區。如果明軍能在即將開始的這一戰中重創清軍，那麼皇太極稍後入侵朝鮮的計劃就會泡湯。而這樣的結果，朝鮮肯定求之不得。可惜，事態卻向相反的趨勢發展，腐朽的明朝又一次讓附庸國的期望落了空。

五月二十七日，皇太極在出師前夕於翔鳳樓召開軍事會議，聽其面授機宜的出征將領有多羅武英郡

▲明思宗之像。

王阿濟格、多羅饒余貝勒阿巴泰、超品公額附揚古利、固山額真宗室拜尹圖、譚泰、葉克書、阿山、圖爾格、宗室篇古、額附達爾哈，列席的有和碩睿親王多爾袞、和碩豫親王多鐸、和碩肅親王豪格與和碩成親王嶽托。這次會議定下了一些行軍的規定，而作戰方案是避實擊虛，主要目標是那些「殘破城池」以及八旗軍曾經攻克過的良鄉、固安等容易攻取的城鎮。為了不陷入曠日持久的攻防戰中，選擇的目標要慎重，作戰原則應該是「如欲進攻，度可取得取之，不可取則勿取」。

由於兩年前在進軍宣府與大同等地區時發生了諸將互相爭奪戰利品的事，「以致所獲不均」，這一次特別強調將領不要私下裡濫收士卒所獻的「金銀綢緞以及堪用衣服」等物，要把這些東西在每個牛錄中平均分配，儘量讓更多的「從征者」得益。剛剛稱帝的皇太極不想親征，他要留在後方坐鎮，只是臨行前特別叮囑出征諸將「凡師行所至，宜共同計議而行，切勿妄動」，若有「爭論不決之處」，「宜聽武英郡王阿濟格剖斷，毋得違背」。

五月三十日，阿濟格奉命率領十萬人出發，繞過寧錦防線，取道獨石口等地分批進入關內。清軍沿途擊敗多股明軍，於七月初在延慶州成功會師，先後攻取長安嶺堡等據點，俘獲人畜一萬五千餘。

在後方運籌帷幄的皇太極為了分散明軍的注意力，派多爾袞、多鐸、豪格與嶽托率部分兵力於八月上旬分兩路向遼西方向佯動，出沒於錦州、中後所與山海關等地。

八旗軍此前已經兩次入塞，可明朝始終拿不出一個有效的應付辦法，只能被動地四處設防。塞內幅員廣闊，城鎮、屯寨、村莊密佈，在洶湧而來的清軍之前，要想使每一個地方都固若金湯，僅僅是駐防部隊的總兵額就將達到天文數字，更別說還需要向他們供應海量的作戰物資。對於財政瀕臨崩潰的明朝來說，要想辦到簡直難於登天。由此可知，很多地方的老百姓已註定要成為俎上魚肉，任人宰割了。

北京緊急戒嚴。明思宗對朝中大臣在前兩次抵抗敵軍入塞的表現不滿意，這一次大量重用身邊的閹人，這與他剛上臺時禁止閹黨參政的態度，有了一百八十度的轉變。此前他為了防止軍中將領占著職位不做事，曾經命太監陳大金、閻思印、謝文舉、孫茂霖等人為內中軍，分別進駐總兵曹文詔、左良玉、張應昌等將領的營中。而邊關部隊亦有太監進行監視（比如監視甯、錦諸軍的高起潛）。可是，有人反映不少監軍太監會做一些侵吞或克扣軍事物資的事，而且這些傢伙不懂軍事，在作戰中一旦形勢不利便帶著精兵先逃，故軍中諸將「恥為之下」。

明思宗知道軍隊內部對太監不滿，為了避免過分刺激那些將軍，於一六三六年（明崇禎八年，後金天聰九年）把大部分表現差勁的太監撤回，惟有遼東前線的高起潛是例外。可是如今大敵當前，他為了渡過難關管不了那麼多，又讓自己的心腹太監做耳目，監視前線的文武官員。他讓前司禮太監張雲漢、韓贊周為副提督「巡城閱軍」，令內中軍李國輔、許進忠、張元亨、崔良等人進駐紫荊關、倒馬關、龍泉關、固關等軍事要地，防止清軍從山西方向進犯。此外，守禦宣府、昌平等地的京營亦看到監軍太監的身影。朝中的文臣歷來看不起宮中的閹人，對這些傢伙染指軍權之事頗有微詞。可明思宗不但不改初衷，反而公開對內閣諸臣說道：「朕任命司禮太監魏國征守天壽山，兵部右侍郎張元佐守昌平，魏國征即日離京上路，而侍郎三日未出，又何怪朕重用內臣（指太監）呢？」

昌平附近的天壽山是多位明帝陵墓的所在地，怪不得明思宗對上述地點的安危格外關心。偏偏禍不單行，會師於延慶的清軍別的路都不走，唯獨選擇從居庸關直取昌平。對於昌平這類比較鞏固的城池，八旗軍即使動用楯車，紅夷大炮等攻堅利器，也未必能迅速攻克，可是阿濟格竟然只用了一天工夫就拿下了它。究竟怎麼回事？原來是城中出了內鬼。稍早之前，有兩千名在明軍中服役的蒙古兵以巡關的名義經過此地，他們入城協守的請求被城裡監軍的太監批准了，誰知這批人竟然是清軍的內應，專等阿濟格兵臨城下時裡應外合，終於致使城池失陷。總兵巢丕昌投降。巡關御史王肇坤，戶部主事王桂、趙悅，判官王禹佐、胡惟宏，提督內監王希忠等皆殉難。就連死者也不得安寧，埋葬於天壽山的明熹宗陵墓亦被入侵者放火焚毀。

昌平既失，北京已面臨清軍的直接威脅，鞏華城、西山、清河、沙河、寶坻等地處處傳來警訊，連京城的西直門也受到昌平叛軍的騷擾。明思宗急令各地派兵勤王，宣大總督梁廷棟、山東總兵劉澤清、山西總兵王忠以及關外的祖大壽等紛紛入援。兵部尚書張鳳翼迫於形勢主動請纓，出任督師，總領各處援兵，卻一直未能拿出有效的克敵制勝之策。而對文武官員失望的明思宗又故技重施起用太監，高起潛被從寧錦前線召回，以總監的名義南援霸州。而升為提督的遼東前鋒總兵祖大壽與山海關總兵張時傑俱要聽高起潛之命行事。天津、通州、臨清、德州等處由司禮太監盧維甯總督，內中軍太監孫茂霖為分守。

然而，被一大班太監監督的文武官員照樣萎靡不振，不能讓京畿地區免受蹂躪，因為明軍沒有能力在野戰中殲滅入侵者，他們只是乘清軍分散搶掠時試圖捕殺那些脫離大部隊的小股人馬以塞責。於是，寶坻、順義、文安、永清、雄縣、定興諸縣及安州、定州等地相繼失守。清軍的鐵蹄幾乎踏遍了京城四周，他們自詡「五十六戰皆勝」，攻下十二城，俘獲人畜十七萬九千八百二十，於九月一日從冷口出塞踏上歸程。軍中普遍出現輕敵情緒，將士們俱騎著「豔飾」的馬匹，「奏樂」而歸，有的人砍下柏樹枝幹，寫上「各官免送」等字樣，以此嘲諷遠遠跟在後面的明軍。阿濟格一反常態，沒有派精兵殿後掩護輜重，結果致使後隊遭到明軍的襲擊。只是由於追擊的明軍人數較少，才沒有造成重大損失。

清軍回到盛京時，在城外十里受到隆重的歡迎。皇太極見到遠征軍統帥阿濟格神情勞瘠不堪，不禁為之淚下，親自敬酒一杯以示慰勞。可是，後來當他得知清軍在撤退時出現傷亡，又不留情面地予以批評，指出阿濟格撤軍應該親自殿後，儘量避免讓敵人有機可乘，同時要用紅夷炮射擊明朝邊境的堠台，以虛張聲勢，使清軍的輜重得以順利通過，而且還要預先讓人在國境之內屯積糧草，免得部隊餓肚子，這才是正確的為將之道。可是，這些必要的防範措施阿濟格全沒有做，反而讓輜重在後，自己前行，「此與敗走何異？」為了嚴明軍紀，皇太極在軍隊返回的十幾天之後，處罰了有份參與出征的諸多將領，其中，阿濟格的罪過有三，一是攻下昌平時強搶別人的財物，二是濫賞本旗無功之人，三是撤出塞外時不親自殿後，以致清軍後隊被明軍襲擊，因而被罰銀一千兩。而隨軍宿將揚古利沒有及時提醒阿濟格派兵殿後，也被處以應得之罪。此外由於「臨陣敗走」以及「撤出塞外時不顧後隊」等原因，在參戰的二十旗之中，共有扈什布等四個固山額真被撤職，而阿山等十一個固山額真受到罰銀以及剝奪所有的戰利品等嚴懲。

明朝在戰後也對部隊將領進行問責。全軍督師張鳳翼首當其衝，此人雖然歷任寧前兵備副使、遵化兵備道員、遼東巡撫、薊遼總督、兵部尚書等要職，從表面看既有前線工作的經驗，又曾經坐鎮過中樞統籌全域，按理本應是一個出類拔萃的帥才。可實際上，他為官以來從沒有親自馳騁疆場與敵廝殺，也沒有獨自策劃及指揮過一場戰事，只是因袁崇煥、孫承宗等同僚或死亡或隱退，才得以官運亨通，步步升遷。他見識淺薄，難以肩負重任，例如，當陝西農民起義軍即將進犯長江之北地區的消息傳到朝廷而人心惶惶時，他卻以為不必過慮，理由是「賊起西北，不食稻米，賊馬不飼江南草」，對於這番離題萬里的奇談怪論，《明史》的記載是「聞者笑之」。這類埋首書齋不諳世事的迂腐書生竟能主持軍國大事，真乃明朝的悲哀。張鳳翼一直以來都具有畏戰情緒，當初在出任遼東巡撫時，就極力反對督師孫承宗主守關外的決定，並說：「國家即棄遼左（指遼東），猶不失全盛……今舉世不欲復遼，彼一人獨欲復耶？」為此，孫承宗評價他是一個「工於趨利，巧於避禍」之人。在這次阻擊清軍入塞中，他的畏戰情緒得到了充分的暴露，眼睜睜地看著對手四處擄掠而不敢與之決一死戰，因而罪責難逃。

正所謂「京城四郊多壘，士大夫之恥也」，事後，朝廷常常拿主管軍事的文官開刀，例如一五五〇年（嘉靖二十九年），韃靼右翼毀邊牆而入，在京畿地區大掠而回，這使得兵部尚書丁汝夔被朝廷以「不敢主戰」的罪名處死；一六二九年（明崇禎二年，後金天聰三年），入侵的後金兵臨北京城下，為此，當時的兵部尚書王洽與名將袁崇煥被朝廷追究責任，先後丟了性命。現在，張鳳翼自知難以倖免，他每日服用大黃麻以求速死，在清軍出塞的次日斃命於軍營。同時，自殺謝罪的還有宣大總督梁廷棟。

從明朝與清朝各自對參戰將領進行問責可以看出，無論是勝利者還是失敗者，他們在戰場上的表現都說不上稱職，距離完美無缺還有十萬八千里，正所謂「沒有最差，只有更差」，誰更差誰就失敗。

清朝完成了打擊明朝的既定計劃之後，就著手準備出征朝鮮。皇太極下令在兵部辦事的嶽托等人「簡閱甲士」，要求每個牛錄提供五十名騎兵，十名步兵，七名護軍與三十二副盔甲。而石廷柱所統的漢軍，每名甲士需準備十五支箭，每兩名甲士需準備一杆長槍，每兩個牛錄需準備一架雲梯、一個挨牌。另外攻城鑿牆所用的斧、鑽、鍬、钁等一應俱全。所有的馬匹要烙印與系牌，所有的軍械要寫上記號，以免遺失。每個參戰人員要攜帶半月行糧，於十一月二十九日集合。皇太極以降旨的方式對即將出征的將士進行思想動員，申明軍紀，其中特別批評了過去的某些不良現象：「從前無論野戰或攻城，往往有托詞捉生，規避不進者。今除所設前鋒哨卒外，不得捉生。倘仍有托詞捉生而規避不進者，則永為賤人。」

一六三六年（明崇禎九年，清崇德元年）十二月一日，清軍與應召而來的蒙古各部齊集於盛京，號稱十萬，他們在皇太極、代善、多爾袞、多鐸、嶽托、豪格、杜度等人的指揮下於次日出發，而濟爾哈朗留守盛京，阿濟格駐於牛莊、阿巴泰駐海城，以防明軍騷擾。這個出征陣容比起前不久阿濟格率領的侵明部隊要豪華得多，顯示清朝意圖一勞永逸地解決朝鮮問題。清軍經過七天的行軍，到達了鴨綠江邊與朝鮮隔岸相對的鎮江。

朝鮮君臣深知戰爭不可避免，盼望明朝發兵來救。可惜明朝的國勢已是江河日下，而且剛剛遭受清軍的打擊，根本沒有能力像四十多年前「抗倭援朝」那樣派出雄師前來支援，只派出一個名叫黃孫茂的監軍來視察一下防務，說了幾句冠冕堂皇的話，僅此而已。

正像皇太極事後所評價的那樣：「朝鮮人雖然騎兵不行，但『長於步戰鳥銃』。」也就是說，在朝鮮軍隊諸兵種之中步兵最出色，而在步兵之中鳥銃手又特別搶眼。必須要指出，朝鮮建軍思想曾經受到明朝的巨大影響，例如明軍抗倭名將戚繼光撰寫的《紀效新書》，就被朝鮮人大量翻印，作為軍隊練兵的指南。由此不難理解，為什麼朝鮮軍隊會這樣重視步兵中的鳥銃手了，因為這本來源於明軍的戰鬥經驗總結。不過，依靠銃炮取勝的經驗是明軍在與倭寇及韃靼人長期對抗中取得的，不適合與八旗軍作戰。

特別是八旗軍的鐵騎，更是鳥銃手的剋星。朝鮮軍隊未能順應形勢進行改革，難怪從十七年前的薩爾滸之役開始，一直到現在，都籠罩在八旗軍鐵騎的陰影之下。

十二月十日，清軍分為左右兩翼如猛龍過江一般撲過來。右翼軍在多鐸、嶽托、碩托、尼堪、羅托與博和托等宗室的率領下迅速佔領郭山、定州等地，而提前過江的三百名先頭部隊已於十四日殺到了平壤。朝鮮各地守軍仍舊不堪一擊，紛紛逃走。然而，朝鮮國王李倧沒有像上次那樣逃往江華島，而是企圖堅守首都王京（今韓國首爾）一帶地區。清軍對此求之不得，前鋒很快推進到王京之外，一下子就把李倧逼退到王京以東四十里的南漢山城裡面，多鐸、嶽托、碩托所部隨後而至，立柵將城圍困起來，先後在城周圍的不同地點擊潰一萬八千、五千與五百等三股朝鮮援兵。率主力渡過漢江的皇太極迅速攻佔了王京，於二十九日參與圍攻南漢山城。到了一六三七年（明崇禎十年，清崇德二年）正月初七，三順王所部攜帶著火器趕來參戰，讓實力增強的清軍勝算在握。可一系列的戰鬥也讓八旗軍付出了一定的代價，其中開國元勳揚古利戰死沙場，事情的起因是朝鮮全羅、忠清兩道巡撫總兵於正月初三一齊來援，駐營於南漢山城之外，皇太極讓揚古利跟著多鐸一起領軍退敵，當時天下大雪，陰晦不明，登山督戰的揚古利冷不防被一名潛伏於石窟之內的朝鮮敗卒用鳥銃擊中，傷重而亡，時年六十六歲。

多爾衮、豪格等人率領左翼軍經寬奠路進入長山口，攻克了昌州、安州等地，並多次擊敗朝鮮黃州援軍的阻攔，於正月初七日到達南漢山城。其後，多爾衮奉皇太極之命率兵三萬與數十艘戰船向朝鮮王室貴族與官僚大臣避難的江華島進軍。八旗軍所乘的船當中有一些是黑龍江赫哲人所造，它「具有飛舡輕小，旋轉速快」的特點，在戰鬥中的表現勝於行動緩慢的朝鮮巨舟，很快就擊潰由三十艘戰艦組成的敵軍水師，成功登島，然後殲滅守島的千餘鳥銃手，一舉俘虜了在此地避難的李倧王妃、兒子與部分大臣。

龜縮入南漢山城的李倧終於弄清楚清軍的真正實力，自知無路可走，遂於三十日出城，親自前往清軍大營投降，接受了清朝苛刻的條件，具體有：不再承認明朝為宗主國，與之斷絕一切往來，並協助清軍攻明，轉奉清朝為宗主國，還要每年進貢，同時，承諾讓兩個王子以及諸大臣之子常駐盛京做人質，另外還要懲辦主張抗清的大臣。最終達到成略目標的皇太極於二月二日撤軍，此後，兩國確立了「君臣之盟」。

清朝征服朝鮮，是繼滅亡察哈爾之後在戰略上獲得的又一個重大勝利，從此不但徹底解決一個後顧之憂，而且還可以更方便地從這個新征服的地方榨取財富物資，以壯大國力。但解決了朝鮮問題並不意味著清軍可以傾盡全力西征明朝，因為東江鎮最大的據點皮島仍然在海上發揮著牽制作用。皇太極決定再接再厲，在朝鮮撤軍的同時開始佈置攻打皮島，他讓碩托從每牛錄之中抽調「甲士」四人，會同三順王全軍，攜著十六門紅衣大炮出征，並要求朝鮮派遣水師協助。無可奈何的李倧只好讓信川群守李崇元、甯邊府使李浚出動黃海道的戰舡五十艘隨行。

坐鎮皮島的東江總兵沈世魁轄下有萬餘兵力，另一總兵陳洪范轄下有八千兵力，從兵額來看總計一萬八千人左右，並擁有戰船百艘。不過由於吃空額等種種原因，真正兵力只有一萬二千人。他們曾經在清軍攻入朝鮮時派出小部隊至耀州岸邊活動，以作牽制。當朝鮮投降，清軍轉攻皮島之際，明朝也從關甯、天津、登州各地抽援了一萬七千軍隊趕來增援，會同島上兵力重點佈防東南、東北方向。

一六三七年（明崇禎十年，清崇德二年）二月二日，集結於身彌島的清軍渡海進攻，在持續近兩個月的戰鬥中，遭到守軍水師與火炮部隊的阻擊而毫無進展。就在兩軍處於膠著狀態的關鍵時刻，皇太極派能征善戰的弟弟阿濟格率一千精兵來到前線助戰。作戰經驗豐富的阿濟格一面親自察看地形，一面與諸將商討，最後制定了一個兵分兩路突襲的方案出來。以一路兵正面佯攻吸引守軍的注意力，另一路兵則悄悄潛伏於身彌島西北二十里外的山中，再伺機沿著海岸來到與皮島西北部隔海相對的熬鹽河港，從那裡乘坐速度飛快的輕舟渡海偷襲。形勢的發展證明，這種聲東擊西的夾攻戰術常常可收到立竿見影的奇效。

總攻在四月八日傍晚開始，擔任正面佯攻任務的是八旗騎兵、三順王部隊與部分朝鮮兵，他們在兵部承政車爾格等人帶領下從身彌島大張旗鼓地乘坐七十餘艘船出發，來到皮島的東北面與明軍水師激戰，完全吸引了對方的注意。而擔任偷襲任務的清軍由固山額真薩穆什喀打頭陣，他讓精銳的護軍下馬做步兵，在海上大霧的掩護之下迅速上船離開熬鹽河港，出其不意地來到皮島西北部的山口一帶。佐領鼇拜首先登陸，參領准塔帶著部下隨後跟上，並舉火為號。到了二更時分，固山額真薩穆什喀、昂邦章京阿山、葉臣等人已率步兵主力陸續渡海而來，擊潰了匆忙趕到迎戰的明軍，向皮島的縱深地區發展。島中的明軍紛紛向東北方向退卻，因為那裡有水師部隊，方便奪船而逃。

正面進攻的清軍得知護軍已經偷襲成功，全力揚帆而進，致使明軍水師陷於腹背受敵的困境，從而全線崩潰，四處逃竄。至此戰事已近尾聲，兩路清軍相繼登陸之後，用了一晝夜的時間圍剿島上的殘兵敗將，殺了萬餘人，俘虜數千名男女老幼，繳獲七十二艘大船與十門紅夷、法貢、西洋等炮。明軍非死即逃，而總兵沈世魁在混亂中被叛兵捉拿，獻給了清將馬福塔，後因拒絕投降被處死。佔領皮島讓清朝發了一筆橫財，《清實錄》記載戰利品的清單如下：「所獲蟒素緞匹四萬二千八百八十，布匹、氈條共十九萬一千有奇，衣服三千四百一十七，銀兩三萬一千，犀牛角二千一百四十對，此外還有近三百件由銀器、珠砂、瑪瑙、琥珀、水晶等製成的杯子。」從這批戰利品之中，可以看出紡織品數量驚人，而這些東西長期以來一直是朝鮮與清朝孜孜以求的，由此可知皮島不但是一個軍事據點，還是一個具有重要影響力的商業據點。有人認為女真人之所以能夠發展壯大，主要是因為某些大大小小的明朝遼東軍閥養寇自重的結果，這些人一方面明正言順地花費著朝廷的大部分財政開支，另一方面又在暗地裡透過走私等方式獲得厚利，故此，讓女真人繼續存在，在某種意義上來說很符合他們眼前的利益。哪怕日後因此而引火焚身，亦在所不惜。

戰後，明朝在清查損失時，發現一萬二千名東江鎮守兵，僥倖生還的還剩五千餘人。《清實錄》記載清軍損失時，只是含糊其詞地寫道：「陣亡四十人，骸骨莫能辨識。」然而，學者劉建新、劉景憲與郭成康等人在一份有幸保存至今的《盛京滿文原檔》中發現清軍陣亡二百六十人，這個統計數字比《清實錄》的記載多出六倍以上。另外，學者滕昭箴對明清內閣大庫史料、《八旗滿洲氏族通譜》與《清實錄》等文獻資料記錄的陣亡數位作了一個統計，發現已近三百，這表明，清軍的真實傷亡數字，在一些官書中已被人為地降低。順便提一下，在《盛京滿文原檔》之中那張記錄了詳細陣亡數位的清單中注有「不寫入檔子」的批語，可見清朝史官在編輯「檔子」等官書時所用的資料或是出於政治目的，或是出於宣傳需要而精心挑選的，書裡面的傷亡數字並不可靠，不能輕信，這一點，在前文已經提到過了。

沈世魁的從子沈志祥收攏了皮島的近五千名殘餘武裝分子，逃到石城島，自稱總兵。可是明朝登萊監軍黃孫茂不予承認，竟要發兵討伐，這樣就把沈志祥逼入了敵人的陣營。正所謂「此處不留爺，自有留爺處」，這股殘餘武裝於一六三八年（明崇禎十一年，清崇德三年）航海歸清。皇太極慷慨大方地下令諸王、貝勒各獻財富物資進行接濟，把他們安置於撫順地區。沈志祥當上了夢寐以求的總兵官之職，到了次年正月十八日，他又被授予續順公之爵，搖身一變得以躋身於貴族行列，與孔有德、耿仲明、尚可喜合稱「三王一公」。

▲代善之像。

皮島的失守標誌著明朝苦心經營了十幾年的東江鎮已經覆沒。不久，明軍撤銷了這一建制，閣臣楊嗣昌把遼東半島沿海地區的少數軍民遷往寧錦地區，結束了這一地區轟轟烈烈的抗清活動。

隨著察哈爾、朝鮮與東江鎮等牽制力量的一一崩潰，寧錦前線的守軍在遼東地區再也沒有任何盟友能互相呼應，這註定他們在未來的日子要獨自應付清軍從正面發起的排山倒海的攻勢。即使寧錦防線還能憑著步步為營的各個據點抵抗一陣子，然而鄰近的薊州、宣府、大同等相形見絀的軍鎮對清軍的長途奔襲已是防不勝防。明朝的整個北部防線可說是危如累卵、處於大廈將傾的前夕。

過去與皇太極並稱的三大貝勒，其中阿敏與莽古爾泰兩人或被囚禁、或被降爵，只剩下代善這股勢力。皇太極沒有罷手，多次壓抑與打擊代善及其兒子岳托、薩哈廉等人，儘管代善與嶽托對皇太極的登基出過很大的力氣，可現在既然成了皇權集中的障礙，皇太極出於政治需要也就不講情面了。例如在早先出征朝鮮期間，皇太極找藉口給代善定了數條罪名，主要是多收十一二名侍衛、違制養馬等，罰銀一千兩，斬其心腹將領恩克，經過三番四次打擊的代善心灰意冷，數年之後逐漸不問朝政，終使皇太極獨攬大權。皇太極有意扶持某些年輕有為的兄弟子侄，以取代代善等老資格之輩。他在成功經略朝鮮的次年便起用十四弟多爾袞為統帥，帶領部隊出征明朝。

明朝君臣基於國內外政治環境的劇烈變化，已經預感到清軍即將發起新一輪的進攻，而明軍被關內風起雲湧的各路起義軍所困擾，一時難以兼及。各地起義軍由於連年受到圍追堵截，正四處流動作戰。在西北活動的李自成由秦州向漢中進軍，受挫後南下四川，一路殺向成都，但其後又被尾隨而至的陝西總督洪承疇所部逼退，轉回陝西。這支起義隊伍在一六三八年（明崇禎十一年，清崇德三年）與官軍交戰多次失敗，最後僅剩下一千餘人流連在陝西、湖廣與四川這三省交界的崤、函等山谷地區之中持重待機，以圖他日捲土重來。另一位起義軍的著名領袖張獻忠率部由河南進入湖廣，吸納了其他起義隊伍，一度連營百里，號稱「三十餘萬」，並直下安徽，威脅南京。明朝急忙調來左良玉、馬爌、劉良佐等將領，合力把張獻忠趕回了湖廣。

總理南畿、河南、山西、陝西、湖廣、四川軍務的兵部尚書熊文燦與監軍太監劉元斌成功對張獻忠進行招撫，而羅汝才等一些著名的義軍領袖此後亦陸續投降，明末大起義暫時轉入了低潮。儘管形勢產生了某些有利的變化，但明朝沒有掉以輕心，繼續在全國征餉，督練精兵，以防起義者死灰復燃。由於財力的限制，明軍的規模不可能無限擴大，那麼應當把有限的兵力用於對付起義軍還是清軍？明朝內部對此早有爭議。接替張鳳翼做兵部尚書的楊嗣昌提出「安內方可攘外」的主張，認為關內的起義軍才是心腹大患，關外的清軍只算肩臂之疾，因而必須首先鎮壓起義軍，然後再與清軍算帳未遲。他的意見得到了明思宗的贊同。

為了集中兵力圍剿起義軍，朝廷內部有人策劃與清朝議和，在山海關監軍的太監高起潛於一六三八年（明崇禎十一年，清崇德三年）上半年秘密派人到瀋陽與清朝統治者聯繫，為此預作準備。當時京城流傳著主和派要按照招撫察哈爾的舊例給予清朝八萬兩黃金與十萬兩白銀，以換取和平。不過，明思宗對議和的態度曖昧，始終沒有明確表態，因為朝中的主戰派還存在很大的影響力。例如強烈反對議和的侍讀學士黃道周認為即使能與清朝達成和平協議，而駐守「寧、錦、遵、薊、宣、大」等邊防重鎮的部隊亦不能撤回，以免門戶洞開，帶來不測之禍。他批評有的人以為議和成功之後可以將邊塞軍隊調往中原「以討流寇（指起義軍）」，是沒有經過詳細考慮的錯誤看法。言外之意是，何必要委曲求全進行議和呢？特別是宣大總督盧象升這位態度強硬的主戰派，不但在皇帝之前痛斥議和之舉，而且還為此和楊嗣昌大吵了一架，使得楊嗣昌等主和人士難以放膽去做，而與清朝議和一事亦隨之擱置。

徹底消除了察哈爾、朝鮮、皮島這三大隱患的清朝得以最大限度地集中兵力，即將對明朝發起前所未有的大規模出擊，這次傾巢而出的軍事行動不但要進攻明朝塞內，直搗中原，而且還要進攻遼東的寧錦防線，打一個遍地開花，作戰目的仍舊以搶掠為主，同時希望用兵臨城下的方式逼明朝議和。

一六三八年（明崇禎十一年，清崇德三年）八月，大戰的序幕終於揭開，皇太極任命多爾袞為奉命大將軍，以豪格、阿巴泰為副手，統左翼軍；以岳托為揚武大將軍，杜度為副，統右翼軍。一前一後地殺向明朝塞內。為了防止山海關、寧遠、錦州等地的明軍抽兵回援，皇太極本人打算稍後親率一支兵馬前往山海關以作牽制。

八月二十七日，右翼軍先行。清廷事先宣佈：「軍中參將、遊擊以下的各級將領一旦戰敗或違反軍紀，統帥岳托有權先斬後奏，而右翼軍日後若在途中遇上左翼軍，獄托要聽多爾袞的節制。」這支軍隊於九月二十二日從密雲東北的牆子嶺口拆毀明朝建築的邊牆，分作四路越過燕山入塞，先後擊敗多股明軍，打死總督薊遼兵部右侍郎吳阿衡，繳獲七門紅夷炮、十八門將軍炮以及數以百計的馬匹。鄰近的曹家寨（蒙古人稱為「海龍」城）駐軍因曾經秘密與清朝進行過貿易往來，沒有受到攻擊。

九月四日，從盛京出發的左翼軍經過二十四天的行軍來到燕山腳下的青山關附近，拆毀關西二里外的邊牆而進入明境。明朝在早些時候四處調兵阻擊右翼軍，致使這一帶兵力空虛，青山關、董家口、青山營等地的老百姓紛紛棄城而逃。多爾袞經過偵察與審訊俘虜之後，派人向皇太極稟報了明朝國內的一些情報，其中引人注目的消息有山海關監軍高起潛已調入關內，而祖大壽及其兵馬亦已西調入關。

皇太極在此前已準備進軍山海關，隨行的有濟爾哈朗、多鐸等人，他派人通知三順王，讓他們的部隊自備兩個月的行糧，攜帶戰車與紅夷炮等火器，於九月二十五日之前來到盛京，等候作戰命令。到了十月十日，準備妥當的清軍兵分三路，一路由濟爾哈朗、碩托率本旗護軍與喀喇沁兵計劃插入前屯衛與寧遠之間；一路由多鐸與固山貝子博洛率本旗護軍與土默物兵計劃插入錦州與寧遠之間；一路由皇太極本人帶領從義州向西出發，向位於寧錦防線正面的錦州進軍。

表面上看，這個作戰佈置攻擊的範圍涉及寧錦防線的大部分地區，大有將其攔腰切斷的氣概，再一口接一口地吃掉。但實際上只是一次虛張聲勢的行動，目的是想牽制明軍，使其首尾不能相顧，疲於奔命，以策應入塞的多爾袞與嶽托。一批批的清軍陸續渡過大淩河，向寧錦防線靠近。皇太極指揮部下首先在錦州附近開戰，他在二十八日命孔有德、耿仲明、尚可喜、石廷柱、馬光遠等人以神威將軍炮攻下了明將吳三桂手下所築的戚家堡台、石家堡等五個邊塞據點，俘獲三百一十七人、十四匹騾馬、六十二頭牛與七十五頭驢，接著，以主力進駐錦州城南，擺出攻城的樣子。三順王的天佑軍、天助軍與馬光遠的漢軍繼續在火炮的掩護下清除錦州周圍的屯堡、墩台，先後轟擊了李雲屯、柏土屯、郭家堡、開州、井家堡、大福堡等處，俘獲數以千計的人員以及一批輜重，可以說是首戰告捷。

▲多爾袞之像。

然而，多鐸所部一波三折，他出師後雖然拿下了桑噶爾寨等小據點，但尚未切斷錦州後路，就接到皇太極的指示，轉而配合兵力薄弱的濟爾哈朗作戰，攻打位於寧遠與山海關之間的中後所。原來皇太極在十一月初收到情報，瞭解到中後所的城牆坍塌不堪，便以為機會難得，匆忙讓多鐸率精銳護軍趕快拿下這個地方，誰知竟遇到城內三千多守軍的頑強抵抗，以致不但無尺寸之功，反而傷亡了不少人。不久，多鐸親率的五百精銳護軍在中後所以西的山岡上突然遭到八百明軍援兵的襲擊，土默特部落的俄木布楚虎爾與滿洲八旗甲喇章京翁克等人率眾先逃，護軍統領哈寧噶、甲喇章京阿爾津、俄羅塞臣且戰且退，整支隊伍眼看就要全線崩潰，任人宰割，幸而博洛臨危不懼，獨自率手下向前迎擊，才得以成功掩護全軍撤離戰場。這些敗軍之將不敢在當地久留，乘夜向濟爾哈朗的駐地奔去。此戰，《清實錄》中的傷亡資料前後不一，一會兒說「多鐸兵陣沒者九人，失馬三十匹」，一會兒又說「陷沒十人，失馬三十三匹」，總之，這些不包括受傷者在內的資料都應該是不完全的統計。

擊敗多鐸的八百明軍援兵以祖家軍的祖克勇為首，而祖大壽的大隊人馬也趕到了。此前，明思宗鑒於錦州被圍，多次令祖大壽從關內回援。可是祖大壽在途中逗留不進，直至十月二十二日才來到距離錦州甚遠的寧遠四沙河所一帶，不久又退駐寧遠，在此期間正巧碰上多鐸進攻中後所，他果斷前往，指揮部屬擊敗來犯之敵，使這個小城轉危為安。然而僅僅過了一天，多鐸便與濟爾哈朗捲土重來，企圖雪敗兵之恥。但祖大壽閉門不戰。得知多鐸在中後所受挫的皇太極慌忙率主力從錦州火速來到了這座小城之外，可仍舊不得其門而入，只好致信祖大壽，說道：「自從在大淩河釋放了將軍之後，『諸臣每謂朕昧於知人』，因而將軍宜出城相見，把話說個清楚。如果有疑懼之心，那麼『朕與將軍各攜親隨一二人於中途面語』，坦言相對。這樣做『一則解朕昧於知人之嘲；再則使將軍子侄及大淩河眾官皆謂將軍之能踐言也』。」皇太極還在信中說，我做夢都想與將軍會面，就像三國時的劉、關、張結為義兄義弟一樣，雖是異姓，可「立盟之後，始終不渝」，暗示祖大壽應該履行當初的諾言，獻出城來。然而，不管皇太極怎樣巧舌如簧，祖大壽就是裝聾作啞，拒不回覆。無可奈何的皇太極只得班師，經六河洲、奇爾哈納等處返回了盛京。

清廷事後對中後所之敗進行追究，其中，甲喇章京阿爾津在此戰中三次拒絕聽從多鐸的調令，又臨陣敗走，不收被殺士卒的骸骨，不配合博洛反擊敵人，論罪應處死，後免死，改為革職與交納罰金，並罰沒一半家產。甲喇章京翁克擅離俄羅塞臣之營，率本部兵逃跑，但因其父親過去有功，故免死，改為革職與鞭打一百，並罰沒一半家產。護軍統領哈寧噶三次拒絕聽從多鐸的調令，又臨陣而逃，不配合博洛反攻，論罪應處死，後免死，改為革職與交納罰金，並罰沒一半家產。甲喇章京俄羅塞臣臨陣而逃，不配合博洛反攻，論罪應處死，後免死，改為革職與交納罰金。而廣泰、賀思和禮等將領也因違多鐸之令，受到鞭打一百的處罰。至於軍中的主帥多鐸，由於過往的劣跡太多，竟被皇太極痛責。例如在不久之前，當多爾袞率左翼軍征明時，就連皇太極都要親自送行，而多鐸卻以「避痘」為托詞，不來送行，而在別處「私攜妓女，弦管歡歌，披優人（指唱曲演戲的戲子）之衣，學傅粉（泛指梳妝打扮）之態，以為歡樂」，當即被大發雷霆的皇太極下令禁止出府門一步。其後，皇太極攻打甯錦防線時，有意讓多鐸隨行，給他一個將功贖罪的機會，不料，多鐸在中後所之戰中「不發一矢，未沖一陣」就拋棄陣亡士

▲多鐸之像。

卒骸骨而「敗走」，為此，皇太極稱：「我國之兵，千能當萬，百能當千，十能當百，未有不勝，爾（指多鐸）領精兵五百，猝敗於敵軍八百人，可恥孰甚焉。」經過一番聲色俱厲的責罵之後，多鐸被降為多羅郡王，罰銀萬兩，而他名下的「奴僕牲畜財物」與本旗所屬的滿洲、蒙古與漢人牛錄，一律要罰沒三分之一。當中三分之一的「奴僕牲畜財物」給多爾袞。而三分之一的滿

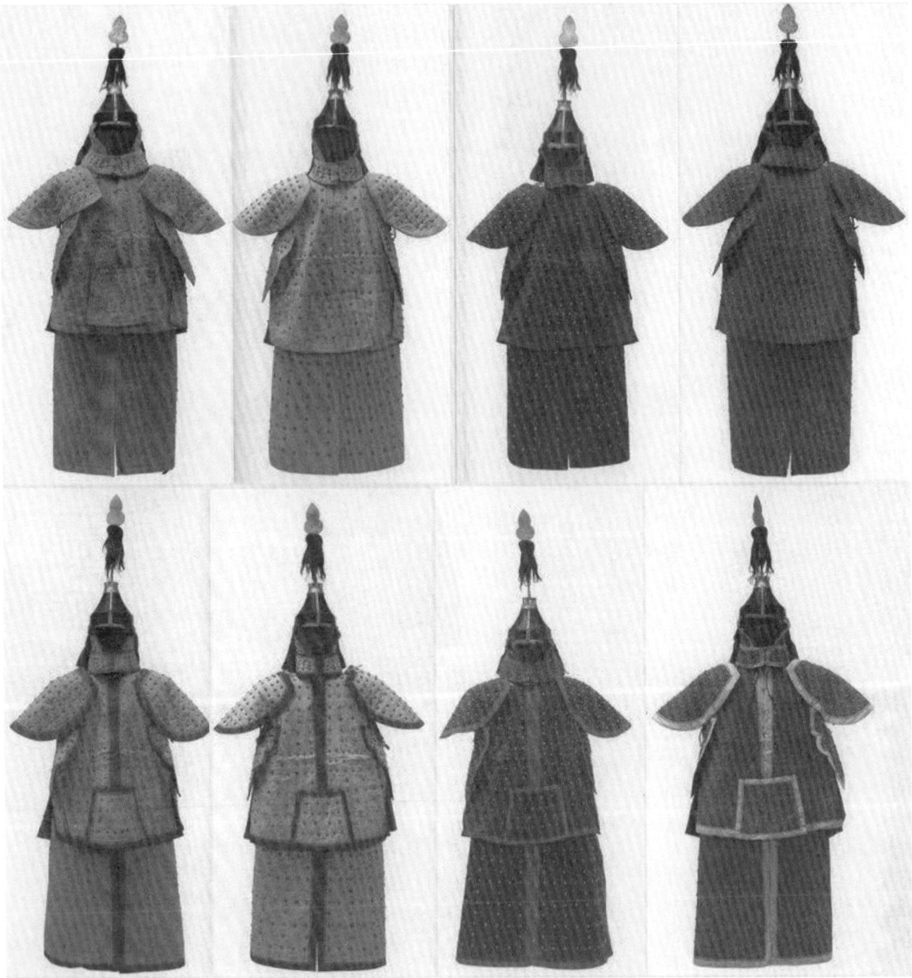

▲八旗軍各旗鎧甲。

洲、蒙古與漢人牛錄，則由多爾袞與阿濟格均分。

遼東戰局的平靜只是暫時的，塞內仍然打得熱火朝天。一直到了第二年，多爾袞、嶽托所部仍然遲遲不歸。為了掩護正在遠征的左右兩翼軍，皇太極於一六三九年（明崇禎十二年，清崇德四年）二月再次攻擊寧錦防線，目標是錦州周圍的松山、杏山、塔山、連山等據點。參戰的宗室人員有代善、阿濟格、碩托、固山貝子尼堪與羅托等。孔有德、耿仲明、尚可喜以及石廷柱、馬光遠率領的天佑軍、天助軍與八旗漢軍由於善使火器，可在攻堅戰中大派用場，照例隨軍出征。先行出發的阿濟格來到大淩河以東的四里屯、張剛屯、寶林寺、王民屯、於家屯、成化峪、道爾章等地，揚言要用紅夷炮攻擊這一帶墩台，迫使守台的明軍投降，共俘虜軍民七百多人。主力隨後向錦州後面的松山城前進，最早到達目的地的天佑軍、天助軍與漢軍先後用紅衣炮攻下了城東、城南、城西南的一些墩台。

二月二十四日，親臨松山前線的皇太極登上城南的山岡，觀察城內形勢，指示孔有德、耿仲明、尚可喜要從左、中、右三個方向攻擊城南大門，而馬光遠、石廷柱分別以本旗兵協助耿仲明、尚可喜等人進攻，並具體指明需要集中二十多門神威將軍炮與紅夷炮轟擊城南門、城東南隅與西南隅等位置，還特別提醒馬光遠、石廷柱在攻下城西南隅的墩台後，應移四門紅夷炮到其他地方分守汛地，以防萬一。總攻時間定在二十五日淩晨，各類火炮將於四鼓時分移到前沿陣地，五鼓開始轟擊。等到城上凹凸狀的垛堞已被炮彈毀壞，滿洲八旗兵馬上豎起雲梯，迅速登城。

自從十二年前強攻袁崇煥轄下的錦州、寧遠受挫之後，皇太極已經知道遼軍的戰鬥力遠非其他地方的明軍可比，因而對其堅守的城池主要採取長期圍困之策，極少在遼河以西強攻那些由千人以上駐守的據點，所攻的大多數是一些只能容納數百人或者數十人的堡、台。如今一反常態，悍然強攻近三千人駐守的松山，似乎是想測試一下遼軍的戰鬥力有沒有下降。也許，他自以為八旗軍早已今非昔比，尤其是在優勢炮火的助攻之下，一鼓作氣拿下松山是十拿九穩的事。

清軍火炮部隊按照計劃攻城，猛烈的炮火從淩晨一直打到下午太陽偏西之時，將松山城的垛堞全部擊毀，只剩下光禿禿的城牆。守軍在這場強弱懸殊的較量中可謂危在旦夕。很多人為了躲避炮彈不得不背著從房屋拆下的門板蹣跚而行。城中的最高指揮是副將金國鳳，他手下有親兵一千一百名，幾乎占了守軍總數的一半，故能比較牢固地掌握權力，避免號令不一。他不止一次指揮士卒冒死出城，嘗試著反擊敵人的炮兵陣地，但均被暴風驟雨一般的炮彈打了回來，不得已，只好用草、木、石頭與磚塊填補城牆上的傾倒崩壞之處，以作捍蔽。

皇太極見時機已到，讓大炮暫停射擊，下達了登城的命令。躍躍欲試的滿洲八旗兵爭先恐後地洶湧而上，滿以為可以一蹴而就，想不到在守軍的殊死拼搏之下，無不碰壁而還。天色已暮，雙方還未分出勝負。觀戰的代善打破了沉默首先提議停止進攻，留待明日再打。皇太極認為有理，便將攻城諸將一一召回。可孔有德等人還不太服氣，很不情願地從戰場撤回來。

當天晚上，清軍通宵達旦地放炮。守軍也爭取時間搶修被炮火毀壞的城牆，他們不敢燃起火把，而是摸黑工作，用繩子捆綁秫秸與木柴等物，塞入城牆的窟窿裡面，再覆蓋上泥土，終於在黎明到來之前完工了。

新的一天來臨了，皇太極登上城南的山岡，觀察形勢，並派人前往前沿陣地偵察情況，得知城牆雖然得到一定程度的修復，但用梯登上並非難事。據此，他又下達了總攻的命令。然而，儘管清軍專門選擇垛堞毀壞的地方豎起雲梯，可在守軍的嚴防之下始終難以登上城頭。不想浪費時間的皇太極把這批窩囊廢撤了回來，改讓自己身邊的親軍上陣。眾所周知，要想成為皇帝的親軍，必須經過千挑萬選才成，真正是精銳中的精銳，難怪會在關鍵時刻被寄予厚望。一名叫做真特先的親軍搶先攀登，結果以戰死收場，不一會兒，就陣亡了二十餘人。至此，皇太極心息了，他知道如果連親軍都完成不了登城的任務，那麼，其他人就更不用說了，便暫停攻城行動，轉而召集諸將商議對策。眾人皆認為必能克城，但前提是最大限度地發揮火炮的威力。不過，由於炮彈與火藥已經消耗大半，要儘快補充。結論是：必須從後方送來一萬顆炮彈與五千斤火藥，才可增加勝算。

在等待彈藥補給期間，阿濟格、尼堪與羅托率四旗護軍進駐塔山、連山一帶，切斷松山與後方的聯繫。圍攻松山的清軍在醞釀新的行動，孔有德、耿仲明、尚可喜、石廷柱、馬光遠被召到禦營，與大學士範文程、希福、剛林等人共同討論攻城方法。孔有德、耿仲明、尚可喜與馬光遠均認定可以透過挖掘地道的方式讓城牆坍塌，唯有石廷柱反對，他自稱過去在明軍服役時曾駐紮過此地，知道地下有水有石，何況還有城壕攔截，決難以挖掘。正反兩種意見相持不下，皇太極最後一錘定音，他批評石廷柱因為侄子在戰鬥中受傷而「驚懼無戰意」，決定支持多數人的意見，採用地道戰。經過兩天的準備，清軍開始兵分三路在城外掘地，意圖挖一條通往松山城南的地道，以便在下面埋入火藥，把城牆炸個大窟窿。

錦州一帶烽煙不斷，明朝自然要發兵增援。甯遠守軍早已派出三名官員與九百士卒，乘坐十艘戰船，從海路往援杏山，可惜遭到清軍警戒部隊的襲擊，被殺五十餘人以及損失了一艘戰船，未能完成任務。

到了三月二十日，高起潛與祖大壽進駐寧遠，以主持大局。副將楊振、祖克勇、徐昌永與遊擊李得維奉命帶著三百漢兵與三百蒙古兵，從邊外赴援錦州，在途經烏欣口這個地方時，被清將阿爾薩蘭擊敗，死了八十一人，楊振成為了俘虜。

清兵押著楊振前往松山，企圖讓他遊說守軍投降。走了不到一里，楊振踞在地上南向而坐，悄悄對隨從李祿說：「請替我告訴城中人一定要堅守，援軍即日來到。」到達松山後，李祿果然按照楊振的吩咐在城下呼叫，令守軍增添信心。為此，楊振、李祿皆被清軍殺死。

與楊振一起出發的其他人則拼死越過清軍的封鎖線，繼續向前進。皇太極得報，親自率四旗護軍奔向錦州，沿山搜索了兩夜，擊破了明軍的一些山寨與堠台，共殺死包括徐昌永在內的三百一十一人，生擒祖克勇以及一名守備。可是，還有不少漏網分子在附近活動。不久，有三百效忠明朝的蒙古兵從錦州方向突然來到松山，乘夜突入城中，並將他們在途中所見的清軍挖掘地道的情況通報給了守軍，讓金國鳳能夠及時做好防範措施。這時，清軍已秘密在城外挖掘了二十多天，而從盛京送來彈藥亦到達前線，本來離成功只有一步之遙。誰知計劃洩露，使得皇太極出其不意的圖謀破了產，他不得不停止了所有與攻城有關的行動，班師回朝。松山之戰以清軍的失敗而告終。

對於遼東明軍而言，松山大捷的激烈程度與十三年前的甯遠大捷相比有過之而無不及。論時間，此戰前後持續四十多天，遠遠超過僅僅持續數天的甯遠大捷。論兵力，松山城內不到三千人，遠遠少於寧遠接近兩萬的駐軍。雖然皇太極的兵力也許比努爾哈赤圍攻寧遠的五六萬人要少，可在火力上卻不再處於下風，而是憑著紅夷大炮等火器的協助占盡了優勢，並使松山守軍承受著當初甯遠守軍想像不到的壓力。儘管松山主帥金國鳳面臨著比甯遠主帥袁崇煥還要多的困難，但他還是無愧於先賢，又一次在逆境之中力挽狂瀾，完成了這一驚天地、泣鬼神的壯舉。如果說，十三年前的甯遠大捷抑止了八旗軍在遼東的戰略進攻，使戰局進入了相持階段，那麼，現在的松山大捷證明遼東的明軍仍然保持著強大的防禦能力，儘量使來犯之敵不能越過山海關一步。

在松山敗還之後的皇太極大發雷霆，照例懲辦那些他認為不稱職的將領。而八旗漢軍將領石廷柱、馬光遠等人首當其衝，被罵了個狗血淋頭。這些人的具體罪狀主要有：一、鑄造的鐵彈質地不純，裡面「熔煉不均」，以致一出炮口，常常即刻「迸碎」。二、謊稱從盛京運來的炮彈已用完，但實際直到戰事結束，還剩下了一些，後來全由士卒馱回。三、在戰前修築盛京以西的大路時，漢軍修得非常草率，相反，不善於修路的滿人與蒙古人卻修得很好。由於這條路是用來運送大炮攻打寧錦防線的，因而皇太極反覆質問他們是不是害怕道路完好有利於清軍運炮攻擊明國以及是不是害怕炮彈擊傷漢人？此外，他們還被指控攻城時舉止失措與拋棄軍械等等。但皇太極沒有嚴厲處罰他們，只是削去了石廷柱、馬光遠兩人的部分權力，將他們所轄的兩旗漢軍分為四旗。另外新增加兩個固山額真，即是王世選與巴顏（李永芳之子）。

與屢次受挫的皇太極相反，多爾袞、嶽托在塞內所向披靡。突入明朝的左右兩翼清軍很快就會師於通州河西，由北面繞過北京，在涿州兵分八路，並列南下，正面攻擊的範圍西至太行山，東至大運河，寬達千里。地勢平坦的華北平原給滿、蒙騎兵提供了一個很好的用武之地，他們所過之處，大肆搶掠，自北京以西至山西邊界，一下子有六府城鎮遭到蹂躪。

內外交困的明朝沒有對清軍的搶掠坐視不顧。一六三八年（明崇禎十一年，清崇德三年）十月，京師宣佈戒嚴。明思宗調遼東前鋒總兵祖大壽入援（為了應付清軍的分兵出擊，祖大壽等部分遼東將士作為機動力量，要經常來回穿梭於關內關外），而留方一藻、朱國棟、陳祖苞等巡撫分守甯遠、山海關與薊鎮，又命宣、大總督盧象升攜同總兵楊國柱、虎大威前往易州威脅清軍左翼，而青州、登州、萊州、天津之兵前出威脅清軍右翼，檄總兵劉澤清以山東兵在正面遏止清軍南下之勢，高起潛所部為應援。其中，盧象升被授予尚方寶劍，督領天下援兵。

回顧歷史，自戰爭爆發以來，明朝內部在戰略問題上發生了三次大爭論，第一次大爭論發生在薩爾滸大敗之後，遼東前線究竟應該採取戰略進攻還是戰略防禦？歷史證明，採取戰略防禦是正確的。但等到明朝君臣取得一致的共識時，遼陽、瀋陽、廣寧等重鎮已經淪陷，遼河兩岸已經成為廢墟。接著，在採取哪一種防禦方式的問題上又發生了第二次大爭論，一派主守山海關地區，一派主守關外地區。直到袁崇煥拼死堅守寧遠並獲得奇跡般的大捷，主守關外的觀點才算徹底占了上風。第三次大爭論是現在的「議和派」與「主戰派」之爭。兵部尚書楊嗣昌、遼東監軍太監高起潛是「議和派」的代表，主張「安內方可攘外」。督師盧象升是「主戰派」的代表，堅決反對與清朝達成喪權辱國的和議。雙方針鋒相對，絲毫未有妥協的跡象。盧象升既然主戰，為了貫徹自己的政治主張，必須在外敵入侵時做出表率。他多次參與鎮壓起義軍的行動，有一定的軍事經驗，雖然過去從未與清軍打過大仗，但必勝的信心十足。這次清軍入塞，他剛剛喪父，卻強忍悲痛，身穿孝服誓師勤王，在上京朝見明思宗的時候詳細分析了清軍的進軍路線，認為入侵者「或逼陵寢（指昌平）以震人心，或趨神京（指北京）以撼根本，或分兵前出畿南（北京以南）扼我糧道」，上述三種可能性無疑增加了明朝防禦的難度。以中原之大，若明軍集中兵力於一個地方防備則難以面面俱到，若處處防備又會因兵力分散而難以取得預期的效果。總之，由於客觀條件的限制，再加上後勤供應得不到充分的保證，無論哪一種防禦辦法都不完美，皆有可慮之處。對於盧象升的這番剖白，明思宗深以為然，讓他與楊嗣昌、高起潛商議，拿出一個具體的作戰方案。可是，盧象升與楊、高兩人的政見有別，相見時真是「話不投機半句多」，只是寒暄了一番，便匆匆分別。楊嗣昌在分手前特別叮囑「切勿浪戰」，似乎暗示盧象升不要輕率地與敵人決戰。

然而，盧象升不願待在城中進行消極防禦，而是迫不及待地想與清軍在野外轟轟烈烈地打一仗。從表面上看，只要明朝調兵遣將，在局部地區形成兵力優勢，就可以乘清軍分散搶掠之機，爭取在野戰中殲滅部分敵人。但實際上，由於明朝的財政瀕臨崩潰，無力保證大部隊的後勤供應，因而很多士兵為了填飽肚子，不得不分散四出覓食，這樣做肯定會影響集中兵力殲敵的計劃。就算盧象升所部的紀律比一般軍隊要好，恐怕有時也不能免俗。由此，不少地方出現了參戰雙方都只顧搶東西而不願作戰的怪現象。清朝一些官員對此洞若觀火，例如文館秘書院副理事官張文衡曾經上書皇太極，對明軍進行評論：「每出征時，反趁勤王，一味搶掠。俗語常云：『韃子（指清軍）、流賊（指起義軍）是梳子，自家兵馬（指明軍）勝如篦子』。」必須指出的是，明軍的搶掠行為隨時會被言官彈劾，有時即使缺衣少食也不敢率性胡為。而清軍則不同，這些入侵者可沒有那麼多條條框框的束縛，他們所過之處，雞犬不寧。就此而言，清軍可以搶到更多東西。

盧象升有鑒於在白天的野戰中沒有必勝的把握，便選擇了夜戰。他返回昌平之後讓手下各個總兵選取精兵，約定於十月十五日夜晚，分作四路出發，襲擊清軍之營，並為此而下令：「刀必見血，人必帶傷，馬必喘汗，違者斬。」如果明軍真的能夠在夜色的掩護下突入敵營與敵人攪和在一起，讓對手在「人自為戰」的混亂狀態下不能充分發揮步騎兵各兵種協同作戰的優勢，那麼就初步達到了自己的作戰目的。即使這種無秩序的械鬥最終導致兩敗俱傷的後果，亦在所不惜。不過，這種消耗戰尚未實行已令一些企圖「保存實力」的將帥望而卻步。對盧象升心懷不滿的高起潛拒絕出動部屬配合，理由是要想出奇制勝，兵力不宜過多。言外之意是讓盧象升自己去冒險。這個太監甚至嘲笑道，過去只聽說過「雪夜下蔡州」的歷史故事，未聽說過月夜劫營。其後，由於楊嗣昌與高起潛的種種阻撓，盧象升襲擊清軍的計劃未能成功。為了避免爭議，經過各方協商後，明思宗決定以宣、大、山西三總兵屬盧象升管轄，關、甯諸路軍屬高起潛管轄。這樣一來，盧象升名下的軍隊就少了一大半，他轄下兵力總數雖然「不及二萬」，但總算真正擁有全權指揮的能力，不像過去掛了「督天下兵」的虛名，卻受各方牽制，無所作為。

由於「和」「戰」兩派的分歧，明軍事實上各自為戰。不久，高起潛部將劉伯祿兵敗於盧溝橋，京城之內人心不安，朝中諸大臣奉命守禦城中的各大門。明思宗應吏部尚書商周祚的疏請，緊急將正在陝甘的延、甯、甘、固等地圍剿農民起義軍的部隊調回勤王。孫傳庭派遣降將白廣恩率萬人星夜赴援。總督洪承疇率總兵左光先、賀人龍等共十五萬人，分批開出潼關，北進京畿地區。此外，山東巡撫顏繼祖移防德州，作為山東的屏障。

清軍仍舊攻勢淩厲，在十一月份劫掠良鄉、景州、涿州等地，並於九日進攻高陽。高陽是孫承宗辭官後的養老之地，這位曾經出任薊遼督師的老人又站在了抗清的第一線，他雖年過七旬，但仍帶著全家與城裡的軍民一起抵抗。可惜的是，由於強弱過於懸殊，此城在數天之後被清軍攻破，被俘的孫承宗不屈而死，子孫十九人皆殉難。接著，衡水、武邑、棗強、雞澤、文安、霸州、阜城、威縣等縣俱陷，只有內丘因堅守而得以倖免。到了十二月初，平鄉、南和、沙河、元氏、贊皇、臨城、高邑、獻縣諸城相繼塗炭。燕山以南，黃河以北，一片風聲鶴唳。

明思宗鑒於戰局日趨不利，企圖臨陣易帥，以孫傳庭取代盧象升。大學士薛國觀、楊嗣昌認為此舉不太妥當，建議繼續保留盧象升的督師之職，以觀後效。他們經過商議，決定讓大學士劉宇亮督察各地勤王之師，奪去盧象升身兼的兵部尚書之銜，讓其以兵部侍郎視事。盧象升肯定對朝廷的用意有所覺察，明白如果形勢持續惡化，自己日後必將成為替罪羊，負起喪師失地的責任。這位血性男兒豈可甘心，由此就不難理解他為何要孤注一擲，千方百計尋找敵人與之野戰了。當時，如狼似虎的清兵似決堤的洪水一樣洶湧，分作三路繼續南下：一由淶水殺向易州，一由新城殺向雄縣，一由定興殺向安肅，氣焰極為囂張。盧象升所部遂由涿州進據保定，分道出擊，與來犯之敵大戰於慶都，斬獲敵首百餘級。總兵楊國柱、虎大威隨後又戰，與敵人死傷相當。這支部隊準備集中兵力等待時機，再夾擊敵人，可是遠在北京的明思宗卻進行了遙控指揮，下旨要求分兵增援真定。君命難違，盧象升不得不違心地將兵力分散，而本人率領五千鐵騎於十二月十一日毫不畏懼地進至鉅鹿賈莊，擊退了清軍的小股前哨部隊。這場不期而遇的衝突只是

▲八旗軍的常用裝備。

決戰的前奏，可是明軍已經糧餉不繼，軍事贊畫楊廷麟奉命向距賈莊五十里的高起潛請求支援，但得不到任何回應。次日，這支不顧一切向前突進的孤軍在蒿水橋這個地方終於遇上了清軍的大部隊，盧象升率中軍，虎大威率左翼，楊國柱率右翼果斷迎戰，竭力守衛軍營。清軍不斷用各種軍號聯絡，儘量讓分散搶掠的人馬回來參戰，周圍鬻篥之聲四起，令半夜三更的戰場倍增淒涼，當新一天黎明到來的時候，已經有數萬滿、蒙、漢騎兵湧至，並對明軍形成數重包圍。明軍頑強地還擊，堅持到太陽偏西，直到打光了所有的彈藥、射光了所有的箭。最後的一刻終於到來了，盧象升抱著殉國的決心，帶著殘存的騎兵奮勇衝上前去，大呼不已：「關羽斷頭，馬援裹革；正在此時。」他親手殺死數十人，然而不幸身中四箭三刀，馬蹶而亡，年僅三十九歲。作為一個強硬的主戰派，戰死沙場正是遂其所願，可謂「求仁得仁」。隨從楊陸凱奮不顧身地伏在盧象升的身軀上面，儘量使主帥的遺體免遭敵軍的殘忍虐待，為此，他背中二十四箭而死。明軍基本上全部覆滅，只有虎大威、楊國柱得以突圍而出。

無可否認的是，明軍的失敗是「和」「戰」兩派內部互相傾軋的結果。主戰派盧象升因孤立無援而慘死，徘徊在附近的主和派高起潛也難以全身而退。當盧象升潰敗的消息傳來後，高起潛本想帶著來自關外的部眾向西撤，不料慌亂中走錯了路，反向東逆行二十里，誤中清軍埋伏而倉惶敗還。連連得手的清軍拿下了昌平、寶坻、平谷、清河、良鄉、玉田、薊州、霸州、景州、趙州等地，不久又把戰火引向山東。山東歷來以河北為屏障，過去極少受到蒙古諸部與八旗軍的騷擾，因而很多地區的堅壁清野工作做得極不徹底，而防衛也遠遠比不上河北，這對清軍的吸引力非常大。孔有德與耿仲明派遣以曹得賢、賈世魁、常國芳等將領為首的部分人馬參與了這次入塞作戰，這些人曾經在六七年前轉戰山東各地，故對那裡的地理環境比較熟悉，正好起到嚮導的作用，可知，清軍這次進軍山東是早有預謀。

明軍調集重兵守衛京畿地區與河北，山東兵力空虛。朝廷預感到蹂躪河北的清軍會闖入山東，讓巡撫顏繼祖扼守從河北進入山東的門戶德州。誰知清軍繞過德州，渡過運河殺向臨清，又兵分兩路，一路直往高唐，一路前往濟南。兩路清軍如入無人之境，迅速在山東省會濟南城下會師，並用雲梯攻城，只用了不到一天的工夫，便奪取了這座基本不設防的大城市。城裡官吏士卒驚駭不已，紛紛逃避，而巡按御史宋學朱、布政使張秉文、副使鄧謙濟、周之訓、運使唐世熊、知府苟好善等人皆死，包括德王朱由樞在內的一批明宗室貴族成為俘虜，另有五個郡王、一個鎮國將軍，一個輔國將軍死於鋒鏑之下。詭異的是，清軍右翼軍統帥岳托與其弟馬瞻雙雙病死於濟南，據說是感染天花所致。

明朝十萬火急地調兵增援濟南，最先到達的是祖大壽的養子祖寬，這員副將與三百騎兵在此力戰而死。大學士劉宇亮、總督孫傳庭拼湊了十八萬軍，從晉州趕來。祖大壽亦從青州急赴濟南，飽掠一番的清軍在明軍大部隊來到之前撤離，其後，新任的山東巡按御史郭景昌在城內外收殮了積屍十三萬。此情此景，慘絕人寰。

離開濟南的清軍一路勢如破竹，連取東平、莘縣、濟寧、臨清、固城，又分兵攻克營丘、館陶，接著在奪得慶雲、東光、海豐之後，往東殺向冠縣，略取陽谷、壽張，取道張秋、東平，進入汶上，焚毀康莊驛，攻下兗州，來到了距離徐州僅百餘里的地方，致使不少驚恐的居民南渡黃河，以避戰亂。

安慶巡撫史可法緊急進駐徐州，以安定人心。尾隨清軍之後的劉宇亮、孫傳庭等人趕到，會師於大城。楊嗣昌奏請把登萊總兵調往臨清地方，保護設在那裡的糧倉，還要在各地訓練鄉兵，以輔助正規軍作戰，並改革政府官員的制度，將府佐、州佐、縣佐等文職改為將領、守備、把總等武職，同時建議裁減儒學訓導一員，以增加武官的編制。明思宗一一批准。

打到黃河岸邊的清軍停止南下，轉頭北上，離開山東重返河北，經滄州、青縣走向天津。明軍照舊遠遠跟在後面，屯於滄州、鹽山一帶，沒有踴躍赴戰。例如在一六三九年（明崇禎十二年，清崇德四年）二月，跨越運河的清軍正值水漲，輜重一時難以渡過。這本是明軍出擊的良機，但總兵劉光祚、王朴、曹變蛟等人互相觀望，誰也不肯奮勇爭先，結果貽誤了戰機，遭到劉宇亮的彈劾。為此，明思宗下旨切責，以飭軍紀。各路明軍在朝廷的壓力之下紛紛尋敵作戰，立即報捷斬首三千餘級。稍後，祖大壽、張進忠伏兵於寶坻附近的楊家莊，亦稱斬獲首千餘級。不過，這些戰績有不少水分，在斬獲的首級之中有一些是從清軍俘虜營中逃回的難民。

總之，清軍經過數天的努力，帶著輜重渡過了運河，踏上東歸之路，途中有意避開對手重兵屯駐之地，企圖取道遷安縣青山口出塞，但在喜峰口遭到明軍總兵陳國威的追擊，未能如願，遂轉而向豐潤進軍，不料又碰到總兵虎大威、楊德政所部的攔截，被迫改道前往冷口，誰知此地的明軍早有防備而無隙可乘，不得不經太平寨重新折返青山口。右翼清軍途經太平寨時，從每旗之中抽調一名梅勒章京與三名甲士迎戰駐於當地的明朝京營各鎮之兵。這一類的戰鬥，無論是規模與激烈程度都有限，通常是打過幾個回合之後各自收兵，因而參戰雙方都可宣佈獲勝。明軍高調向朝廷報捷，而右翼清軍也自稱連勝十三陣，獲馬六十四。

兜了一個大圈之後，兩路清軍先後出塞。其中左翼清軍於三月七日全部離開明境，他們路過青山口時，自稱擊敗明軍十一次，獲馬一百七十二匹。四天之後，右翼軍也盡數出境。這次清軍入塞時間長達半年，轉戰二千里，給內地造成的損失空前巨大。清朝的戰報宣稱攻克山東濟南府並三州、五十五縣、二關，敗敵五十七陣，俘獲人畜四十六萬二千三百，奪取黃金四千零三十九兩，白銀九十七萬七千四百六十兩。

當然，清朝的戰報不能盡信。最明顯的例子是戰報竟說左翼軍「無一傷者」。可是，《清實錄》記載皇太極在戰後以「征明失律」的罪名懲處了一批將領，其中有不少人因失誤而致使部下死於敵手。比如祁他特車爾貝部下牛錄章京喇希巴、額朱文與拔什庫博博圖在搜索糧食時與明三屯營軍隊相遇，額朱文被殺，同時死亡的還有一名甲士與一名隨從。而喇希巴與博博圖帶著二十六名甲士逃跑。這些人現在都被皇太極下令鞭打一百，作為處罰。祁他特車爾貝所部顯然隸屬於多爾袞指揮的左翼軍，因為左翼軍從青山口入塞之後，正好經過三屯營向通州前進，與右翼軍會師。類似的例子在豐潤這個地方也發生過。由此可知，左翼軍的確有人戰死。根據保存至今的清代原始檔案記載，在這次入塞中，八旗軍、三順王部隊以及隨行的外藩蒙古兵共死亡四百五十人（這個數字可能是不完全統計）。當中肯定有不少是左翼軍的將士。若將戰報所說的「無一傷者」理解為只有人戰死而沒有人受傷，那麼就與常識不符。誰會相信在這一場規模如此之大、時間如此之長的戰事中，竟然只有人戰死而沒有人受傷呢？可見，所謂「無一傷者」，只不過是一個荒誕不經的宣傳而已。

儘管清軍出於宣傳的需要而吹了牛皮，但也不能對他們的勝利加以否認。損失慘重的明朝事後對相關官員進行問責，山東巡撫顏繼祖與總兵倪寵因濟南失陷而受到懲罰，一個被罷免，一個被逮捕。內監高起潛降官三級，總督孫傳庭降官一級，大學士劉宇亮被革職，大學士楊嗣昌被奪秩。由於盧象升是以督師身份殉職的，無形中為這次失敗分擔了相當一部分責任，可能是有鑑於此，朝廷就沒有再拿其他主管軍事的文官開刀了。

第七章
最後決戰

明朝內部對於是否「議和」仍然懸而未決，這意味著與清朝的戰爭將要繼續打下去，而寧錦防線首當其衝。

根據遼東巡撫方一藻在一六三七年（明崇禎十年，清崇德二年）四月的奏報，關外明軍的總數為六萬八千人，分為五十多營，其中在遼東寧遠、錦州、前屯、中左、中右、中後、松山、杏山等地，每處駐紮了三至七營。而長寧、興水、黑莊、高臺、平川等堡，也各自部署守軍。明軍還組建了「堪戰援兵」與「夷兵」作為機動部隊，此外還有一千多名水兵與數目不詳的哨兵助戰。在這些營伍之中，人數最多的是駐於寧遠的一個「城守營」，兵力達到一千七百九十八人（順便提一下，這個「城守營」由趙邦寧這員參將率領。同城駐守的「參營」與「團練左營」分別由職位更高的於永綬與董克勤這兩員副將率領，可人數卻要少一些。由此可見，明軍的編制較為混亂）。人數最少的是以蒙古人為主的「降夷左、右兩營」，這兩營屬於機動部隊，每營只有五百人，分別以桑昂（即桑阿爾寨）、那木氣（即諾木齊）這兩員蒙古族副將為首。

在關外明軍的五十多營之中，其駐地與作戰任務並非一成不變，而總是隨著形勢的變化而更改。這些統兵的將領之中，有不少是祖大壽的親信。值得一提的是，在跟隨祖大壽一起從大凌河城跑回來的人裡面，有不少獲得重用，當中的祖澤遠已經官至副將，率領「招練營」駐於錦州之內；郭進道亦官至副將，率領「平夷右營」，隸屬於「堪戰援兵」的編制；趙邦寧則為參將，率領「城守營」駐於寧遠。另外，錦州之內掌管「東協」的副將祖大樂、「堪戰援兵」之中掌管「西協」的副將祖寬與統率「右翼左營」的祖克勇也是祖大壽的左右手。而統領「前鋒左營」駐於錦州的副將吳三桂是祖大壽的外甥。

就連桑昂、那木氣亦是祖家軍麾下之將。雖然桑昂與那木氣所轄的兩營人數不多，僅有一千，但整個祖家軍之內的蒙古人遠遠不止這個數，以郭進道的「平夷右營」為例，就有一位名叫祖祥的蒙古族千總，素以勇敢著稱（祖祥這個名字是祖大壽取的，以示恩寵）。根據學者的研究，這個時期的遼東明軍大部分人沒有裝備鎧甲，他們平時主要是待在城裡防禦，而披掛鎧甲的大約只有兩成人，這兩成人需要肩負起哨探與野戰的任務，而擅長騎射的蒙古人正是其中的佼佼者。難怪大淩河降將張存仁在向皇太極獻策時會說道：「祖大壽所素恃者，蒙古耳。」

由此可知，儘管祖家軍在大淩河之戰受到重創，可是實力猶存。在此後的一系列戰事中，這支軍隊時有損失，連祖克勇也在赴援松山時被清軍所俘。不過，很多人仍將祖家軍視為遼軍的頂樑柱。

然而明思宗對不肯入京朝見的祖大壽始終不太放心，想派一位得力之臣出關，以確保關外局勢的穩定。這個千斤重擔就落到了洪承疇的肩上。洪承疇，字亨九，福建南安人氏，他在一六一六年（萬曆四十四年）的科舉中了進士，從此步入仕途，直到崇禎年間天下大亂，才正式染指軍事，先後出任延綏巡撫、陝西三邊總督、以及兵部尚書兼督河南、山、陝、川、湖軍務等職，他在鎮壓各地的農民軍時取得不俗的戰績，俘殺了陝西起義軍著名領袖高迎祥，還多次重創李自成所部，到了一六三八年（明崇禎十一年，清崇德三年），已經基本肅清了關中地區的起義隊伍。同年，他入衛京師，與在關內搶掠的清軍周旋。明思宗看中了這名久經沙場的文官，便乘祖大壽正在請求增兵的機會，命其為薊遼總督，帶數萬軍隊到關外主持大局。一六三九年（明崇禎十二年，清崇德四年）春，洪承疇離開了狼煙四起的中原，與手下將領曹變蛟等人一起向關外出發，駐紮在距離山海關不遠的中前所。

洪承疇到任後，馬上視察防線，整頓部隊。為了防止長期駐守邊境的地方部隊演變為軍閥，他採取了必要的防範措施，即實行「移營」之策。「移營」之策針對的物件是駐紮在寧遠、錦州這兩個據點之間的營兵。這些營兵在前沿陣地待久了，很多人已經成家立業。現在洪承疇以安定軍心、方便前沿作戰調動等等藉口要把營兵們所有親屬與家產遷移到位於寧遠後面的中後所與前屯所，這樣做的理由據說是中後所與前屯所這兩處地方的「城垣闊大」，足以居住；而且「田地寬腴」，利於耕種；「山地平衍」，便於放牧；「林木茂密」，易於樵採。但實際是把營兵們的親屬當作人質，並控制他們的家產，以防反側。他要求前鋒總兵祖大壽、團練總兵金國鳳（此人因守松山有功由副將升為甯遠團練總兵）等人做好部屬的工作，用「先遠後近」的辦法，逐漸把相關人員與物資搬回來，儘早完成這一具有戰略意義的工作。

為了增加作戰效率，洪承疇徵得監軍高起潛與巡撫方一藻的同意，先後抽調近萬名官兵到永平訓練，並升副將吳三桂為團練總兵、朱國梓為遼東監紀通判，負責練兵。這支生力軍練成之後分作八營，分別駐於寧錦防線中的前屯衛、中後所、寧遠、塔山、杏山、錦州等六個據點，倚為干城。

洪承疇與他的前任一樣，比較重視火器，他曾經仔細詢問過遼軍將領，確認用火器對付清軍非常有效，例如他在給皇帝的奏書中自稱：「臣又細詢，禦敵戰具，猛烈迅速，為奴所憚，無如火箭。」為此，他向工部申請調撥二萬支火箭，外加一百門大炮、三千張弓與六萬支箭。工部一下子拿不出這麼多東西，最終只給了五十門滅虜炮、二千張弓、六萬支箭。出於加強裝備的需要，他不得不自行籌辦軍事物資，在開平衛、古治、薊州等地設立軍器局、火器局與火藥局，製造三眼銃、鳥槍、火藥與鉛彈等軍械。據史料記載，一六四〇年（明崇禎十三年，清崇德五年）三月，他已買進十九萬六千餘斤硝，新製成一門銅紅夷將軍炮、二十門蕩虜大炮、三十頂鐵盔、一百三十副腦包（指罩住頭髮的軟巾，古稱幘）、一百零五副甲、二十副臂手，改造過十頂盔、十副腦包、四百一十三副甲，新制十三輛炮車、二十把斬馬刀、二百二十六面懸牌，改造過三十二副箭簾、一百二十塊葦子挨牌，購買與驗收二百六十匹馬騾。同一個月，遼東鎮還修整了一批城池的城垣與壕塹，新建了一批台堡。

在洪承疇整頓明軍期間，皇太極於一六三九年（明崇禎十二年，清崇德四年）十月又派兵騷擾寧錦防線，阿濟格、阿巴泰、杜度、豪格、多鐸等人相繼奉命往略錦州、寧遠等地，而主要的戰鬥將於二十日這一天在寧遠發生。當時，駐守甯遠的總兵金國鳳雖然名義上擁兵近萬，可是這些部隊來源不一，難以號令。他在迎擊清軍時對某些官兵畏敵怯戰的行為感到憤慨，為了以身作則便率領數十名親丁出城，佔據城北山岡與敵人鏖戰，一直從早上打到太陽偏西，始終沒有得到援兵的接應，最終「矢盡力竭」，與兩個兒子一起戰死。事後，明軍對部隊的指揮序列進行調整，吳三桂以團練總兵的身份駐於甯遠，成為金國鳳的繼任者。而劉肇基為分練總兵駐於前屯。

洪承疇對金國鳳之死加以反思，評論道：「金國鳳前不久守松山之時，兵不滿三千，猶能力抗強敵，保住孤城，這並非是他的才力比別人優勝，而是能將權力集中於自己的手上，使軍中號令一致，可是他

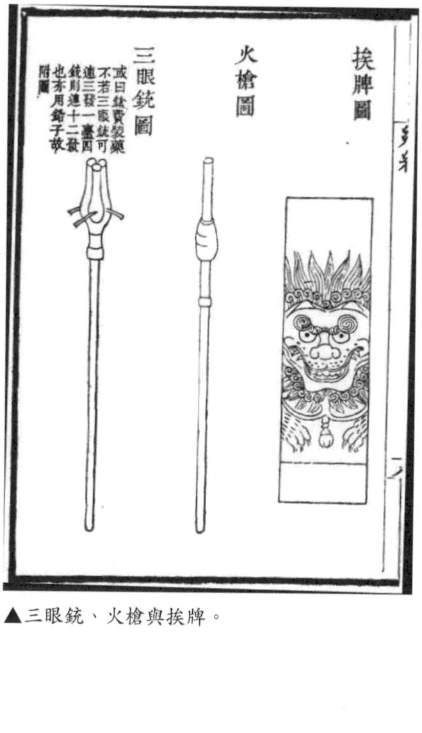

▲三眼銃、火槍與挨牌。

出任總兵之後，指揮的人多了，反而敗亡，這並非是他的才力短拙，而是由於軍中派系眾多，號令不一的緣故。」據此，洪承疇表示要繼續改革軍制，儘量讓軍中派系眾多所帶來的負面影響降至最低，他認為所有的隊伍不管來自什麼地方，由誰帶領，一律要聽總兵的軍令，否則，要對違令的人治以「連刑節制之法」，也就是要在軍中實行「連坐法」。

過去，為了提高軍事決策的效率，朝廷專門在諸多總兵之上設置了「武經略」一職，可效果依舊不佳。現在，洪承疇乾脆讓巡撫、巡按、兵備道等文官在軍務問題上要聽從總兵的安排，甚至連監軍太監也不例外，這樣就使總兵獲得了極大的權力。這個命令一反明朝官場重文輕武的常態，對總兵這個武職極為推崇，這可能是洪承疇接觸過太多紙上談兵的文官，才格外注重那些從死人堆裡爬出來的武將。

一六四〇年（明崇禎十三年，清崇德五年）三月，明思宗下詔撤去在各鎮監軍的太監，因而在寧錦前線看不到指手畫腳的太監了。但是，只要明朝不徹底放棄以文制武等防範部隊產生軍閥的政策，部隊內部呈現政出多頭、號令不一的局面不可能會有根本的改觀。比如洪承疇鼓吹要在部隊實行「連坐法」，可高級將領違法亂紀時，實際有權進行軍法處置的不是總兵，仍然是擁有尚方寶劍的文官——總督。實際上，前線所有的總兵仍舊要聽他這個總督指揮。

洪承疇在任職薊遼總督時參與撰寫過兵書《古今平定略》。書中收錄的《洪尚書（指洪承疇）重補戚少保（指戚繼光）南北平定略》顯示他曾經精心研究過戚繼光的軍事思想，而《車戰》與《車輪制》等篇章，又表明他重視戰車。戰車正是明代中後期名將戚繼光在鎮守北部邊防時非常倚重的武器，而裝載了大量火器的車營也常常能將蒙古遊牧騎兵禦於國門之外。

故此，到了八旗軍入侵遼東之時，很多明軍將帥仍想依樣畫葫蘆地使用戰車與入侵者進行野戰。軍隊裡一些有文化的官員為此編寫了一些兵書，例如薊遼督師孫承宗就曾經出版過《車營扣答合篇》。現在，洪承疇提倡車戰只不過是沿用前人的故智而已，與過去有所不同的是，他將要籌建的車營規模更大，在《古今平定略》中，他說道：「往者用車，兵不逾萬，車不過二百輛，每車占地一丈，每面不過五十丈。」由於「五十丈之陣」的規模比較小，勢必難以抵擋四面環攻的「數萬之虜」，因而現在的車營必須要有五萬或十萬將士，並要「占地數十里」，才能有勝算。不過，由於軍費的預算有限，車營的實際規模比設想中的要小。

可是，過去的歷史已經證明，明軍用車營與八旗軍作戰是屢戰屢敗。而洪承疇在關內討伐起義軍時也沒有大規模用過戰車，那麼，他為何要這樣著急地籌建車營呢？答案似乎是與明軍缺乏戰馬有關。

最奇怪的是，遼東明軍在一年多的時間裡發生了戰馬數量大幅度減少的事。根據關外戶總司署郎中袁樞在一六三九年（明崇禎十二年，清崇德四年）三月給朝廷的報告，遼東明軍的兵力接近七萬人，而戰馬尚有二萬六百六十八匹。可是到了一六四〇年（明崇禎十三年，清崇德五年）五月，祖大壽在給朝廷的報告中聲稱兵力變化不大，可戰馬數量只剩四千多匹。至於戰馬為何會在十多個月裡突然減少了一萬五千匹。他沒有對此作出解釋。估計主要的原因是養不起馬匹。據專家研究，一匹重達四百公斤的戰馬每天需要進食大量的生牧草、乾牧草與水，這些給養的總重量為四十公斤左右，相當於戰馬體重的百分之十。然而，由於清軍經常騷擾寧錦防線，再加上大量明軍集結於錦州、松山、塔山、杏山等處，在雙方軍隊長年累月的「兵炊、馬食」之下，致使植被受到破壞，很多地方的青草逐漸「根株不留」。

明軍戰馬的飼料越來越依靠後方的供應。到了冬春兩季，馬匹在長達半年的時間裡需要額外補充豆類與穀類等物，根據古代兵書的記載，通常在「十月一日起料（料，指豆類與穀類等物）」，到次年的四月一日「停料」。「一馬每日消耗一斗粟，一月消耗三石，六個月就消耗十八石；每日消耗三合鹽，一月消耗九升，六個月就消耗五斗四升；每日消耗茭草二圍，一月消耗六十圍，六個月就消耗三百六十圍。」這樣一來，食量驚人的戰馬必然會對明軍的後勤造成沉重的壓力。錦州、松山、塔山、杏山等處駐軍的給養不能自行籌足，需要依賴朝廷從遙遠的關內把糧食調過來。有時，為了保證前線的士兵不餓肚子，不得不暫時將大量的騎兵遣返回後方就食。

就像主持練兵的劉肇基向朝廷訴苦的那樣，軍隊之中的「應戰之具，如弓矢刀槍等項差足有備，為盔甲見少，馬匹無多」。前線的明軍既然缺乏戰馬，只好將更多的希望寄於戰車了。洪承疇希望車營能夠在野戰中抵擋清軍重裝騎兵的突擊，儘管以往的戰例說明這樣的希望比較渺茫。不過，洪承疇所部裝備的鎧甲比遼軍要多，一些精銳部隊的披甲率可能超過了一半，這些重裝步兵與重裝騎兵（又叫「鐵營」，即鐵騎營的簡稱）可以透過近身肉搏來牽制清軍的重裝騎兵，配合車營作戰。故此，洪承疇就不怎麼懼怕與清軍野戰了。

清朝過去的一系列軍事勝利令不少其國內官員對空前有利的局勢非常樂觀，漢官們紛紛建言，要皇太極不失時機地與明朝「爭奪天下」。究竟應當採取哪一種進軍路線，則眾說紛紜。被大多數人頻繁提及的攻擊目標主要有兩個，一個是北京，另一個是山海關。有的人認為，奪取明朝的首都北京能在政治上產生重大影響，山海關等地會「傳檄而定」，明軍會接踵而來投降，因而能在最短的時間內獲得最大的勝利。還有的人認為應該首先奪取山海關，只要這個重鎮一破，就等於切斷關外寧錦防線的後路，可令遼東明軍不戰而降，如果能控制整個關外地區，逐鹿中原就容易得多了。關於具體的進軍路線，更是七嘴八舌，不一而足。有的建議繞過寧錦防線，取道宣府、大同入邊，圍困北京。有的建議可從水路或陸路進軍，奔襲山海關。

甚至有的人想以孔有德、耿仲明所部為嚮導，登陸山東登萊地區，使山海關「腹背受敵」。總而言之，這些建議的共同特點是不想強攻寧錦防線，以免陷入曠日持久的苦戰。除了北京與山海關之外，也有某些人選擇寧錦防線為首要的目標，但主要的思想還是智取，而不想死打硬拼。在這些建議之中，比較有代表性的是由都察院參政祖可法、張存仁等人連署的奏疏，其部分內容摘錄如下：「燕京（指北京）之易得者，內多客處之人，若斷其通津糧運、西山煤路，彼勢將立困，必不能如淩河（指祖大壽曾經堅守的大淩河）之持久，此刺心之著也。

如欲先得關外各城，莫若直抵關門（指山海關），久不經戰守之地，內皆西南客兵，攻取甚易，兼石門之煤不通，鐵場堡之柴不進，困取甚易。山海關既取，關外等城已置絕地，唾手可得，此斷喉之著也。如欲不加攻克而先得寧、錦，莫如我兵屯駐廣寧，逼臨寧、錦門戶，使彼耕種自廢，難以圖存，錦州必撤守而回甯遠，寧遠必撤守而回山海，此剪重枝、伐美樹之著也。」在這份奏疏之中，分別把攻取北京、山海關、寧錦防線的戰略行動比喻為「刺心之著」、「斷喉之著」與「剪重枝、伐美樹之著」。裡面還專門解釋道，「刺心」、「斷喉」可讓人立即斃命，而「剪重枝、伐美樹之著」只不過是相當於斷人「手足」而已，按照常識，人斷了手足之後猶能生存，故不可施之於明朝這個「積弱之大國」，以免影響速勝。

漢官們在戰略上的各種建議都引起了皇太極的注意，然而直取北京或山海關這類速勝的思想被他視之為投機取巧而遭到否決，因為自他上臺以來已經先後四次派軍繞道入塞，威脅過北京與山海關等一大批關內的城鎮，但均未能取得尺寸之地而回，最主要原因是存在寧錦防線這個最大的障礙。這條防線的各個據點像釘子一樣牢牢地固定在遼西，使得清朝國境與明朝關內地區互相阻隔，不得連貫。皇太極心知要想在千里之外的關內地區站穩腳跟，必須首先奪取近在眼前的寧錦防線，只有不怕浪費時間、不怕犧牲人力物力，老老實實地打幾場不可避免的硬仗，才能如願以償，除此之外，難以有別的捷徑可走。這意味著，一場足以改寫歷史的大決戰將要再度在關外爆發。

寧錦防線的兩大據點是錦州與寧遠，兩者的距離超過百里，共同捍衛著北京的門戶山海關。自從大淩河城被清軍摧毀之後，錦州就成為了整條防線的前哨。如今皇太極把首要的攻擊目標選在錦州，是大勢所趨。要想圍攻錦州，必先要斷其後路，因而錦州與寧遠之間的杏山、松山、塔山等據點不可避免地受到波及。從一六四〇年（明崇禎十三年，清崇德五年）起，皇太極開始作戰部署，他派兵前進到大淩河畔的義州開荒屯田，積蓄糧食，為下一步攻打錦州預做準備，因為這兩個地方相距僅有九十餘里。到了三月份，濟爾哈朗奉命為右翼統帥，多鐸則為左翼統帥，兩人一齊率部到義州一邊築城，一邊耕種，不過月餘時間就修好了一座城，並在城的東西方向開墾了四十里田地。

皇太極為了增加勝算，還讓戶部參政碩詹等人前往朝鮮調兵調糧。率領五千名水兵的朝鮮總兵林慶業用一百一十五艘船運送一萬包大米，從海路經旅順口，原定於四月二十五日到達錦州以南的小淩河、大淩河口，但途中遭到海風與暗礁等意外因素的影響，沉沒了一些船隻，後來又被三十八艘明軍戰艦攔截而傷亡數十人。朝鮮船隻雖多，可是運載過重，打不過靈活機動的明軍戰艦，只得取消由水路直抵戰區的計劃，轉而駛往遼東半島之東尋找臨時停泊點。最後，剩餘的五十二艘船隻靠於蓋州海邊。經清朝批准，一千多名朝鮮人將運上岸的糧食暫放在蓋州、耀州，再前往海州待命。其他人在林慶業的帶領下從原路返國。

為了增強攻堅能力，清軍新招了善於製造雲梯的千餘工匠，同時趕造了六十門紅夷大炮，又從蒙古喀喇沁部購買萬匹馬，用來運送大炮等輜重。大量的戰略物資源源不斷地輸送到了義州。

不少具有戰略眼光的人都已看出，皇太極即將對錦州進行一場曠日持久的圍困。然而，清軍的普通將士最不樂意打這樣的仗，因為既浪費時間，又搶不了多少東西，過去圍困大淩河城時軍中已是怨聲載道。為此，都察院參政張存仁在開戰前夕上了個奏摺，提醒皇太極要注意「鼓勵三軍之氣，堅持圍困之策」，採取各種措施禁止逃兵的出現；而在戰術方面要積極攔截明軍偵探，防止對方得到有用的情報。只要這樣做，「遠不過一歲，近不過數月，自有可乘之機」。

在這個奏摺中，他還分析了對手的心態，指出明軍裡面的文臣武將貌合神離，因而對清朝的態度各有不同，由於當年大貝勒阿敏在永平進行大屠殺時，只殺投降的文官而不殺武將，此種錯誤的做法使得明朝的文人至今「寒心」，而武將卻首鼠兩端。言下之意是，招降明朝的武將比招降文官容易。清朝應該對明朝文人多加安撫，以亡羊補牢。接著，他指出假如明朝在大軍壓境的情況下欲放棄寧錦防線，要將遼軍全部撤回關內，祖大壽必定不會答應，因為這名桀驁不馴的將領不肯輕離經營多年的巢穴。他批評國內很多人誤會了祖大壽，「以為祖帥背恩失信，無顏再降，臣確知其唯便是圖，本無定見」，一旦危急，此人可能會重新投降清朝。況且，祖大壽軍隊裡面有大批蒙古人，只要清朝能採取離間之計，必有良效。這些「攻心之策」如能一一實施，對手可能會相率來歸。

張存仁的奏文分析得頗合情理。其中一些建議被皇太極採納，在即將開始的圍攻錦州之戰中發揮了作用。

明朝對清軍在義州的異動非常警惕，前線的祖大壽在一六四〇年（明崇禎十三年，清崇德五年）五月請求朝廷將前鋒鎮、團練鎮、分練鎮三鎮的騎兵從四千增加到一萬五至一萬六，再從關內調來一萬五千騎兵，才可確保無虞。要想驅逐敵人，他認為還要將騎兵的數量增至五萬。但兵部對他的建議不予採納，因為一時之間不可能湊足這麼多馬匹。

來自邊境的情報不斷傳回京城。明思宗已經預感到一場惡戰就快發生，他傳諭朝中重臣，認為前線情況緊急，在「邊臣料理」的同時，「中樞尤當予籌」。遼東巡撫方一藻與自己的繼任者丘民仰，還有總兵祖大壽、吳三桂、劉肇基日夜商議破敵之策，最後決定吳三桂率部趕赴松山，劉肇基率部趕赴杏山，方一藻坐鎮杏山之後的中左所（塔山），丘民仰坐鎮中左所之後的寧遠。此四處地方與錦州形成一字長蛇陣，互相呼應，以作聲援。方一藻在給朝廷的奏疏中說，前線明軍要「站定腳跟，整兵嚴陣於松山、錦州之間」，仍將用防禦的老辦法應付敵人，並樂觀上報導，「奴（指清軍）迄不敢睨視近城」，也不敢窺探或搶奪海運物資，由於明軍堅壁清野，敵人「一無所掠」，這些「足以見防禦佈置之一端」，足以說明戰法運用得當。

可是，兵部卻似乎對遼軍的防禦之策不太滿意，主張多用野戰的方法與來犯之敵周旋，認為駐於錦州的祖大壽應當「相機」派兵出城，採取「撓之，驚之，剪之，驕之，逼之」等多種戰術，攻擊敵人；當敵人出現「驕惰」情緒之時，錦州駐軍還要會合松山、杏山兩鎮將士，出其不意地攻敵中堅，予以驅逐。薊遼總督洪承疇的意見實際上是支持兵部的，他認為遼東地區的戰略應當與過去有所不同，「非徒言守，必守而兼戰，然後可以成其守；而戰又非浪戰，必正而出之以奇，然後可以守其戰」。意思是說，過去遼軍過於注意防禦了，現在既要防禦，又要野戰，兩種戰法可謂一「正」一「奇」，正好互相配合。在洪承疇的干預之下，寧錦前線的防禦之策遭到修改，吳三桂與劉肇基兩部不必待在松山與杏山裡面，而是駐於這兩城之間，準備野戰。洪承疇本人所部駐於前屯所與中後所之間，做預備隊。山（山海關）、永（永平）巡撫進駐關門，總兵馬科進駐中前所。山海關之內也進行佈置，薊鎮駐軍仍在原地加強防守，另調喜峰口、董家口駐軍出關助戰，而以通州兵移防喜峰口、董家口兩地。

雖然，兵部讚揚洪承疇是「老成籌邊」之人，吹捧其見解能與歷史上著名謀臣韓信與範增的方略相提並論，但也對新制定出來的作戰部署略加修改，認為巡撫不應該駐於地勢低陷、易於四面受敵的塔山，應該返回寧遠坐鎮。總督應從中後所退回中前所，這樣更安全。清軍不會馬上入塞騷擾，故通州兵暫時沒必要調防。明思宗批准了經過洪承疇與兵部修改之後的作戰方案，他勒命戶部迅速輸送糧食，保障前線供應。

皇太極調兵遣將圍攻錦州的行動竟然導致明軍針鋒相對地修改了原有防禦之策，打算與入侵者野戰，這樣一來，一場圍城戰就勢必逐漸演變成兩軍之間的決戰。即將開始的這一戰非常有可能最終決定關外地區的命運。

必須指出的是，明朝新任兵部尚書陳新甲與新任薊遼總督洪承疇，對修改遼東明軍原有的防禦之策起了決定性的作用，他倆聯手一起，即將要把十幾萬明軍推上決戰的戰場。

陳新甲是舉人出身，從未中過進士，他能夠出任兵部尚書這個要職，在官場上是罕見特例。因為根據約定俗成的慣例，只有進士出身者，才有資格做各部的尚書。可是當時戰局不利，朝中大臣皆不願做兵部尚書這個吃力不討好的苦差事，只好讓陳新甲鳩占鵲巢了。此情此景，有點像俗話所說的「蜀中無大將，廖化作先鋒」。陳新甲過去從未成功指揮過一場戰事，他最擅長的是做一些整頓武備、訓練軍隊的事，全因機緣巧合，才成為達官顯貴。他此前曾經在遼東任過職，並在大淩河之戰中以寧前兵備僉事的職銜在後方負責前線部隊的後勤供應。

明軍在大淩河慘敗之後，他險些被朝廷削籍，只因得到上級的庇護，不但免受處分，反而步步高升。《明史》稱他治軍「不能持廉」，「所用多『債帥』。」「債帥」一詞專指軍中那些靠借貸來行賄的將領。這些傢伙升官之前向大商人借高利貸來賄賂掌握人事權的上級官員，履新之後再運用職權採用克扣軍餉等手段，斂財還債。他們當中既有總兵、副將，也有參將、遊擊，涉及各級的將領。這種腐敗的現象在明朝中後期的北部防線上已成為突出的問題。由於陳新甲多用「債帥」，容易被人懷疑貪贓受賄，但也不排除是「使貪使愚」的傳統思想在作祟。

什麼叫「使貪使愚」？《新唐書》對這個成語做了一個很好的解釋：「軍法曰：『……使貪使愚……貪者邀趨其利，愚者不計其死』。」大致意思是貪婪的人必好利，愚蠢的人不怕死，這兩種人在戰場上的表現勝於普通人，統帥應該針對性地予以使用。顯然，明軍中「債帥」，屬於貪婪而想牟利之人，按常理，這些人特別熱衷於透過殺敵而立功受賞，故應當受到重用。類似的思想源遠流長，在某種程度上反映了文人對武夫根深蒂固的鄙視，直到明代仍然發揮著一定的影響力。明太祖朱元璋有一次與侍臣討論用將之法時，有個名叫秦裕伯的前元文士說道：「古者帝王之用武臣，或『使愚使貪』。」朱元璋對此表示不能苟同，加以反駁：「使愚使貪，其說雖本於孫武（按《孫子兵法》沒有這類說法，朱元璋可能是張冠李戴了），然其言非也。夫武臣量敵制勝，智勇兼盡，豈可謂愚？攻城戰野，捐軀殉國，豈可謂貪？若果貪愚之人，不可使也。」可見，朱元璋明確反對在軍中使用貪、愚之人，或許是因為這位開國皇帝出身於武夫，故非常反感這種說法。然而，到了明朝中後期文官普遍掌握軍權之時，由於「使愚使貪」符合「以文抑武」的政策，免不了又成了文人們口中津津樂道的話題，然而，無情的事實已經證明，這些貪婪的「債帥」亦不能力挽狂瀾。

一昧鼓吹要與清軍野戰的陳新甲，與其說寄希望於「債帥」，還不如說是對洪承疇信心十足所致。洪承疇的軍事履歷比起志大才疏的陳新甲要精彩得多。他是朝廷鎮壓農民起義的得力幹將，長期主持河南、山西、陝北、四川、湖廣等地的軍務，活捉過名噪一時的起義軍領袖高迎祥，並幾乎全殲驍勇善戰的李自成所部，平定了關中。這些輝煌的戰績令他擁有足以炫耀的資本。這次跟隨他出關的是一支久經沙場的百戰之師，由於兵源很多來自陝西，故號稱「秦兵」（秦兵有時又可稱為「西兵」，而遼兵則稱之為「東兵」）。在這支部隊中，無論是各級將領，還是普通士卒，一直以來都習慣打野戰，極少進行防禦，如今，他們又想在遼東戰場照搬過去的經驗，再立不世之功。

必須說明的是，農民起義軍與清軍是兩支迴然不同的軍隊。只有短短的十餘年歷史的起義軍在揭竿而起的很長一段時間內，隊伍裡面包含有大量的烏合之眾，由於裝備低劣，無固定的根據地，故時時避免與明軍堂堂正正地對陣，而是四處流動作戰。清軍則不同，他們訓練有素、裝備精良，有著固定的根據地，既善於機動作戰，又敢於死打硬拼，自努爾哈赤起兵統一女真以來，至今已經五十多年，這支軍隊一直少有敗跡。

顯然，用對付農民起義軍的戰術與清軍作戰，肯定不會達到預期的效果。可是，那些在鎮壓農民起義軍時屢戰屢捷的明軍將帥似乎不太願意承認這一點。然而鐵的事實就擺在眼前，過去轉戰山西、湖廣、河南等省的盧象升在圍追堵截各路起義軍時累建功勳，可是，在入京勤王時卻被清軍打死。這已經給同僚們敲響了警鐘。長期與盧象升並肩作戰的洪承疇似乎沒有吸取血的教訓，仍然準備在遼東圍剿清軍，就像過去在西北圍剿農民起義軍那樣行事。

這場戰事即將在錦州開始。四月二十九日，皇太極命多爾袞、豪格、杜度、阿巴泰等人留守瀋陽，他親自到前方視察，於五月十五日經過義州時巡閱了一下部隊的營房，便馬不停蹄地繼續前進，在途中恰巧遇到濟爾哈朗、多鐸、阿達禮及其手下。原來，他們剛剛拔掉了明軍修建在錦州以北的一個屯堡，正凱旋而還。兩股清軍會合在一起，準備向錦州發起試探性攻擊。

很快，敵對雙方發生了第一場野戰。起因是居住於杏山以西五里台的六十多名蒙古人想叛明歸清，濟爾哈朗、多鐸、阿達禮、羅洛宏、博洛等宗室貴族以及正藍旗蒙古都統伊拜、鑲黃旗護軍參領陳泰奉命率一千五百護軍於五月十六日前往迎接，他們乘夜從錦州城南通過，於拂曉時分到達目的地，與來降的蒙古人取得聯繫。正巧，洪承疇於本月出關督戰。得報後的明軍迅速作出反應，杏山總兵劉肇基率三千步騎兵沿城佈防，而城內三百騎兵也加強戒備；吳三桂帶著三千騎兵趕來增援；而祖大壽令遊擊戴明以七百騎兵前來協助。各路明軍陸續到達，總數達到七千，並「分翼列陣」，進逼清軍。濟爾哈朗等人採取誘敵之策，故意後退至杏山九里之外。

果然有百餘明軍騎兵中計，竟敢離開主力部隊，大聲呼噪而進行追擊。清軍等到時機成熟，立即縱兵往回打，一直打到杏山城下才甘休，他們在這一番激烈的肉搏之中，俘殺了明軍副將楊倫、周延州與參將李得位，奪取了不少馬匹，接著又攻擊了城外的步兵營，繳獲了一大批冑甲等軍械，再經錦州而還。明軍在這次野戰中「失亡千人」，其中損失最大的是劉肇基的步兵。而以騎兵為主的吳三桂所部也一度被清軍圍困，幸好在劉肇基的接應下突圍而出。戰後，他倆都受到了處分，被朝廷勒命「戴罪立功」。洪承疇為了嚴明軍紀，將臨陣膽怯的副將程繼儒斬於軍前。

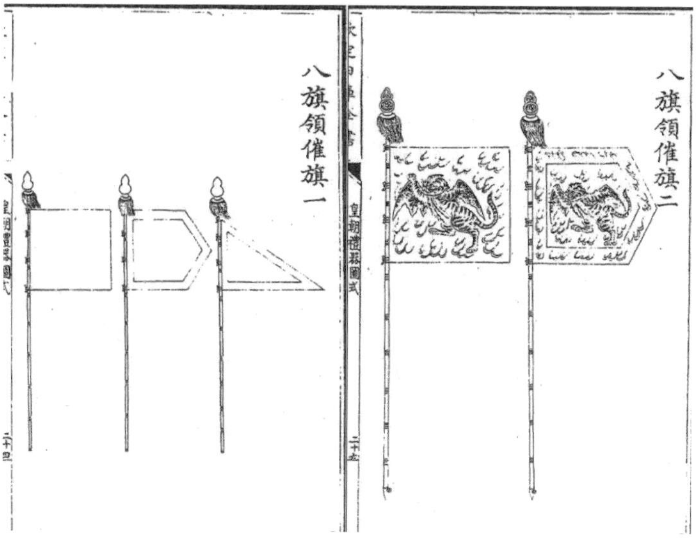

▲八旗軍領催之旗。

這次野戰的失利使明軍統帥部稍為清醒，暫時避免與清軍再戰。二十二日，皇太極令漢軍攜著紅夷炮先行出發，自己隨後率領八旗護軍騎兵跟進，來到距離錦州五里的地方佈陣排兵，一邊用大炮轟擊明軍的堠台，一邊搶收城外的莊稼。皇太極還親自帶人不斷接近城池進行偵察，為將來的圍困鋪路。這次行動直到月底才結束，全軍東歸。其後，皇太極在六月十五日下令多爾袞、豪格、杜度與阿巴泰各自率領一半部屬，前往代替濟爾哈朗等人於義州築城、屯田，並以三個月為期限輪流換防，這樣做的目的是以免部隊產生鬆懈的情緒。

義州清軍時不時地到錦州附近搶收莊稼，並攻下了城西與小淩河西岸的十一座墩台，俘虜四十人。這時，圍城行動實際已經開始，護軍埋伏在錦州通往松山的大路上，伺機捕捉明軍信使。在此期間，多爾袞等人按照皇太極的佈置，把軍隊分為左右兩翼，逼近錦州駐營。一則為了斷絕守軍與後方的聯繫；二則便於等到城外莊稼熟時快速搶收。為此，錦州城外多次發生衝突。例如多爾袞等人在七月六日奏報，他們派軍在錦州城西割禾時，遭到明軍步騎兵的襲擊。清軍的反應很及時，兩隊護軍不顧對手施放的銃炮向正面突進，另一隊騎兵從側面衝擊，很快取得勝利，一直追到城壕為止。根據《清實錄》的記載，從七月到九月，類似的作戰發生過數次，清軍有時襲擊守軍出城樵采的士兵、有時搶掠押運糧食的人員，有一次甚至派人潛入到錦州側後的小淩河入海口，繳獲了兩隻船，殺死三十五人。清朝的官書也記錄了明軍的一些反擊行動，例如對方曾經於七月初八向八旗鑲藍旗營發動夜襲，但因被哨兵發現而撤返，後來又夜襲義州，擊傷屯田的三名滿洲軍人

大斧
大斧、一面刃、長柯、又有開山靜燕日華無敵長柯
之名、大抵其形一耳、
▲明軍的大斧。

以及八十九名漢人。

有一些戰鬥，雙方都宣佈獲勝。比如有一次，多爾袞的奏報稱洪承疇率領吳、王、劉、陳四總兵及四萬步騎兵於七月十一日至杏山，諸王、貝勒率領軍中的一半騎兵與所有的護軍迎戰，與對手在城附近進行了小規模的交鋒，獲馬七十匹而回。明朝史料的說法又與清方不同，據說曹變蛟、馬科、劉肇基、吳三桂等將領在杏山城北迎敵，「合力連砍數陣」，贏得「奇捷」。到了二十七日，曹變蛟、左光先、馬科、劉肇基、吳三桂再次在黃土台等地擊敗清軍。就連總兵祖大壽也有所斬獲，他派五百精騎埋伏於朝陽山黃岩寺，襲擊了前來搶糧的清軍，割取九十餘首級。

洪承疇認為一旦開戰，錦州、松山首當其衝，他未雨綢繆，盤算著要「先運糧入城以固根本，為第一要旨」，經過與巡撫丘民仰商議後，決定儘早將存放於杏山的四五千石糧調往上述兩地，先由總兵左光先、曹變蛟、馬科等人押送至松山，再由吳三桂與祖大樂協助祖大壽將糧食運入錦州。到了九月初，錦州的存糧已足七月之用，而松山也足以食用六月。明軍運輸隊頻繁往來於杏山與錦州、松山之間，自然引起清軍的注意，難怪此地總是刀光劍影，不得安寧。

洪承疇於九月初一親自取道寧遠，經塔山到達杏山，他得知錦昌堡一帶有清軍異動的跡象，召集諸將商量應變措施，制訂了一個兩路進軍的計劃，企圖在初十日同時從杏山與松山出發，先讓步兵火器營倚山埋伏，再讓騎兵誘敵來戰。可是，戰鬥提前於初九日早晨開始，多爾袞在這一天命令每牛錄只留一名騎兵與一名甲士守營，而前線所有的宗室貴族都要帶領部屬向杏山進軍，會同駐於錦昌堡的軍隊，一起越過寨兒山，他們很快便佔領了城北長嶺山的山巔。警報傳來，左光先、曹變蛟、馬科、張汝行等率部列營於城北，準備野戰。然而，虛張聲勢的清軍卻突然經五道嶺向松山奔去，這是因為多爾袞得到哨卒的報告，知道松山方向有大批明軍騎兵在活動，想打對方一個措手不及，正巧與吳三桂、劉肇基、祖大樂率領的騎兵於松山城外三四里一個叫做黃土嶺的地方狹路相逢，並馬上互相角逐起來。明軍騎兵的表現「甚為驍勁」，直衝向前，「連戰數合」，逼得清軍退回五道嶺。吳三桂等將沒有跟蹤追擊，而是令松山附近的步兵營火速向黃土嶺靠攏，沒多久，七八千明軍陸續趕到，架起火炮，準備應付清軍的下一輪攻擊。清軍果然分別從三個不同方向殺了回來，與明軍騎兵混戰。由於明軍步兵初來乍到，立足未穩，受到了很多的損失，其中「車右營」的火器把總晏三策所部的兵額總數原本不足一千五百人，卻一下子陣亡八百六十九人，受傷二百九十一人，損失了三分之二。此時，杏山的左、曹、馬等人率軍向東面的大路移營，經過觀察山、夏榮屯來到距離黃土嶺三四里的劉喜屯，排列火炮，依山列營。多爾袞在側翼受到威脅的情況下從原路返回，轉攻左、曹、馬所部，由於沒有取得什麼戰果，遂取道長嶺山退回錦昌堡。

戰後，清軍聲稱擊敗明軍五萬，獲得一百二十四馬與五百七十副甲。雖然明軍也自詡擊退清軍的騷擾，但損失過千人，其中傷亡最多的是戰車營，充分暴露了戰車在與清軍騎兵對抗時呈現出笨重、遲鈍的痼疾，就算車營得到明軍騎兵等兵種的配合，也未能徹底將劣勢扭轉過來。

多爾袞等人完成了三個月的圍困任務，返回瀋陽。濟爾哈朗等人於九月接防，而與明軍小規模衝突繼續時有發生。到了十二月，多爾袞、豪格、杜度、阿巴泰再度來到前線圍困錦州。

不甘束手待斃的錦州守軍想方設法地對清軍進行夜襲，副將劉得勝為此戰死。坐鎮甯遠的洪承疇為了迎接即將到來的大戰，調整了指揮機構，對於不能勝任總兵之位的劉肇基、左光先等人，分別予以革職、遣歸，再讓王廷臣、白廣恩取而代之。明軍採取了新的作戰部署，馬科、曹變蛟所部入關養精蓄銳，吳三桂與王廷臣、白廣恩往來於松、杏之間，以示進取。兵部計劃調宣府、大同、密雲、保定之兵出關，洪承疇對此表示贊同，但認為需要籌足一年糧草，才能保證這些部隊的供應。朝廷命戶部加緊籌餉，糧食照舊從天津海運，而養馬的芻草則在關內的薊、永等地收購，為軍隊大舉出塞做準備。

處於寧錦防線前端的錦州、松山、杏山三城的氣氛非常緊張。一六四〇年（明崇禎十三年，清崇德五年）十二月，守將祖大壽向朝廷報告：「錦、松、杏三城與周圍的大興、大鎮、大勝、大福等堡共有兵力二萬二千零五十名。要想繼續堅守錦州等城，那麼儲存糧食成了當務之急。由於清軍對運糧通道的不斷騷擾，從天津運來的米、豆堆積在寧遠以西的各個倉庫之中，難以送到錦州前線。」機會終於在一六四一年（明崇禎十四年，清崇德六年）春節期間來到，明軍出其不意地在「新年過節」之時，出動三千四百輛車，將一萬五千餘石糧，迅速運到錦州，成功地在初七這一天送入城中。當運糧隊伍完成任務返回寧遠後，清軍才察覺，可惜已經太遲了。

迄今為止，清軍的圍困行動已經持續了半年以上，可未能嚴密封鎖錦州的交通線，城裡的漢人任意出外種田、打獵，而運送軍糧的牛車亦時常在交通線上往來。這是因為擔負圍困任務的清軍在距離錦州城很遠的地方駐紮，致使封鎖線漏洞百出的緣故。那時，錦州附近土地上的青草已被戰馬食盡，迫不得已的多爾袞下令軍隊向後移動三十里，尋找新的牧地。根據清軍的情報，明軍騎兵也在前線吃不飽，錦州城裡的馬匹「皆在他處牧養」，而援兵皆盡「退回養馬」。故此在相當長的一段時間裡，雙方騎兵互相角逐的場面不再出現，前線局勢逐漸變得風平浪靜起來。

在此前後，張存仁給皇太極上了奏書，他分析形勢，又談到了前線的僵持局面，其中指出，清軍始困義州、又困錦州，本來應該「如猛虎之逼犬豕，莫之敢攖」，為何明軍至今「仍奮螳臂而擋車輪」呢？原因是「兵事不可預謀」，難免有思慮不及之處，並非明軍的「智勇能抗我兵」，而是「我兵圍困不嚴」，讓明軍得以「偷運糗糧接濟」，故能苟延殘喘。他認為清兵應當強攻錦州，「或挖壕、或炮擊，不克不止」，並預料明軍之中的蒙古兵會在軍事壓力之下嘩變，從而導致全軍潰敗，倘若明軍內部穩定，則奪城之日難以預期，只能採取長期圍困之策，需要「繞城築台、兵圍數匝」，方可得手。他提醒皇太極說：「松山、杏山、塔山等三城既相當於錦州的羽翼、又可算是寧遠的咽喉，應該列為重點打擊目標，此三城之中，最容易奪取的是塔山，它的位置處於兩山之下，若從山上以炮轟擊，摧毀其室屋，不用耗費多少力氣就可奪得此城，此城一得，『則錦州之羽翼折，而寧遠之咽喉塞』。」張存仁作為一位久經歷練的謀臣，預感到這場戰事有演變為決戰的可能，他提議清軍在擊潰錦州守軍之後，應該乘機大步向前躍進，一舉奪取山海關「則關外八城，自然離散」，寧錦防線也就徹底分崩離析了。在這篇奏書的最後，他質疑了蒙古軍的戰鬥力，認為凡是圍困敵人的地方，都不必過多使用蒙古兵，因為蒙古兵雖多，可是「法度不嚴」，而且鬥志也不如八旗兵，在「人心不齊」的情況下，人數再多也無益處。此外，他還批評一些漢軍士卒到了輪流換防時，不願意到前線去，只派出家裡的僕人濫竽充數。而僕人臨陣作戰不力，駐久會逃，必不能負起圍困的重任。

張存仁對戰局的分析與預測並非全部準確，皇太極也沒有一一言聽計從，但奏書中揭示的換防弊病卻引起皇太極的重視，並立即作出整改措施，下令凡是本應上前線執行駐防任務的士卒，若敢派遣家中僕人替代，查出一律治罪。與此同時，前線部隊圍城不嚴、軍紀鬆懈的情況陸續傳了回來。清廷專門派人前往調查，得知多爾袞等人私自決定讓部分八旗將士回家「整頓盔甲，餵養馬匹」，又違反「由遠漸近」的圍城戰略，擅自下令軍隊往後退，致使封鎖線形同虛設。種種胡作非為使皇太極非常惱怒，不能不進行追究。到了一六四一年（明崇禎十四年，清崇德六年）三月，當多爾袞等人被濟爾哈朗替換，從前線返回盛京之後，馬上受到了降職、罰銀等嚴厲的處分。

濟爾哈朗、阿濟格、阿達禮、多鐸等人吸取了教訓，帶著四萬軍隊儘量靠近錦州，在離城五六里的地方駐紮，從四面將其圍了個水泄不通。每一面均立八營，每一營的周圍均挖掘深壕，並沿壕築起垛口，以作掩護。在兩旗之間，又另外挖掘長壕，起到雙保險的作用。同時，在城北的趙家樓、城南的乳峰山附近、城東南的鐵昌堡一帶亦設置了數座軍營。

清軍的哨探時常在城下出沒，引起了守軍之中蒙古籍士卒的恐慌，他們站在外城由上往下呼喊：「你們的圍困有何用？城裡積蓄的糧食可吃兩三年，縱使圍困，豈可得城？」清軍哨探回答：「不要說兩三年，就算城裡有四年存糧，到了第五年，你們吃什麼？」蒙古人聽後大驚，知道清軍這次是志在必得，不少人打起了退堂鼓。蒙古將領那木氣、吳馬什等人密謀投降，派人縋城而下潛入清營進行聯繫，彼此約定在二十七日夜間，以信炮為號，裡應外合奪取城池。

那木氣等人是「祖家軍」麾下將領。「祖家軍」裡面有眾多蒙古將領，這些人有時難免與漢人產生猜忌。例如一六三四年（明崇禎七年，後金天聰八年），軍中流傳的謠言稱皇帝兩次致書祖大壽，要將所有的蒙古將士殺死，因為他們不但在大淩河殺人而食，而且打了敗仗首先逃跑。不少聽信謠言的蒙古將士擐甲執兵，企圖挾持祖大壽投降皇太極，可是遭人告發而未能實行。為此，祖大壽採取安撫之策，當著蒙古將領桑阿爾寨的面勸說道：「你們不要這樣，我視你們如兄弟。」桑阿爾寨亦承認了輕信謠言的過錯，彼此冰釋前嫌。現在，當清軍於一六四一年（明崇禎十四年，清崇德六年）兵臨城下之時，祖家軍裡面又有不少蒙古軍人蠢蠢欲動。根據朝廷得到的情報，相繼有三十多名蒙古人「背恩逃去」，其中包括錦州平夷右營千總祖祥。因而兵部擔心這股叛變浪潮會影響到駐守寧遠等地的蒙古人。

保持著戒備之心的祖大壽提前偵察到蒙古部屬的異動，便在二十四日黃昏帶兵來到外城，欲使計逮捕吳馬什等人。警覺的吳馬什馬上拿起兵器，指揮手下反抗。一陣陣的喊殺之聲，傳出城外。濟爾哈朗、阿濟格、多鐸等人不敢怠慢，出動軍隊前來接應，八旗兵紛紛抓住城上蒙古人拋下來的繩子，不斷攀援而上，很快就在城頭吹響號角，迫使祖大壽退守內城。佔領外城的清軍共收降六十八名都司、守備、把總等官員，六千二百一十一名男女老幼，並將之全部送往義州。

在這些降人當中，有一千五百七十三名蒙古男子、一百三十九名漢族男子、二千六百五十五名婦幼被編為九個牛錄，又按照慣例，每三人之中抽一人披甲。那木氣與吳馬什被授予梅勒章京，其他將領被授予甲喇章京、牛錄章京等職。那木氣所部二百零四名部下分隸正黃旗。吳馬什所部七百零二名部下分隸鑲藍旗。其他將領所屬的五百五十三人則分補各旗缺額。

祖大壽丟失外城之後，加強了對旗下蒙古部隊的監視，但還是有不少蒙古人陸續越城而出，投降敵人。眾所周知，關寧遼軍所恃的是祖家軍，祖家軍所恃的是蒙古軍人。既然軍中的蒙古人已不可靠，那麼祖家軍也難復當年之勇，只能退入據點裡面防禦。如今錦州形勢危殆，使得整個寧錦防線風聲鶴唳，真是牽一髮而動全身。聞鼙鼓而思良將，秦軍現在已是眾望所歸，成了退敵的最大希望。可是，當率軍東進，駐於甯遠的洪承疇親自到松山巡視之後，認為還需增兵，他向朝廷請調宣府總兵楊國柱、大同總兵王朴、山海關總兵馬科與密雲總兵唐通等人的部隊助戰，準備應付清軍更大規模的攻勢。

皇太極雖然身在後方，卻心繫前線，他令大學士希福、剛林與學士額色黑到圍城的清軍營中視察軍務，並不斷增派八旗兵到前線，而孔有德、尚可喜、耿仲明亦奉命率本部人馬攜帶火炮參與圍城。清朝繼續向朝鮮提出派兵助戰的要求，三月二十四日，朝鮮總兵柳琳、副將刁何良、丁天機、米塔尼、任大尼率兵千人、廝卒五百與馬一千一百五十五匹，開赴錦州。即使這樣，前線清軍的總兵力還是比不上關外各路明軍。濟爾哈朗等人早就知道明朝想增援錦州的戰略意圖，也知道要想前往錦州，必須取道杏山與松山，故對上述地點非常重視，並指揮八旗軍埋伏於錦州南山西崗與松山北嶺等地，殲滅了小股前來窺伺的明軍。

▲發射火器的明軍。

為什麼明軍比清軍人多勢眾，卻不能全力突進而直抵錦州城下，直接的原因是糧餉不繼，致使聚集於松山、杏山之間的大量援軍難以在這些危機四伏的地方長久待下去，過了一段時間後，又不得不返回寧遠就食。特別是明軍騎兵，由於缺乏飼料，已全部返回了寧遠，而留在松山與杏山的防守部隊只是一些車營與步兵營。據說明朝援軍非常害怕後路被清軍出奇兵截斷，故暫時的退卻正好確保自身的安全。就像清軍的報告所稱的那樣：「明軍又恐我兵掘壕，圍斷高橋，故遂撤去（高橋位於松山與杏山的側後，它的正北方向有一谷地，可通錦州，而周圍盡是連綿起伏的丘陵。此地一旦被清軍佔領，前線明軍將因糧道不通而陷入困境）。」根據清軍的情報，明朝援軍撤走之後，或者駐屯於寧遠，或者駐屯於寧遠後面的據點，企圖「牧馬、造箭」，以便他日捲土重來。

果然，明軍援兵很快又殺了回來。洪承疇在四月下旬率領六萬人前來為錦州解圍，這支大部隊於二十五日來到松山附近的東、西石門，布起陣來，以車營、火器營居中（當時，朝廷為了救援錦州已經不惜血本，竟然把京城右安門與左安門的六門紅夷大炮撤下，送往關外，以增強前線的火力），騎兵處於兩翼。明將吳三桂、王廷臣、楊國柱轄下三營從左至右佈置在西石門。白廣恩、馬科、曹變蛟轄下三營從左至右佈置在東石門。王朴轄下一營居於東、西石門之中。

明軍援兵既然擺出了野戰的姿勢，那麼，一向自以為野戰能力非比尋常的清軍肯定要與之比個高下。濟爾哈朗與阿濟格等人指揮步騎兵準備在乳峰山、東、西石門、松山附近阻擊明軍。步兵已搶佔乳峰山后在山頂立寨，取得居高臨下的優勢。而在東、西石門附近埋伏的精騎約有二萬，正「環列以待戰」。

戰鬥首先在乳峰山爆發。明軍七鎮各選精銳步兵，分為東西兩路，冒著矢石施放火器、弓箭，仰攻山頂，付出了一定的代價之後登上山上的近台高處「放炮張旗」，奪取了八旗軍正紅旗、鑲紅旗、鑲藍旗等三旗的營寨。正紅旗的尼噶里作為前鋒統兵將領，在形勢不利時「解盔纓，單騎逃奔」。而鑲藍旗將領溫察與鑲紅旗將領阿喇穆，先後「棄營而走」，敗得很難看。

埋伏於松山北嶺的阿濟格眼見駐守乳峰山的濟爾哈朗所部處於下風，便讓手下的騎兵迅速撲過來，又派遣護軍秘密從山坡兜過去，攔截衝上山的明軍步騎兵。而擅長打硬仗的鑲黃旗護軍鼇拜直闖明軍步兵營，搗毀營外樹立的木柵，接著下馬步戰，竭盡全力地與明軍反覆較量。此時，乳峰山下也打得不可開交，清軍以七八千騎兵為前鋒洶湧而來，其中內大臣伊爾登率領的眾侍衛、四旗護兵、察哈爾四旗兵、敖漢、奈曼所部、孔有德旗下兵均打到對手跟前，只有固山額真葉臣的部屬半途而止。作戰特別奮勇的是侍衛隊伍，他們一路馳擊，突入對方的隊伍當中，為此「人馬受傷甚眾」。

明軍之中奮勇當先的是吳三桂的團練鎮官兵，他們士氣強勁，在西石門鏖戰十餘回合，當場陣斬首級十顆，挫敗清軍騎兵的攻勢，並用火器追擊。駐於東石門的白廣恩、馬科陷入了苦戰之中。洪承疇得知馬科所部缺少火炮，馬上作出安排。監軍道張斗遂令陽和車營放炮，還派陽和伍營把總曹科與九營中軍楊膺帶著二十門炮趕赴東山險要之處發射，以作聲援。清軍的炮兵部隊豈肯示弱，竟出動牛車推運三十多門紅夷大炮，從東西兩面向著明軍的步騎軍射出了重約七八斤的炮彈，總共射擊了數百發。一直打到日暮時分，各路清軍才向北撤退。值得一提的是，錦州守軍聽見南面炮聲連連，從而判斷援軍已到，曾經殺出南門之外，企圖夾擊清軍，最後無功而返。

這一次較量是決戰開鑼之前的序幕。明軍承認陣亡七百三十八人，傷七百九十三人，損失六百五十七匹馬騾，而僅僅獲首二十五級，生擒一人。立下首功的是吳三桂的遼軍騎兵，這支擁有數千蒙古人的隊伍在關鍵時刻頂住了對方暴風驟雨般的突襲，斬首十級（內有清軍頭目一人），戰績居各鎮之首，自身戰死三十八人，重傷三十八人，輕傷近五十人，而死亡的戰馬達一百三十四匹。秦軍的表現沒有預期的那樣好，洪承疇寄予厚望的車營在東石門之戰傷亡較大，再次證明戰車在實戰中抗衡清軍的鐵騎時非常吃力。不忘總結經驗教訓的洪承疇認為攻山時調兵過多，「遂未能全顧步營」再加上騎兵只顧堵截西面，忽視了從東面撲過來的敵人，致使車營步兵受到了額外的損失。此外還應當指出的是，這時八旗軍的裝備已經日新月異，隨軍參戰的紅夷大炮完全能夠輕而易舉地摧毀明軍的戰車，致使車營在戰爭中的存在價值越來越低。清軍有炮、明軍也有炮，但清軍沒有大規模動用楯車，而明軍卻出動了車營。這反映了兩軍統帥對戰爭的不同認識。事實證明，觀念落後的不是濟爾哈朗與阿濟格等人，而是洪承疇。

清軍參戰的步騎兵約三萬餘人，比起明軍七鎮的兵力少了一半，可戰果頗豐，據濟爾哈朗在給皇太極的報告中稱「斬首二千級」。至於清軍的具體傷亡數字，則史無明載。不過，《清實錄》承認濟爾哈朗的右翼兵在與明軍野戰時「失利」，而在乳峰山頂之戰中「三旗駐營之地為敵所奪」，後來，皇太極不打算就此追究，說：「右翼山營被奪，損傷士卒，皆鄭親王（指濟爾哈朗）指揮失律之故，但『此特偶誤』，故『免議』。」

事實上，濟爾哈朗不愧為經驗豐富的老將，他面對人多勢眾的明軍，知道僅憑騎兵難以確保自己的防線不被突破，便果斷改變戰法，讓騎兵下馬變成步兵，搶佔山頭，絞盡腦汁地把明軍拖入一場山地戰

▲八旗軍弓箭手。

之中。山地戰正是八旗軍傳統的強項，當年努爾哈赤統一女真諸部時，麾下的輕裝步兵在關外的高山密林中屢戰屢捷，立下了首屈一指的功勳。而在二十二年前影響歷史進程的薩爾滸大決戰中，八旗軍的輕裝步兵再次發揮了不可替代的作用。

後來，戰場從高山密林轉移到了平原地區，而騎兵的作用也逐漸超過了輕裝步兵。然而，弓箭始終是八旗軍的基本裝備，這使得很多騎兵能夠一下戰馬便立刻成為箭無虛發的輕裝步兵。現在，當明清兩軍即將展開第二次決戰時，清軍統帥部又再試圖重用輕裝步兵。此情此景，不禁令人覺得時光彷彿倒流，歷史彷彿回到了起點。這絕非偶然，因為錦州、松山、杏山周圍丘陵起伏，既是進行山地戰的理想地點，也是輕裝步兵施展技藝的最好舞臺。

▲明軍的大神銃滾車。

儘管明軍的整體表現存在著種種的不足之處，但畢竟敢於與數以萬計的清軍在野外堂堂正正地作戰，而且立於不敗之地，這仍然是一個了不起的進步，也是自遼東爆發戰爭以來所罕見的。看來，關外的遼軍與關內的秦兵搭檔，的確在一定程度上提升了部隊的野戰能力。遼軍有大量剽悍的蒙古人，而秦軍的步、騎兵也足以讓人生畏，那麼，哪支部隊才是清軍輕裝步兵的最好對手呢？答案似乎是秦軍的步兵。因為洪承疇曾經對戰區的地形與各路明軍的特點做過分析：「杏山一路多有山險，西兵利於涉險；……杏山進松山一路多系平地，東兵利於騎戰。」意思是說，秦兵擅長打山地戰，遼軍擅長騎兵作戰。然而，在山地戰之中，秦軍的重裝步兵作用有限，唯一能與清軍輕裝步兵對陣的只有步兵火器手。可是，過去的無數次戰例已經證明，明軍火器手在野戰中比不上八旗軍的弓箭手。由此可知，明軍受地形所限，實無必勝把握。如果洪承疇不能擊敗清軍的輕裝步兵而控制錦、松、杏周圍丘陵地帶，那麼，他就不太敢沿著丘陵中間的大路長驅而入直抵錦州城下，否則，會因後路被切斷而成為甕中之鱉。

翌日，兩軍在松山附近的長嶺山、黃土台遭遇。清軍故技重施，一邊派人在山頂築城，一邊讓騎兵衝擊明軍陣營「鏖戰竟日」，才各自收兵。此時，滯留在松、杏地區的明軍已經糧餉不繼，洪承疇決定暫停進攻，只留車營、步兵營於杏山、塔山兩城，而將騎兵調回寧遠各城補充「草料」，美其名曰「以退為進」，實際上已經形成一種輪換狀況。

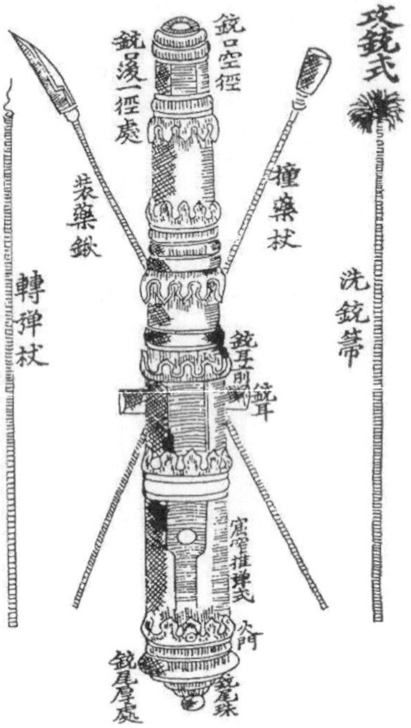

▲紅夷大炮之圖。

此後數月，明朝援軍與清軍阻擊部隊在松、杏兩城附近處於膠著狀態。一直到多爾袞、豪格等人在六月份前來換防，仍不斷發生戰鬥。明軍的反覆糾纏，已引起清朝君臣極大的關注。漢軍固山額真石廷柱於七月二十三日上書，給皇太極出謀劃策，斷言清軍圍困錦州的行動會發展成為與明軍的決戰，他具體的意見主要有五條：

一、錦州是遼左（今中國遼東的別稱）首要的重鎮，而明朝又倚仗祖大壽為遼東保障，那麼我軍圍困越急，明軍必定日夜發兵救援。如今已經接近八九月，天氣涼爽，敵人可能會選擇這個時候集中力量與我軍一戰。因而前線參與圍城的部隊，不必再輪流換防。要將那些本來應該換下來的士卒，從中挑選精壯之人，分置於各旗屯田之處，做好隨時應戰的準備。一旦有警，可乘夜秘密重返前線。各營要將敵情的虛實偵探清楚。如果敵人佈置營寨，我軍要四面環列，用紅夷炮攻擊，彼縱有百萬之眾，亦不能抵擋我威力強大的四十門炮。當敵營稍稍動搖，我軍應奮力突入，繞過錦州，直抵松山、杏山等處。松山、杏山的外面均有城壕，敵人敗兵不能迅速入城，而城上守軍必定不敢施放火器，以免誤傷自己人。我軍正好縱橫馳奔，打他一個落花流水。敵軍受此重創而寒心，錦州從此失去所恃，難以固守。錦州一破，關外八城必定聞風喪膽，甚至會陸續屈服。就像當年瀋陽一破，遼陽隨即到手；沙嶺一破，廣寧隨即歸順一樣。

二、我國兵馬若能大敗錦州援軍，則明朝援遼是敗局已定，一兩年難以再大舉反攻。由於明朝所恃的援遼兵馬，主要來自宣大、陝西、榆林、甘肅、寧夏等處，故此，我軍應選出過痘的諸王、貝勒率兵從宣大邊外攻略應州、雁門。明朝西部邊防出現警報，就不會抽兵援遼。同時，萬一歸化城有事，我軍可「輕騎倍道，近便救援」。

三、明軍援兵從寧遠來到松山，所帶的行糧，只可供六七日之用，若鋒芒稍挫，會迅速撤退，即使猶豫數日，最後亦必定以討糧為托詞返回。我軍應伺機增兵暗中埋伏於高橋，選擇地形狹隘之處，掘壕攔截，斷敵退路，再調錦州圍城的部分精銳部隊尾隨在敵人後面，進行前後夾擊，讓缺乏糧草的敵人進退不得，逼其投降。

四、我軍兵強馬壯，與敵軍的步兵營相遇時，必然奮力突入，但假如遭到敵軍火器手的阻擊，可能會有所損失。因而戰時須先把敵軍步兵營的情況偵察清楚，再以兵馬從四面八方遠遠圍困，白天用火炮攻擊，夜晚則掘壕圍困，使敵人「欲戰無路，欲退無門」。只需一兩日時間，敵人內部定會產生變亂。我軍又何必「甘蹈白刃」，冒險與之作戰呢？

五、洪承疇只不過是一個書生，因受朝廷重任，總督兵馬而不能推辭。而各處援遼官兵，誰都知道我軍過去顯赫的戰績，這些亡命之徒之所以救援錦州，實在是萬不得已。他們在松山虛張聲勢，是被明朝的軍法所迫，並非因才能出眾而「踴躍赴義」。如果祖大壽一旦失敗，洪承疇與各總兵縱得逃還，亦不過在北京的菜市場伏誅而已。這些人念及我皇上恩養三順王與大淩河歸降的官兵，說不定會反過來投降我國。

石廷柱預測這場期待已久的決戰將在天氣涼爽的八九月發生，他提出的諸多破敵之策中，的確有不少真知灼見，而最讓人感興趣的是伏兵於高橋，掘壕攔截，斷敵退路這一條。這樣的意見其他人早已注意到，例如濟爾哈朗、阿達禮、多鐸、羅洛宏等人早在同年四月四日給皇太極的戰報中已經提到，他們認為明朝援軍時常返回寧遠休整的原因之一是，害怕被清兵掘壕截斷高橋後路，故不敢在松、杏前線逗留過久。由此可見，「斷敵退路」的打法越來越受到更多清軍將領的注意。與此同時，明軍統帥部也充分注意到高橋的重要性，兵部在開戰之初就提醒過洪承疇，假如高橋失守，塔山與松錦地區之間的聯繫會被切斷，假如連山失守，塔山與寧遠之間的聯繫會被切斷。可見，在高橋、連山這些地方存在隱患的情況下，明朝援軍不敢貿然深入。

一些老成謀國的人也不希望援軍貿然深入進行決戰，例如祖大壽在五月初六派遣一卒突圍而出，向朝廷報告城內餘糧尚可供半年食用，唯有柴薪缺乏，並傳話給洪承疇，讓他不可輕易出戰，只是用車營逼近清軍即可。可是，遠在北京的朝臣卻對洪承疇的延遲進軍有所不滿，一些人認為明軍應該勇往直前，將清軍驅逐回老巢。在此前後，前線部隊幾次向朝廷報捷，也助長了輕敵的氣氛，例如，一份保存至今的檔案稱「幾番戰勝，軍聲已振」，其中戰績比較大的一次據說「擒斬奴虜一千五百級」。此外，明軍的水師還攔截前來協助清軍作戰的朝鮮船隻，俘虜了朝鮮將領李舜男及其部屬二百餘人。難怪兵部尚書陳新甲主張速戰速決了，他積極插手軍事部署，建議分兵四路：一路從塔山直趨大勝堡，攻敵營西北；一路從杏山，抄錦、昌，攻其北；一路從松山渡小凌河，攻其東；一路從松山向前推進，攻其南。可是洪承疇不同意，因為在轄下的多位總兵之中，真正敢戰的唯有白廣恩、馬科、吳三桂，如果把這三個人分散於三路，則勢單力薄，甚至會寡不敵眾，同時，後勤補給也會因供應線的延長而「鞭長莫及」。

故此，他制定了一個「可守而後可戰」的作戰方案，即是在松、杏地區打持久戰，同時千方百計地運糧入錦州，令其防禦更堅固，等到秋天已過，清軍會「師老財匱」，就連被迫向清朝提供糧食的朝鮮也會陷於貧困。這樣一來，就會勝算大增。正如洪承疇所料的那樣，堅持圍困錦州的清軍確實被後勤供應所困擾，為了節省糧食，只能讓騎兵一天吃兩頓飯，步兵一天吃一頓飯。恰好在這段期間，不斷有清軍即將入塞的流言傳出來。陳新甲相信清軍會依靠入塞搶掠物資來渡過難關，遂在六月一日寫信給洪承疇，聲稱根據關內薊鎮地區駐軍的情報，敵人又企圖入塞，假若真的發生這樣的事，就會使朝廷內外交困，難以應付。在信中，他用激將法質問道：「門下（指洪壽疇）出關，用師年餘，費餉數十萬，而錦圍未解，內地又困，何以謝聖明（指皇帝）而副朝中文武之望乎？」他接著繼續拿皇帝來說事，直言「主憂臣辱」，諒洪壽疇會在「清夜有所不安」。果然，洪承疇閱信後忐忑不安。陳新甲在此期間先後派遣兵部職方司郎中張若麒與新任職方司主事馬紹愉前往前線視察，實際上充當起「監軍」的角色，從此，洪承疇的指揮權遭到兵部勢力的直接干涉。張若麒等人在關外看到明軍屢獲小勝，便給朝廷打報告，皆稱「邊兵可戰」，從而使明思宗不再支持洪承疇的持久戰略，轉而下令「刻期進兵」。

不敢怠慢的洪承疇本想徵集十五萬援錦大軍，當他與朝廷反覆協商之後，確定為十萬人、四萬匹馬與一萬匹騾，到最後出發時，兵力又增至十三萬。隨軍的官員有文有武，文官有巡撫丘民仰、兵備道張斗、姚恭、王之禎、兵部職方司郎中張若麒，武官有總兵楊國柱、王朴、唐通、白廣恩、曹變蛟、馬科、王廷臣與吳三桂，此外，還有一大批副將、參將、遊擊與守備，總數達到二百餘人。這支軍隊於七月二十六日誓師之後分批出發，洪承疇率六萬人先行，而馬紹愉訓練車營以待戰。前後參戰的戰車為二千輛以上，火炮也超過二千門。

明軍的陸路補給仍舊沿用從寧遠至杏山等地的舊路線，但亦有所調整，本來由天津海運的糧食，到達寧遠附近卸貨即可，現在卻要沿著海路繼續向前航行。據學者的研究，船戶的卸糧地點向前推移到於塔山東南方向約十五里處的筆架山。此地是一個島嶼，明軍可動用沿海的水營在周圍水域巡邏，進行保衛，到了退潮的時候，它又有陸路與海岸相連，方便運糧。明軍既然選擇筆架山作為補給的樞紐地點，那麼，即使位於杏山側後的高橋被清軍佔領，在一段時間內不至於因陸路不通而斷糧。

二十九日，明軍到達松山，到了夜間，發現清軍出現在乳峰山這個舊戰場上面。原來，清軍為了阻止對手沿著大路向前推進，又故技重施企圖搶佔路旁的丘陵地帶，展開山地戰。洪承疇立即下令部隊登上乳峰山的西面，與山嶺東面的清軍對峙。同時，駐營於山下的東、西石門，分散敵人的注意力，讓其腹背受敵。明軍的車營也有條不紊地佈置起來，周圍再環繞著木柵，做好充足的臨戰準備。

等待已久的決戰終於在八月二日開始，宣府總兵楊國柱立營未定，遭到清軍的突襲而陷入包圍之中，面對敵人的四面呼降，他歎息地對手下說：「此地是我侄子（即楊振，前文提及此人被清軍俘虜，因不屈而死於松山城外）昔年的殉難之處，我怎能為降將軍！」言畢，他奮起突圍，中箭墮馬而亡，剩餘的部屬由山西總兵李輔明代管。也有部分清軍在混亂中誤入明軍的車營，結果受到火炮的猛烈轟擊而傷亡不少。事後明軍統計斬獲首級一百零三個，殺死固山、牛錄二十餘人。

錦州守將祖大壽乘機指揮步兵從城中殺出，試圖突破清軍的三道重圍，儘管連破其二，最後卻受阻於第三道重圍，無功而返。明朝援軍在此期間出動萬餘步兵企圖攻佔整個乳峰山，但在山巔遭到清軍步騎兵的頑抗而未能如願。當時，山上的明軍俯視錦州如近在咫尺，甚至與守軍「呼噪之聲相聞」，然而始終不能會合。

清軍的形勢不妙，處於腹背受敵的狀態。根據《攝政親王起居注》的記載，統帥多爾袞在多年以後依舊對這場戰鬥念念不忘：「洪軍（指洪承疇所部）於南山（指乳峰山）向北放炮，祖大壽從城頭向南放炮，我軍存身無地，神器（指大炮）實為兇險。」乳峰山距離錦州只有五六里，明朝援軍竟然將大炮拖到了山上，與錦州守軍同時發射炮彈，正好互相呼應。怪不得多爾袞感到驚心動魄，直言不諱地承認自己在此戰中累壞了：「松山之役，我頗勞心焦慮，親自披堅執銳……我之體弱精疲，亦由於此。」

八日，清軍先後兩次反攻乳峰山西面的明軍營寨，均被擊退。九日，明軍分兩路攻打西石門，總兵王朴戰敗，將士氣沮。次日，明軍再戰時稍微占了上風，清軍自此不再出戰，只是等待盛京的援兵。下一步應該如何行動，明軍統帥部出現了分歧，《國榷》記載馬紹愉勸洪承疇「乘銳出奇」，這樣做可以為錦州守軍壯膽，「毋待『老憨』之至」。「憨」與「汗」諧音，所謂「老憨」，是指皇太極。馬紹愉的意思是要洪承疇在皇太極率援兵趕到之前盡可能多地殺傷當面之敵。可洪承疇不予理會。大同監軍張斗建議宜駐一軍於長嶺山「防其抄襲我後」，長嶺山脈從塔山延綿到松、錦一帶，如駐紮軍隊，極有可能會引來清軍的攻擊，而受困於乳峰山的洪承疇可能不想在另一處山頭挑起事端，否則全軍會被拖進一場毫無勝算的山地戰之中，他不耐煩地回答道：「我做了十二年的『老督師』，你這個書生懂得什麼！」

不是洪承疇畏戰，而是對部隊信心不足。特別是他在出關之前深為倚重的秦軍，出關之後的整體表現不太理想，秦軍的鐵騎營比不上遼軍騎兵，更重要的是，號稱「利於涉險」的秦軍步兵，又壓制不了清軍的輕裝步兵，始終未能在山地戰中取得優勢。他煞費苦心籌辦的車營，在丘陵地區幾乎成了雞肋，發揮不了什麼作用。故此，這位統帥似乎更希望小心翼翼地向前推進，試圖以穩妥的方式逼退敵人。此後戰鬥斷斷續續地發生，十四日，東、西石門爆發衝突，明軍不利，但卻在十五日「斬十三級」，獲得小勝。總之，對於遠道而來的明軍而言，清軍已是處於下風，錦州已是近在眼前，而勝利似乎觸手可及，可是，僵局卻遲遲無法打破。

憂心如搗的多爾袞早在初六已經派人回盛京求援，他奏報稱擊敗明軍三營，獲馬五百五十匹，然而，敵兵仍然還有很多——意下之意是僅靠前線部隊已無力將之打退。皇太極馬上派學士額色黑到前線傳達旨意：「敵人若來侵犯，可相機擊之，若不來，切勿輕動，各人應當固守汛地，以防禦為主。」初八日，清廷又從每牛錄抽十人，由固山額真英俄爾岱、宗室拜尹圖前往增援。十一日，從前線返回的額色黑向皇太極報告這次敵軍的確很多，並建議讓濟爾哈朗帶領一半部屬重返前線增援。但皇太極決定由濟爾哈朗留守盛京，而自己親征。他下令各部兵馬立即到都城集結，準備於十一日動身，不料，因情緒過於緊張而患上「鼻衄」（具體的症狀是鼻子出血不止，這種病很可能是高血壓的一種併發症），不得不休息三日。可軍情緊急，皇太極在十四日早晨帶病統領大軍西進。

臨走之前，阿濟格與多鐸自告奮勇要做先鋒，勸皇太極在後面緩慢前進，以免過急。皇太極慨慷說道：「行軍制勝，利在神速。朕如有翼可飛，當即飛去。」遂日以繼夜地向前線進軍，由於行軍急速，他的鼻子繼續流血不止，嚴重時竟然要用碗來接血，三日之後才稍緩。經過六天的急行軍，一行人馬於十九日來到松山附近，駐於戚家堡。

清軍實際已經傾巢而出，至於具體的參戰人數，官書卻失載。而根據《明季北略》等書留下來的記錄，參戰清軍總數為二十四萬，有學者對這個數字表示懷疑，理由是八旗在逐鹿關外的全盛時期，總兵力不過十二萬。這個說法顯然忽略了隨軍參戰的大量奴婢，由於皇太極在此戰中已在國內進行總動員，再加上助戰的蒙古諸部，兵力非常有可能超過二十萬。而明軍實際參戰之人約十三萬，加上錦、松、杏三地的二萬多守軍，總數超過十五萬人。兩者比較，清軍兵力占優。

決戰前夕，皇太極在與諸王、貝勒、大臣舉行軍事會議時笑道：「但恐敵人聞朕親至，會悄悄逃跑，倘若敵兵不逃，朕必令你們破此敵，如『縱犬逐獸』。」他與眾人經過一番商議，派遣大學士剛林、學士羅碩到前方陣地找到多爾袞與豪格兩人，要他們命令英俄爾岱、拜尹圖以及科爾沁土謝圖親王、察哈爾瑣諾木衛寒桑等人及其部屬，先往高橋駐營，然後等皇太極的精兵一到，便合圍松山、杏山之敵。這個計劃的要點是斷敵退路，但選擇的地點卻是高橋這個眾所周知的地方，似乎已經失去了出敵不意的作用，因而多爾袞、豪格、英俄爾岱、拜尹圖等人加以反對，理由是作戰多日的前線清軍已「微有損傷」，「若再速戰，恐力不及」，假若抽調部分人馬前去高橋，萬一敵軍為形勢所迫而從錦州、松山兩個方向一齊殺出來，對乳峰山上與錦州城外的清軍進行內外夾擊，後果不堪設想。到那個時候，高橋駐軍即使回援，也是遠水難救近火。故此，他們上書建議皇太極暫時把援軍留在松、杏附近，這樣才對前線清軍有利。皇太極尊重前線將領的意見，放棄了搶佔高橋的計劃，他不無遺憾地說：「朕今於松山、杏山之間駐營，敵人必速遁，恐不能多所斬獲。」

不久，清朝援軍來到松山附近，苦戰多日的前線將士遙遙望見皇太極的御前儀仗與前隊旗纛正在移營，「皆踴躍吹呼」士氣大振。這時，明軍在松山城北的乳峰山岡駐紮，並讓步兵在乳峰山與松山城之間掘壕設立七營，而騎兵駐於松山東、西、北三面。根據《崇禎實錄》、《國榷》等史籍的記載，在皇太極未到松山之前的十七日，已有三千清軍騎兵奉命迅速佔據了不設防的長嶺山，揚言欲圍困松山。洪承疇不想與對方打山地戰，遂按兵不動。而清軍由於兵力過少，也難以截斷明軍退路。當皇太極到來後，形勢完全有利於清方，這位皇帝乘勢對明軍展開包圍，於八月十九日指揮軍隊插入松、杏之間，設立的軍營自烏欣河、南山至海，要將大路截斷。

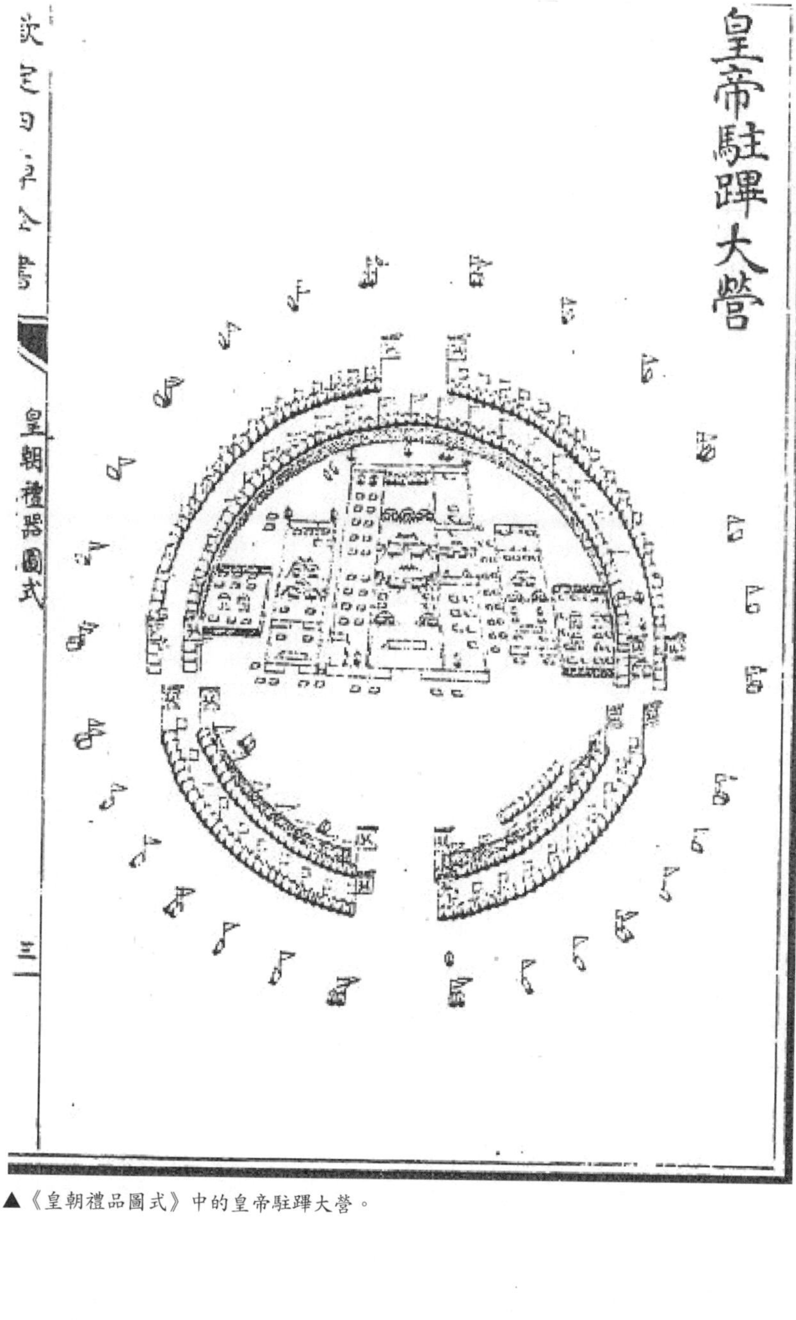

▲《皇朝禮品圖式》中的皇帝駐蹕大營。

據說皇太極曾經登山觀察敵情，乍見明軍井然有序，讚歎道：「傳言說洪承疇善於用兵，果真如此。難怪我軍諸將對其有所忌憚。」經過一番細看之後，發現明軍「大眾集前，後隊頗疏」，猛然醒悟過來：「此陣有前權而無後守，可破也！」於是分派人手揣度各處地形的高低，在斷敵退路的同時突然掘起壕來。原來，松、杏地區雖然周圍丘陵起伏，但山下地形稍為開闊，清軍即使兵力占優，亦難以將敵人圍得水泄不通，只能採取補救措施，調兵挖掘壕溝，企圖憑此困死敵人。

明軍本來已經調整了運輸線，選擇筆架山作為補給的樞紐地點，假使高橋被清軍佔領，在一段時間內亦不致斷糧。想不到皇太極放棄了佔據高橋的計劃，直接在明軍的眼皮底下對其展開包圍，這一下歪打正著，無形中切斷了從筆架山通往松、杏地區的糧道。

對於清軍的包圍行動，蒙在鼓裡的明軍最初沒有作出反應，等到洪承疇明白過來時已經太遲了。誰都知道糧道一斷，部隊支撐不了多久，要想有活路，肯定要想方設法突破這個包圍圈。經過準備，數位明軍總兵奉命在二十日黎明帶領部屬反攻清軍的前鋒汛地，企圖打通糧道，但一時「勝負未分」。有部分明軍乘隙奔往塔山，而清軍前鋒兵與鑲藍旗護軍緊跟不舍。其後，阿濟格、博洛與內大臣圖爾格也趕來了，一直追到塔山一帶為止。在這次追擊中，清軍意外發現筆架山儲存著糧食，當即佔領該地，繳獲「積粟十二堆」，不但破壞了明軍這個新的補給樞紐地點，而且使己方的糧庫得到補充，可謂「一舉兩得」。清軍留兵駐守筆架山，再從每牛錄抽調一人，將糧食運往前線。

筆架山一失，集結在松、杏地區的明軍只能靠營中的餘糧度日了。現在清軍不但牢牢控制了長嶺山，而且佔據王寶山、債兒山、灰窯山，還有部分人馬沿山而下，一直進至海邊。從壯鎮台、劉喜屯、向陰屯等地到南海口，都有軍營。他們從十九日起到處掘壕，企圖徹底斷絕通往松山之路。根據《明季北略》等書的記載，有的壕溝上面寬達一丈二尺，深八尺、下面非常狹隘，僅可容趾。真是「馬不能度、人不能登」。若有人墜下，因無處下足，也不能躍上來。壕溝從松、杏地區周圍的丘陵一直通向海口，長達三十里，共有三道，周圍有兵把守。當然，上述記載難免誇大其詞，而這些壕溝也不太可能像《清實錄》記載的那樣在兩天內迅速完成，它應該有一個逐漸完善的過程。

明朝援軍雖然實力猶存，卻陷入了困境，致使軍心開始不穩，有部分將領想逃跑。二十日晚上，洪承疇把在乳峰山上與松山城之間設立的七個步兵營，全部撤回松山城附近。此舉意味著，持續多日的山地戰以明軍的徹底失敗而告終。此後，主要戰場又重新轉移到平坦的谷地。

二十一日早晨，明軍全力突圍，力求打通返回甯遠之路。特別是那些久駐邊境的士卒，敢於深入、勇於戰鬥，一下子斬獲九個首級，奪取了清軍的大旗。

皇太極預感到會有一場血腥的惡戰，他早就指示部隊：「如果敵人來犯，要等他們靠近才迎擊，如果距離尚遠，我軍就匆忙出戰，會使士卒疲於奔命，與敗陣無異。」可明軍反撲時的兇狠程度還是出乎意料，為此他不得不承認：「南兵（指明軍）異於他時。」竟然一度產生退卻的想法，但被孔有德等人阻止，遂憑壕死守。其中鑲紅旗的汛地成為明軍的重點襲擊目標，為了守住防線，皇太極親自帶著數人往來指揮，命令士卒佈陣，多次拒敵於壕溝之外。最後，明軍只有數千人突圍逃往杏山，大部分人抱憾而回。

戰鬥暫告一段落。皇太極回營之後，傳諭諸將：「今夜敵軍必定逃遁，因此左翼四旗護軍統領鼇拜、

松錦之戰（西元 1640~1642 年）　　比例尺　四十萬分之一

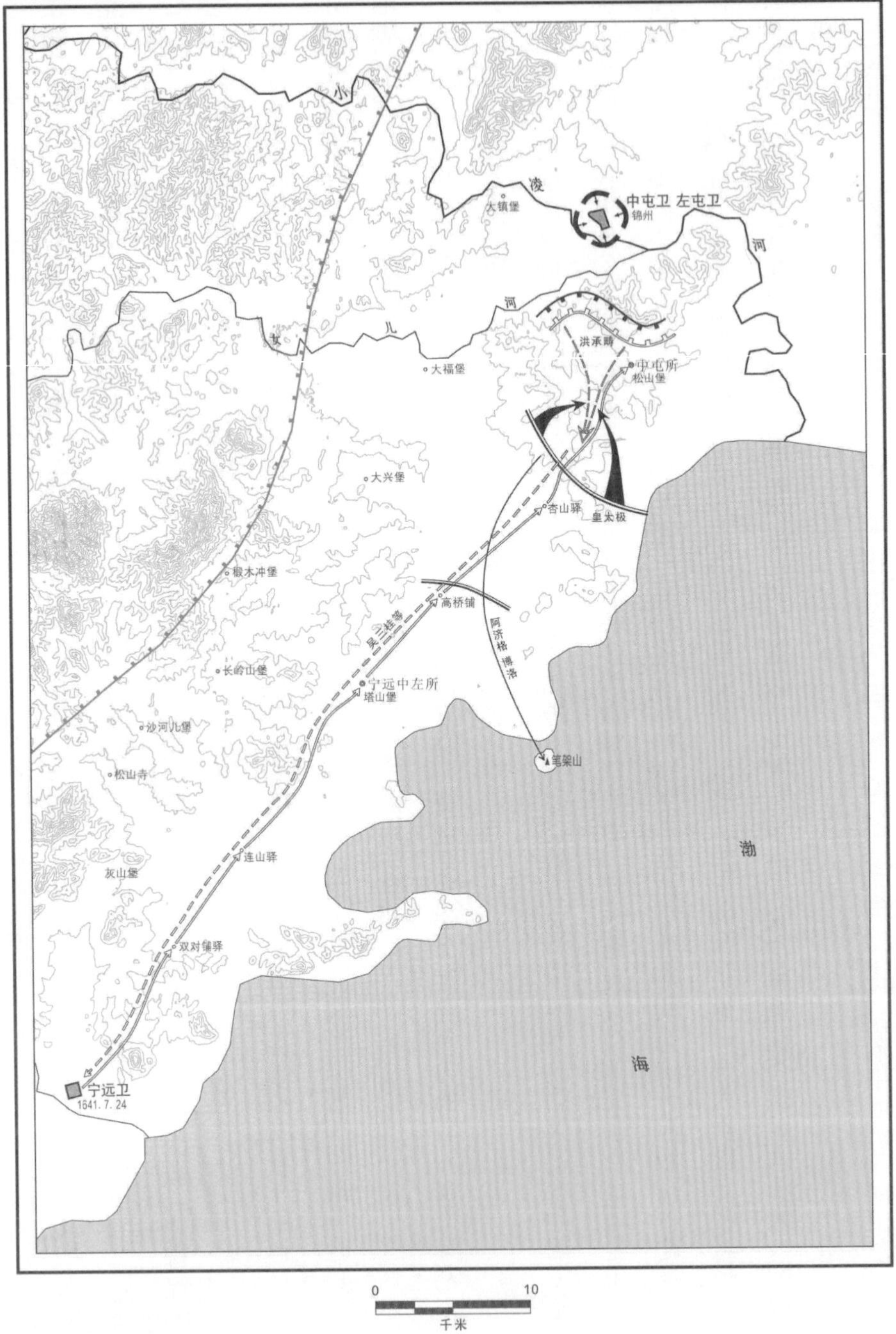

▲松錦之戰作戰示意圖。

阿濟格尼堪、韓岱、哈寧噶等人應各率部屬至右翼汛地排列，右翼四旗護軍及騎兵、蒙古兵、前鋒兵也要緊挨著排列，一直到海邊為止，各部要各守汛地，敵兵有百人逃跑，則以百人追擊，敵兵有千人逃跑，則以千人追擊，如敵兵過多，則緊躡其後，直抵塔山。」

然而，洪承疇不打算乘夜逃亡，他想集中力量，以求一逞，何況到目前為止，明朝援軍的傷亡還不大。他與眾人商討下一步何去何從時說：「敵軍分為新、舊兩部，輪流攻守，我軍既出，亦利速戰，各位將軍當各敕本部與之力戰，我將親自敲響戰鼓，以激勵士氣『解圍制勝，在此一舉』。」可惜的是，洪承疇這番慷慨陳詞卻打動不了多少聽眾，因為軍中一些將領已懷去志，由於糧草缺乏，這些人不太願意戰鬥，都表示想回寧遠就食。到了薄暮時分，張若麒勸洪承疇道：「我軍連勝，再接再厲，亦不是難事，可松山的餘糧已不足三日之用，如今敵人不但包圍錦州，而且圍困松山，將帥們既欲暫回寧遠補充糧餉之後再戰，似乎應該答應他們的請求。」張若麒是兵部派到軍中督戰的，他既與洪承疇唱反調，無疑會讓下屬無所適從，進一步削減了部隊的凝聚力。於是，有的將領揚言明日再戰；有的則聲稱要在今晚突圍；還有的反對匆忙行事，想徐圖再舉。各人有各人的想法，難以取得一致意見。最後，洪承疇發了火，下了一道死命令，稱：「往日諸君俱矢志報效，今正當其時，雖糧盡被圍，但宜明確告知軍中的官吏與士卒『守亦死，不戰亦死，如戰或可僥倖於萬一，我決意孤注一擲，望諸君盡力而為』。」他制定的作戰計劃是：以大同、薊鎮、密雲三鎮兵馬為左路，以寧遠、山海關、懷來三鎮兵馬為右路，打算在初更時分一齊出擊。

誰知，當各將回營備戰時，大同總兵王朴因膽怯竟然搶先率部逃跑，此舉馬上引起了連鎖反應，甯遠總兵吳三桂亦棄營「宵遁」，接著密雲總兵唐通、山海關總兵馬科、薊州總兵白廣恩等人所在的部隊隨波逐流地向甯遠方向直奔，全軍在黑夜中頓時亂作一團，不少人自相踐踏，遍地都是丟棄的弓箭、盔甲。此時此刻，丘民仰親眼看見松山各營之內的「數萬糧米」，被敗兵「踐踏如泥」。

兵敗如山倒，一股股逃生的明軍在夜色的掩護下亂哄哄地從封鎖線的間隙穿過，有的人在逃亡途中看見前方有火光，以為是敵軍正在攔截，又忙不迭地往回跑，結果反而中了埋伏，死於非命。清軍騎兵固山額真公艾度禮、護軍統領鼇拜、阿濟格尼堪、哈寧噶等人攜同前鋒兵、鑲藍旗蒙古梅勒章京喇瑪轄下部隊與鑲藍旗護軍兵相繼展開追擊。接著，護軍統領布善、公杜爾祜、莫爾祜、騎兵固山額真葉臣等人看見部屬的側後翼再無敵兵威脅，亦跟隨著眾人參加追擊行動。

皇太極根據形勢的變化，儘量調遣更多人馬參與追擊。這位親臨一線的君主很重視杏山與塔山地區，因為這兩處是松山至寧遠的必經之地。他下令蒙古固山額真庫魯克達爾漢阿賴、察哈爾毛海，各率所部將士，埋伏於杏山附近的大路，截擊逃往杏山的明兵，並吩咐他們不許遠追，若無諭旨，亦不許擅還。不久，又讓正白旗蒙古固山額真伊拜與鑲白旗梅勒章京譚拜率兵前往增援。為了十拿九穩，他派遣國舅阿什達爾漢與多爾濟達爾漢諾顏前往視察庫魯克達爾漢阿賴等人在杏山的駐營之地，並事先叮囑阿什達爾漢等人，如果發現駐營之地不太妥善，應當另擇其他地方移營。

至於杏山附近的桑噶爾寨堡，則由博洛率兵駐紮，進行攔截。同時，他緊急調動駐紮於乳峰山、錦州城附近的部分清軍參加追擊，命令多爾袞、羅托、公屯齊等人率領四旗護軍以及蒙古科爾沁部首領土謝圖親王之兵，從錦州大路前往塔山，準備攔腰攻擊經過此地的逃亡之敵。多爾袞奉命先行出發，然而姍姍來遲的科爾沁部首領土謝圖親王卻派人到禦營奏稱不熟悉路徑，不知怎樣走。皇太極怒罵道：「你們過去曾經到過中後所，也來過此地，最近又在錦州城駐兵兩個月，怎能說不知，這是有意推諉、佯作不知而已。」遂大聲呵斥，嚴令土謝圖親王馬上執行任務。其後，正黃旗騎兵鎮國將軍巴布海、護軍統領圖賴各率所部兵前往塔山攔截。而阿濟格尾隨而至，他的任務是帶兵攻擊逃往塔山的敵兵，倘若察覺敵兵試圖越過塔山，則會合巴布海、圖賴等人向著甯遠、連山方向跟蹤追擊。

為了防止明軍敗兵流竄到筆架山，達爾堪、幸達理、納林等人奉命率領銃炮手到此地加強防衛，保護糧糗。當皇太極得到情報知道張若麒從小淩河口乘舟逃遁，立即派遣鑲黃旗蒙古梅勒章京賴護與察哈爾部瑣諾木衛寨桑旗下的巴特瑪率兵前往追擊，又命正紅旗固山額真譚泰率騎兵四百，火速往小淩河以西、直抵海濱，以絕其歸路。此外，正紅旗騎兵梅勒章京多濟里、前鋒統領吳拜等人亦先後奉命追擊逃兵。

上述接受任務的部隊都是分批陸續出發的，整個行動從夜間一直持續到黎明。這是因為皇太極不想讓他們在同一時間一齊進行追擊，以免松山防線的兵力過於空虛，從而讓滯留在原地的殘敵乘機潰圍而出。

到了二十二日，越來越多的清軍參與圍、追、堵、截。能夠突破封鎖線的明軍不多，其中王朴、吳三桂帶著殘兵敗將歷盡千辛萬苦逃入杏山。張若麒、馬紹愉等人脫離大部隊，從小淩河口乘漁舟出海，也逃回了寧遠。但別的人就沒這麼幸運了，有的下落不明，有的半途受阻。洪承疇在前一天晚上得知全線崩潰的消息，曾經留三分之一的部屬守城，而令三分之二人馬出外轉戰於尖山、石灰窯等處，可已不能突破重圍，只得暫時移屯海岸，不料竟然被泛漲的海潮淹沒，唯有二百人得以脫身，史稱統軍總兵白廣恩孤身返回松山。拼命突圍的曹變蛟帶著步騎兵，先後多次衝擊鑲黃旗護軍統領鼇拜與正黃旗騎兵鎮國將軍巴布海、張屯等人的汛地，俱告失敗，最後竟然有一半人馬在二十二日夜間鬼使神差地突入了御營，驚動了營中的皇太極。

當時，清軍主力已經四散追擊潰敵，負責守衛御營的兵力不多，具體負責宿衛的右翼大臣與侍衛也多數沒有在崗位上，只有巴里坤、遏必隆、巴世塔等少數侍衛拼死擊退了明軍，迫使中箭受傷的曹變蛟逃回松山。事後，清軍在曹變蛟所部駐於乳峰山的舊營地內搜獲到一門紅夷炮、三門法貢炮、二百四十門將軍炮以及一批鳥銃。同一天的晚上，塔山周圍也不平靜，多爾衮、阿濟格所部包圍了四座明軍墩台，後來在漢軍固山額真劉之源、梅勒章京吳守進、墨爾根侍衛李國翰等人的援助之下，動用十門紅夷將之盡數擊毀，生擒明軍副將王希賢、參將崔定國、都司楊重鎮，另外殺死守備二員與都司一員。

高橋這個著名的戰略據點始終是焦點。皇太極判斷躲進杏山的明軍逃兵還會繼續向後撤，他在此後數日之間多次派兵埋伏在杏山側後的高橋與桑噶爾寨堡，甚至親自到現場指示，先後成功圍剿了數以千計的明軍散兵游勇。王朴、吳三桂也想離開杏山，返回寧遠，他們沒有走小路，而是不顧危險硬從高橋闖過，拼命與多鐸等人的伏兵廝殺，得以在二十六日這一天殺出了一條血路，可是，前面仍然步步驚心，在途經桑噶爾寨堡、塔山等地又相繼受到博洛、多爾衮、羅托、公屯齊、巴布海、劉之源等人的襲擊而死者甚眾。最後，王朴、吳三桂與殘部闖過了一道又一道的鬼門關，奔回了寧遠。拾回性命的還有馬科、李輔明等人，他們也狼狽不堪地跑回了寧遠。唐通暫駐杏山，後來於九月八日撤返。

白廣恩選擇的逃亡路線不同於王朴、吳三桂、馬科、李輔明，而是「反其道而行之」。他本來向西突圍不出而受困於松山，不久因奉洪承疇之命，與都司雷起龍等人東進小淩河、企圖乘虛襲擊清軍老營，但他卻採取避戰之策，取道國王碑、錦昌、大勝關等地，兜了一個圈子從蒙古諸部的地盤穿過遼河河套，巧妙避開了皇太極佈置在杏、塔地區的重兵，成功地經小紅羅山返回寧遠。

在前後數天的時間裡，漫山遍野都是逃亡的明軍。由於清軍在大路以及周邊的丘陵地帶封鎖甚嚴，很多明軍敗卒擁向海岸，不巧碰上海潮大漲而遭受飛來橫禍。據研究，渤海遼東灣頂部的潮差可達二點七至二點八米，而史載當時的海潮竟然寬達四十餘里，自杏山迤南的沿海到塔山一帶，赴海而死者多如牛毛，劫後餘生的只有少數人。古書稱：「海中浮屍，多如雁鶩。」據清朝官書統計，共斬殺五萬三千七百八十三人，獲得九千三百四十六副甲冑，奪得七千四百四十四匹馬以及六十六匹駱駝。而清軍的損失低得驚人，只是在「昏夜」中誤傷八名將士與二名廝卒，「餘無挫衄者」。不過，根據《八旗滿洲氏族通譜》的記錄，八旗軍在連場大戰之中也損失不少將領，其中有名有姓的就有前鋒統領勞薩、鑲黃旗護軍統領綽哈爾、鑲紅旗副都統孟庫魯等十多人。順便提一下，還有一位叫佛洛的牛錄章京在濟爾哈朗率兵圍錦州時攜帶三人逃往寧遠，投靠吳三桂，當清軍在松錦決戰中取勝後，佛洛迫於形勢又重新跑了回來，這個例子表明清軍之中也有意志不堅、臨陣動搖者。

大規模的野戰雖暫告一段落，可是松錦地區的戰事仍未結束。滯留在松山城裡的文武官員除了洪承疇與曹變蛟之外，還有巡撫丘民仰、兵備道張斗、姚恭、王之禎、副判袁國棟、朱廷榭、同知張為民、嚴繼賢、總兵王廷臣、祖大樂等，他們都拒絕投降。大約二萬明軍困在這座長、寬約三百米的小城中，「兵馬器械」消耗了十分之七，而且糧餉不繼，勢益窮蹙。清軍乘戰勝之機，照搬對付錦州的辦法來重重圍困松山。皇太極已在八月二十二日命令部分軍隊在松山城周圍掘壕，並在城上大炮的射程之外安營紮寨。隨著追擊行動的結束，越來越多的清軍集結在城四周，包圍圈也越來越嚴密。不久，皇太極因寵愛的宸妃病重而返回盛京，從此再沒有回來，軍中事務委託給杜度、多鐸、阿濟格、阿巴泰等宗室貴族，並按照輪流駐防的老辦法留下一部分軍隊在前線。

明思宗對援錦大軍的慘敗痛心疾首，他還企圖保住松山城，曾經下旨要洪承疇繼續留在松山死守，而丘民仰則要突圍返回寧遠，以收拾殘局。可是僅靠松山守軍之力，要想突圍談何容易，洪承疇曾經派遣特使冒險越過清軍的封鎖線，返回明軍的控制區積極求援。在此前後，從前線逃回的四位總兵開始收羅殘兵敗將、整頓軍隊，其中，吳三桂召集了萬名士卒與五千匹馬，白廣恩召集了五千名士卒與二千五百匹馬，李輔明召集了五千名士卒與七百匹馬，馬科召集了六千五百名士卒與二千四百匹馬，而關內毗臨的陽和、懷來、通州、保定等地還有萬餘預備隊。由於吳三桂實力最雄厚，而且他的部隊還有不少家丁，戰鬥力為諸軍之冠，故朝廷沒有立即追究他的敗退之責，反而賦予提督的重任，讓他與臨危受命出任總督的葉廷桂一起「徐圖再舉」。明思宗多次下令吳三桂等人出戰，但他們都是找各種藉口敷衍了事，不敢為松山解圍。

包圍松山的清軍竭力防止洪承疇突圍。比較典型的一次戰事發生在九月下旬，鑲黃旗「擺雅喇阿禮哈超哈」（漢語的意思為「護軍騎兵」）、正白旗、鑲白旗與漢軍營成功阻止了有意選擇在夜間一鼓時分出城明軍步騎兵。在突圍與反突圍的較量中，戰績較大的是石廷柱所部，共斬首千餘級，繳獲五十七門將軍炮、二百一十二杆鳥銃，一百五十七把腰刀與三十八副鎧甲。時間很快到了十月，豪格、滿達海所部到松山換防，繼續圍困。

這年的十一月，一位名叫汪鎮東的寧夏鎮標參謀官從松山城裡跑了出來，奇跡般地於二十六日回到寧遠，並向朝廷搬救兵，他上報了在前線親眼目睹的事實：「松山城周圍遍佈壕溝，溝裡面立有木樁，木樁上面系著繩子，繩子上面有鈴，而鈴的旁邊還配置著狗，確保城裡的人插翅難逃。」轉眼之間已是十二月，終於傳來了三千明軍援兵將要從關內到來的消息，洪承疇抓住一線希望出兵六千回應。突圍的明軍仍然選擇夜間出城，他們在襲擊正紅旗護軍營與正黃旗蒙古營時遭到弓箭與火炮的反擊而死亡四百二十餘人，但剩餘的人還是闖了出去，朝著通往杏山的道路狂奔，可惜途中遇到伏擊而損失了五百七十餘人，從而被迫重返松山。然而城門早已關閉，窮途末路的三千明軍在不得已的情況下向清軍投降。而傳聞中的關內赴援之兵只是駐紮在寧遠而沒有前進。

又是一年過去了，松山城裡的糧食將要耗盡，守軍望眼欲穿的援兵始終沒有消息，在瀕臨絕境的情況下，副將夏承德秘密與清軍統帥豪格聯繫，表示願意做內應。一六四二年（明崇禎十五年，清崇德七年）二月十八日夜，八旗軍左右翼按照約定豎起雲梯登上城南，在夏承德所部的接應之下控制了整座城，俘虜了百餘名明軍官員與三千零六十三名士卒，其中包括總督洪承疇、巡撫丘民仰、總兵王廷臣、曹變蛟、祖大樂、遊擊祖大名、祖大成、白良弼（總兵白廣恩之子）、兵備道張斗、姚恭、王之禎，此外還有副將十員以及一批遊擊、都司、守備、紅旗、千總、把總等，繳獲了一大堆物資，當中包括一萬三千三百副甲冑、九百五十張弓、三千把刀、四副鞍，而大小紅夷炮與鳥銃的總數達到三千二百七十三。特別要注意的是甲冑的數量比較多，這可能反映了洪承疇的嫡系部隊具有很高的披甲率。

皇太極得報後，下令將洪承疇與祖大樂送來盛京，其他的官員與士卒要就地處決。丘民仰、王廷臣、曹變蛟、張斗、姚恭、王之禎等十四名文武官員與八千零七名士卒（當中包括二千一百八十名蒙古兵）就這樣慘遭屠戮，只有夏承德及其部屬（共有男子婦女幼稚共一千二百四十九人）得到赦免。其後，清軍拆毀了松山城。

松山失陷前後，明朝進行了一次救援行動。原來，在錦衣衛任職的祖澤溥為了挽救父親祖大壽而變賣家產，拼湊了一支兵力過萬的軍隊，在明思宗的支持下於一六四二年（明崇禎十五年，清崇德七年）二三月間會同吳三桂、白廣恩、李輔明等人，分為左右兩翼，一部分駐於塔山，一部分進攻清將阿濟格鎮守的高橋，欲打通前往松山與錦州之路。可是，士氣低落的明軍一碰到清軍兩翼前鋒兵的攔截，又不戰而退，竟讓尾隨在後的清軍一路追到連山，至少損失了三十名士卒與三十匹戰馬，另有一名百戶被生擒，救援行動就這樣虎頭蛇尾地結束了。

松山既破，這令已經被清軍掘壕圍困了一年的錦州守軍不免有兔死狐悲之慨，再加上糧盡援絕，萬般無奈的祖大壽只能選擇投降。他宣佈願意接受清朝的招撫，派遣使者進入清營磋商有關事宜，想仿照十一年前大淩河城的投降儀式，與清軍將領再次進行「盟誓」。

誰知竟遭到清軍將帥的強硬回覆：「我方圍困此城，旦夕可取，有何顧慮，誰要與你盟誓？你欲降則降，不降則已，誰強要你投降。」唾面自乾的祖大壽不敢多言，於三月初八打開了城門，放清軍入城。根據《攝政親王起居注》的記載，從盛京重返前線的多爾袞在取城後重提舊事，當面向祖大壽說起錦州守軍曾經從城頭向清軍的營地放炮，為此而使得清軍「存身無地」。祖大壽張惶失措地回答：「果有此事？如那時炮彈打中王的馬，那怎麼得了……。」多年以後，多爾袞在回憶起這段逸事時笑著對身邊的人說：「當時兩讎相敵，唯恐打不中對方，祖大壽言不由衷『誠為可笑』。」

當時，錦州前線的清軍統帥濟爾哈朗與多爾袞等人由於與錦州守軍對峙過久而心懷不忿，在得城時企圖將所有來降者「盡加屠戮，不留一人」。遠在盛京的皇太極卻有不同意見。他在得報後指示要對歸降的七千錦州守軍進行甄別，凡是祖大壽部下之人，可留下性命，其他人「悉誅之」，特別是那些來自山海關的士卒與蒙古人，俱要查出處斬。這樣一來，祖大壽的四千多嫡系部屬才能免於一死。

皇太極不殺降而復叛的祖大壽是投鼠忌器，主要的原因有二：一、祖大壽有很多舊部在清朝當官，對其進行寬大處理可以籠絡人心；二、甯遠守將吳三桂是祖大壽的外甥，留著祖大壽對將來招撫吳三桂有用。但是，皇太極沒有重用祖大壽，只是將其「恩養」起來。實際上，這時的祖大壽年已七旬，即使重披戎衣在戰場上也發揮不了很大的作用。不過，皇太極鑒於祖家軍的核心人物祖大壽已經投降，開始重用原屬祖家軍的大淩河降官了。此前在長達十年的時間裡，這些人一直沒有帶兵出征，只是參與清朝的一些內部政事，現在松錦決戰既已勝利，皇太極終於允許這些人出任八旗

▲祖大壽墓老照片。

軍職了。在這一年的六月，清朝重新整編了漢軍，將四旗增編為八旗。在這次整編中，大淩河降官得到大量任用。

雖然在八位漢軍固山額真中，原是大淩河降官的只有正黃旗祖澤潤一人，但在十六位梅勒章京中，原是大淩河降官的卻有五人，分別是正黃旗的祖可法、鑲黃旗的祖洪澤、正白旗的裴國珍、正藍旗的祖澤遠、鑲藍旗的張存仁。

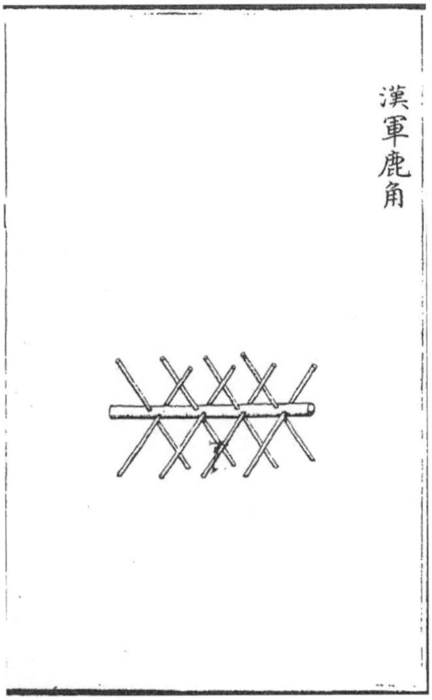

▲八旗漢軍的鹿角。

必須說明的是，大淩河降官集團在八旗軍中的地位比不上努爾哈赤在世時歸降的漢臣，後一類人可簡稱為「天命（努爾哈赤主政時的年號）降官集團」。在八位漢軍固山額真之中，天命降官及其後裔占了七位，分別是鑲黃旗的劉之謙、正紅旗的吳守進、鑲紅旗的金勵、正白旗的圖賴、鑲白旗的石廷柱、正藍旗的巴顏與鑲藍旗的李國翰。而在十六位梅勒章京中，天命降官及其後裔占了七位，分別是正黃旗的張大猷、正紅旗的王國光、鑲紅旗的郎紹貞、正白旗的屯泰、鑲白旗的何濟吉爾、正藍旗的劉仲金、鑲藍旗的曹光弼（其中，屯泰與曹光弼為候補）。不過，大淩河降官集團雖然比不上天命降官集團，但又勝於永平降官集團。在八位漢軍固山額真之中，永平降官集團沒有一人，而在十六位梅勒章京中，永平降官集團占了兩人，分別是鑲黃旗的馬光輝與鑲紅旗的孟喬芳。

連續奪得松、錦兩城的清軍繳獲了大批火器彈藥，又積極籌劃攻打塔山與杏山。多爾袞、豪格率右翼軍、兩翼護軍與運載火器的漢軍來到塔山城，將紅夷大炮排列於城西，在四月初八發起攻擊，當仗打到次日中午，城牆已被漢軍固山額真金礪、吳守進、梅勒章京孟喬芳所部的炮彈轟得塌下了二十餘丈。鑲紅、鑲藍二旗兵由崩塌處登上，遂克其城，將城內七千明軍全部殲滅。清軍將要在十多天后攻打早已被壕溝圍困的杏山，而炮兵又會發揮無與倫比的作用。皇太極事前透過諭旨來指導炮兵部隊的戰術，他要炮兵在舉炮射擊時，不可瞄準城上的牆垛，而應瞄準城牆中間，這樣才更容易令城牆完全崩塌，而步兵也更容易登城，假若只有部分地方破損，不許步兵驟然而進。二十一日黎明，清軍移炮於杏山城北面先攻城外的堠台，一天之後，再將紅夷炮列於堠台之前，轟擊杏山城，很快就把城牆擊毀了二十五丈餘。就在清兵正欲登城的緊急關頭，守將為了活命而慌忙開門投降。清朝俘獲二千五百七十六名男子、四千二百六十二名婦幼、二匹駱駝、二十二匹馬、五頭牛、七頭騾、一百四十四石米穀、二千七百四十六副甲。而到手的紅夷大炮與鳥銃，其總數為八百六十二。

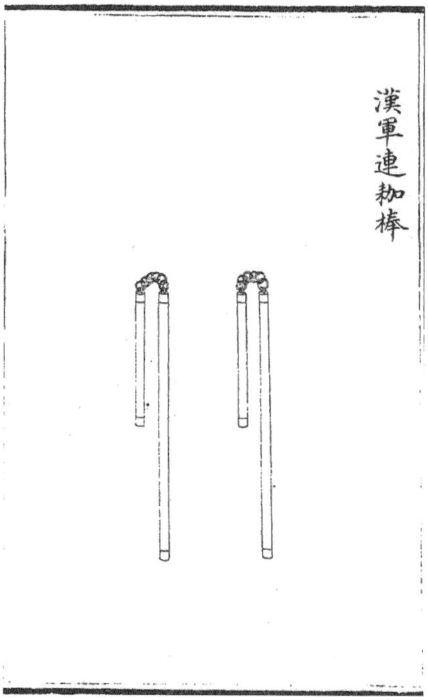

▲八旗漢軍連枷棒。

歷時兩年的松錦大決戰終於落幕了，明軍遭遇的失敗與二十多年前的薩爾滸大決戰相比，有過之而無不及。明末著名的歷史學家談遷認為：「自遼難以來，懸師東指，決十萬之眾於一戰，惟楊鎬與洪氏。鎬分兵而敗，洪氏合之亦敗，其失並也。」洪承疇在戰前堅決拒絕陳新甲分兵四路為錦州解圍的意見，就是吸收了楊鎬在薩爾滸大決戰中因分兵而慘敗的教訓。既然明軍這一次能夠集中兵力，怎麼還會在松錦大決戰中失敗呢？這就要具體問題具體分析了。首先，洪承疇欲用關外鎮壓農民軍的那一套戰法來對付清軍，難以達到預期的效果，而他積極倡議的車營在實戰中亦被證明是紙上談兵。在這種情況下，一位元有遠見的統帥應該及時更新裝備、改變戰法，以適應新的形勢。如果洪承疇真的能做到這一點，明軍就不會由於因循守舊而先後兩次受阻於乳峰山，以致束手無策了。

話又說回來，明軍即使更換裝備與採取新的戰法，也不一定能夠在山地戰中打敗清軍的輕裝步兵，然而總比無所作為要好一些。其次，明軍懸師深入，最忌糧道被對手切斷，大同監軍張斗為此曾經建議搶佔長嶺山這個制高點，監視長嶺山以北地區，防止清軍由此繞道而切斷明軍後路，但洪承疇似乎不想在其他地方捲入一場新的山地戰之中，故不予理會，結果真的被對手出其不意地「包了餃子」。難怪朝鮮的《仁祖實錄》評價道：「洪軍門（指洪承疇）年少自負，不聽群言，以致於敗。」就像談遷所指出的那樣「先發者制人，後發者制於人」，洪承疇如果不能迅速越過乳峰山，那麼就應當適時退回杏山以保持主動，可他偏偏舉棋不定，繼續滯留在戰場上進退失據，結果處處受制於人而一敗塗地。如果清軍不是從洪承疇這個「運輸大隊長」的部隊中繳獲了糧食與火藥等急需的物品，皇太極不太可能會將圍困錦州與松山的時間延續得那麼久，而攻打塔山與杏山也不會那麼順利，戰果也不會那麼豐碩。由此可知，儘管洪承疇飽讀詩書，但那些文化程度不高的清軍統帥們比他強多了。

例如濟爾哈朗、多爾袞等人選擇乳峰山作為阻擊陣地，竟然令人多勢眾的明軍無處著力，這招「四兩撥千斤」可謂是戰術上的畫龍點睛之筆。因為清軍騎兵沒有絕對把握阻止明軍的同類兵種沿著大路向前推進，而步兵在平原上與明軍步兵中的火器手對抗時勝算不大，即使出動楯車也難以確保不被明軍的紅夷大炮摧毀。唯有出奇制勝，充分發揮八旗兵擅長使用弓箭的特點，利用山丘與樹叢做掩體，在躲避明軍彈丸的同時，儘量與對方耗時間，以便拖慢對方前進的步伐，爭取時間等候援兵的到來。至於皇太極，他能夠迅速從後方來到前線，輕而易舉地完成了斷敵退路的軍事行動，這種雷厲風行的作風更是讓慢條斯理的洪承疇相形見絀。

無獨有偶，後來的一些清朝皇帝也將薩爾滸大決戰與松錦大決戰相提並論。例如乾隆皇帝專門評論道：「太祖一戰而皇基開，太宗一戰而帝業定。」並特別讚揚：「我太宗大破明師十三萬，擒洪承疇，式廓皇圖，永定帝業。」可見，清軍大捷於松山，活捉洪承疇，已經成了清朝開國史的重要標誌。

令人啼笑皆非的是，明朝君臣得知松山失陷之後，誤以為洪承疇已經殉國，明思宗讓禮部在京城東郊設棚，準備親自哭祭。朝廷又為洪承疇建祠於正陽門東月城。根據《廣陽雜記》的記載，祠中配祭的還有以忠義著稱的三國名將關羽，可見朝中君臣是將洪承疇與關羽相提並論的。後來，洪承疇投降的消息傳來，這座祠也就改祭觀音了。洪承疇是被俘五十多天后才屈服的，時間是五月五日。關於他降清的詳細過程，坊間傳聞很多，摘錄如下：

《嘯亭雜錄》記載洪承疇起初拒絕投降。奉命前去相勸的範文程在談話其間注意到洪承疇會用手拂去衣服上面的塵埃，據此，他回來向皇太極彙報時說：「洪承疇必不願死，此人既然如此愛惜自己的衣服，更何況自己的身體呢？」皇太極便親自探視，並解下御用的貂裘披在洪承疇的身上，說：「先生得此衣不再寒冷吧？」洪承疇瞠目而視，良久才歎息道：「真命世之主也！」遂叩頭投降。

《甲申朝事小紀》裡面還有一種說法：皇太極擺出高姿勢，主動釋放不願投降的洪承疇返回明朝。洪承疇在半途中卻碰到前來取骸骨的家人，得知明朝誤以為自己已經殉國。他明白如果一旦生還，必將不容於滿朝文武，肯定會有不測之禍，遂「俯首慟哭」，返回投降了皇太極。

後來，一些流言蜚語在清廷的文人之間傳播，例如清初的毛奇齡說洪承疇有斷袖之癖，因而皇太極投其所好，命優人前去誘惑，從而輕而易舉地收降了他。到了清末民初，根據民間傳說寫成的《清史演義》，則繪聲繪色地描述皇太極故意派美貌的莊妃前來勸降，終於讓「好色」的洪承疇拜倒在石榴裙下。上述種種說法，不過反映了某些文人的齷齪心理與低級趣味，距離事實不啻於十萬八千里。

這些記載的主題都離不開皇太極成功招降洪承疇。按照中國古代很多文人的政治文化觀，英明君主的身邊必定要有文才出眾的謀臣輔佐，一起開創偉業，成就「千古佳話」。比如劉邦有張良、劉備有諸葛亮、李世民有魏征、朱元璋有劉伯溫等等。皇太極的身邊多數是一些文化程度不高的赳赳武夫，如今遇上進士出身的洪承疇，按理應該是「如魚得水」。況且，明思宗不能放手使用洪承疇，而皇太極卻知人善任，難道不正好說明皇太極比明思宗高明得多嗎？《嘯亭雜錄》就是按這樣的思路來寫的，書中記載皇太極對洪承疇的歸降是非常高興，當即給予重賞，並在宮中演戲慶賀。軍中諸將感到不理解，他們認為洪承疇不過是一個囚犯，皇太極的接待過於隆重了。皇太極反問：「大家櫛風沐雨而辛苦奔波，到底為了什麼？」眾人回答：「欲得中原。」皇太極笑道：「我輩好像瞽者（盲人），洪承疇好像嚮導，盲人獲得嚮導，豈能不賀。」眾人乃服。

這些文人的記載有真有假，其中有些內容明顯是過於渲染皇太極對洪承疇的重視程度了。事實上，皇太極收降洪承疇之後，在相當長的一段時間裡只是讓他坐冷板凳。儘管當時清臣張存仁發覺洪承疇「欣欣自得，僥倖再生」，因而上書建議清廷將其「酌加任用」。然而，皇太極不但沒有給予洪承疇一官半職，反而將其編入直屬皇室的包衣牛錄之中，成為一名身份低微的奴僕。反觀在錦州、松山、杏山等處歸順的明軍，有不少人被正式編入了漢軍八旗，例如夏成德所部被編入正白旗漢軍，夏成德之弟夏景梅還成了一個佐領。這在某種程度上反映了滿洲貴族重武輕文的思想，這種思想顯然與文人們一廂情願的記載有重大區別。總的來看，皇太極似乎更願意把洪承疇當作一個典型，用來做政治宣傳。畢竟能招降洪承疇這樣大的官，是用兵以來頭一次。張存仁說得好：「洪承疇的投降在政治上影響很大，『使明國之主，聞之寒心，在廷文臣，聞之奪氣，蓋皇上特為文臣之歸順者開一生路也』。」

洪承疇降清難免會洩露明朝的一些軍事機密。例如朝鮮雖然被迫降清，但仍然透過海路與明朝保持秘密的聯繫，後來終於被清朝發覺，致使朝鮮國王不得不下令逮捕本國涉事之人，以求自保。朝鮮史籍認為，向清朝洩密者正是作為當事人的洪承疇，因為他過去出任

▲降清的洪承疇在多年後終於官運亨通。

明朝的薊遼總督時，不止一次派遣手下乘船來過朝鮮。朝鮮的《瀋陽啟狀》就記載過一則史料：洪承疇手下一名姓倪的人士乘漢船來過朝鮮的宣川，並獲得大米五百斛、人參五百斤以及一些土產，雙方還有文書往來。這位倪姓人士特別指出，人參可用來做軍需品，而他的上司洪承疇也曾經售買人參，以作軍餉之用。

同時，朝鮮船隻多次來到明朝進行貿易，並曾在登州、寧遠等軍事據點出售人參。由此可知，洪承疇及其部屬曾經染指人參買賣，這種買賣與降清的朝鮮有關，故很難說是合法的。回顧歷史，六七十年前李成梁把持遼東軍權之時，就插手參、貂等奢侈品的買賣，為此處心積慮地在關外女真諸部中扶持自己的代理人努爾哈赤，可惜弄巧成拙，從「養寇自重」變成「養虎為患」，禍及子孫。到了毛家軍打著抗金的旗幟盤據皮島之時，仍舊介入走私人參的活動中，既讓光復失地的偉業染上了一些銅臭味，也讓軍中不少義士淪為了生意人。最後，當洪承疇在總督任上時也不能免俗，就像常言所說的「常在河邊走，哪能不濕鞋」。如果說人參買賣間接促成了女真的統一與八旗軍的創立及發展，那麼，這種買賣反過來長期腐蝕了遼東明軍的戰鬥意志，加速了這支軍隊的墮落。

松錦之役結束後，明朝苦心經營的寧錦防線已經被摧毀了一半，共失去錦州、松山、塔山與杏山這四座重鎮，而剩下的寧遠等數座重鎮已經危機四伏，不得不全線轉入防禦狀態。從此以後，遼東駐軍再也不敢使用「且築且屯」的方式徐徐恢復失地，朝廷再也沒有能力組織十多萬大軍出關拒敵，孫承宗、袁崇煥等人在二十年前提出的「主守關外」的戰略受到了前所未有的嚴峻考驗。甚至有人認為，明朝的敗亡之勢由此已經昭然若揭。迫於形勢，明思宗破天荒地醞釀著要與皇太極議和，此舉在政治上意味著明朝可能會承認清朝在關外的霸權。

議和的過程一波三折。兵部尚書陳新甲本來就是受到「議和派」骨幹楊嗣昌的賞識而步步高升的，並不排斥議和。當洪承疇在松山被清軍圍困之時，無計可施的陳新甲私下裡派遣遼東寧前道副使石鳳台前往前線與清軍聯繫，要求和談。明思宗知道後非常生氣，認為這有辱國家。雖然楊嗣昌已因追剿起義軍不力而自殺身亡，但是陳新甲的所作所為還是受到大學士謝升等部分朝臣的支援。由於明朝遲遲無法拼湊援軍解救前線被圍將士，束手無策的明思宗在與閣臣商議之後，定下「姑緩北兵（指清軍）、專力平寇（指起義軍）」之策，允許謝升、陳新甲主持議和之事，派遣馬紹愉與參將李禦蘭、周維庸前往寧遠，準備與清朝談判。明思宗事前一再叮囑，凡是與「議和」有關之事都要嚴格保密，以免洩露風聲，遭到朝中「主戰派」的反對。

清朝的日子也不好過。久駐於外的前線部隊給後勤造成相當大的壓力，為此時常要從國中抽調大批人員進行「餱糧轉運」，以致影響了正常的社會生活秩序，再加上由於「去歲遇霜甚早」，糧食收成不太理想，經濟不容樂觀。皇太極在此前趕赴前線參戰時，不止一次帶著部分人馬打獵以補充軍糧，幸虧繳獲了明軍的大量輜重，才讓後勤的壓力有所緩解。既然明朝肯主動派人來求和，清朝經過幾次試探，也就同意了。到了三月中旬，馬紹愉等人來到錦州，向清將阿濟格遞上一道明思宗寫的「敕諭」，內容是這樣的：

「據卿（指陳新甲）部（指兵部）奏，遼沈（指清朝）有休兵息民之意，中朝（指明朝）未輕信者，亦因以前督撫各官未曾從實奏明。今卿部屢次代陳，力保其出於真心。我國家開誠懷遠，似亦不難聽從，以仰體上天好生之仁，以復還我祖宗恩義，聯絡之舊，今特諭卿便宜行事，差官宣佈，取有的確信音回奏。」

顯而易見的是，這篇禦文並非寫給皇太極，是寫給陳新甲，原因是死要面子的明思宗不肯降低身份與「外夷」直接對話。皇太極收到這篇「敕諭」，對明思宗以天朝上國自居而「鄙視他人，口出大言」的行為很反感，一度對「敕諭」的真實性產生懷疑，因而召來洪承疇對文章後面印著的「皇帝之寶」進行鑒定。洪承疇看後說「此寶紮果真」，同時提到皇太極在一六三二年（明崇禎五年，後金天聰六年）出征察哈爾時在張家口與明朝地方官員議和一事，已被明朝皇帝知道，只因為朝中主戰派的反對，故將涉事的地方官員撤職。但洪承疇認為明朝此次請和「絕非虛語」。

皇太極據此表示願意和明朝進一步談判。經過一段時間的磋商，雙方最終確定在一六四二年（明崇禎十五年，清崇德七年）五月間於盛京正式講和。這時松山、錦州、塔山與杏山已經被清軍奪取。為了表示誠意，皇太極下令暫緩進攻寧遠，退師三十里。到了六月初，談判結束。馬紹愉等人在離開時帶回了皇太極給明思宗的一封信，信中除了重彈努爾哈赤主政時期「七大恨」的老調，還涉及兩國互派使者、互通聲息、互相遣返叛逃者等一般性事務，其中最令人關注的是講和的條件與兩國的劃界。皇太極要求明朝每年交出黃金萬兩、白金百萬，而清朝則給予人參千斤、貂皮千張。講和之後，明朝以寧遠雙樹堡中間的土嶺為國界，清朝以塔山為國界，並以「連山為適中之地」，作為兩國的「互市」之處。海上的分界線則從寧遠雙樹堡中間的土嶺至海上的黃成島，黃成島以西屬於明朝，黃成島以東屬於清朝。為了表明誠意，兩國皇帝應舉行儀式「親誓天地」，或者「各遣大臣代誓」也行。清朝申明以九月為最後的期限，如果到時仍不能達到和平協議，就兵戎相見。

馬紹愉等人返回後，將清朝意見轉達兵部。為了避免讓朝中的主戰派抓住把柄，明思宗多次告誡陳新甲不要將和談之事外泄，可偏偏出了意外，陳新甲的家僕誤將一份放置於書桌的和談絕密材料當作普通塘報，竟讓人傳抄於外，結果鬧得朝中人盡皆知，掀起了軒然大波，以致遭到給事中方士亮的上書彈劾。明思宗看見方士亮的奏章後大怒，以為陳新甲故意出賣自己，對其下了一道聖旨加以譴責。陳新甲拒絕承擔所有的責任，不肯認罪，最後被逮捕入獄。那時，朝中的大部分大臣都熟悉宋金戰爭的歷史，認定宋朝是因議和而失敗，故始終頑固地拒絕與清朝和談。如果哪一位大臣敢於支持議和，就完全有可能替皇帝背黑鍋，被官場上的政敵視為秦檜之類的奸臣而在世間留下汙名。

此前，支持議和的大學士謝升因對明思宗的處事方式有所不滿，曾經公開發牢騷道：「人主以不用聰明為尚，今上太聰明，致天下壞盡。」所謂「人主」與「今上」，就是指想把議和責任推卸給臣下的明思宗。其後，明思宗以洩露和談機密為由罷了謝升的官。這次為了處置陳新甲，明思宗傳召大學士周延儒入殿商議，誰知周延儒竟敢冒著得罪皇帝的危險，對議和一事緘口不言，使彼此不歡而散。經過考慮，明思宗決定徹底中止與清朝的議和，並處死陳新甲以及參與此事的職方郎中張若麒，而馬紹愉則撤職。朝中一些瞭解內情之人知道陳新甲是替罪羊，想伸出援手，其中大學士周延儒、陳演等人勸明思宗道：「根據國法，敵兵不迫近京城不殺大司馬（指兵部尚書）。」明思宗強硬地回覆：「我多位親屬遭到敵兵的『戮辱』，這些乃是陳新甲策劃無方的結果，其罪行已超過了敵兵迫近京城。」最後，陳新甲於七月二十七日被斬首。

九月的期限很快就過了，等得不耐煩的皇太極決定第五次調集軍隊入關搶掠，給明朝一點顏色看。然而清軍內部存在不同的聲音，漢軍固山額真李國翰、佟圖賴、祖澤潤與梅勒章京祖可法、張存仁等人在稍早之前上奏反對，他們認為入關搶掠的初衷是欲使軍中大量貧窮的士卒富裕，但實際上搶掠行動「便於將領而不便於士卒，便於富家而不便於貧戶」，因為將領有很多隨從，而富家養馬甚眾，所以能攜帶比較多的戰利品。可是貧窮的士卒「不過一身一騎」，能夠攜帶的東西有限，他們即使參與入關搶掠也沒有什麼益處，「既負皇上盛意」又恐「誤了天時」，不能耕種家中的田地，反而得不償失。他們建議皇太極乘松錦大捷的餘威，馬上直取燕京（明朝的首都北京），以「控扼山海」，促成大業，否則明朝的首都會被「流賊劫掠殆盡」，到時，姍姍來遲的清軍恐怕撈不到什麼油水。皇太極閱讀完畢奏章，答覆道：「取燕京如伐大樹，須先從兩旁斫削，大樹自倒。」在沒有取得寧遠等關外四城的情況下，不可能攻克山海關，如今明朝「精兵已盡」，我軍只要深入明境四處搶掠，會令「彼國勢日衰」，當時機成熟，燕京自然唾手可得，但耗費的時間要長一點。對於皇太極而言，當務之急是透過入關搶掠的方式儘快逼明朝簽訂城下之盟，即使耽誤了國內的經濟生產也在所不惜。

清軍在這一年的十月動身了，為首的是多羅饒余貝勒阿巴泰、內大臣圖爾格，隨行的有一批滿洲、蒙古、漢軍固山額真以及護軍統領、梅勒章京，此外，外藩蒙古的察哈爾、喀爾喀、科爾沁諸部亦來助戰，總計人數達到十餘萬人，其中八旗兵約有五萬。臨行前，皇太極在親自送別時作了訓話，他交待出兵的原因是由於自己屢次欲與明朝議和，無奈「彼國君臣不從」，從而將戰爭的責任推給對方，並判斷清軍進入明境時可能會遇到前來求和的明朝使者，因而特別叮囑出征將領要這樣答覆：「我等奉命來征，唯君命是聽，爾如有言，應向我君而言，必須要我君下令班師，方可退兵。」萬一遇上流寇（指關內的起義軍），皇太極認為應以善言撫慰，要將流寇的產生歸咎為明朝施政無能，並解釋「我國征明，亦正為此」。同時要「申戒士卒，勿誤殺彼一二人，致與交惡。如彼欲遣使見朕，即攜其使來，或有奏朕之書，爾等即許轉達」。此外，他還就「公平分配戰利品」與「防火」等軍紀問題作了再三的「曉諭」。

這時，明朝國內很多地方連續數年遭遇饑荒，在一些重災區，出現了「禾稼不收，人皆相食，或食草根樹皮，餓死者什之九」的慘況。長期的內亂使得無數老百姓離鄉背井，致使昔日良田如今「榛蕪遍野」。為了應付遼東的戰事，朝廷已不止一次加派田賦，並將之統稱為「遼餉」，總數達到九百萬兩左右。到了一六三七年（明崇禎十年，清崇德二年），出於鎮壓關內起義的需要，每年又增餉二百八十萬，號稱「剿餉」。但這還不夠，有人在一六三九年（明崇禎十二年，清崇德四年）建議每年加派「練餉」，增至七百三十萬。因而，「遼餉」、「剿餉」與「練餉」被人們叫做「三餉」，增收餉銀的數目達到一千六百餘萬，為平時財政收入的一倍以上。此外，還有其他名目的賦稅。

官府的搜刮加重了民眾的負擔，越來越多雪上加霜的窮苦之人被迫加入到起義隊伍之中。各地的反明起義一再掀起高潮，使明軍的行動屢受挫折。張獻忠、羅汝才於一六三九年（明崇禎十二年，清崇德四年）重新樹起義旗，轉戰在湖廣、四川等地，先後攻克了襄陽等一系列城池，殺死襄王朱翊銘與貴陽王朱常法等宗室貴族，使得明軍督師楊嗣昌因追剿失敗而自殺身亡。此後，張獻忠等人活動在河南、安徽等地，對江南造成潛在的威脅。流亡在陝西、湖廣與四川三省交界山區的李自成乘明軍專注圍剿張獻忠之機，於一六四〇年（明崇禎十三年，清崇德五年）六七月間突然經鄖、均之地進入正在遭受嚴重旱災的河南，爭取到大批饑民的依附，到了年底，隊伍迅速從千餘人發展到十多萬，於次年正月打下洛陽，捕殺福王朱常洵與南京兵部尚書呂維祺等人，隨後，他又聯合羅汝才所部攻打開封，在前兩次失敗之後，於一六四二年（明崇禎十五年，清崇德七年）五月發起第三次圍攻，奪取了開封周圍的三十餘座州、縣，但圍城到了九月的時候，竟被狗急跳牆的明軍掘開黃河大堤，以致萬餘人被淹沒，乃拔營而去。開封雖然沒有失陷，可城中百萬戶皆沒於洪水之中（逃出沒頂之災的只有周王以及巡撫、巡按等二萬人），事實上無異於毀滅。至此，明朝在中原的統治土崩瓦解。由於陝西總督孫傳庭與總兵左良玉等大批能征慣戰的將領被起義軍牽制在關內各省，因而北部邊線只能採取被動的防禦政策。

為了應付塞外的威脅，朝廷多年來對長城沿線的軍事部署不斷進行調整，在遼東、薊州、宣府、大同、太原、延綏、寧夏、固原、甘肅等九個軍事重鎮的基礎上，先後逐漸分化出二十個軍事重鎮。就以薊鎮為例，已分化出昌平、薊州、永平、山海、遵化、通州等鎮，還有部分區域劃入密雲鎮當中。這些新設的軍鎮總是根據時局的發展而產生變動，比如山海鎮曾經在天啟年間與遼東鎮分化出的寧遠鎮合併，後來很快又重新分開，最終使關內、關外隸於不同的總兵管轄。在清軍第五次入關前夕，關內、關外已設立兩督，朝廷又於昌平、保定增設兩督，於是千里之內有四督臣。甯遠、永平、順天、保定、密雲、天津則分設六巡撫。寧遠、山海、中協、西協、昌平、通州、天津、保定也分設了八位總兵。總之，明朝軍事重鎮的轄區越分越細，官員越設越多，反映了畫地為牢的消極防禦思想正左右著人們的頭腦，造成了明軍沒有統一指揮，各自為戰的不良後果。就像《明史》所評價的「星羅棋置，無地不防，而事權反不一」。

皇太極在阿巴泰所部剛出發不久又命多鐸、阿達禮率兵前往寧遠附近立營，一面牽制遼軍，一面伺機「捉生（從敵佔區抓活口）」，同時，以「大清國皇帝」的名義招降寧遠守將吳三桂，還動員吳三桂的舅舅祖大壽寫了信。但吳三桂無動於衷。十一月初四，多鐸等統兵萬餘從家門山南下，分作三路駐於寧遠城北的王寶山、城南的曹莊與海口等地。守城明軍在人數上處於劣勢，能戰的只有三千精銳騎兵，可吳三桂敏銳地察覺到清軍犯了分散部署的錯誤，決心集中力量攻其一路，他在戰前向軍隊動員道：「奴眾我寡，非用命死戰，以一當十，難以取勝。」出擊的日子定在初五，守軍於淩晨五點突襲了駐於王寶山的那一路敵人，用射箭與刀砍的方式打得對手紛紛落馬。從曹莊、海口以及家門山老營趕來增援的敵軍也受到明軍預備隊的攔截。最後，清軍「個個拉屍」，「踉蹌奔潰」地往後撤。明軍追了十餘里，直到芹菜溝才收兵回城，其戰績報告稱斃傷清軍難以統計，「奪獲豹尾纛旗二杆、夷馬十六匹、弓箭等器不計其數」。有趣的是，清軍也宣佈勝利，多鐸於十九日返回盛京後上奏說擊敗寧遠的騎卒，獲七十二匹馬，三十七副甲，三十九把弓，十七個撒袋，二十五把腰刀。

不管誰勝誰敗，多鐸的牽制任務已經完成。阿巴泰所部分為左、右兩翼順利突入塞內。左翼軍於一六四二年（明崇禎十五年，清崇德七年）十一月初五從界嶺口毀邊牆而入，打敗駐紮於台頭營的二千五百名明軍，獲得四百三十二匹馬。右翼軍接連攻陷石城關與雁門關，於初八日經黃崖口進入長城之內，斬明軍守備一員，擊潰城內之兵，向薊州前進。薊州總兵白騰蛟本已率部前往桃林攔截清軍左翼兵，得知右翼兵入塞的消息後，慌忙帶著騎兵回防，可在城外的遭遇戰中失敗，而馬蘭峪總兵白廣恩率三千騎兵與三千步兵趕來增援，也受挫而回。清軍在奪取薊州的過程中生擒一員參將、陣斬三員遊擊，奪取六百三十六匹馬。

進入明境的清軍迫不及待地搜刮財物，戰火已經波及遷安、三河、平谷、永平等地。左右兩翼軍在薊州會師後，分掠真定、香河等地，於閏十一月初八克霸州，打死兵備僉事趙輝、同知丁師義、前常鎮道李時茂，隨後攻略了文安、長蘆等地，很快就從京畿地區南下山東，於十二日進入臨清。這座城市過去從未被清軍攻克過，裡面「巨賈雲集」，擁有「貨寶億萬萬」，號稱「富甲海內」，現在被掠取殆盡。不久，清軍又拿下阜城，殺死知縣李大成，其後連克景州、河間，殺死參議趙珽、知府顏允紹、知縣陳三，劫得從揚州解往京城的數十萬銀兩，於二十二日兵臨東昌城下，因遭到總兵劉澤清的抵抗而改道向西，進攻冠縣。二十五日，清軍開始在山東分散開來，四處擄掠，他們分作五道，在孔有德、巣丕昌、祖洪基等人的率領下流竄到莘縣、館陶、高唐諸郡縣進行搶奪。在接下來的兩天裡，又攻擊了海豐、張秋，向西一直打到了大名。到十二月上旬，沭陽、沂州、豐縣、蒙陰、泗水、鄒縣、長垣、曹縣、濮縣等地紛紛告急，清軍的零星騎兵甚至打到了青州。很快，臨淄、陽信、濱州等城失陷了，其中臨淄知縣文昌時全家大小一齊自焚，陽信知縣張予鄉亦不屈而死，只有濟甯守軍擊退了進犯者。

為了攔截清軍，明朝兵部陸續從各地調遣了近四十萬軍隊，還冒險多次從關外調兵，薊遼督師範志完的標兵營與右翼鎮總兵李輔明的部屬先後回援。最後連吳三桂也率領萬餘人於閏十一月十八日入關。明軍雖多，可是烏合之眾占了大部分，其中還有不少是清軍的手下敗將，剛剛從松錦前線逃回的白廣恩、唐通、李輔明、馬科等人都相繼操刀上陣，唯有王樸因在松山之戰中首先逃跑而被朝廷秋後算帳，已於一六四二年（明崇禎十五年，清崇德七年）五月伏誅。

進入山東的清軍已對兗州造成威脅。為了保護坐鎮該城的魯王朱以派，李輔明率一千五百名關東騎兵疾馳五百里前往該地。但魯王認為李輔明所部軍紀不佳，便以兗州守軍有足夠的能力自保為理由拒絕讓其入城。這支風塵僕僕的援軍剛走，清軍就於十二月初八這一天殺到了，以迅雷不及掩耳的速度破了城，殺死知府鄧蕃錫、兵備王維新、副將丁文明等人。魯王被俘後以弓弦自縊。此外城破時死亡的還有樂陵王朱以泛、信陽王朱弘福、東原王朱以源、安丘王朱弘櫍等人。成為俘虜的明朝宗室與王府家人約有千名，皆被斬首。清軍其後分作兩路，一路經山東萊州、登州直抵寧海及海州，一路渡過黃河，回至莒州、沂州。明思宗督促薊遼督師範志完、關薊總督趙光抃堵截來犯之敵，可是明軍援兵徘徊於河間等地，大多觀望不戰，只有山東總兵劉澤清等少數將領表現較為積極，他在安丘打退了前來騷擾的敵人。

清軍不久又分為左右翼，左翼大軍沿青州、德州、滄州、天津來到北京附近的三河縣，歷時三月抵達密雲。右翼大軍沿東平、廣平、彰德、真定、保定而經北京之北，歷時三月也抵達了密雲。朝廷嚴令各督撫不要縱敵回巢，可惜偏偏在這個時候，湖廣等省告急，襄陽、荊州、承天等地接連被起義軍攻陷，無意中在第二條戰線上幫了清軍一個大忙。打算前往湖廣督師的大學士吳甡有鑒於在黃河以南作戰的左良玉集團跋扈恣睢，難以號令，遂向朝廷請調精兵三萬隨行。兵部經過研究，認為暫時抽不出這麼多的預備部隊，只有等清軍出塞之後，才可以從迎擊清軍的部隊中調出一萬人供吳甡差遣。故此，不少朝中人士暗中只盼清軍快點離開，哪裡還敢自找麻煩去擋對方的路。

在吳甡即將上疆場的情況下，另一位元大學士周延儒不得已，也自請督師與清軍作戰。明思宗大喜，予以嘉獎。可是，周延儒離京後便躲進了通州，他平日裡只與幕僚飲酒娛樂，時不時給朝廷發章奏捷，只想等清兵自行離去後再班師回朝。當然，清軍撤回時並非一帆風順，而是在一六四三年（明崇禎十六年，清崇德八年）四月份與趙光抃率領的吳三桂、唐通、白廣恩等將領在懷來螺山打了一仗。儘管參戰的明軍總兵達到八位，可是卻紛紛敗走，惟有步營兩監軍禦史冒險留在戰區附近。事後，禦史蔣拱辰掩過飾非，向朝廷報捷。更有甚者，鎮駐關口的內監太監孫茂林所部竟然故意不放炮，任由清軍順利通過，朝廷後來查明，孫茂林的部下皆得了清軍的重賄，他們凡是放一名清軍出塞，即可得五兩銀子。這生動地說明了明軍的腐敗程度。

清軍左右兩翼合力進攻牆子嶺，於五月一日出邊，在六月份返回了盛京。根據清軍的戰報，在八個多月的作戰行動中連敗各路明軍三十九次，生擒五員總兵、五員兵備道、一員郎中、一員科臣、五員副將、八員參將、四員遊擊，皆誅之。其他的總兵、副將、參將、遊擊等官在戰鬥中被屠戮者無數。攻克兗州、順德、河間三府，十八州，六十七縣，共八十座城。另有一州五縣歸順。生擒兗州府魯王、樂陵王、信陽王、東原王、安丘王、滋陽王及管理府事宗室等約千人，皆誅之。共俘人口三十六萬九千，駝、馬、騾、牛、驢、羊等牲畜三十二萬一千多頭。奪取黃金一萬二千二百五十兩，白銀二百二十萬五千二百七十餘兩，各種綢緞五萬二千二百三十四，各種緞衣、裘衣共一萬三千八百四十件。還得到了貂、狐、豹、虎等一批動物的皮毛。

明朝又一次損失慘重，明思宗照例對相關官員進行問責。范志完、趙光抃這兩位督臣以逗留不戰等罪於同年十二月在西市問斬。巡撫馬成名、潘永圖，總兵薛敏忠，副將柏永鎮等也被處死，其他人則多數不予追究。由於范志完是周延儒的門生，因而周延儒也未能置身事外，他後來又涉及貪贓等罪，最終被明思宗撤職，勒令自盡。

接二連三的勝利促使皇太極重新評估天下的局勢，準確地判斷明朝有「必亡之兆」。因為明朝境內「土賊蜂起，或百萬，或三四十萬，攻城掠地，莫可止遏」，加上清軍的夾擊，勢必使明軍難以招架。更重要的是，清軍第五次入關的驚人戰績讓皇太極一再高度評價松錦大決戰帶來的影響，他認為明朝過去所恃的精兵有三支，分別是祖大壽轄下部隊、錦州與松山守軍、洪承疇率領的各省援兵，可是這三支精兵如今皆已敗亡殆盡，即使召募新兵，亦僅可濫竽充數，豈能執行防禦及作戰的任務？他清楚地瞭解明朝的將領與士卒，不但不能與清軍對敵，反而在自己的國境之內肆意剽掠，殘害百姓，同時又「行賂朝臣，詐為己功」，而「朝臣專尚奸讒，蔽主耳目，私納賄賂，罰及無罪，賞及無功」。綜上所述而得出的結論是：「明之必亡」的跡象已昭然若揭！此時此刻，皇太極早已不滿足稱霸關外了，而是已經水到渠成地醞釀著進軍中原、爭霸天下的大計。歷史的發展就像他估計的那樣，清軍第五次入關結束之後僅僅過了數月，明朝的首都北京就於一六四四年（明崇禎十七年，清順治元年）三月十八日被李自成的農民軍攻陷。走投無路的明思宗在皇宮後面的煤山自縊身亡，從此意味著這個歷時二百七十六年的王朝壽終正寢。全國處於四分五裂的狀態，殘明勢力與各地的起義軍仍然爭鬥不休，而稱雄關外的清軍也終於有機會加入逐鹿中原的行列，而且由於自身的實力超群，擁有極高的勝算。

可是，皇太極不能親自看到期待已久的這一刻，因為這位君主於一六四三年（明崇禎十六年，清崇德八年）八月九日晚上突然去世，終年五十一歲。在此前兩年，他已感到自己身體的衰老，特別是在松錦大決戰前夕，竟因精神過於緊張患上鼻衄以致一連數天流血不止，當他從松錦前線返回後，心愛的宸妃不巧又病逝，最終由於心傷過度而昏迷，也使長期積勞成疾的身軀雪上加霜。種種原因促使這個君主再也支撐不住而離開了人世，據《山中見聞錄》的記載，他是因「痰疾」死亡的。

皇太極作為一位承前啟後的清朝君主，在他執政期間，力圖恢復祖先的故地，著意經營黑龍江地區，成功招撫了當地的一批部落民族，並從一六三四年（明崇禎七年，後金天聰八年）起到一六四三年（明崇禎十六年，清崇德八年）為止，多次出兵征伐呼兒哈部、索倫部、呼爾哈部，為統一黑龍江上游地區付出了艱辛的努力。雖然這些征伐的規模遠遠比不上對明朝的戰爭，動用的兵力通常不過數以千計，但畢竟統一了原本分散的邊疆諸民族，也使大批歸順的人口被遷到盛京編入旗籍，從而壯大了八旗的實力。而留下來的原住民一度被統稱為「新滿洲」，以示和清朝的隸屬關係。正如皇太極自詡的那樣：「自東北海濱（指鄂霍次克海），迄西北海濱（指貝加爾湖），以至『斡難河（指鄂嫩河）源』，其間的『使犬、使鹿之邦』，以及『產黑狐、黑貂之地』，那些『不事耕種、以漁獵為生』的部族，還有蒙古的厄魯特部落等等，『遠邇諸國』全部臣服。」皇太極在一六三九年（明崇禎十二年，清崇德四年）六月以「諸國歸附，教令統一」為由，下令把明朝以前頒發給哈達、葉赫、烏拉、輝發以及一些蒙古部落的敕書，全部集中於盛京皇宮的篤恭殿之前，一一焚毀，顯示清朝將要取代明朝統治關外的決心。

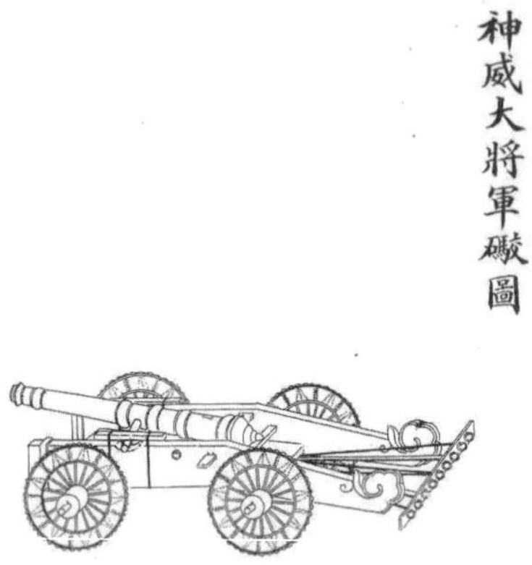

▲清朝崇德八年製造的紅衣大炮。

皇太極還巧妙地利用朝鮮與漠南蒙古作為間接管道，儘量將人參、貂皮等關外土特產銷到明朝境內。特別是在一六三二年（明崇禎五年，後金天聰六年）之後，他間接透過韃靼右翼諸部在宣府、大同地區與明朝進行貿易往來，實際上已經破壞了明朝長期推行的經濟封鎖政策。經過努爾哈赤與皇太極兩代人的努力，清朝不但最大限度地掌握了關外參、貂等奢侈品的資源，還能成功地把它們賣出去，從而透過這種壟斷生意獲得盡可能多的利潤。在疆域不斷擴大的同時，皇太極制定了對經濟有利的政策，頒佈「離主條例」，推廣「編戶為民」，採取各種方式解放奴隸，提高勞動者的積極性，使農業與畜牧業得到了一定的發展，有力地支持著對明戰爭的繼續進行。

在政治上，皇太極注意鞏固皇權，抑制權貴，積極在社會各階層中提拔人才（例如他上臺僅三年，便開始透過考試錄取官員，以補充政府部分職位）。他糾正了努爾哈赤的一些過火政策，改善了漢官與漢人的待遇，還聯絡蒙古，將後金由單一的民族政權發展為幾個民族聯合的政權。他還虛心吸取漢人的先進文化，參照明朝官制對國家機構進行改革，從一六三六年（明崇禎九年，後金天聰十年）三月起設立了內三院（分別是內國史院、內秘書院、內弘文院），而在其中辦公的滿族人、蒙古人、漢人稱為大學士、學士，這些人相當於皇帝的秘書，能夠直接參與制定國家的軍政大權，逐漸取代了八和碩貝勒議政的舊制。此外，六部、都察院與負責蒙古事務的理藩院也先後成立，吸收了更多蒙古人、漢人參與執政，使這個政權具有滿、蒙、漢貴族地主聯合的性質。而在嫡系部隊八旗軍中，也相繼編成了蒙古八旗與漢軍八旗，使之能容納不同民族，為共同的目標作戰。

如果按照努爾哈赤於一五八三年（萬曆十一年）從建州地區起兵的時間來算，這個政權已經持續了六十載，前後經歷兩代君主，在爭霸遼東的過程中積累了豐富的執政經驗。皇太極死後，繼位者是年僅六歲的第三子福臨，輔政的是多爾袞與濟爾哈朗兩人，但實權掌握在多爾袞手中。清朝沒有因為皇太極的死亡而改變對外的擴張政勢，而逐鹿中原的國策更加受到執政者的重視。清朝著名謀臣範文程曾經一針見血地說過：「明之勁敵，惟我國與流寇耳。如秦失其鹿，楚漢逐之，是我非與明朝爭，實與流寇爭也。」清朝逐漸把關內的起義軍當作最大的敵人。各地的起義軍雖然經過十七年的努力顛覆了明朝，但在大多數時候處於流動作戰的狀態，真正建立根據地的時間並不長。就以他們當中實力最強大的李自成為例，直到一六四二年（明崇禎十五年，清崇德七年）冬，才開始在河南省的控制區內派遣地方官吏，而中央政權設立在湖北襄陽（改稱襄京）的時間還要推遲至一六四三年（明崇禎十六年，清崇德八年）春。當明朝在一六四四年（明崇禎十七年，清順治元年）三月滅亡時，李自成政權成立的時間還不足兩年，各方面的建設還顯得很粗疏，其鞏固程度與前後持續數十載的清朝相比更是不可同日而語。歷史給了清朝前所未有的機遇，就等著八旗軍開進中原坐收漁人之利。而未來的入關角逐之路，還需要這支軍隊在疆場上浴血爭取。

尾聲

神話終結

隨著皇太極的死去，持續數十年的遼東戰局已接近尾聲，可是殘酷殺戮的痕跡卻長期遺留下來，直到數十年後仍比比皆是。例如，康熙年間一位名叫王一元的文人撰寫了《遼左見聞錄》，其中記錄了自己在昔日戰場遺址上的所見所聞，據說僅在鐵嶺一地「掘土數寸，即有刀鏃」，而「甲冑、骷髏諸物，處處皆然」。無獨有偶，松錦大決戰結束四十多年後，一位名叫任震旦的清朝御史在一六八五年（清康熙二十四年）的奏書中還說道「松山等處，白骨暴露如山」，建議朝廷「立義塚掩埋」。

到底有多少明軍將士戰死於關外？現在已經難得其詳。據不完全統計，僅僅在萬曆、天啟年間陣亡的總兵就有十五人以上，即死於撫順的張承蔭，薩爾滸之役的杜松、劉綎、王宣、趙夢麟，開原的馬林，瀋陽的賀世延、尤世功，渾河的童仲揆、陳策，遼陽的楊宗業、梁仲善、朱萬良，西平堡的劉渠、祁秉忠。而戰火在崇禎年間漫延到關內，死的總兵也不少，例如著名的有遵化的趙率教，永定門的滿桂、孫祖壽等人，其後，旅順的黃龍，皮島的沈世魁、金日觀，甯遠的金國鳳，松山的楊國柱、曹變蛟、王廷臣等，皆一一殉國。至於副將以下的死者，已難以計算。另外，盧象升、洪承疇等文官督臣，在關內追剿起義軍立下顯赫功績，可與清軍作戰，非死即俘。

清軍的嫡系部隊是八旗軍，八旗軍的核心力量是滿洲八旗，滿洲八旗主要由滿族組成，而滿族的前身是女真族。對於關外女真人強悍的戰鬥力，朝鮮人是這樣描述的：「胡性能耐饑渴，行軍出入，以米末少許調水而飲，六七月間，不過吃四五升，雖大風雨寒冽，達夜露處。馬性則五六晝夜決不吃草，亦能馳走。女人之執鞭馳馬，不異於男。十餘歲兒童，亦能佩弓箭馳逐。少有暇日，則至率妻妾畋獵為事，蓋其習俗然也。」關外白山黑水地區的惡劣自然環境，造就了他們吃苦耐勞的品格。長期的漁獵生涯讓他們成為了天生的獵人，形成了好勇鬥狠的尚武精神。在古代社會，貧困落後的遊牧或漁獵部落，經常使用武力對富庶的農耕地區進行搶掠，這已經成了這些部落的一種生產方式，就像上山打獵一樣平常，所不同的是，獵取的物件不再是野獸，而是人。而明末女真人無論有多麼冠冕堂皇的藉口，他們對遼東的戰爭，最主要目的之一就是經濟掠奪。正如史籍所說的，八旗軍「出兵之時，無不歡躍，其妻子亦皆喜樂，惟一多得財物為願。如軍卒家有奴四、五人，皆爭偕赴，專為搶掠財物故也」。這種經濟掠奪給農耕地區造成了驚人的破壞，使得人心惶惶。由於明朝軍隊不能禦敵於國門之外，致使「女真滿萬不可敵」之類的傳言，在世間廣為散播。

皇太極自豪地說過：「我國士卒，初有幾何？因嫻於騎射，所以野戰則克，攻城則取。天下人稱我兵曰：『立則不動搖，進則不回顧』。」他曾經對這支軍隊克敵制勝的根本原因進行過思考，試圖總結歷史教訓。《清太宗實錄》記載了一件有意思的事，這位君主於一六三六年（明崇禎九年，清崇德元年）十一月召集諸王大臣到翔鳳樓，先讓內弘文院的官員把《金史》中的《金世宗本紀》閱讀了一遍。接著，他以古諷今，意味深長地指出：「金熙宗和海陵煬王主政期間仿效『漢人之陋習』，『耽於酒色』，享樂無度。到了金世宗即位，惟恐子孫仍效漢俗，便屢次以『無忘祖宗』為訓，要本族之人『衣服語言、悉尊舊制，時時練習騎射，以備武功』。可惜後世之君漸漸鬆懈，忘記金世宗的告誡，荒廢了『騎射』之技，以致金哀宗在位期間，終於『社稷傾危，國遂滅亡』。」皇太極據此借題發揮地說：「以前，朝中有一兩個儒臣屢次勸朕改滿洲衣冠，仿效漢人的服飾制度，見朕不從，便以為朕不納諫。朕打個比喻，比如大家在此聚集，穿著漢人的『寬衣大袖』，左邊佩箭，右邊佩弓。忽然遇到碩翁柯洛巴圖魯勞薩挺身突入，大家能抵禦麼？若果荒廢『騎射』之技，崇尚漢人的『寬衣大袖』，那麼與『左撇子』何異？這類人即使用餐時割肉而食，動作也要比別人慢。」他最後總結道：「朕發此言，實為子孫萬世著想，惟恐『日後子孫忘舊制、廢騎射以效漢俗』。」

必須說明的是，皇太極的言論因缺乏邏輯思維而犯了一個以偏概全的常識性錯誤，因為並非所有的漢人都穿「寬衣大袖」，這類服飾主要流行在明朝的官紳階層當中，而普通老百姓在日常生活中多穿短衣窄袖，至於邊關的明軍將士，更是以緊身的戎衣為主。皇太極專門拿明朝官紳階層的服飾來說事，反映了他一直以來存在的輕視文人的思想。同時，皇太極多次提及的「騎射」這個詞，最容易引起歧義，從字面上看，它至少有兩種意思，其一是騎馬或射箭，其二是騎著馬射箭。《清太宗實錄》記錄皇太極對射箭很重視，

▲康熙戎裝圖。

▲乾隆戎裝圖。

說過：「我國武功，首重習射。」他下令貝勒大臣的子弟應該以「角弓羽箭習射」，「幼者當令以木弓柳箭習射」，並多次在教場下令將士站著演射，此外，他還會到馬館「觀賽馬」。可見在現實中，不一定非要騎著馬射箭才能引起皇太極的注意，無論是射箭還是騎馬，只要有一樣精通，都有得到嘉獎的可能。但是，如果軍中的將士精通「騎著馬射箭」的技藝，就會享受比步兵更好的待遇。例如八旗軍中精銳的護軍與前鋒兩大兵種，只由滿人與蒙古人出任，而騎術稍遜的漢人不能染指。即使皇太極死後，這種情況也遲遲沒有改變，直到康熙年間，朝廷在調整部隊的薪酬時，還規定京旗前鋒、護軍每月可領四兩餉銀，普通騎兵為三兩，步兵的餉銀僅為普通騎兵的一半。由此可知，清朝統治者長期以來最看重那些擅長騎著馬射箭的人。

皇太極的言論給後世帶來了深遠的影響。後來，清朝統治者將之概括為「國語騎射」（所謂「國語」，就是提倡滿語），作為一項國策長期在本民族之中推行，主要目的是為了保持滿人的民族特色。順治、康熙、雍正、乾隆等多位清帝都身體力行，以作表率。清廷長期規定在滿洲八旗的基層組織中挑選「披甲兵丁」時，要先比試滿語的水準，然後比試「步射」與「騎馬射箭」的技藝，甚至滿人在參加科舉考試時，也需要進行「國語騎射」的測試。常用滿語的好處容易理解，因為有助於加強本民族的凝聚力。至於「騎射」，由於常常與傳統的狩獵活動聯繫在一起，受到統治者的重視也不奇怪。清廷為此專門建立了皇家獵苑——木蘭圍場，後世登基的不少清帝每年都親率八旗精兵來這裡騎馬射獵，以示不忘祖訓。

自皇太極之後，多位清朝皇帝都把皇太極評論金世宗的話奉為圭臬。必須明確的是，金世宗自詡的「騎射」，是「騎著馬射箭」的意思。例如宋朝史籍《北盟錄》記載：「女真善騎，上下崖壁如飛。精射獵……。」騎馬射獵的方法後來被女真人用於行軍打仗。北宋使者馬擴在《茆齋自敘》記錄了他親眼目睹金朝開國皇帝阿骨打率領部下採用騎馬射箭的方式「打圍（即圍獵）」，並親耳聽到阿骨打自誇道：「我國中最樂無如『打圍』，其行軍佈陣大概出此。」然而，細究起來，金朝最廣為人知的精銳步、騎兵是「鐵浮屠」與「拐子馬」，這些部隊注重的是近身肉搏，而並非遠距離射箭。那麼，金世宗為何唯獨對「騎射」如此推崇備至呢？這可能受到漢人書籍潛移默化的影響。據《戰國策》、《史記》等經典記載，戰國時期趙武靈王虛心學習他人長處，讓本國軍民改穿遊牧部落的服裝練習騎射，歷來被視為是一個成功的軍事改革家，而「胡服騎射」的典故早已膾炙人口。古代漢人常常把塞外的匈奴、鮮卑、突厥、契丹以及後來崛起的蒙古等遊牧民族與關外兼營漁獵、採集、農業或畜牧的女真民族混為一談，將之統稱為「胡」、「虜」，既然匈奴、鮮卑、突厥、契丹、蒙古在打仗時均以「騎射」見長，由此及彼，女真自然也應該標榜「騎射」了。號稱「小堯舜」的金世宗本來就熟讀各種漢籍，受到漢文化的深刻影響，似乎難免從心理上把自己的祖先歸於「胡虜」之類，從而格外熱衷於「騎射」了。他作為外來的征服者，絕對不可能良莠不分地全盤照抄被征服者的文化，因而有意強調保持本民族的特色，也是理所當然的事。皇太極的思想與金世宗很相似，他一方面在滿人中推廣儒教，另一方面極力主張維護本民族的語言、服飾，並提倡「騎射」，以弘揚尚武精神。正如後世的康熙皇帝所言的「漢人學問勝滿洲百倍」，可「滿洲以騎射為本」，也足以自傲，都反映了同一心理。

既然，幾個世紀之前的金代女真人已被認定為精於「騎馬射箭」，那麼，認定金代女真人為祖宗的滿人也必須要精於「騎馬射箭」了。清人編撰的史書都常常把八旗軍在關外屢獲大捷的原因籠統地歸功於擁有過人的「騎馬射箭」之技，也就是舊調重彈的「騎射」。例如，在清代中期奉乾隆帝之命而編撰的《欽定滿洲源流考》不忘收錄《北盟錄》與《茆齋自敘》中關於金朝女真人善於騎射的記載，又宣稱清太祖的哲陳之役、裴優之役、薩爾滸之戰與清太宗降服朝鮮、松山杏山之捷，皆因八旗軍「鹹用少擊眾，一以當千」，同時也得益於「騎射之精」。然而，回顧八旗軍在關外的征戰史，會發現「步射」所起的作用比清人津津樂道的「騎射」要大。努爾哈赤統一女真諸部時，立下了最大功勳的是步兵弓箭手，而非精於「騎射」的輕裝騎兵。在薩爾滸與松錦兩次大決戰中，步兵弓箭手同樣在山地戰中發揮了不可替代的作用。即使在平原地區作戰，依靠刀、槍等近戰兵器強行突陣的重裝騎兵，其表現也比發射弓箭的輕裝騎兵要搶眼。由此可知，經過眾口一詞的以訛傳訛，「騎射」的作用已經被提升到了不恰當的高度。

順便提及，一些把滿洲八旗軍譽為「女真滿萬不可敵」的人，是將十二世紀的女真與十六七世紀的女真混為一談，犯了張冠李戴的錯誤。事實證明，這種說法與史實有悖。八旗軍攻打明朝遼東地區時，幾乎在每一場重大戰役之中，都動用了數以萬計的兵力，最明顯的例子是薩爾滸大決戰，八旗軍出動了五六萬以上的人馬，依靠集中兵力戰法，逐個擊破了分散而進的幾路明軍。就算壓軸的松錦

▲清兵射箭老照片。

大決戰，他們到最後也是憑人數上的優勢才得以圍殲敵人。儘管如此，這支軍隊卻在人多勢眾的時候打了不少敗仗，著名的有甯遠之戰、甯錦之戰、廣渠門之戰等等，可見「女真滿萬不可敵」的說法是何等荒謬。由此就形成了一個悖論，一方面，八旗軍的的確確在遼東爭霸戰中占了上風，另一方面，這支軍隊憑著「騎射」而無敵的神話也在這場戰爭中破滅了。

具體問題具體分析。相比較明軍而論，八旗軍在遼東爭霸戰中勝出的原因主要有以下幾點：

一、動員更徹底

兵民合一的八旗制度使清朝能夠以最快的速度從和平狀態轉入戰時狀態，最大限度地將國家的人力、物力動員起來滿足戰爭的需要。而明朝在開國之初便對遼東地區採取了與關內大部分地區迥然不同的統治制度，進行軍事化管理，設立了遼東都司這個軍事機構，管轄二十五個衛與兩個州。到了明代中後期，隨著商品經濟的興起，土地兼併的浪潮破壞了遼東的軍屯。世代戍邊的軍人大量逃亡，使遼東地區原有的軍事組織逐漸喪失了戰鬥力，不得不轉而依靠募兵作戰。朝廷每年需要籌集巨額的軍餉養兵，而軍費逐漸超過了國家正常的稅收水準，使財政入不敷出，造成了沉重的負擔。提高田賦因「有違祖宗之法」而經常受到朝野內外輿論的批評，在實施過程中受到強大的阻力，根本不可能最大限度地將國家的人力、物力動員起來。

二、制度更優勝

八旗軍採取五五制，每三百人（後來改為二百）設一位「牛錄額真」，每五牛錄設立一「甲喇額真」，每五位「甲喇額真」設立一個「固山額真」，做到等級分明，井然有序。八旗軍中每一旗大約有二十五個牛錄，共七千五百人左右。雖然不是每一個牛錄都是三百人的整數，有的多一些，有的少一些，但其制度還是顯得脈絡分明，有跡可尋。相反，明軍的總兵、副將、參將、遊擊、守備、指揮等等都屬於臨時差遣的性質，沒有品級，也沒有明確的人數限制。明軍實行營伍制後，各營的人數參差不齊，有的過千、有的過萬。總兵及其下級將領同時擁有以「營」為單位的直屬部隊，而各個不同軍營的編制也不一樣，五花八門。例如有的採取主將、把總、哨長、隊長、什長、伍長的編制，有的採取主將、中軍、千總、把總、管帖的編制。有時，總兵管轄的營兵人數不一定比下級將領多，其軍事制度顯得雜亂無章。

三、指揮更有效

努爾哈赤與皇太極經常親征，調動部隊如臂使指，得手應心。當這兩位君主不能親臨前線之時，亦常委託得力將領統兵出外，並極少在後方遙控指揮。而八旗軍的各級將領乃清一色的武夫，不存在「以文統武」的現象。世襲管理八旗旗務的全是努爾哈赤的子侄，因而帶有濃厚的「家務」色彩，使八旗軍具備部落兵制的特點，絕對不可能發生上級不認識下級，下級也不認識上級的事，指揮效率很高。反觀明朝末期在宮中深居簡出的多位皇帝，從未有一人嘗試過親征，遇到重大戰事便讓文官在前方指揮武將，按照「以文統武」的傳統政策辦事，使得軍中存在文武不和的隱患。前線的文官還受到朝中內閣大學士、兵部尚書等人的遙控指揮，因為內閣、兵部等機構能夠染指軍事決策。此外，皇帝寵信的太監有時也會奉旨出京履行監軍之責，得以介入軍事指揮。總之，明朝的軍事指揮機構如「疊床架屋」般重複設置，呈現出政出多頭的缺陷。到後來，由於處處設防的思想作祟，明朝軍事重鎮的轄區越分越細，官員越設越多，造成沒有統一指揮，各自為戰的後果。朝廷經常從關內派遣官員與抽調部隊到遼東前線，致使本地官員與外來官員、本地將士與外來將士互不熟悉，這種臨時拼湊起來的「將不識兵、兵不識將」的軍隊彼此懷有戒心，難以做到一致對外。就像《明史．趙光抃傳》所言：「將士不相習，猝遇大敵，先膽落，故所當輒敗。」

四、經驗更豐富

清朝的諸貝勒或八大臣等高級軍官經常率領部分精銳士卒潛入明朝境內偵察敵情，力圖瞭解對手防線的虛實與熟悉戰區的地形路徑，並伺機發動突襲，進行「捉生」（抓獲活口，以搜集情報），由此，這些人在實踐中積累了豐富的戰鬥經驗，培養出極佳的臨陣判斷與執行能力。雖然明軍也會派遣斥候遠哨，但帶隊者多數是把總、紅旗等低級別的軍官，而高級軍官極少參與。儘管明朝擁有很多熟讀兵書的文官，又不缺乏武藝高強的武將，然而這些統軍將帥的實踐經歷與清朝的高級將領相比存在較大的差距。

五、兵種更協調

八旗軍征戰遼東之初，已經產生了多個兵種，即是「長厚甲」兵、「短甲」兵與「精兵」。努爾哈赤規定「長厚甲」兵在戰時要衝殺在第一線，「短甲」兵則緊跟在後面，而「精兵」作為預備隊全部待在陣後待命，一旦發現哪個地點出現不利於己方的戰鬥態勢，就快馬加鞭前往接應。史書沒有確切地說明這三個兵種究竟是騎兵還是步兵，也許在他們當中，既有騎兵，也有步兵，但以騎兵為主。可將之基本劃分為兩大部分，即「營兵」與「巴雅喇」。「營兵」包括「長厚甲」兵與「短甲」兵兩大部分。「巴雅喇」則是「精兵」的女真名稱，而漢語通常稱之為「護軍」。後來，護軍之中分出一支女真語叫做「葛布什賢超哈」的部隊，成為「前鋒」，負責哨探。到了皇太極在位期間，又從營兵之中正式分出了步、騎兵，並規定凡是跟隨固山額真的行營馬兵，要稱為「騎兵」（女真語叫做「阿禮哈超哈」），而獨立成營的步兵仍舊叫「步兵」（女真語叫做「白奇超哈」）。另外還在「漢軍」之中組建了使用紅夷大炮的炮兵（女真語叫做「烏真超哈」，即是「重兵」的意思），承擔攻堅任務。各兵種在戰時各司其職，能夠很好地互相配合，協調作戰。八旗軍的對手明軍也擁有不同的兵種，比較著名的有四川白杆兵與關寧騎兵。可惜各支部隊的作戰風格不盡相同，很難做到編制一致。明軍統帥如走馬觀花般換人，而他們的軍事思想又各有特點，僅以車營為例，熊廷弼、孫承宗與洪承疇等人在不同時期所練的兵，其編制與武器裝備各不相同。因為關外各支部隊的兵種並非整齊劃一，所以在戰時就八仙過海，各顯神通了。

六、武器更精良

八旗軍的武器裝備比較精良，以他們穿戴的鐵甲為例，每一張甲片都經過數名工匠的反覆鍛打，無論是硬度還是堅韌性，在同類產品中都是首屈一指。而遼東戰爭初起時，明軍裝備的鐵甲相形見絀，由於軍械製造機構管理不善，致使很多產品粗製濫造，甚至由不合格的「荒鐵」製成，品質過不了關。一些甲衣的樣式不完整，令將士得到保護的部位只有胸與背，身體其餘的地方裸露在外。後來，明軍吸收了經驗教訓，努力提高製造鎧甲的工藝，但總體水準仍沒有超過八旗軍。至於當時最先進的紅夷大炮，後金本來並不擁有，皇太極透過俘獲的明軍永平炮手，成功組建了第一支西式炮兵部隊，其後又隨著孔有德、耿仲明所部的來歸，得到了更加先進的火器鑄造與使用技術，不但徹底打破了明朝在火炮技術上的壟斷局面，而且還有後來居上之勢。

七、兵力更集中

八旗軍在遼東爭霸時一直非常重視集中兵力作戰。就以薩爾滸與松錦兩次大決戰為例，在前一次決戰中，參戰明軍號稱四十七萬，但真實的兵力約在八萬以上，十萬以下，由於輕敵而分兵四路出塞，每路多則二、三萬，少則一、兩萬，最終被五萬至十萬的八旗軍採取「憑爾幾路來，我只一路去」的戰法，集中優勢兵力各個擊敗。在後一次決戰中，明軍參戰總數超過十五萬。而傾巢而出的清軍總數可能已經超過二十萬（根據《明季北略》等書留下來的記錄，參戰清軍總數為二十四萬），因而得以憑優勢兵力取勝。

八、賞罰更分明

八旗軍各級將領在每一次戰事中都要對所屬士卒的表現進行考察，並上報給諸貝勒，有功則賞、有罪則罰。君主有時也派遣親信到前線查核。下級人員如果認為戰功受到上級官員的瞞報，可直接向君主投訴。若有貝勒被手下之人舉報處事不公，經君主查證屬實的，必重罰該貝勒，並准許舉報之人另擇新主。八旗軍注重「賞不逾時」，有功者除了升官發財之外，還可被贈與「巴圖魯」的尊稱。努爾哈赤主政時，凡是勇冠三軍、立有戰功的宗室貴族與將領都可被贈與這一尊稱。到皇太極在位時，軍中的小卒亦可以獲得這個崇高的稱號，此舉有助於鼓舞士氣。對於違反軍紀者則加以各種處罰，而且執行得比較嚴厲。例如，皇太極在追究灤州、永平、遵化、遷安等關內四城失陷的責任時，將四大貝勒之一的阿敏囚禁起來，一直到死。而明朝的賞罰制度從表面上看很嚴密，將士立功有機會升遷或得到賞銀。對於違法亂紀者也要軍法處置。不過，由於綱紀敗壞，冒功濫賞的行為比較多，有時到了離譜的地步，例如甯錦大捷之後，把持朝政的閹党領袖魏忠賢在論功行賞時將數百名文武官員增秩賜蔭，就連自己尚在繈褓之中的重孫亦授予伯爵。唯有在前線統兵作戰的袁崇煥只增一秩。軍隊的戰功一般由文官加以查勘再上奏朝廷，前線的軍法從事之權也通常由督臣掌握，武官極少能夠染指。儘管明朝處心積慮地重用文官，並以種種手段牽制武將，但到了崇禎年間仍然出現了桀驁不馴的武將集團，例如祖家軍的首領祖大壽不但在後金首次入關時帶著勤王之師擅自從京畿地區撤出關外，而且在大淩河戰事結束後拒絕入京朝見皇帝，可朝廷投鼠忌器，沒有對其進行處罰。而在關內與起義軍作戰的左良玉，仗著部屬人多勢眾，竟然多次違背督帥的軍令。朝廷亦不敢追究其責任，以防發生嘩變。祖家軍與左良玉集團都屬於明朝數一數二的精銳軍隊，可跋扈至此，難怪朝代要滅亡了。

九、士氣更高昂

最後一點非常重要。每遇大戰，八旗軍士氣高昂；相比而言，在日益腐敗體制下的明軍，則士氣不振，一遇對手的適當壓力，就會出現大規模潰逃，最後導致全軍敗北，將最終的勝利拱手讓給清軍。

當然，八旗軍不是毫無缺陷，其防禦與水戰的能力均較為遜色，可整體水準仍在明軍之上。不過，僅靠八旗軍自身之力，要想稱霸關外困難很大，故自後金出兵遼東以來，就非常重視對蒙古諸部與明軍的招降，並將歸附者重新整編，以協助八旗軍作戰。儘管這支由滿、蒙、漢組成的軍隊並非不可戰勝，但其戰績卻絕非僥倖得來，整個遼東戰爭史已清楚地說明了這一點。

主要參考書目

1. 《金史》。
2. 《遼史》。
3. 《元史》。
4. 《萬曆野獲篇》。
5. 《清朝文獻通考》。
6. 《明實錄》。
7. 《清太祖武皇帝實錄》。
8. 《清太祖高皇帝實錄》。
9. 《清太祖文皇帝實錄》。
10. 《滿文老檔》。
11. 《崇禎實錄》。
12. 《攝政親王起居注》。
13. 《明史》。
14. 《大清會典》。

15. 《八旗通志》。
16. 《八旗滿洲氏族通譜》。
17. 《清史列傳》。
18. 《清史稿》。
19. 《崇禎長編》。
20. 《東華錄》。
21. 《國榷》。
22. 《三朝遼事實錄》。
23. 《督師紀略》。
24. 《烈皇小識》。
25. 《國史唯疑》。
26. 《遼左見聞錄》。
27. 《明經世文編》。
28. 《倖存錄》。
29. 《明季北略》。
30. 《紀效新書》。
31. 《練兵實紀》。

32.《正氣堂集》。
33.《神器譜》。
34.《兩朝平攘錄》。
35.《萬曆武功錄》。
36.《邊事小記》。
37.《車營扣答合編》。
38.《武備志》。
39.《西法神機》。
40.《火攻挈要》。
41.《三才會圖》。
42.《全遼志》。
43.《開原圖說》。
44.《九邊圖志》。
45.《籌遼碩畫》。
46.《石匱書後集》。
47.《明史紀事本末》。
48.《東華錄》。

49. 《廿二史劄記》。
50. 《聖武記》。
51. 《嘯亭雜錄》。
52. 《清耆獻類征選編》。
53. 《瀋陽啟狀》。
54. 《燃藜室記述》。
55. 《建州紀程圖記》。
56. 吳晗輯：《朝鮮李朝實錄中的中國史料》，中華書局１９８０年版。
57. 中國第一歷史檔案館：《清初內國史院滿文檔案譯編》，光明日報出版社１９８９年版。
58. 遼寧大學歷史系：《清初史料叢刊》（１～１３冊），遼寧大學出版社１９７９～１９８３年版。
59. 潘喆、李鴻彬、孫方明編：《清入關前史料選輯》（１～４冊），中國人民大學出版社１９８４年版。
60. 劉厚生：《舊滿洲檔譯注》，吉林文史出版社１９９３年版。
61. 臺灣「中央研究院」歷史語文研究所：《明清史料》甲編、乙編、丙編、丁編，北京圖書館出版社２００８年版。
62. 臺灣「中央研究院」歷史語文研究所：《明清史料》戊編、己編、庚編、辛編，中華書局１９８７年版。

63. 孟森：《明清史論著集刊》，中華書局1959年版。
64. 王鐘翰：《清史雜考》，人民出版社1957年版。
65. 張晉藩、郭成康：《清入關前國家法律制度史》，遼寧人民出版社1988年版。
66. 劉小萌：《滿族的部落與國家》，吉林文化出版社1995年版。
67. 孫進己、孫泓：《女真民族史》，廣西師範大學出版社2010年版。
68. 孫進己：《女真史》，吉林文史出版社1987年版。
69. 顧誠：《明末農民戰爭史》，光明日報出版社2012年版。
70. 《文集》編委會：《顧誠先生紀念暨明清史研究文集》，中州古籍出版社2005年版。
71. 薄音湖：《明代蒙古史論》，致琦企業有限公司1998年版。
72. 李洵：《下學集》，中國社會科學出版社1995年版。
73. 孫文良、李治亭：《明清戰爭史略》，江蘇教育出版社2005年版。
74. 王景澤：《清朝開國時期八旗研究》，吉林文史出版社2002年版。
75. 楊海英：《洪承疇與明清易代研究》，商務印書館2006年版。
76. 杜家驥：《八旗與清朝政治論稿》，人民出版社2008年版。
77. 李治亭：《吳三桂大傳》，江蘇教育出版社2005年版。
78. 劉謙：《明遼東鎮長城及防禦考》，文物出版社1989年版。
79. 王志宏：《洪承疇傳》，紅旗出版社1991年版。

80. 湯陳盛：《論洪承疇軍事作戰的理論與實際——以松錦之役為例》（臺灣「中央大學」歷史研究所碩士論文）。
81. 趙現海：《明代九邊長城軍鎮史》，社會科學文獻出版社2012年版。
82. 譚其驤：《中國歷史地圖集》，中國地圖出版社1982年版。
83. 烏蘭：《〈蒙古源流〉研究》，遼寧民族出版社2002年版。
84. ［美］魏斐德：《洪業：清朝開國史》，江蘇人民出版社1995年版。
85. ［美］杜普伊：《武器和戰爭的演變》，軍事科學出版社1985年版。
86. ［日］和田清：《明代蒙古史論集》，商務印書館1984年版。
87. 《日本學者研究中國史論著選譯（第六卷·明清）》，中華書局1993年版。

致謝

本書在寫作過程中得到很多人的鼎力支援，特別是王曉明先生，專門製作了十幅軍事形勢圖，在此謹致謝忱。

大清　八旗軍戰爭全史（上）：
努爾哈赤的關外崛起

作　　者　李湖光

發 行 人　林敬彬
主　　編　楊安瑜
編　　輯　林子揚、李睿薇
內頁編排　方皓承
封面設計　李偉涵
編輯協力　陳于雯、林裕強

出　　版　大旗出版社
發　　行　大都會文化事業有限公司
11051 台北市信義區基隆路一段 432 號 4 樓之 9
讀者服務專線：（02）27235216
讀者服務傳真：（02）27235220
電子郵件信箱：metro@ms21.hinet.net
網　　　址：www.metrobook.com.tw

郵政劃撥　14050529　大都會文化事業有限公司
出版日期　2020 年 04 月初版一刷
定　　價　420 元
I S B N　978-986-98603-5-2
書　　號　History-122

Banner Publishibng, a division of Metropolitan Culture Enterprise Co., Ltd.
4F-9, Double Hero Bldg., 432, Keelung Rd., Sec. 1,
Taipei 11051,Taiwan
◎本書由武漢大學出版社授權繁體字版之出版發行。
◎本書如有缺頁、破損、裝訂錯誤，請寄回本公司更換

國家圖書館出版品預行編目（CIP）資料

大清 八旗軍戰爭全史（上）:
努爾哈赤的關外崛起 / 李湖光著.
-- 初版. -- 臺北市 : 大旗出版 : 大都會文化發行,
2020.04 ; 448 面 ; 17×23 公分
ISBN 978-986-98603-5-2（平裝）

1. 軍事史 2. 清代

590.9207　　109002878